Ernst Dieter Dickmanns

Systemanalyse und Regelkreissynthese

Leitfäden der angewandten Mathematik und Mechanik

Band 60

B. G. Teubner Stuttgart

Systemanalyse und Regelkreissynthese

Eine einführende Darstellung auf der Grundlage der Übertragungsfunktion

Von Dr.-Ing. Ernst Dieter Dickmanns
Professor an der Hochschule der Bundeswehr München

Mit 193 Bildern

B. G. Teubner Stuttgart 1985

Prof. Dr.-Ing. Ernst Dieter Dickmanns

Geboren 1936 in Niederkassel, Siegkreis. Von 1956 bis 1961 Studium des Maschinenbaus, Schwerpunkt Luftfahrttechnik, an der RWTH Aachen; Abschluß als Dipl.-Ing. Ab 1961 wissenschaftlicher Mitarbeiter am Institut für Flugmechanik der Deutschen Versuchsanstalt für Luftfahrt. 1964/65 Graduierten-Studium an der Universität Princeton, New Jersey, USA, Schwerpunkt Steuer- und Regelungstechnik. Abteilungsleiter und stellvertretender Institutsleiter im Institut für Dynamik der Flugsysteme der Deutschen Forschungs- und Versuchsanstalt für Luft- und Raumfahrt. 1969 Promotion zum Dr.-Ing. an der RWTH Aachen. 1971/72 Postdoctoral Research Associate am NASA Marshal Space Flight Center in Huntsville, Alabama, USA. Schwerpunkt der Forschungsarbeiten auf dem Gebiet optimale Flugbahnen in und außerhalb der Atmosphäre und zugehörige numerische Verfahren. Seit 1975 Professor für Steuer- und Regelungstechnik am Fachbereich Luft- und Raumfahrttechnik der Hochschule der Bundeswehr München.

CIP-Kurztitelaufnahme der Deutschen Bibliothek

Dickmanns, Ernst Dieter:
Systemanalyse und Regelkreissynthese : e. einf. Darst. auf d. Grundlage d. Übertragungsfunktion
von Ernst Dieter Dickmanns. – Stuttgart : Teubner, 1985.
(Leitfäden der angewandten Mathematik und Mechanik ; Bd. 60)
ISBN 978-3-322-96675-9 ISBN 978-3-322-96674-2 (eBook)
DOI 10.1007/978-3-322-96674-2
NE: GT

Softcover reprint of the hardcover 1st edition 1985

Satz: Elsner & Behrens GmbH, Oftersheim

Umschlaggestaltung: W. Koch, Sindelfingen

Vorwort

Die vor allem in der Elektrotechnik erprobten Frequenzgangverfahren, die Einführung eines Bildbereichs mittels Laplace-Transformation und die Wurzelortskurventechnik verschmolzen Ende der 40er Jahre zur „klassischen Regelungstheorie", die für lineare Eingrößensysteme ohne Beschränkungen noch heute die wichtigste Behandlungsmethode ist. Zur Untersuchung von Mehrgrößensystemen setzte sich ab etwa 1960 die Beschreibung und Behandlung mit den Methoden des Zustandsraumes durch, die unter dem Schlagwort „moderne Regelungstheorie" zusammengefaßt werden. Gemäß der Hegelschen Dialektik mit These, Antithese und Synthese erschienen in den 70er Jahren Bücher, die die Regelungstheorie unter vereinheitlichenden Gesichtspunkten betrachteten und neben Bildbereichs- und Zustandsraummethoden für kontinuierliche Systeme auch Verfahren zur Untersuchung diskreter Systeme behandelten. Sie nennen sich gelegentlich Bücher der dritten Generation.

In enger fachlicher Verbindung mit der Entwicklung der Regelungstheorie (oder Systemtheorie, wie sie heute verallgemeinernd genannt wird) vollzog sich die enorme Entwicklung der elektronischen Rechentechnik, die mit den kleinen und preiswerten heutigen Mikroprozessoren zweifellos noch nicht ihr Ende erreicht hat. So sind die programmierbaren Taschenrechner heute von einer so hohen Leistungsfähigkeit, daß sie bei der Lösung regelungstechnischer Probleme wesentliche Hilfe leisten können.

Der Erfolg der klassischen Regelungstheorie beruht in großem Umfang darauf, daß die bei der Beschreibung linearer, zeitinvarianter Probleme entstehenden Differentialgleichungen mittels der Laplace-Transformation in algebraische Gleichungen umgewandelt werden können. Diese sind jedoch mit den heutigen Taschenrechnern leicht numerisch lösbar, so daß die Behandlung relativ komplexer regelungstechnischer bzw. systemdynamischer Aufgaben möglich wird, wenn nur das theoretische Rüstzeug bereit steht.

Zum tieferen Verständnis aller anspruchsvolleren systemdynamischen Probleme ist die Beherrschung der Methoden zur Behandlung von Systemen mit e i n e m Eingang und e i n e m Ausgang vorteilhaft, wenn nicht sogar Voraussetzung. Die wohl kompakteste Beschreibung linearer, zeitinvarianter Systeme geschieht durch die Übertragungsfunktion. Sie steht daher in diesem Buch im Mittelpunkt des Interesses. Wenn auch in der Mehrzahl der deutschsprachigen Veröffentlichungen fast alle wesentlichen Analysemethoden mit der Übertragungsfunktion (mehr oder weniger isoliert) erklärt und behandelt werden, so fehlt doch eine lehrbuchhafte, vereinheitlichende Gesamtdarstellung, insbesondere unter dem Gesichtspunkt des Einsatzes kleiner Digitalrechner und mit Einbeziehung der Zustandsregelung mittels Beobachter.

Für das Verständnis der Zusammenhänge ist die vollständige graphische Darstellung wichtig. Sie wurde auf wirtschaftlich vertretbare Weise erst durch rechnergesteuerte Graphiksysteme möglich, die in den letzten Jahren ein erschwingliches Preisniveau erreichten. Dem Verständnis kommt zugute, daß die angeborenen Bildinterpretationsfähigkeiten des Menschen für dreidimensionale Gebilde nur in einer Lernphase perspektivische Bilder erfordern, während das geschulte Sehen die dreidimensionale Wirklichkeit aus wenigen Schnitten und Draufsichten zu erfassen vermag, was jedem Ingenieur und Techniker geläufig ist.

Das vorliegende Buch liefert die Zusammenhänge und die aufwendigen bildlichen Darstellungen für die Lernphase, während die einfacheren Schnitte und Ansichten für beliebige Anwendungen mit den heutigen Taschenrechnern und einigen Skizzierungsregeln leicht erstellt werden können. Diese vermitteln dann – bei Beherrschung der Theorie – einen schnellen Überblick über das dynamische Verhalten des ungeregelten und des geregelten Systems.

Nach einem kurzen Überblick über die geschichtliche Entwicklung der Regelungstechnik in Kapitel 1 wird in Abschn. 2.1 das methodische Vorgehen zur Erzielung eines möglichst einfachen, den wesentlichen Kern des Problems noch enthaltenden linearen Modells besprochen. Die restlichen Abschn. 2.1 bis 2.4 sollen eine solide Grundlage für das Arbeiten mit Übertragungsfunktionen legen, dem Kapitel 3 gewidmet ist. Dabei ist Abschn. 2.4 das Kernstück der vereinheitlichenden Betrachtungsweise. Durch Verallgemeinerung des Bode-Diagramms und darauf aufbauend in Kapitel 3 und Abschn. 4.1 des Frequenzkennlinienverfahrens werden klassische Reglerentwürfe mit direkter Festlegung des Dämpfungsgrades möglich. Zur Berechnung der verallgemeinerten Bode-Diagramme wird im Anhang ein Algorithmus angegeben, der auf sehr kleinen Rechnern lauffähig und auch zum Skizzieren von Wurzelortskurven vorteilhaft einsetzbar ist.

Abschn. 4.2 behandelt den Entwurf von Zustandsreglern mit reduziertem Beobachter für den Eingrößenregelkreis ausschließlich mit Frequenzbereichsverfahren und gibt in Verbindung mit Abschn. 5.4 eine systematische Darstellung der Zusammenhänge zwischen „klassischer“ und „moderner“ Regeltheorie. Nach einer Diskussion von Entwurfs- und Realisierungsgesichtspunkten in Kapitel 5 gibt Kapitel 6 einen Ausblick auf die Ausdehnung der behandelten Verfahren auf Mehrgrößenregelungen.

Den Herren Dr.-Ing. G. Grübel und Dipl.-Ing. K.-D. Otto danke ich für die Anregungen und Diskussionen im Laufe der Entstehung dieses Bandes und den Herren Dipl.-Ing. G. Eberl sowie Dr.-Ing. W. Fohrer für die sorgfältige Überprüfung des Skriptums, das Frau Madeleine Gabler in dankenswerter Weise mit viel Geduld und Geschick erstellt hat. Die Reliefdarstellungen entstammen z. T. Studien- und Diplomarbeiten; hier hat sich Herr Dipl.-Ing. Mehlitz besondere Verdienste erworben, die ich gerne lobend erwähne. In die vorliegende Form haben die Mitarbeiter des Teubner-Verlags das Buch gebracht, denen ich hierfür meinen Dank ausspreche.

Hofolding, im Sommer 1983 E. D. Dickmanns

Inhalt

Liste häufig verwendeter Abkürzungen

dB	Dezibel, Angabe eines Faktors k (Betrag | G |) als logarithmisches Inkrement k [dB] = 20 lg k (vgl. Bild 2.65)
P-Regler	Proportional-Regler
PD-Regler	Proportional-Differential-Regler (mit Aufschaltung der Ableitung)
PD_T-Regler	Vorhaltglied (lead-), angenäherter PD-Regler, zusätzlicher Pol bei a_D/T_D (vgl. Tab. 4.1), mit passivem Netzwerk realisierbar
PI-Regler	Proportional-Integral-Regler (mit Aufschaltung des Fehlerintegrals)
PI_T-Regler	Verzögerungsglied (lag-), angenäherter PI-Regler, Integrator ersetzt durch Pol in Ursprungsnähe, mit passivem Netzwerk realisierbar (vgl. Tab. 4.1)
PID-Regler	Proportional-Integral-Differential-Regler (mit Aufschaltung der Ableitung und des Integrals)
PID_T-Regler	kombiniertes Vorhalt-/Verzögerungsglied (lead/lag-), mit passiven Netzwerken realisierbar (vgl. Tab. 4.1)
PIO-Regler	Proportional-Integral-Beobachter-Regler, Beobachter-Regler (s. PO-) mit Aufschaltung des Fehlerintegrals zur Verbesserung der statischen Genauigkeit
PO-Regler	Beobachter-Regler, der auf dem Proportionalsignal aufbauend eine Polfestlegung für die geregelte Strecke gestattet und nur verdeckte Reglerpole einführt; äquivalent der Zustandsregelung mit reduziertem Beobachter
SWS	Stab/Wagen-System (Standard-Beispiel des Textes)
Üfkt	Übertragungsfunktion G(s), s. Kapitel 2
WOK	Wurzelortskurve, geometrischer Ort aller Punkte, wo G(s) reell ist (s komplex); hier kann der geschlossene Regelkreis Eigenwerte haben

1 Geschichtliche Entwicklung der Regelungstechnik

Die ältesten Überlieferungen über technische Regelsysteme gehen auf die Zeit des Hellenismus im 2. vorchristlichen Jahrhundert in Alexandrien zurück [49]. Aus einer Sekundärquelle kennt man Wasseruhren des zu seiner Zeit berühmten Mechanikers Ktesibios, die wahrscheinlich ein Regelprinzip enthielten. Die Beschreibung in der erhaltenen Sekundärquelle ist leider unklar, so daß die Deutungen zum Teil auseinandergehen. Die Aufgabe der Apparatur war es, den Zeitverlauf zwischen Sonnenauf- und -untergang zu messen und in zwölf gleiche Abschnitte zu unterteilen. Bild 1.1 zeigt eine Rekonstruktion. Die Ausflußgeschwindigkeit bei E hängt von der Wasserhöhe im Gefäß BCDE ab. Um eine konstante Ausflußgeschwindigkeit und damit eine gleichmäßige Zeitunterteilung zu erhalten, muß die Wasserstandshöhe im Gefäß konstant gehalten werden. Dies geschieht über den Schwimmer G, der mit seiner Unterseite den Wasserstand mißt und mit der konischen Oberseite den Zulauf über die freigegebene Querschnittsfläche steuert. Ein Schwimmer P im Auffanggefäß bringt die integrierte Größe, d. h. die ausgeflossene Wassermenge, über einen Zeiger auf eine in gleichmäßigen Abständen markierte Walze STUV zur Anzeige. Um die jahreszeitlichen Schwankungen der Tageslänge zu berücksichtigen, war diese Walze drehbar und mit nichtlinearen empirischen Kennlinien I bis XII versehen.

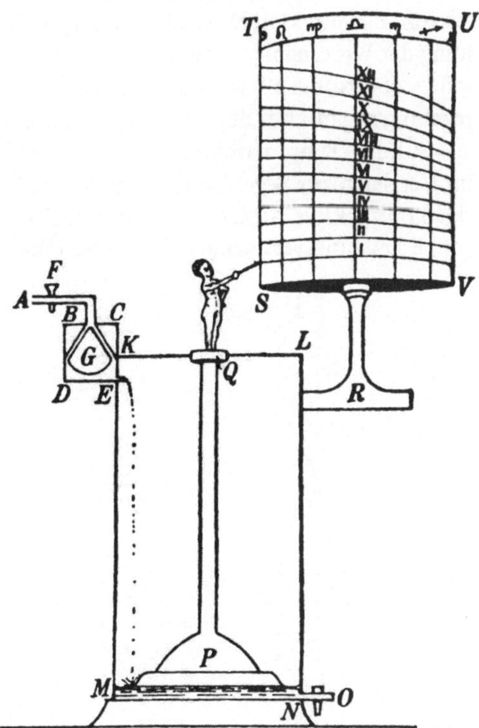

Bild 1.1
Rekonstruktion der ersten bekannten Regelung:
Wasseruhr des Ktesibios

Das Prinzip der Schwimmerregelung hat sich im arabischen Kulturraum lange erhalten. Ab Anfang des 18. Jahrhunderts erscheint es auch in der europäischen technischen Literatur. Es bewährt sich auch heute noch millionenfach, z. B. in Vergasern von Verbrennungsmotoren und bei der Niveauregelung von Flüssigkeiten.

Die nächstälteste Anwendung des Regelungsprinzips diente gegen Anfang des 17. Jahrhunderts der Konstanthaltung der Temperatur von Öfen. Auch sie ist nur aus Sekundärquellen bekannt. Der holländische Mechaniker und Chemiker Drebbel nutzte die Wärmeausdehnung von Alkohol bzw. Luft, um einen Hebel zu betätigen, der die Größe der Abzugsöffnung für die Abgase und damit indirekt die Intensität der Verbrennung steuerte. Über Gewinde an Hebeln und Gestänge bestanden Justiermöglichkeiten. Verschiedene Typen solcher Öfen wurden für chemische (alchimistische) Zwecke und als Brutöfen für Küken entwickelt. Mayr [49] vermutet, daß Drebbel die klassische Schwimmerregelung aus der 1575 „in verständlichem Latein und wohlfeilem Druck" erschienenen Übersetzung von Herons „Pneumatik" (Alexandria, um die Zeitwende) kannte.

Der Durchbruch der technischen Regelung erfolgte jedoch erst in der zweiten Hälfte des 18. Jahrhunderts mit der Fliehkraftregelung der Drehzahl von Maschinen. Im Windmühlenbau traten in den 80er Jahren Fliehkraftpendel auf, die zur Steuerung des Anpreßdrucks der Mahlsteine in Abhängigkeit von der Drehzahl verwendet wurden, um gleichmäßigere Mehlqualität bei unterschiedlicher Mühlendrehzahl zu gewährleisten (englisches Patent von Mead, 1787). Der erhöhte Anpreßdruck führte zu erhöhter Leistungsaufnahme, wodurch die Drehzahl zurückging; dies war jedoch nicht der primäre Zweck. Zur direkten Drehzahlregelung wurde durch die Fliehkraftpendel die Bespannung der Windmühlenflügel verändert, „ohne die dauernde Aufmerksamkeit eines Menschen zu erfordern", wie die Patentschrift sagt. Der eigentliche Siegeszug der Drehzahlregelung begann mit der Anwendung des aus dem Mühlenbau bekannten Fliehkraftreglers auf die Dampfmaschine durch J. Watt, 1788. Die leichte Betätigung eines Ventils im Vergleich zur Segelflächenveränderung bei der Windmühle vereinfachte die zuverlässige konstruktive Auslegung, da das Fliehkraftpendel zugleich als Meß- und Stellglied (ohne Leistungsverstärkung) fungierte (Bild 1.2).

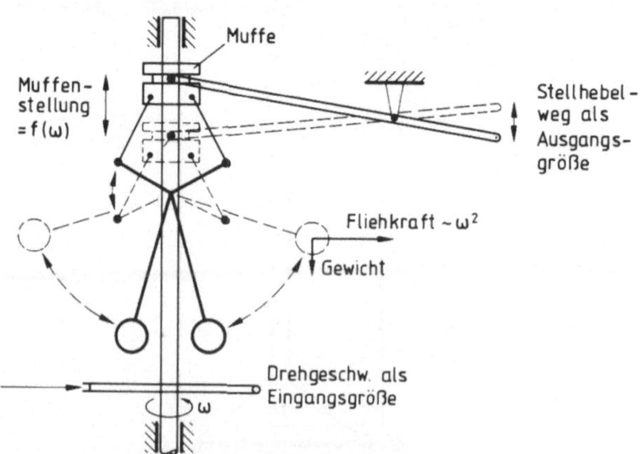

Bild 1.2 Prinzipbild eines Fliehkraftreglers

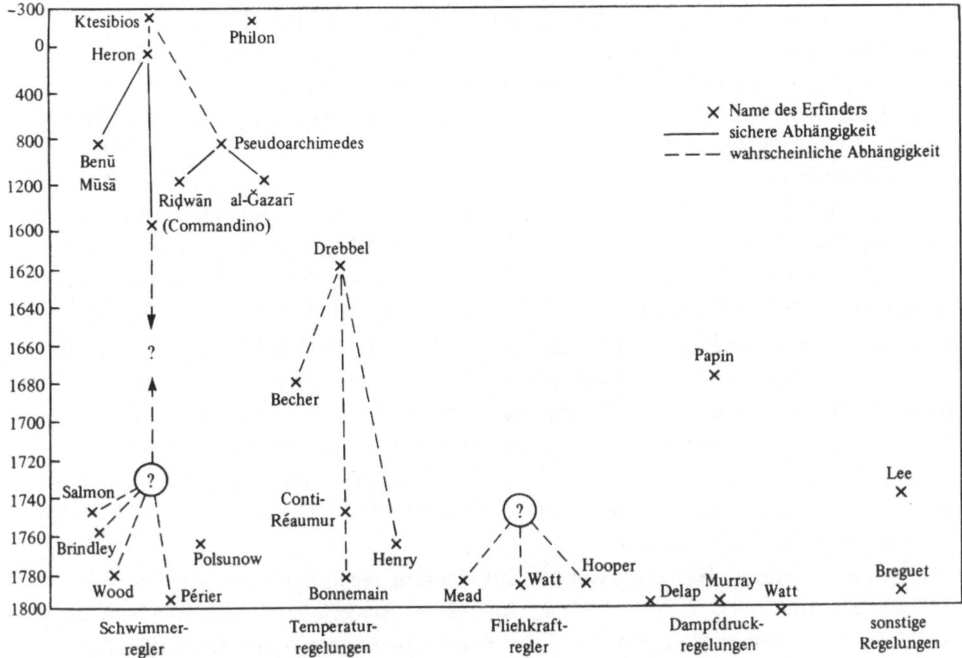

Bild 1.3 Zeittafel der Erfindungen früher Regelungen (nach Mayr [49])

Waren bis 1745 nur drei Regelungen bekannt, so erhöhte sich deren Zahl bis 1800 auf vierzehn, Bild 1.3. Einen Überblick über die weitere Entwicklung der Regelungstechnik ab 1800 gibt Rörentrop [62]. Im Vordergrund der technischen Anwendungen standen zunächst Drehzahlregler für Dampfmaschinen, Wasserräder und Pumpen, für die in der ersten Hälfte des 19. Jahrhunderts auch erste statische Berechnungen durchgeführt wurden, sowie nach dem Fliehkraftprinzip arbeitende Drehzahlregler für astronomische Beobachtungsgeräte (Bremsregulatoren). Der Entwurf geschah vorwiegend intuitiv und durch Experimentieren. Erste Untersuchungen des dynamischen Verhaltens mittels Differentialgleichungen erfolgten in der zweiten Hälfte des 19. Jahrhunderts durch Lüders [45], Maxwell [48] und Wischnegradsky [78].

Bei den ersten Ausführungen der Fliehkraftpendel wirkte das Gewicht der Fliehkraft entgegen. Bald kamen jedoch auch Versionen mit einer Federfesselung auf, die mehr Auslegungsspielraum boten. Um bei Leistungsänderungen bleibende Drehzahländerungen zu vermeiden, wurde der „parabolische Regulator“ entwickelt, bei dem die Schwungkugeln parabelförmige Bahnen beschreiben. Dadurch geht der Regler bei Drehzahlabweichungen in eine Endlage (nichtproportionales Verhalten). Die praktische Verwirklichung stieß jedoch auf große Schwierigkeiten und führte zu vielen Varianten. Bei den Reglern für Wasserkraftmaschinen, deren Steuerung große Stellkräfte erfordert, wurde Hilfsenergie von der Antriebswelle abgezapft. Über Wendegetriebe, die von der Muffenstellung des Fliehkraftpendels geschaltet wurden, konnte eine „Regulierwelle“ angetrieben werden, die die Stellgröße veränderte.

Der Übergang zu dieser Art „indirekter Regelung“, bei der die Stellenergie aus einer Sekundärquelle bezogen und nicht über das Meßglied aufgebracht wird, erfolgte bei den Dampfmaschinen etwa ab 1870, gefördert „durch die wachsenden Anforderungen seitens der Elektrizitätserzeugung und durch die aufkommenden hydraulischen Servosysteme“ [62]. Dampfbetriebene und hydraulische Servosysteme wurden ab Mitte des 19. Jahrhunderts im Schiffbau eingesetzt, um Ruder zu betätigen und um Geschütztürme zu positionieren. Dieser neue technische Regelkreis hat bis heute erstrangige Bedeutung. Mit elektronischer Ansteuerung und Servoventil sind hydraulische Servosysteme wegen ihrer kompakten Bauweise und einer Leistungsverstärkung in der Größenordnung von 10^6 bei guter Stellgenauigkeit heute weit verbreitet.

Gekoppelt mit einem Fliehkraftpendel braucht die Muffe (vgl. Bild 1.2) (über Hebel) nur noch den Steuerkolben zu betätigen, wobei kaum Stellarbeit zu leisten ist; diese ist nicht nur gering, sondern auch weitgehend unabhängig von der zu regelnden Strecke. Hiermit war ein erster wesentlicher Schritt zur Auflösung des Regelkreises in relativ selbständige Teilsysteme vollzogen. Der zweite Schritt, die Isolierung der Funktion des Meßgliedes, erfolgte erst wesentlich später, nachdem die Elektrotechnik einen höheren Entwicklungsstand erreicht hatte.

Bis nach dem Zweiten Weltkrieg war die Entwicklung regelungstechnischer Verfahren und Apparaturen stark an den jeweiligen Anwendungszweck gebunden. Ein Standardwerk aus dieser Zeit über die Regelung von Kraftmaschinen stammt von Tolle [73]. Einen Überblick über die Entwicklung der Regelung von Luftfahrzeugen findet man in [51, Abschn. 1.5]. Im Bereich der Luftfahrt lagen einerseits sehr anspruchsvolle Aufgaben an komplexen Regelstrecken vor, andererseits bestand auf diesem Gebiet wegen seiner militärischen Bedeutung, die sich im Ersten Weltkrieg gezeigt hatte, besonderes staatliches Interesse, das sich in der Gewährung erheblicher Forschungs- und Entwicklungsgelder ausdrückte. Deswegen hat dieser Zweig der Technik besonders erfolgreich zur Weiterentwicklung der Regelungstechnik und der Elektronik in unserem Jahrhundert beigetragen. Jedoch auch im Bereich der Elektrotechnik und der Verfahrenstechnik brachte die erste Hälfte unseres Jahrhunderts viele neue Anwendungen der Regelungstechnik.

In diese Zeit fallen auch verstärkte Bemühungen zum Bau von mechanischen Analogrechnern, für die man hochgenaue Folgesysteme mit geringer Verzögerung benötigt. Angeregt von dieser Problemstellung hat Hazen [26] sich mit der Theorie von Servomechanismen befaßt, wobei er die Heavisidesche Operatorenrechnung, die Sprungfunktion und das Superpositionsintegral erstmalig für regelungstechnische Berechnungen heranzog [62]. Erste Ansätze zur Verwendung von Operatorenkalkülen reichen bis in das 18. Jahrhundert zurück [11]. Eine umfassende solide Begründung der Operatorenrechnung wurde jedoch erst 1937 von G. Doetsch mit der erweiterten Methode der Laplace-Transformation gegeben [12]. Diese fand indessen erst nach dem Zweiten Weltkrieg in der Regelungstechnik weitere Verbreitung. Zu diesem Zeitpunkt waren auch die Schwachstromtechnik und die Sensortechnik so weit fortgeschritten, daß der Meßvorgang als isolierter Prozeß mit elektrischer Kodierung des Meßsignals realisiert werden konnte. Voraussetzung hierfür war die Entwicklung driftfreier Operationsverstärker, die Ende der 30er Jahre erfolgte. Als nach Kriegsende die Arbeiten über rüstungsbezogene Anwendungen frei zugänglich wurden und man die systemtheoretische Ähnlichkeit von Servosystemen, rückgekoppelten Verstärkern und anderen geregelten Prozessen allgemein erkannte, begann die Regelungstechnik als eigenständige Fachdisziplin Bedeutung und Gestalt anzunehmen.

Zwar hatte Harris [25] schon 1941/42 das vollständige Konzept der Übertragungsfunktion in die Theorie und Praxis des Entwurfs und der Analyse von Servosystemen übertragen, doch können als wichtige Meilensteine auf diesem Weg die Bücher von Oldenbourg, Sartorius [55] aus dem Jahre 1944 in Deutschland und von MacColl [46] und Bode [6] aus dem Jahre 1945 in den USA gelten. Es wurde in der Folgezeit deutlich, daß das dynamische Verhalten von „Systemen" unabhängig von ihrer technischen Realisierung, die mechanisch, elektrisch, hydraulisch, pneumatisch oder daraus kombiniert sein kann, besonders gut durch eine Übertragungsfunktion gekennzeichnet werden kann. Es entstand das sogenannte „Systemdenken", das im Sinne der Kybernetik auch für andere Wissenschaftsgebiete propagiert wurde. In diesem Zusammenhang sind der Vortrag vor dem wissenschaftlichen Beirat des VDI in Berlin 1940 von Schmidt [67] und vor allem das Buch von Wiener [76] aus dem Jahre 1948 zu nennen, obwohl kybernetische Betrachtungsweisen schon früher anzutreffen sind [62, Abschn. 2.5].

Eine einheitliche graphische Darstellung von Regelkreisen mit gerichteten Flußdiagrammen, die den Informationsfluß im System verdeutlichen, setzte sich nur allmählich durch, nachdem Philbrick [58] im Jahr 1947 entsprechende Vorschläge veröffentlicht hatte. 1951 gab Graybeal [20] Vertauschungsregeln für Blockschaltbilder aus linearen Übertragungsblöcken und gerichteten Wirkungslinien an, wodurch sich mehrfach rückgekoppelte Systeme auf einfach rückgekoppelte zurückführen lassen und damit der einfachen Theorie zugänglich werden. Tustin [74] nutzte dies 1952 erstmals, um für Systeme mit mehreren Rückführungszweigen die Gesamtübertragungsfunktion durch gebrochen rationale Funktionen der Teilübertragungsfunktionen der Vorwärts- und Rückwärtszweige zu berechnen. Zusammen mit der Wurzelortskurvenmethode nach Evans [16] waren damit um 1950 herum die wesentlichen Elemente der „klassischen Regelungstheorie", wie sie heute angewandt wird, bereitgestellt. Inzwischen gibt es eine Unzahl von Veröffentlichungen zu diesem Thema, deren auch nur lückenhafte Aufzählung den hier gesetzten Rahmen weit überschreiten würde. Einige deutschsprachige Lehrbücher sind im Literaturverzeichnis genannt.

Für die weitere Entwicklung der Systemdynamik spielt die elektronische Rechentechnik eine wesentliche Rolle. Die elektronischen Analogrechner boten als erste Geräte die Möglichkeit, auch komplexere dynamische Vorgänge in Echtzeit zu simulieren. Parameterstudien, auch von Systemen mit Nichtlinearitäten, wurden relativ einfach durchführbar. Die Ergebnisse ließen sich leicht mit x, y-Schreibern oder Oszillographen bildlich darstellen. Rechnungen im Zeitrafferstil mit bis zu 1000fach geraffter Zeit wurden möglich, so daß man statisch erscheinende Kurven als Lösung sehen und ihren Verlauf über Potentiometer- und Schalterverstellungen beeinflussen konnte. Deswegen waren Analogrechnersimulationen in den 50er und 60er Jahren ein wesentliches Hilfsmittel der Systemuntersuchung, speziell der Reglerentwicklung. Der Digitalrechner mit seinem als Nadelöhr wirkenden Zentralprozessor und der anfangs umständlichen Programm- und Dateneingabe, dem damals analoge Eingänge fehlten, hat sich erst relativ spät für Systemuntersuchungen durchgesetzt. Mit der Verfügbarkeit schneller Prozessoren, problemorientierter Sprachen, wie ALGOL und FORTRAN, und Prozeßein- und -ausgängen hat sich das Bild in den 70er Jahren gewandelt. Heute sind digitale Mehrprozessorsysteme auf dem Markt, die bezüglich Preis und Leistung in fast jeder Beziehung mit modernen Analogrechnern konkurrieren können und selbst Zeitraffersimulationen komplexer dynamischer Vorgänge erlauben.

Mit der Einführung der Analogrechner wurde es in den 50er Jahren möglich, auch umfangreichere Mehrgrößensysteme wie z. B. Fluggeräte in ihrem dynamischen Gesamtverhalten, einschließlich der Stellglieder, systematisch zu analysieren. Aus diesen Erfahrungen wuchs ein neues theoretisches Interesse an linearen Mehrgrößensystemen. Etwa ab Anfang der 60er Jahre setzte eine Veröffentlichungslawine auf diesem Gebiet ein, das heute mit dem Schlagwort „moderne Regelungstheorie" bezeichnet wird. Hierbei spielen Vektordifferentialgleichungen und Matrixmethoden eine entscheidende Rolle.

Im Jahre 1960 erschienen Veröffentlichungen, in denen von Mesarovic [53] Grundstrukturen für Mehrgrößensysteme, wie P- und V-kanonische Strukturen, und von Kalman [36] so fundamentale Begriffe wie Steuerbarkeit und Beobachtbarkeit eingeführt wurden. Mit dem Vordringen der Digitalrechner begann man, sich den Problemen der diskreten Regelung (Abtastregelung) intensiver zuzuwenden.

Gegen Ende der 50er Jahre fand auch die Frage der optimalen Steuerung und Regelung verstärktes Interesse. Bellman entwickelte die Methode der dynamischen Programmierung [4, 5] und Pontrjagin et al. bewiesen das nach ihm benannte Maximumprinzip [59, 60]. Die Frage nach dem optimalen Schätzwert für verrauscht gemessene Zustandsgrößen beantworteten Kalman [37] und Bucy [38] mit der Filtertheorie.

Auf dieser Basis entwickelte sich die moderne Regelungstheorie. Der weite Anwendungsbereich und die Vielzahl der Veröffentlichungen und Fachveranstaltungen zu diesem Thema geben Zeugnis von der Fruchtbarkeit der Methoden. Der Gang der Entwicklung kann hier nicht in allen Einzelheiten nachgezeichnet werden. Mit dem Hinweis auf einige neuere Lehrbücher [17, 35, 39, 44, 68–72, 79, 80] sei deshalb der Rückblick auf die Geschichte der Regelungstheorie abgeschlossen.

Bezüglich der technischen Anwendungen werden die Grenzen in Richtung immer komplexerer Aufgaben laufend verschoben. Heute wird das Meßsignal überwiegend elektrisch codiert und die Informationsebene erst wieder verlassen, wenn die berechnete Stellgröße realisiert werden muß. Sensoren mit elektrischem, zunehmend digitalem Ausgang und Stellglieder mit elektrischem Eingang sind die Schnittstellen zwischen Regelungselektronik (Rechner) und Prozeß. Beide bedürfen spezieller Entwicklung und unterliegen teilweise einem raschen Hardware-Technologiewandel. Auf der Reglerseite wird sich zweifellos der kleine und preiswerte digitale Mikroprozessor mehr und mehr durchsetzen, der leistungsmäßig in den Bereich heutiger Mini-Rechner hineinwächst und zunehmend Elemente der modernen Theorien optimaler Filterung, Steuerung und Regelung mit automatischer Anpassung auch bei einfachen Prozessen anzuwenden gestattet.

2 Übertragungsfunktionen dynamischer Systeme

2.1 Mathematisches Modell

In diesem Kapitel soll der Leser in das weite Feld der Systemdynamik eingeführt werden, wobei das Gesamtgebiet untergliedert und der im weiteren zu behandelnde Themenkreis eingegrenzt wird (Abschn. 2.1.1 und 2.1.2). In Abschn. 2.1.3 wird exemplarisch an Beispielen aus der Praxis vorgeführt, wie durch Näherungsannahmen für komplexe Systeme physikalisch vereinfachte Modelle gewonnen werden können, die den wesentlichen Kern der Problemstellung noch enthalten, aber einer Behandlung mit relativ einfachen Methoden zugänglich sind. In Abschn. 2.1.4 werden dann für eine Reihe von technischen Systemen lineare mathematische Modelle abgeleitet, die den weiteren Untersuchungen zugrunde liegen sollen. Diese linearen Differentialgleichungen werden später zur Systemanalyse und Regelkreissynthese herangezogen. Es zeigt sich, daß einerseits sehr unterschiedliche Systeme auf dieselbe mathematische Beschreibung führen und daß andererseits dasselbe System je nach Art der verwendeten Zustandsvariablen (Meßgrößen) durch einen anderen Satz von Differentialgleichungen beschrieben werden kann. Ein Elektrokarren, der einen unten um eine Achse drehbar gelagerten Stab balanciert, wird als Standardbeispiel näher diskutiert.

In Abschn. 2.1.5 wird die Blockschaltbilddarstellung als wesentliches Kommunikationsinstrument für den Systemdynamiker behandelt; sie gestattet die Auflösung komplexer Systeme in abgegrenzte Teilsysteme mit einer übersichtlichen Darstellung der einzelnen Wirkungspfade (Signalflüsse). Die Zerlegung eines Systems in Signalpfade und Übertragungsblöcke, in denen Signale umgesetzt werden, ergibt auch die Motivation für die Untergliederung der folgenden Kapitel.

2.1.1 Zur Systemdynamik

Als dynamisches System bezeichnet man jedes technische oder natürliche System, dessen zeitlicher Zustandsverlauf durch Differentialgleichungen beschrieben wird. Das menschliche Interesse konzentriert sich dabei zunächst auf Vorgänge, die seinem Zeitempfinden entsprechen; weder zu schnelle noch zu langsame Vorgänge werden natürlicherweise als dynamisch empfunden. Beim Einschalten des elektrischen Lichtes tritt eine sprunghafte Helligkeitsänderung auf, als dynamischer Vorgang wird jedoch nicht das Einschwingverhalten der Leuchtstärke, sondern höchstens die langsamere Anpassung des eigenen Organismus empfunden. Sehr langsam verlaufende Vorgänge werden vom Menschen nur wahrgenommen, wenn er sie über größere Zeiten beobachten kann, z. B. die Änderung der Lage eines Flußbettes, eines Gletschers oder Änderungen am Sternenhimmel. Von besonderem Interesse für den schöpferischen Menschen sind jene dynamischen Vorgänge, die er in seinem Sinne beeinflussen kann. Die Zahl der Prozesse, auf die der Mensch einwirkt, hat im Lauf der Entwicklung von Kultur und Zivilisation ständig zugenommen. Von Technik spricht man ab dem Zeitpunkt, ab dem der Mensch Gegenstände für seine Zwecke gestaltete.

Die vom Menschen entwickelten Systeme zur planvollen Ausnutzung der Umwelt können über zwei grundsätzlich verschiedene Wege beeinflußt werden. Einerseits können die Parameter der Konstruktion in gewissen Grenzen gewählt werden. Sie liegen jedoch später fest und können für ein fertiges Gerät nicht mehr (oder nur in wenigen diskreten Stufen) verändert werden. Andererseits kann der Benutzer einzelne Größen willkürlich verstellen und damit indirekt einen neuen Zustand des Gerätes herbeiführen. Diese letztgenannten „Steuergrößen" sind ein wesentliches Kennzeichen jener Systeme, mit denen sich die moderne Systemtheorie befaßt.

Da die technischen Systeme anfangs relativ einfach waren, erforderte die Bedienung ihrer Steuerung wenig spezielle Kenntnisse, wenn auch bei rasch wechselnden Umweltbedingungen (Störungen) ein häufiges Eingreifen. Deswegen wurden bald Schritte unternommen, den Menschen von dieser eintönigen, ihn nicht ausfüllenden Tätigkeit zu entlasten und auch die Betätigung der Steuerung dem Apparat selbst durch Hinzufügen eines weiteren Bauteils zu übertragen. Man spricht dann von „selbstregulierenden Systemen". Sie erfassen Veränderungen in den Zustandsbedingungen der Umwelt oder des Apparates und verstellen daraufhin die Steuergröße. Bewirkt diese Steuerverstellung eine derartige Änderung der gemessenen Zustandsgrößen des Systems, daß ein gewünschter Soll-Zustand erreicht wird oder erhalten bleibt, dann spricht man von Regelung. (Das anfänglich häufig hinzugefügte Beiwort „selbsttätige" wird heute nicht mehr verwendet.) Ist diese Bedingung nicht gegeben, so spricht man von zustandsbedingter Steueranpassung, Störgrößenaufschaltung o. ä.

Das Prinzip der Regelung ist bestechend und offenbar auch in der Natur tief verwurzelt. Ohne Regelung ist Leben undenkbar. Da in geregelten Systemen der gemessene Ist-Zustand verglichen und daraufhin die Steuerung im Sinne einer Reduzierung der Soll-Ist-Differenz betätigt wird, ist die korrigierende Wirkung von der Art der Ursache unabhängig. Das führt bei komplexeren technischen Systemen zu einer erheblichen Reduktion des Kalibrierungsaufwandes.

2.1.2 Untergliederung dynamischer Systeme

Allgemeine dynamische Vorgänge (Prozesse) in der Natur werden durch nichtlineare Differentialgleichungen beschrieben, wobei sowohl definierte, vorhersehbare (deterministische) als auch regellose, unvorhersehbare (stochastische) Anregungsteile und Systemparameter auftreten können. Man betrachte als Beispiel den Flug eines Luftbild-Vermessungsflugzeuges, das aus einer gewissen Höhe über Grund Aufnahmen machen soll: Führt sein Flug über ansteigendes oder abfallendes Gelände, so bildet dessen Höhenverlauf eine deterministische Anregungsfunktion für die Höhensteuerung des Flugzeugs. Herrscht intensive Sonneneinstrahlung, so werden sich je nach Bodenart (z. B. Land, Wasser) und Bewuchs nicht vorhersehbare vertikale Luftbewegungen einstellen, die auf das Flugzeug als stochastische Störungen wirken und die ausgeregelt werden müssen. Wir beschränken uns in diesem Buch auf deterministische Anregungsfunktionen; hierbei werden keine grundsätzlichen Aspekte dynamischer Systeme außer acht gelassen. Vielmehr können die deterministischen Betrachtungen als Basis für stochastische Aufgabenstellungen dienen.

Prozesse können im allgemeinen von mehreren unabhängigen Variablen abhängen, z. B. Strömungs- und Wärmeleitvorgänge von den drei Ortskoordinaten und der Zeit. Diese Prozesse werden durch partielle Differentialgleichungen beschrieben; wegen der Ortsabhängigkeit nennt man sie heute oft „Systeme mit verteilten Parametern". Häufig gelingt es, gute Näherungsbeschreibungen mit gewöhnlichen Differentialgleichungen zu finden, z. B. wenn bei Wärmezufuhr in eine Flüssigkeit durch schnelle Durchmischung (Rührwerk) eine gleichmäßige Temperatur über das gesamte Volumen erzielt wird; in solchen Fällen kann die Ortsabhängigkeit der Temperatur vernachlässigt werden, und es verbleibt als einzige unabhängige Variable die Zeit. Man spricht dann von „Systemen mit konzentrierten Parametern". Sie werden durch gewöhnliche Differentialgleichungen beschrieben. Auf diese beschränkt sich das vorliegende Buch. In der Verfahrenstechnik sind Systeme mit verteilten Parametern relativ häufig anzutreffen, im Maschinenbau und bei der Bewegung starrer Strukturen hingegen selten.

Bei deterministischen Systemen, die mit gewöhnlichen Differentialgleichungen beschrieben werden können, gibt es eine große Untergruppe, die einer analytischen Behandlung besonders leicht zugänglich ist. Bei ihr ist das Ergebnis der folgenden mathematischen Operation unabhängig von der Reihenfolge der Einzelschritte: Wenn f die auszuführende Operation ist, dann gilt

$$f(ax_1 + bx_2) = af(x_1) + bf(x_2). \tag{2.1}$$

Solche Systeme nennt man „linear". Man spricht bei dem Teilschritt Trennung bzw. Zusammenfassung der Summanden von der Gültigkeit des Superpositionsgesetzes und bei dem Teilschritt Herausziehen bzw. Hineinmultiplizieren der Faktoren a und b von der Gültigkeit des Verstärkungsgesetzes.

Man sieht sofort, daß dies z. B. für die Funktionen $f(x) = x^2$ oder $f(x) = \sin x$ nicht gilt. Es hat sich eingebürgert, alle Systeme, die diese Eigenschaft nicht besitzen, mit dem gemeinsamen Namen „nichtlineare Systeme" zu belegen, obwohl damit eine große Vielzahl mit sehr unterschiedlichen Eigenschaften zusammengefaßt wird.

Unter Benutzung der hervorragenden Eigenschaft (2.1) befaßt sich dieses Buch fast ausschließlich mit linearen Systemen. Für sie gelingt es mit einer weiteren Einschränkung (s. u.), die Differentialgleichungen mittels Integraltransformation in algebraische Gleichungen mit i. allg. komplexen Variablen umzuwandeln.

Nun könnte man einwenden, daß lineare Systeme in der realen Welt vergleichsweise selten sind, so daß sich die Mehrzahl sinnvoller Aufgaben der Behandlung mit diesem Werkzeug möglicherweise entzieht. Während die erste Aussage richtig ist, stimmt die zweite nicht, wie im folgenden plausibel gemacht wird.

Bei dynamischen Systemen – auch nichtlinearen – treten zwei grundsätzlich verschiedene Arten von Größen auf. Die einen können zu jedem Zeitpunkt beliebig verstellt werden; sie heißen „Steuervariable". Die anderen, die sich daraufhin dynamisch ändern und die in den beschreibenden Gleichungen zusammen mit ihren Ableitungen auftreten, heißen „Zustandsvariable". Für gewisse Wertebereiche der Steuervariablen können sich nach Abklingen des Einschwingvorgangs stationäre Zustände einstellen, bei denen sich einige oder alle Zustandsvariablen nicht mehr ändern. Um diese „stationären Arbeits-

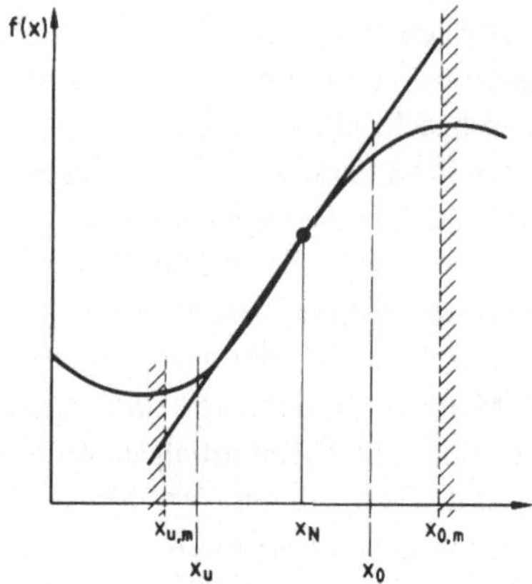

Bild 2.1
Linearisierung der Funktion f(x) um x_N; $x_u < x < x_0$ gute, $x_{u,m} < x < x_{0,m}$ brauchbare lineare Näherung

punkte" herum kann man nun die nichtlinearen Differentialgleichungen häufig in Taylorreihen entwickeln, in denen die linearen Glieder für kleine Störungen die wesentlichen Bewegungsanteile wiedergeben; die Anteile höherer Ordnung werden vernachlässigt. Diese Methode der „Linearisierung" ist seit Jahrhunderten bekannt. Sie besitzt in der Regelungstechnik besondere Bedeutung, weil hier auf der Basis dieser Näherung genau die Steuerausschläge abgeleitet werden, die das System in der Nähe des stationären Arbeitspunktes und damit im Bereich der Gültigkeit der Näherungstheorie halten. Selbst wenn Terme höherer Ordnung Bedeutung gewinnen, so gibt der lineare Term häufig über einen relativ weiten Bereich die richtige Richtung für korrigierende Steuerausschläge an, und bei vielen Anwendungen reicht dies zur Erzielung des erwünschten Effekts; werden die Abweichungen dann kleiner, so wird das linearisierte Gleichungssystem wieder genauer gültig (Bild 2.1). Diesem aktiven Eingreifen des Regelungssystems zur Erhaltung der Voraussetzungen für die Gültigkeit der Linearisierung verdankt die lineare Systemtheorie ihre überragende Bedeutung für die Praxis in einer überwiegend nichtlinearen Umwelt.

Die Gültigkeit des linearen Näherungsmodells gestattet auch die vorläufige Vernachlässigung aller stochastischen Störungen. Wenn diese keine zu großen Amplituden haben, wird ein gegenüber deterministischen Störungen zufriedenstellend arbeitendes Regelsystem auch entsprechend stochastische Störungen ausregeln. (Vorsicht ist bezüglich hochfrequentem Rauschen, besonders bei differenzierenden Regleranteilen, geboten.)

Realitätsnah modellierte Systeme haben meist mehrere Zustandsgrößen und oft mehrere Steuergrößen. Man spricht dann von Mehrgrößensystemen im Gegensatz zu Eingrößensystemen, bei denen nur eine Ausgangsgröße bzw. deren Abhängigkeit von einer Steuergröße interessiert. Im vorliegenden Buch werden überwiegend Eingrößensysteme behandelt, weil sie

– *wegen ihrer Einfachheit den besten Einstieg in die Methoden der Systemdynamik erlauben,*

– *als Basis für das tiefere Verständnis von Mehrgrößensystemen dienen können (Zweigrößensysteme mit zwei Steuervariablen sind durch Umwandlung mittels „sequentieller Kreisschließung" auf diese Art noch gut zu handhaben) und*

– *bei vielen Anwendungen die Grundlage sind.*

Bei linearen Systemen können im allgemeinen die Koeffizienten noch von der unabhängigen Variablen abhängen. Man spricht dann von „zeitvariablen" Systemen. Solche treten z. B. auf, wenn ein nichtlineares System nicht um einen Arbeitspunkt, sondern um eine „nominelle Bahn" linearisiert wird, wie es bei Raketenaufstiegen üblich ist. Hier geht, ähnlich wie bei Flugzeugmodellierungen, die momentane Sollgeschwindigkeit in die Koeffizienten des linearisierten Systems ein; diese nimmt aber entsprechend der Beschleunigung laufend, d. h. mit der Zeit in einer im allgemeinen nichtlinearen Weise zu. Unter gewissen Voraussetzungen, die in der Praxis häufig erfüllt sind, lassen sich so nichtlineare Probleme in zeitvariable lineare transformieren. Ändern sich die Koeffizienten nur langsam relativ zur untersuchten Regeldynamik, so kann man sie auch angenähert als stückweise konstant ansehen. Man spricht dann von einer „Näherung mit eingefrorenem Bezugszustand". Die linearen Differentialgleichungen haben konstante Koeffizienten, das System heißt linear und zeitinvariant. Für diese Art von Systemen gelten die im vorliegenden Buch behandelten Methoden.

Auf die oben angeführte Weise werden komplexe Probleme in der Praxis gelöst. Allerdings wird das entworfene System abschließend durch numerische Simulation getestet und evtl. verbessert. Erfahrene Praktiker behaupten, daß man etwa 90 bis 95% aller Anwendungen auf der Basis der linearen zeitinvarianten Systeme behandeln kann.

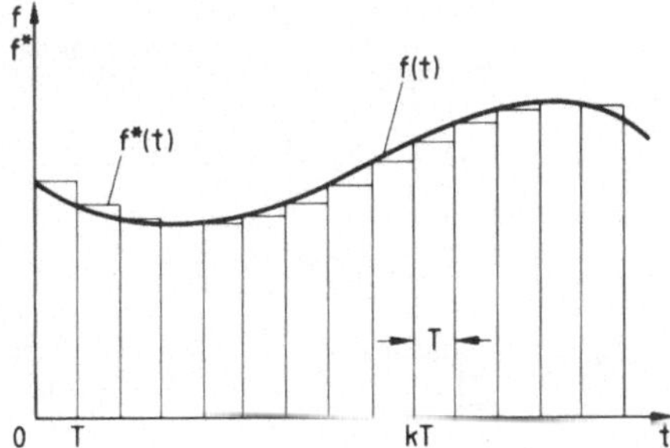

Bild 2.2
Kontinuierlicher und diskretisierter Funktionsverlauf

Ein letztes wichtiges Unterscheidungsmerkmal bei dynamischen Systemen ist die Art der Darstellung der Zeitverläufe: kontinuierlich oder diskret. Zu Beginn der Regelungstechnik und bis weit in das „elektronische Zeitalter" (Transistoreneinsatz nach 1950) wurde vorwiegend mit analoger Technik und kontinuierlichen Signalen gearbeitet. Erst in den letzten Jahren tritt mit dem starken Aufkommen der Mini- und Mikro-Digitalrechner die diskrete Signalverarbeitung mehr und mehr in den Vordergrund. Hierbei wird das analoge Signal f(t) durch die Treppenfunktion f*(t) mit der Stufenbreite T, Abtastintervall genannt, angenähert (Bild 2.2). Der Einfachheit halber wird das Abtastintervall häufig konstant gewählt. In diesem Fall kann man auch bei linearen zeitinvarianten Systemen mit (teilweise) diskreten Signalen die theoretische Behandlung der Dynamik des geregelten und des ungeregelten Systems unter Verwendung der obengenannten Integraltransformationen auf die Manipulation algebraischer Gleichungen reduzieren. Das vorliegende Buch konzentriert sich auf die Behandlung kontinuierlicher Systeme. Eine eingehende Behandlung von Methoden bei Abtastsystemen findet der interessierte Leser z. B. in [2, 34].

2.1.3 Systemkomplexität und Modellierungsgenauigkeit

Reale Systeme sind häufig derart komplex, daß eine korrekte Beschreibung bezüglich aller möglichen Gesichtspunkte als hoffnungslos angesehen werden muß. Die Kunst des erfolgreichen Analytikers besteht darin, sich auf die relevanten Gesichtspunkte zu beschränken und eine möglichst einfache Beschreibung zu finden, die das Wesentliche noch enthält.

Bild 2.3 zeigt als Beispiel ein lagegeregeltes Flugzeug. Hauptziel der Regelung sei die Gewährleistung des horizontalen Geradeausflugs mit konstanter Machzahl beim Vorhandensein atmosphärischer Störungen, die das Flugzeug in den drei Winkelgeschwin-

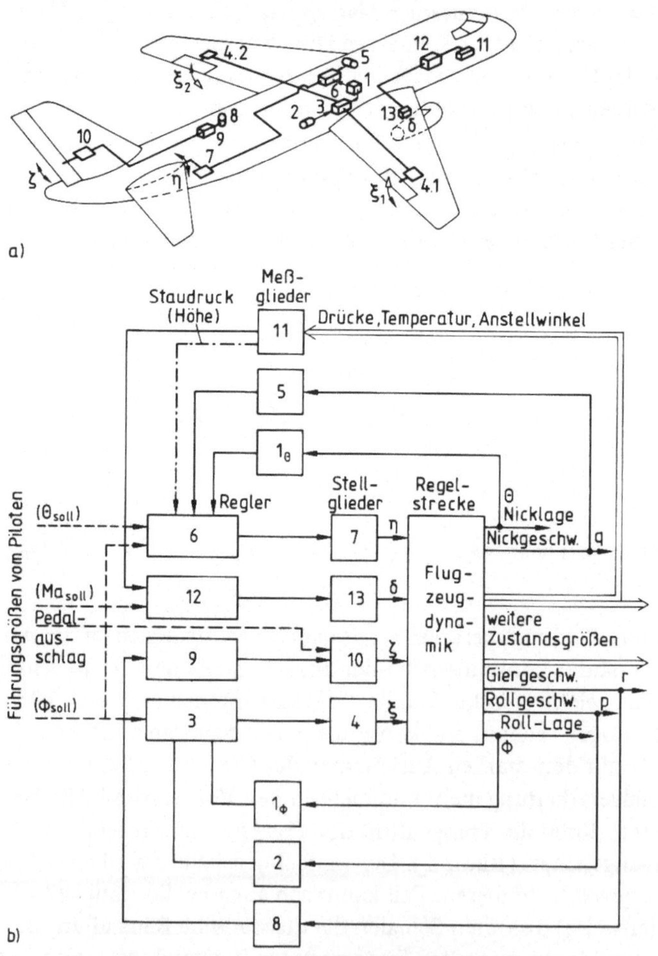

Bild 2.3 Lagegeregeltes Flugzeug mit Gierdämpfer
a) Gerätegruppen, b) Blockschaltbild (vereinfacht)
1 Lagekreisel, 2 Rollwendekreisel, 3 Rollregler, 4 Querruderstellglieder, 5 Nickwendekreisel, 6 Nickregler, 7 Höhenruderstellglied, 8 Gierwendekreisel, 9 Gierregler, 10 Seitenruderstellglied, 11 Luftwertrechner, 12 Vortriebsregler, 13 Schubstellglied

digkeiten Rollen, Nicken und Gieren anregen. Bild 2.3a enthält die technisch notwendigen Einrichtungen zur Durchführung der Aufgabe und ihren Einbauort. In Bild 2.3b sind die einzelnen Funktionen blockweise zusammengefaßt und die Wirkungsrichtungen angegeben. Es heißt „Blockschaltbild“ und zeigt übersichtlich die Wirkungszusammenhänge. Dabei wird, wenn nicht unbedingt erforderlich, keine Rücksicht auf gerätemäßige Gruppierungen genommen. Der Lagekreisel, der sowohl die Roll- als auch die Nicklage mißt und hierfür zwei getrennte Ausgänge hat, erscheint im Blockschaltbild zweimal; hingegen werden die beiden getrennten Stellglieder für die Querruder im linken und rechten Flügel als ein Block zusammengefaßt, da sie als Einheit antimetrisch angesteuert werden.

Strenggenommen beeinflußt jede Steuergröße die Gesamtbewegung des Flugzeugs (z. B. über Kreiselmomente der Triebwerke), jedoch sind die Ruder gezielt so ausgelegt, daß ihre Wirkung um eine Achse dominiert; Querruder-Längsachse, Höhenruder-Querachse, Seitenruder-Hochachse. Um den stationären Arbeitspunkt „horizontaler Geradeausflug“ erweisen sich die Stördifferentialgleichungen weitgehend als entkoppelt. So gelingt es, gute Aussagen über das Gesamtverhalten zu machen und das vorliegende Mehrgrößensystem durch vier parallel arbeitende einfachere Regelkreise erfolgreich zu regeln. In Bild 2.4 ist einer von ihnen, der Nickregelkreis, als isoliertes System mit e i n e r Steuergröße η und zwei Zustandsgrößen Θ und q dargestellt. Hierbei wird einerseits die Wirkung von η auf alle anderen Zustandsgrößen des Flugzeugs außer acht gelassen und andererseits vorausgesetzt, daß die Aufschaltung von Θ und q auf das Höhenruder η hinreicht, um die Auswirkungen der übrigen Steuergrößen auf Θ und q auszuregeln; diese werden als Störungen ähnlich den aus Böen resultierenden betrachtet.

Bei einem Langstreckenflug ändern sich durch den Treibstoffverbrauch die Schwerpunktlage und der erforderliche Auftrieb sowie damit verknüpft der Widerstand. Dies erfordert, wenn Höhe und Machzahl konstant gehalten werden sollen, eine Verringe-

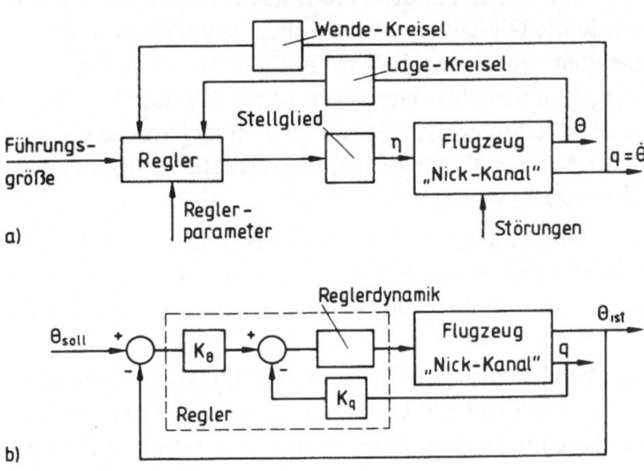

Bild 2.4 Schritte zu einfachen Regelkreisbeschreibungen
a) Höhenruderregelkreis (herausgelöst) aus Bild 2.3
b) Weitere Vereinfachung durch Weglassen der Meß- und Stellglieddynamik

rung des Schubes und eine Anpassung der Sollnicklage. Diese Vorgänge sind jedoch so langsam, daß sie bei der Betrachtung der Nicklagedynamik als (nahezu) konstant angesehen und über einen getrennten Trimmregelkreis gehandhabt werden können.

Zur Vereinfachung der Modellierung wird von dieser Untergliederung in verschiedene Dynamikbereiche häufig Gebrauch gemacht. Ihre Rechtfertigung wird später gegeben. Interessiert man sich für einen gewissen Dynamikbereich, z. B. wenn der Mensch betroffen ist für Frequenzen zwischen etwa 0,02 und 2 Hz, so können alle dynamischen Vorgänge, die wesentlich schneller (Eigenfrequenzen größer als etwa 20 Hz) und gut gedämpft sind, als augenblicklich eintretende Ereignisse angesehen werden. Ihr eingeschwungener Endwert wird erreicht, bevor sich die Bewegungsanteile im interessierenden Dynamikbereich merklich ändern; das schnelle Teilsystem wirkt praktisch proportional. Diese Eigenschaft nutzt man bei der Auslegung bzw. Auswahl der Meßglieder und – wenn erreichbar und vertretbar – auch der Stellglieder aus. Hat das Meßgerät eine genügend hohe Eckfrequenz und entsprechende Dämpfung, so ist die gelieferte Ausgangsspannung mit guter Näherung proportional zur Meßgröße; kann das Stellglied die Steuerorgane praktisch ohne Fehler und Zeitverzug dem Reglerausgang nachführen, dann ist das sehr schnelle dynamische Verhalten des Stellgliedes ohne wesentlichen Einfluß auf die Ruderstellung, wenn es aus der Zeitskala der Flugzeugbewegung beurteilt wird. Für den Entwickler schneller Servosysteme, zu denen die Stellglieder gehören, ist gerade dieser schnelle Dynamikbereich von Interesse; in seiner Zeitskala können dynamische Größen aus der Flugzeugbewegung (z. B. Beschleunigungen) für einen Übergangszeitraum des Servosystems als nahezu konstant angesehen werden.

Allgemein gilt: Sind andere Bewegungsanteile sehr viel langsamer als die Untergrenze des interessierenden Dynamikbereichs, d. h. sind die interessierenden Übergangsvorgänge abgeschlossen, bevor sich die Variablen des langsamen Vorgangs wesentlich ändern, so kann man sie als stückweise konstant betrachten und braucht zu ihrer Beschreibung keine Differentialgleichungen. Ein Beispiel hierfür ist die Massenabnahme beim Flugzeug durch den Treibstoffverbrauch. Beispielsweise würden zeitvariable Trägheitsmomente die Gleichungen wesentlich komplizieren, das praktische Ergebnis aber nicht merkbar verbessern. Selbst bei Raketen mit hohem Massendurchsatz hat sich dieses Vorgehen bewährt. Deswegen ist der für eine Problemstellung interessierende Dynamikbereich selten größer als wenige Zehnerpotenzen. Das auf dieser Basis weiter vereinfachte Modell der Nicklageregelung zeigt Bild 2.4b, bei dem Meß- und Stellglieddynamik fortgelassen wurden.

Das Beispiel zeigt, auf welche Weise komplizierte technische Mehrgrößensysteme auf einfache Modellvorstellungen reduziert werden können, ohne daß die wesentlichen Eigenschaften ihres Verhaltens im interessierenden Bereich verloren gehen. Leider ist das nicht immer möglich, wie z. B. Hubschrauber zeigen, bei denen über die großen Kreiselmomente der Rotoren nichtlineare Kopplungen zwischen den Drehfreiheitsgraden auftreten. In solchen Fällen muß – zumindest bei genaueren Untersuchungen – das gesamte Gleichungssystem mit den Quereinflüssen zwischen den Zustandsvariablen betrachtet werden. Hierbei sind die modernen Zustandsraummethoden nahezu unumgänglich, die den Einsatz leistungsfähiger Digitalrechner zur Handhabung der anfallenden Matrizenoperationen erfordern.

Gelingt die Auflösung in Einzelregelkreise wie im Fall von Bild 2.4, dann kann das Verhalten in jedem „Übertragungskanal" durch eine einzige Differentialgleichung ausgedrückt werden, was die Analyse wesentlich vereinfacht. Das vorliegende Buch behandelt die Methoden, die sich hierbei bewährt haben und die mit einem analytischen Trick auch für Zweigrößensysteme vorteilhaft anwendbar sind. Die weitaus meisten technischen Anwendungen lassen sich auf diese Klassen reduzieren.

Die Erfassung der wesentlichen Eigenschaften des zu analysierenden Systems in einem möglichst einfachen mathematischen Modell erfordert Erfahrung mit dem System und Kenntnis eines Modellelementevorrats, der sich bei bisherigen Anwendungen bewährt hat. Dies beides und die Beherrschung des analytischen Werkzeugs machen den qualifizierten Fachmann aus; eine Komponente allein ist für die Praxis nicht hinreichend.

Ist mit dem mathematischen Modell eine Systemauslegung erfolgt, so bringt die Realisierung die Güte der Modellbildung schonungslos ans Tageslicht; ein zufriedenstellendes Ergebnis mit den realen Komponenten wird häufig erst nach mehreren Nachiterationen bezüglich Modellanpassung und Vorsorge zur Unterdrückung außer acht gelassener Feinheiten erreicht. Beispielsweise wird bei Flugsystemen meist von einer starren Struktur ausgegangen. Wegen der extremen Leichtbauforderung ist die reale Zelle aber elastisch und besitzt strukturelle Eigenfrequenzen. Sensoren, z. B. Wendekreisel oder Beschleunigungsmesser, sind aber auf dieser realen Struktur montiert und erfassen neben der Starrkörperbewegung auch die Strukturschwingungen. Die Sensoren müssen deshalb an bestimmten Orten angebracht werden, wo die Einflüsse der elastischen Freiheitsgrade gering sind, oder es müssen deren Frequenzanteile im Meßsignal durch spezielle Filter unterdrückt werden. Wegen der baulichen Einschränkungen bezüglich des Einbauorts von Sensoren ist häufig beides erforderlich. Im folgenden werden nur einfache Grundmodelle behandelt, um die analytischen Methoden in den Vordergrund zu stellen.

Der Detaillierungsgrad einer Modellierung hängt von der zu behandelnden Aufgabenstellung ab. Dies sei am Beispiel einer Schiffssteuerung verdeutlicht: Steht die Abwicklung einer Fahrt im Vordergrund (Gesichtspunkt des Kapitäns oder Schiffseigners), dann genügt für die Richtungssteuerung der globale Zusammenhang zwischen kommandierter Fahrtrichtung χ_{soll} und tatsächlicher Fahrtrichtung χ_{ist}. Befindet sich das Schiff auf dem weiten Ozean, so ist bei einer Fahrtrichtungsänderung die genaue Position in x und y uninteressant und wird nicht beachtet. Es ergibt sich ein Modell mit einem Eingang und einem Ausgang (Bild 2.5 unterer Teil). In einem engen Hafenbecken dagegen wären neben der Fahrtrichtung auch x und y und die Winkellage Ψ des Schiffes wichtig, da im allgemeinen nur bei Geradeausfahrt der Schiffsrumpf in Bahnrichtung zeigt. Die kurzfristigen Abweichungen zwischen Ψ und χ bei Kursänderungen auf dem Ozean können vernachlässigt werden. Beim Manövrieren im Hafen ist der Unterschied zwi-

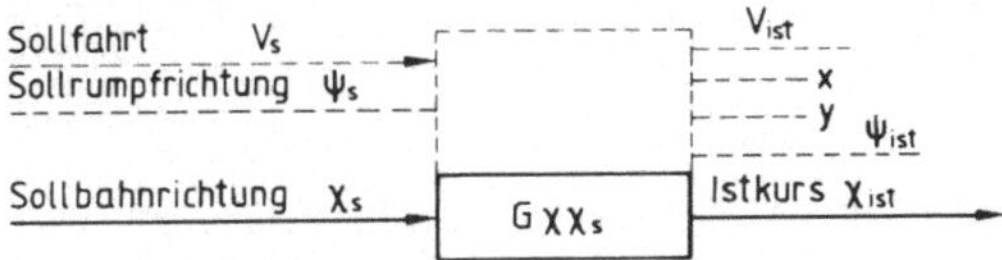

Bild 2.5 Vereinfachung der Kursdynamik bei weitem Manöverraum

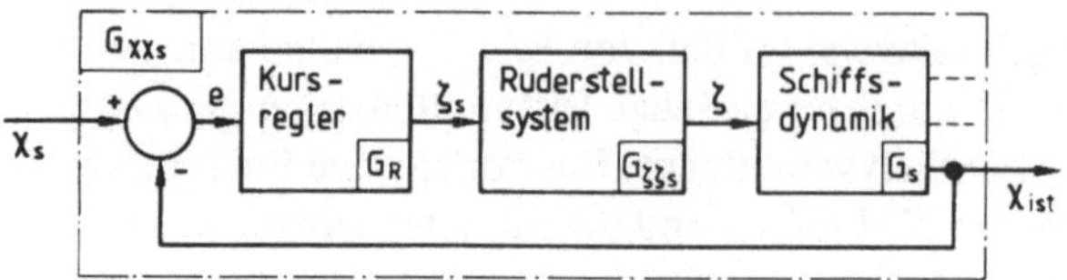

Bild 2.6 Kursregelkreis (grobe Auflösung)

schen Bahnkoordinaten und körperfesten Koordinaten jedoch wesentlich; hierfür ergäbe sich ein Mehrgrößensystem, das hier nicht weiter betrachtet sei (in Bild 2.5 gestrichelt).

Interessiert man sich für den Einfluß der Schiffs- oder Reglerdynamik auf den Ablauf einer Kurskorrektur bei gegebener Geschwindigkeit und festgelegtem Stellsystem zur Ruderbetätigung, so mag das Modell entsprechend Bild 2.6 genügen; hier ist die Meßglieddynamik vernachlässigt.

Der Ingenieur, der die Schiffssteuerung entwirft und ihre Leistungsfähigkeit analysiert, muß weitere Einzelheiten berücksichtigen (vgl. Bild 2.7): Da der Kreisel auf dem Schiffsrumpf montiert ist, mißt er dessen Ausrichtung (und nicht die Richtung der Bahntangente χ_{ist}). Der innere Aufbau des Kreisels ist für die vorliegende Problemstellung nicht von Interesse; es muß nur bekannt sein, wie das Meßsignal Ψ_m mit dem physikalischen Winkel Ψ_i zusammenhängt. Der Kreisel kann, wie im Bild angedeutet, innere Regelkreise enthalten. Er wird als ein (zeitlich konstantes) Glied betrachtet, das das Eingangssignal $\Psi_i(t)$ (einen Winkel) in das Ausgangssignal $\Psi_m(t)$ (eine elektrische Spannung) überträgt. Da man aus Erfahrung weiß, daß ein Schiff nach genügend langer Zeit ohne Ruderausschlag in Rumpflängsrichtung fährt, kann man die Differenz $\Psi_m - \chi_s$ zur Regelung des Kurses heranziehen ($G_V = 1$). Will man den neuen Kurs schnell erreichen, so muß aus der Kenntnis der Schiffsdynamik das χ_s in einen geeignet kommandierten Verlauf $\Psi_s(t)$ umgerechnet werden; dies geschieht in einem als „Vorfilter" bezeichneten Block G_V. Das Fehlersignal e treibt den Kursregler an, der daraus kommandierte Ruderstellwinkel ζ_s ableitet. Das Ruderstellsystem ist nun in Bild 2.7 als Folgeregelkreis weiter detailliert: Die Differenz zwischen Soll- und Istwert ζ' am Ausgang des Stellmotors (Rudermaschine) wird dem Rudermaschinenregler zugeführt. Dieser

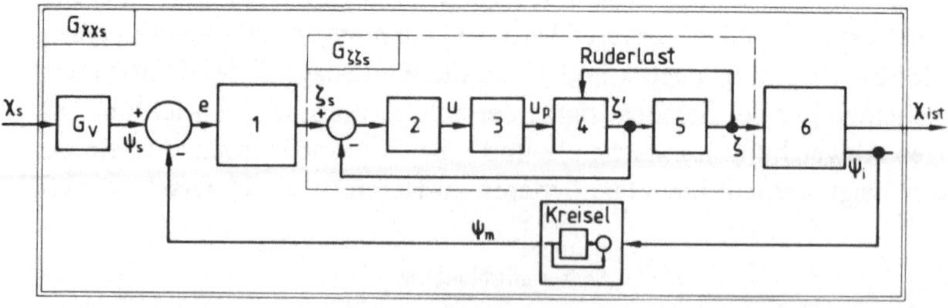

Bild 2.7 Blockschaltbild einer Schiffssteuerung
1 Kursregler, 2 Rudermaschinen-Regler, 3 Leistungsverstärker, 4 Rudermaschine, 5 Wellen, Ruder, 6 Schiffsdynamik

berechnet unter Verwendung der Kenngrößen der nachgeschalteten elektrischen und mechanischen Teilsysteme die Steuerspannung, mit der die Rudermaschine angesteuert wird. In der Regel reicht die Leistung der auf Schwachstromniveau ermittelten Steuerspannung nicht aus, um die Rudermaschine direkt anzusteuern; es muß ein Leistungsverstärker zwischengeschaltet werden, der selbst wieder Folgeregelkreise enthalten kann. Ist deren Dynamik groß genug, dann wird mit guter Näherung $u_p = u$ sein und dieser Block könnte entfallen.

Ist zwischen Rudermaschinenausgang ζ' und dem Ruder ζ eine nichtstarre Verbindung (elastische Wellen, Gelenke mit Spiel etc.), dann ist klar, daß ζ von ζ' in Abhängigkeit von der Ruderlast abweicht. Ferner kann die Ruderlast je nach Rudermaschinenart auch auf den Zusammenhang zwischen ζ' und u_p zurückwirken und damit den inneren Ruderregelkreis beeinflussen. Da bei Wellengang die Ruderlast von der Schiffsdynamik abhängt, erkennt man, daß der äußere Regelkreis den inneren ($G_{\zeta\zeta s}$) beeinflußt, was bei sehr genauer Analyse zu einer komplexen Systembeschreibung führt.

Im folgenden Kapitel werden für einige technische Systeme exemplarisch mathematische Modelle abgeleitet, wie sie in der Regelungstechnik benötigt und benutzt werden.

2.1.4 Der Weg zum mathematischen Modell

Die Herleitung des mathematischen Modells erfolgt in 2 Schritten:

1. *Festlegung eines möglichst einfachen* physikalischen Modells, *das die wesentlichen Eigenschaften des Systems beschreibt* (*und nur diese*),

a) *Erfassung der wesentlichen Größen und Vernachlässigung kleiner Effekte,*

b) *einfache Näherungen für relativ langsame und relativ schnelle Teilsysteme,*

c) *Annahme einfacher* (*linearer*) *Ursache-Wirkung-Beziehungen zwischen den physikalischen Variablen.*

Man braucht detailliertes Vorwissen und Erfahrungen auf den entsprechenden Fachgebieten, um rasch zu effektiven Modellen zu gelangen.

2. *Herleitung der Differentialgleichungen, die das physikalische Modell beschreiben.*
Dies erfordert die Unterschritte:

a) (*iterativ mit* b), *um einfache Gleichungen zu erhalten*): *Auswahl und Definition der Variablen, z. B.*
– in der Mechanik: Positions- und Geschwindigkeitskoordinaten sowie Kräfte (Momente)
– in der Elektrotechnik: Strom- und Spannungsvariablen
– in der Wärmetechnik: Wärmeflüsse und Temperaturen
– in der Strömungstechnik: Strömungsgeschwindigkeit und Drücke etc.

b) *Aufschreiben der Gleichgewichtsbeziehungen* (incl. Ableitungsterme), *der Kompatibilitäts- und Zwangsbedingungen, z. B.*
– in der Mechanik: Newtonsches Gesetz, Hebelbedingungen etc.
– in der Elektrotechnik: Kirchhoffsche Gesetze, (Maxwellsche Gleichungen)

– in der Wärmetechnik: Hauptsätze der Thermodynamik, Diffusionsgesetz
– in der Strömungstechnik: Energie- und Impulssatz, Kontinuitätsbedingungen.

c) *Einsetzen der physikalischen Grundbeziehungen in die Gleichungen aus* b), *z. B.*
– in der Mechanik: Feder- und Reibungsgesetze, d'Alembertscher Trägheitsansatz
– in der Elektrotechnik: Widerstands-, Induktions- und Aufladungsgesetze, Strom- und Spannungsquellen
– in der Wärmetechnik: Speicherkapazität, Wärmeleitfähigkeiten, Wärmequellen und -senken
– in der Strömungstechnik: Speicherkapazität, Strömungswiderstände, Druckerzeugung, Pumpleistung.

d) *Kombination dieser Beziehungen in ein einheitliches System, Test auf Vollständigkeit.*

e) *Linearisierung (falls notwendig und möglich).*

f) *evtl. Umschreiben in eine gewünschte Standardform, z. B.*
– System von n Differentialgleichungen 1. Ordnung, 1 Differentialgleichung n-ter Ordnung.

Hier wurden die methodischen Schritte aufgelistet, die unabhängig von dem speziellen Fachgebiet jeweils nach dem gleichen Schema abgearbeitet werden können. Im nächsten Abschnitt werden sie mehr oder weniger strikt an einigen Beispielen demonstriert. Eine wesentlich breitere Behandlung findet der interessierte Leser in [10].

2.1.5 Beispiele einiger Modellbildungen

2.1.5.1 Hydraulische Stellglieder. Sie wurden entwickelt, um große Lasten zu bewegen. Ein Zylinder, in dem sich ein Kolben bewegen kann, ist mit beiden Enden über die Hydraulikleitungen L mit einer Steuereinheit verbunden (Bild 2.8). Die Steuereinheit besitzt einen Hochdruckzufluß HZ und zwei Niederdruckabflüsse NA. Auf der Hochdruckseite arbeitet man mit Drücken bis zu einigen hundert Bar. In der Schieberstellung x = 0 schließen die Kolben des Steuerschiebers die Öffnungen zum Arbeitszylinder ab: die Einheit ruht. Wird der Steuerschieber nach rechts bewegt, so gibt sein rechter Kolben die Flußlinie von HZ über L_r in das rechte Arbeitszylindervolumen V_r frei, wo sich der Druck der Zuflußleitung p_r aufbaut; gleichzeitig gibt der linke Steuerkolben die Verbindung vom linken Arbeitszylindervolumen V_ℓ über L_ℓ zum linken Niederdruckabfluß frei, wodurch der Druck in diesem Raum auf p_ℓ sinkt. Auf den Arbeitskolben wirkt damit die Kraft $A(p_r - p_\ell)$. Diese ist meist so groß, daß demgegenüber die Trägheit von Arbeitskolben mit Last und bewegter Flüssigkeit vernachlässigbar ist und sich fast augenblicklich ein stationärer Strömungszustand einstellt. Einer Stel-

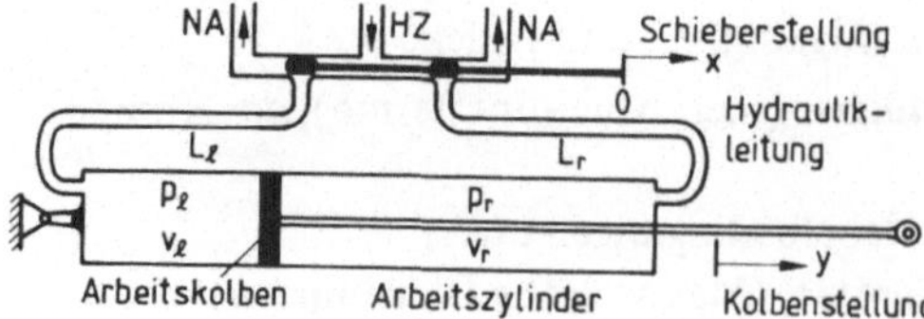

Bild 2.8 Hydraulischer Stellzylinder

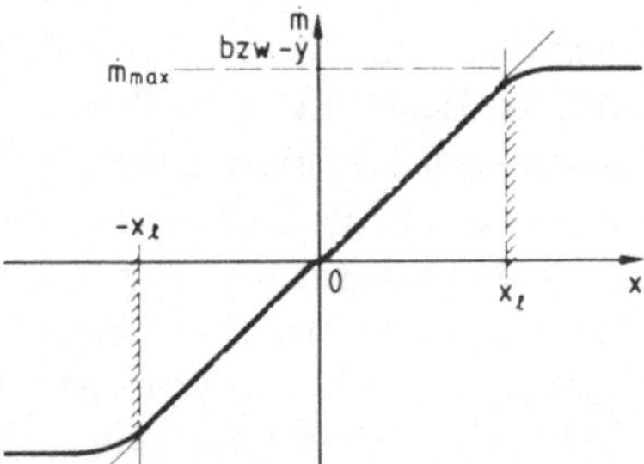

Bild 2.9
Durchflußkennlinie eines hydraulischen Steuerschiebers

lung x des Steuerschiebers entspricht somit ein konstanter Durchfluß $\dot{m}$, der über den Arbeitskolben wegen der Inkompressibilität der Flüssigkeit in eine konstante Hubgeschwindigkeit $\dot{y}$ umgesetzt wird. Dieser Zusammenhang zwischen x und $\dot{m}$ bzw. $\dot{y}$ kann durch eine Kennlinie dargestellt werden (Bild 2.9). Durch konstruktive Maßnahmen wird erreicht, daß die Abhängigkeit $\dot{y}(x)$ im Bereich $-x_\ell \leqslant x \leqslant x_\ell$ gut als lineare Funktion angenähert werden kann. (Kritisch ist dabei meist der Bereich um den Nullpunkt, siehe Schlenker der Kennlinie.) Dann lautet die mathematische Beschreibung im Linearitätsbereich (ohne die Sättigungseffekte für $|x| > x_\ell$)

$$\dot{y} = -ax \tag{2.2}$$

oder
$$y = y_0 - a \int_0^t x d\tau \tag{2.3}$$

Das System wirkt also bezüglich der Arbeitskolbenstellung y als Integrator über die Schieberstellung x, zumindest solange die äußere Last am Arbeitskolben kleiner als die innere Druckkraft $A(p_r - p_\ell)$ ist (rückwirkungsfreies System).

Koppelt man über Hebel in geeigneter Weise die Kolbenstellung y mit der Schieberstellung x und einer Weggröße (Bogen oder lineare Strecke), an der man die Sollstellung $w = b' \cdot y_{soll}$ einstellen kann, so erhalt man ein einfaches Servosystem (Bild 2.10).

Seine Wirkungsweise ist wie folgt: Das System befinde sich zunächst in Ruhe, dann ist x = 0 und die Stellung des Hebels BC ist über w (lineare Koordinate des Punktes C) eindeutig festgelegt. (Die Gelenkstangen AB und DE wurden eingefügt, um einfache Kraft-

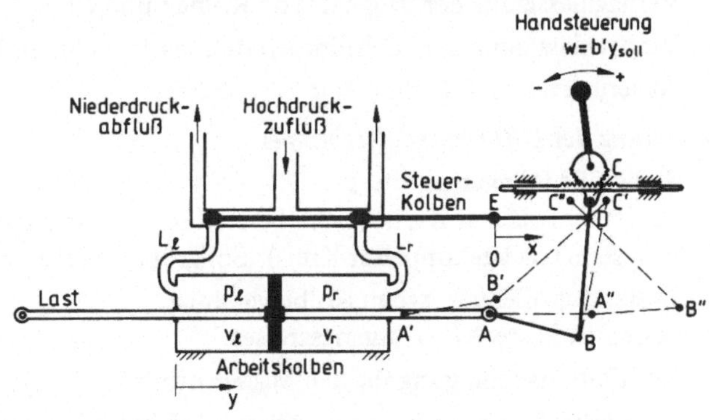

Bild 2.10 Prinzipskizze eines hydraulischen Servosystems mit mechanischer Rückkopplung

und Momentenverhältnisse zu haben.) Verstellt man nun den Sollwert w so, daß der Anlenkpunkt C des Hebels BC in die Position C′ kommt, dann wird im ersten Moment der Arbeitskolben noch auf beiden Seiten den gleichen Druck haben und y ist festgehalten. Der Hebel geht also in die Stellung BC′ und bringt über ED den Steuerschieber in die Position $x_1 > 0$ (Zwangsbedingung); damit wird ein Zufluß und Druckaufbau in der rechten Kammer V_r eingeleitet und der Abfluß aus der linken Kammer freigegeben. Es stellt sich gemäß Gl. (2.2) eine Kolbengeschwindigkeit $\dot{y} = -ax_1$ ein. Bleibt die Sollvorgabe w(C′) konstant, so verringert ein abnehmendes y über die Hebel AB und BC die Steuerkolbenstellung x: Sind die Hebelverhältnisse entsprechend gewählt und die Drehwinkel φ der Hebel klein ($\cos\varphi \approx 1$ und $\sin\varphi \approx \varphi$ für $|\varphi| \leqslant 15°$), so gelten mit guter Näherung lineare Verhältnisse

$$x_{C'} = ky,$$

wobei k eine aus der Hebelgeometrie festgelegte Konstante ist. Setzt man diese „Rückkopplung" in Gl. (2.2) ein, so erhält man eine homogene Differentialgleichung 1. Ordnung für die Arbeitskolbenstellung y:

$$\dot{y} = -aky \quad \text{oder} \quad \dot{y} + a_1 y = 0. \tag{2.4}$$

Wird der Sollwert w(C′) nicht konstant gehalten, so überlagert sich für x ein weiterer Weganteil $x_i = x_{C'} - db'y_{soll}$ mit d als Proportionalitätskonstante und man erhält mit $b = dkb'$ die inhomogene Differentialgleichung

$$\dot{y} + a_1 y = by_{soll}. \tag{2.5}$$

Auch hier wurde wieder Rückwirkungsfreiheit bezüglich der äußeren Last angenommen.

Zusammenfassung der Modellbildung eines einfachen hydraulischen Stellgliedes:

Physikalisches Modell

– Vernachlässigung von Zähigkeiten, Reibung, Kompressibilität, Elastizität – Annahme starrer, masseloser Hebel ohne Spiel	Schritt 1a)
– Vernachlässigung der Trägheit von Kolben und Öl	Schritt 1b)
– Vernachlässigung der Nichtlinearitäten der Kennlinien Bild 2.9 – Näherung $\cos\varphi \approx 1$; $\sin\varphi \approx \varphi$	Schritt 1c)

Ableitung der Differentialgleichungen

– Stellgröße (Eingangsgröße) Stellzylinder (offener Kreis): Schieberstellung x relativ zu Gehäuse, Servosystem (rückgekoppelter Kreis): Sollgrößeneingabe $w = b'y_{soll}$ – Zustandsgröße; y = Arbeitskolbenstellung gemessen an Lastöse (= Ausgangsgröße)	Schritt 2a)
– Kontinuitätsbedingung für den Massenstrom Gl. (2.2) – Zwangsbedingungen der geometrischen Hebelverhältnisse bei Rückkopplung: Gl. (2.5)	Schritt 2b)

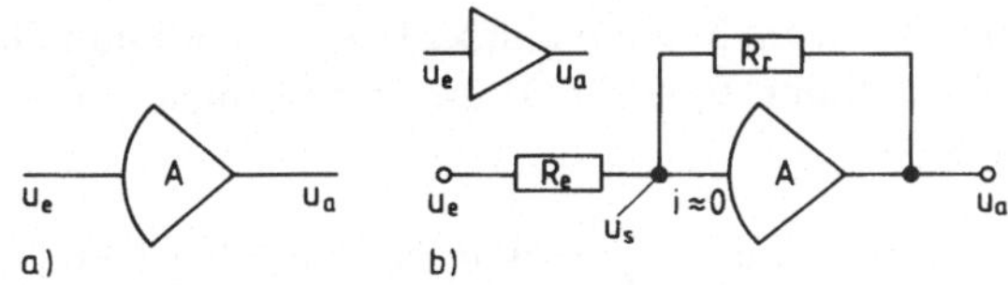

Bild 2.11 Vereinfachte Darstellung eines offenen a) und eines rückgekoppelten b) Operationsverstärkers, $A = 10^4$ ·/. 10^6

2.1.5.2 Rückgekoppelter Operationsverstärker. Elektronische Operationsverstärker (Bild 2.11a) haben Verstärkungsverhältnisse $A = u_a/u_e = 10^4$ bis 10^6. Als offene Verstärker betrieben schwankt die Ausgangsspannung u_a bei konstanter Eingangsspannung proportional zum Verstärkungsfaktor des Bauteils. Wählt man jedoch eine Rückkopplungsschaltung gemäß Bild 2.11b, so gilt wegen der großen Eingangsimpedanz des Verstärkers, daß der Strom am Eingang sehr klein (≈ 0) ist. Hieraus folgt mit dem Ohmschen Gesetz und der Kirchhoffschen Knotenpunktregel

$$\frac{u_e - u_s}{R_e} + \frac{u_a - u_s}{R_r} = 0. \tag{2.6}$$

Mit dem Verstärkungsfaktor $A = u_a/u_s$ erhält man nach Elimination von u_s und Auflösen nach u_a

$$u_a = \frac{AR_r/R_e}{1 + R_r/R_e - A} u_e \approx -\frac{R_r}{R_e} u_e \quad \text{für} \quad A \gg 1 + R_r/R_e. \tag{2.7}$$

Durch das Widerstandsverhältnis $K = R_r/R_e$ kann nun der Verstärkungsfaktor festgelegt werden. Die Empfindlichkeit von u_a gegenüber Verstärkungsschwankungen ΔA ist gewaltig reduziert $\left(\text{berechne } \frac{d}{dA}\left(\frac{u_a}{u_e}\right)\right)$.

Bild 2.12 zeigt, wie man durch Einfügen einer Kapazität in den Rückkopplungszweig (2.12a unten) einen Integrator erhält, wie man ihn in Analogrechnern findet. Ist der Schalter S in IC-Position (unten, gestrichelt), dann stellt sich gemäß Gl. (2.7) die Ausgangsspannung

$$u_{a0} \approx -\frac{R_r}{R_I} u_{IC} \quad \text{mit} \quad u_s = u_a/A \approx 0 \tag{2.8}$$

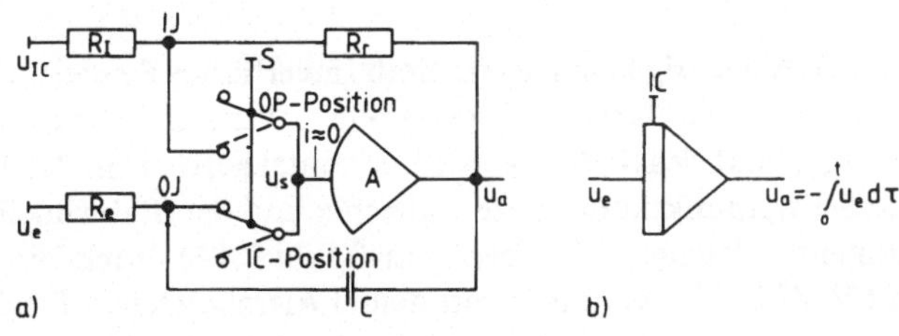

Bild 2.12 Operationsverstärker mit kapazitiver Rückkopplung als Integrierer
a) vereinfachtes Schaltbild, b) Symbol

ein (Strom am Summenpunkt IJ ≈ 0). Wird nun der Schalter nach oben gelegt, so stellt sich am Summenpunkt OJ die Stromsumme ≈ 0 ein, und es muß gelten (mit $I \approx u_e/R_e$, $u_s \approx 0$)

$$u_a = u_{a0} - \frac{1}{R_e C} \int_0^t u_e d\tau \quad \text{(vgl. Gl. (2.3))}. \tag{2.9}$$

Das entsprechende Symbol bei Analogrechnerschaltungen zeigt Bild 2.12b. Koppelt man den mit dem Faktor a multiplizierten Ausgang additiv auf den Eingang des Integrierers zurück (Bild 2.13), so erhält man die Gl.

$$x_a = -\int_0^t (x_e + a x_a) d\tau \quad \text{oder} \quad \dot{x}_a + a x_a = -x_e, \tag{2.10}$$

die identisch mit Gl. (2.5) ist. Dies ist die Basis für die Analogrechnersimulation.

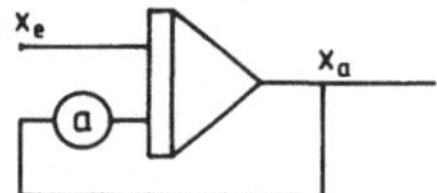

Bild 2.13
Rückkopplung um einen Integrierer

Zusammenfassung der Modellbildung zum Operationsverstärker:

Physikalisches Modell

– Annahme eines konstanten, sehr großen Verstärkungsfaktors A

– keine Eigendynamik des offenen Verstärkers: vergleichsweise sehr schnell, Näherung als Proportionalglied

– große Eingangsimpedanz des Verstärkers, verschwindender Eingangsstrom

– konstante Widerstände R_e, R_r

Ableitung der Systemgleichungen

– Variable sind Spannungen u und Ströme i

– das Ohmsche Gesetz liefert die Ströme aus Spannungsdifferenz und Widerständen

– die Kirchhoffsche Knotenpunktregel ist die angewandte Kontinuitätsbedingung (2.6), um die Größen in Beziehung zu setzen;

– für den Kondensator im Rückkopplungszweig liefert die Beziehung i = Cdu/dt hiermit die Differentialgleichung (2.9) (integrierte Form)

2.1.5.3 Einachsig balancierter Stab (invertiertes Pendel). Ein Stab der Länge ℓ soll durch Verstellen des unteren Auflagepunktes x vertikal balanciert werden (Bild 2.14a). Der Auflagepunkt des Stabes werde horizontal geführt. Im Gleichgewichtsfall ist die horizontale Schwerpunktkoordinate y gleich x und der Stabwinkel aus der Vertikalen $\varphi = 0$. Als Momentengleichgewicht folgt gemäß Bild 2.14a durch Hinzufügen der Kräftepaare H'H'' und V'V'' im Schwerpunkt mit dem d'Alembertschen Trägheitsansatz

$$-H\ell_s \cos\varphi + V\ell_s \sin\varphi = I_s \ddot{\varphi}. \tag{2.11}$$

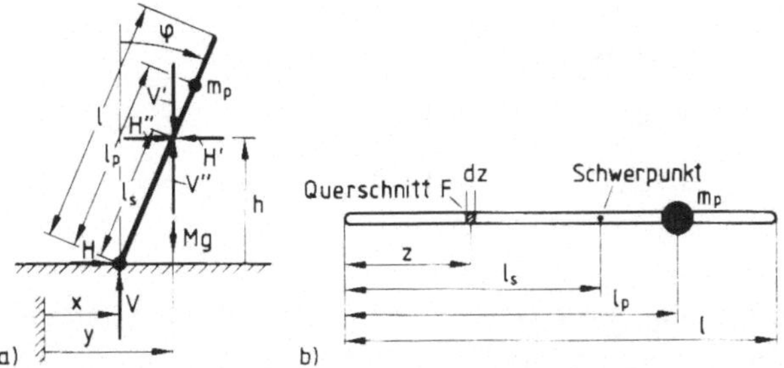

Bild 2.14 Zur Mechanik der Stabbewegung:
a) balancierter Stab, b) zur Schwerpunktbestimmung

Um die Verhältnisse einfach zu halten, wird eine gleichmäßige Massenverteilung über die Stablänge mit e i n e r zusätzlichen Punktmasse m_p im Abstand ℓ_p angenommen. Nach Bild 2.14b erhält man aus dem Momentengleichgewicht um den Schwerpunkt (F = Querschnittsfläche, ρ_s = Massendichte des Stabes, beide konstant)

$$\int_0^{\ell} (z - \ell_s) F \rho_s dz + m_p(\ell_p - \ell_s) = 0.$$

Mit der Stabmasse $m_s = F\ell\rho_s$ ergibt sich nach Integration die vertikale Schwerpunktkoordinate zu

$$\ell_s = \frac{m_s \ell/2 + m_p \ell_p}{m_s + m_p} \quad \text{oder} \quad \frac{\ell_s}{\ell} = \frac{m_s/2 + m_p \ell_p/\ell}{m_s + m_p}. \tag{2.12}$$

Für das Trägheitsmoment um den Schwerpunkt folgt aus

$$I_s = \int_0^{\ell} (z - \ell_s)^2 F \rho_s dz + m_p(\ell_p - \ell_s)^2$$

nach Integration

$$I_s = m_s \ell^2 \left[\frac{1}{3} - \frac{\ell_s}{\ell} + \left(\frac{\ell_s}{\ell}\right)^2\right] + m_p(\ell_p - \ell_s)^2. \tag{2.13}$$

Ist $m_p = 0$ (keine Zusatzmasse) oder $\ell_p = \ell/2$, so gilt $\ell_s = \ell/2$ und $I_s = m_s \ell^2/12$. Für $\ell_p = \ell$ (Zusatzmasse an der Stabspitze) gilt

$$\frac{\ell_s}{\ell} = \frac{m_s/2 + m_p}{m_s + m_p}$$

und
$$I_s = m_s \ell^2 \left[\left(\frac{1}{3} - \frac{\ell_s}{\ell}\right) + \frac{m_p}{m_s}\left(1 - 2\frac{\ell_s}{\ell}\right) + \left(\frac{\ell_s}{\ell}\right)^2 \left(1 + \frac{m_p}{m_s}\right)\right]. \tag{2.14}$$

Die folgende Tabelle enthält einige Werte für verschiedene Massenverhältnisse m_p/m_s bei $\ell_p = \ell$:

m_p/m_s	0	1	2	3	5	10
ℓ_s/ℓ	1/2	3/4	5/6	7/8	11/12	21/22
$I_s/m_s\ell^2$	1/12	5/24	1/4	13/48	7/24	$41/132 \approx \frac{1}{3}$

Für $m_p \gg m_s$ gilt $\ell_s/\ell \to 1$ und $I_s/m_s\ell^2 \to 1/3$; letzteres ist das Trägheitsmoment des Stabes um eines seiner Enden (die Punktmasse m_p hat kein Eigenträgheitsmoment). Für das Kraftgleichgewicht in y- und h-Richtung gilt mit $M = m_s + m_p$

$$M\ddot{y} = H; \qquad M\ddot{h} = V - gM, \qquad g = \text{Erdbeschleunigung}. \tag{2.15}$$

Zwischen y, h und x gelten die Zwangsbedingungen

$$y = x + \ell_s \sin\varphi; \qquad h = \ell_s \cos\varphi.$$

Differenziert man diese zweimal nach der Zeit, setzt das Ergebnis für y und h in Gl. (2.15) ein und die hieraus erhaltenen Ausdrücke für H und V in Gl. (2.11), so folgt

$$\ddot{x}\cos\varphi - g\sin\varphi + \ddot{\varphi}\left(\frac{I_s}{M\ell_s} + \ell_s\right) = 0. \tag{2.16}$$

Der Klammerausdruck $\ell_r = \left(\frac{I_s}{M\ell_s} + \ell_s\right)$ heißt „reduzierte Pendellänge" und hat für den Stab ohne Zusatzmasse den Wert $\ell_r = 2\ell/3$. Für kleine Auslenkwinkel φ gilt näherungsweise $\cos\varphi \approx 1$ und $\sin\varphi \approx \varphi$. Damit erhält man die lineare Dgl.

$$\ddot{\varphi} - \frac{g}{\ell_r}\varphi = -\ddot{x}/\ell_r. \tag{2.17}$$

Nimmt man die Kraft in x-Richtung ($\sim\ddot{x}$) als willkürlich wählbare Steuergröße u(t) an, so erhält man die Dgl. 2. Ordnung

$$\ddot{\varphi} + a_0\varphi = bu(t) \quad \text{mit } a_0 = -g/\ell_r,\ b = -1/\ell_r. \tag{2.18}$$

Mit $g = 9{,}81$ [m/s^2] hat der Koeffizient a_0 ohne Zusatzmasse ($m_p = 0$) für die Stablängen ℓ die Werte von Tab. 2.1.

Tab. 2.1 Eigenwerte des invertierten Pendels

ℓ/[m]	ℓ_r/[m]	$-a_0/[s^{-2}]$	$\pm\sqrt{\lvert a_0\rvert}/[s^{-1}]$
0,5	0,33	29,4	5,42
1	0,67	14,7	3,84
2	1,33	7,4	2,71

Zusammenfassung zum invertierten Pendel:

Physikalisches Modell

– homogener Stab konstanten Querschnitts mit zusätzlicher Punktmasse, starr;
  → Schwerpunkt und Trägheitsmoment

– reibungslose Lagerung mit horizontaler Führung

Ableitung der Differentialgleichungen

– Variablen:

Stellgröße: Fußpunktbeschleunigung $\ddot{x}$ (Kraft)

Ausgangsgröße: Winkellage φ

Zwischengrößen zur Aufstellung der Differentialgleichungen: horizontale und vertikale Schwerpunktkoordinaten y und h

– Momentengleichgewichtsbedingung um Schwerpunkt mit d'Alembertschem Trägheitsterm liefert die Differentialgleichung des Systems (2.11)

– Über die Newtonschen Translationsgleichungen werden die Kräfte (H und V) ersetzt

– die geometrischen Zwangsbedingungen zwischen Fußpunkt und Schwerpunkt und deren Ableitungen nach der Zeit führen hiermit zur nichtlinearen Differentialgleichung (2.16)

– für kleine Winkel φ gilt mit guter Näherung die Linearisierung (2.17), Standardform (2.18)

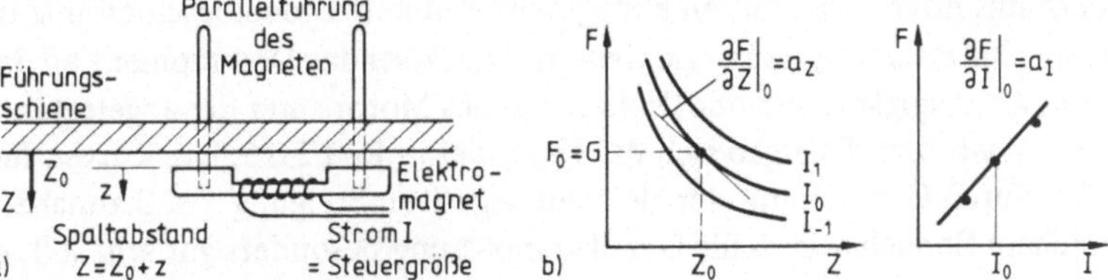

Bild 2.15 Magnetische Aufhängung im Schwerefeld:
a) Prinzipskizze des Einzelmagneten, b) Kraftkennfeld und Linearisierung

2.1.5.4 Magnetische Aufhängung im Schwerefeld. Die Nutzung von Elektromagneten zur berührungsfreien Aufhängung von Fahrschemeln ist in den letzten Jahren im Rahmen von Schnellbahnprojekten intensiv untersucht worden. Ein sehr vereinfachtes Modell eines vertikal geführten Einzelmagneten zeigt Bild 2.15a. Der Magnet habe im Gleichgewichtszustand (Index 0) das Gewicht G zu tragen ($G - F_0 = 0$). Aus dem Kennfeld Bild 2.15b, in dem die Magnetkraft F in Abhängigkeit von der Spaltbreite Z und dem Strom I (als Parameter) aufgetragen ist, ersieht man, daß sich für I_0 und die Spaltbreite Z_0 Gleichgewicht einstellt. Um diesen Punkt werde das Kennfeld dargestellt (mit $\Delta Z = z$ und $\Delta I = i$)

$$F = F_0 + \Delta F(z, i). \qquad (2.19)$$

Die Ableitungen dieser Funktion ΔF im Gleichgewichtspunkt seien mit

$$\left.\frac{\partial \Delta F}{\partial Z}\right|_0 = a_z \quad \text{und} \quad \left.\frac{\partial \Delta F}{\partial I}\right|_0 = a_I$$

abgekürzt. Ist $Z > Z_0$, d. h. $z > 0$, so wird der Magnet nach unten beschleunigt, da nun die Kraft $F_0 + \Delta F(z)$ wegen des negativen Vorzeichens von a_z (vgl. Bild 2.15b) kleiner als $mg = G$ ist. Setzt man für die Beschleunigung $\ddot{z}$ die Newtonsche Gleichung an (Kräftegleichgewicht), so folgt

$$m\ddot{z} = G - F = G - F_0 - \Delta F(z, i).$$

Wegen $F_0 = G$ erhält man damit die nichtlineare Stördifferentialgleichung 2. Ordnung

$$\ddot{z} = -\Delta F(z, i)/m. \tag{2.20}$$

Nähert man das Kennfeld $\Delta F(z, i)$ durch die linearen Terme $a_z \cdot z$ und $a_I \cdot i$ an und vernachlässigt die Terme höherer Ordnung (dies entspricht der Annäherung der Funktion $\Delta F(z, i)$ durch die Tangentialebene im Punkt Z_0, I_0), so folgt nach Herübernahme des z-Terms auf die linke Seite die lineare Differentialgleichung (ohne $\dot{z}$-Term)

$$\ddot{z} + a_0 z = bi \quad \text{mit} \quad a_0 = a_z/m \quad \text{und} \quad b = -a_I/m. \tag{2.20a}$$

i(t) kann als Steuergröße zur Beeinflussung der Bewegung frei verstellt werden. Diese Gleichung ist in der Form identisch mit der des balancierten Stabes.

2.1.5.5 Elektrischer Stellmotor und Positionsregelung. Es soll hier nicht ein genaues Modell der elektrischen Teilsysteme und ihres Zusammenwirkens vorgestellt werden, sondern uns interessiert nur eine möglichst einfache Globalbeschreibung für den Antrieb eines mechanischen Systems. Zu diesem Zweck sei das Drehmoment an der Antriebswelle in Abhängigkeit von der Drehzahl ω des Motors und der angelegten Spannung u vermessen worden. Es ergab sich das Kennfeld in Bild 2.16. Die Kurven für u = const lassen sich durch Geraden mit der gleichen negativen Steigung $\gamma < 0$ annähern. Je nachdem, in welchem Bereich von ω die Geradenanpassung besonders gut sein soll, ergeben sich leicht unterschiedliche Werte von γ und zugehörige Schnittpunkte M_{0L} mit der Achse $\omega = 0$ (Nulldrehmomente).

Trägt man nun die Nulldrehmomente über der Motorspannung auf, so ergibt sich Bild 2.17. Für kleinere Spannungen läßt sich jede der Kurven als Gerade annähern

$$M_0 = k_M u. \tag{2.21}$$

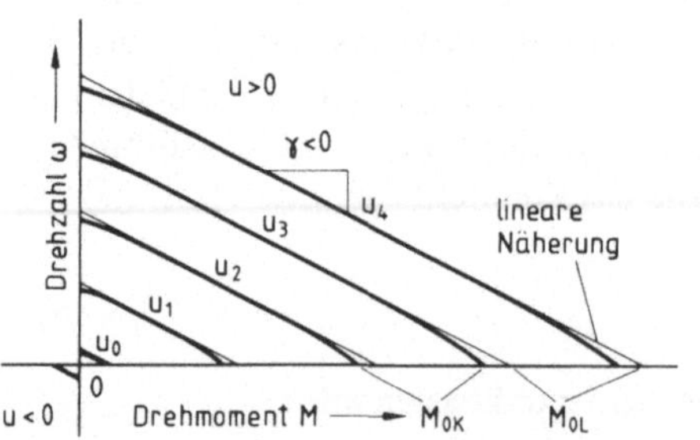

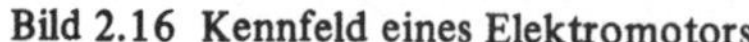

Bild 2.16 Kennfeld eines Elektromotors

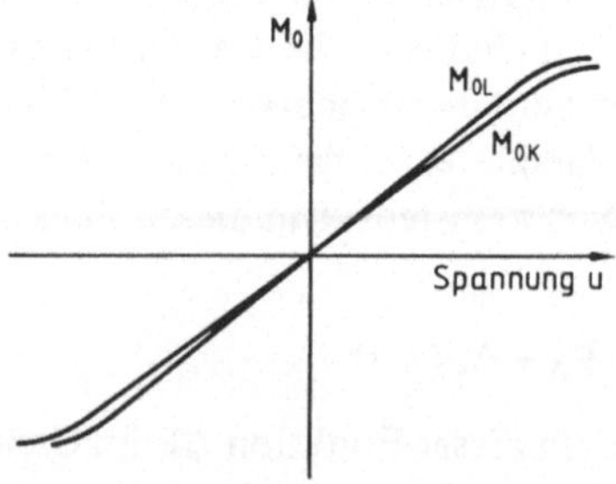

Bild 2.17 Linearisiertes Bezugsdrehmoment aus Bild 2.16 als f(u)

Für größere u beginnen Nichtlinearitäten (z. B. Sättigungserscheinungen), Abweichungen hervorzurufen; natürlich kann für hohe Spannungen ein gewisses Maximaldrehmoment nicht überschritten werden. Im folgenden beschränken wir uns auf den linearen Bereich.

Über die Geradenschar in Bild 2.16 kann nun die Abhängigkeit des Drehmomentes von ω und u als lineare Beziehung dargestellt werden:

$$M = M_0 + \gamma\omega, \qquad \gamma < 0 \tag{2.22}$$

und mit Gl. (2.21)

$$M = k_M u + \gamma\omega. \tag{2.23}$$

Positionsregelung (elektrisches Servosystem): Mit diesem einfachen analytischen Momentenmodell für den Elektromotor kann sein Bewegungsverhalten aber noch nicht beschrieben werden, solange nicht die Last, die er antreiben soll, bekannt ist. Diese Last, z. B. eine Antenne nach Bild 2.18a, setzt dem durch u aufgebrachten Drehmoment ein Trägheitsmoment I entgegen, und nur nach dessen Überwindung baut sich eine Drehgeschwindigkeit ω auf. Diese wirkt aber auf den Motor zurück (Bild 2.18b), indem sich dessen Drehmoment verringert (Gl. (2.22)), was wiederum die Beschleunigung der Antenne beeinflußt. Das Bewegungsverhalten kann also nur im Gesamtsystem analysiert werden. Der Drallsatz lautet

$$I\dot{\omega} = M. \tag{2.24}$$

Mit (2.23) erhält man die Differentialgleichung

$$\dot{\omega} + a_1\omega = \hat{b}u \quad \text{mit} \quad a_1 = -\gamma/I, \qquad \hat{b} = k_M/I, \tag{2.25}$$

die der Form nach mit Gl. (2.5) übereinstimmt. Soll der Antennenwinkel φ (siehe Bild 2.18) als Ausgangsgröße erfaßt werden, so ist mit $\dot{\varphi} = \omega c$, wobei c eine Übersetzungskonstante ist,

$$\ddot{\varphi} + a_1\dot{\varphi} = b'u \quad \text{mit } b' = \hat{b} \cdot c. \tag{2.26}$$

Dies ist nun eine Differentialgleichung 2. Ordnung, bei der der absolute Koeffizient a_0 Null ist. Wählt man die am Motor angelegte Spannung u proportional der Soll-Ist-

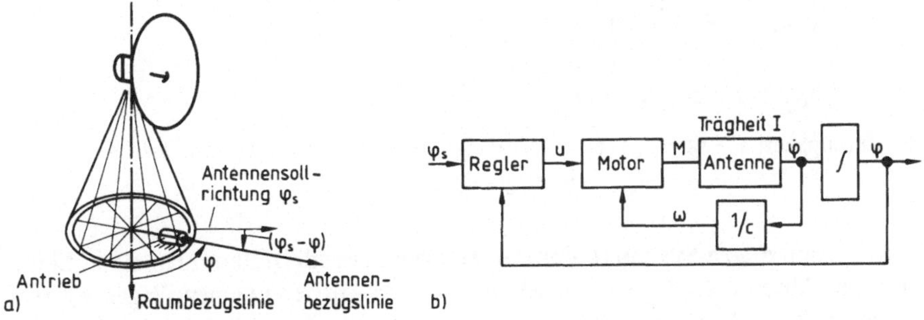

Bild 2.18 Azimutregelung einer Antenne
a) Prinzipskizze, b) Blockschaltbild

Winkeldifferenz der Antenne

$$u = k_p(\varphi_s - \varphi), \tag{2.27}$$

so folgt mit (2.26)

$$\ddot{\varphi} + a_1\dot{\varphi} + a_0\varphi = a_0\varphi_{soll}; \qquad a_0 = k_p b'. \tag{2.28}$$

Dies ist die Differentialgleichung des mit dem Regelgesetz (2.27) geschlossenen Servosystems für die Antenne.

Zusammenfassung Elektromotor/Antenne:

Physikalisches Modell

– Experimentelles Vorgehen auf der Basis von Vorwissen, Hauptabhängigkeit: $M = f(u, \omega) \to$ Vermessung (alle übrigen möglichen Parameter werden außer acht gelassen)

– Linearisierung der erhaltenen Kurven.

Ableitung der Differentialgleichungen

– Stellgröße: Motorspannung u; Antennen-Sollposition φ_s, Ausgangsgröße: Antennenwinkel $\varphi = \int \omega dt$

– Gleichgewichtsbedingung mit d'Alembertschem Trägheitsterm und dem linearen Motormodell; die Festlegung der Regleraufschaltung (2.27) ergibt die Verknüpfung der Variablen

– Standardform Gl. (2.28).

2.1.5.6 Totzeitglied. Es gibt dynamische Systeme, die am Ausgang den gleichen Funktionsverlauf wie am Eingang liefern, jedoch mit einer zeitlichen Verschiebung. Betrachten wir z. B. den Massenstrom $\dot{m}$ auf dem Förderband, das mit der Geschwindigkeit V_B läuft, gemäß Bild 2.19, so ist

$$\dot{m}(t_2, x_2) = \dot{m}(t_1, x_1) \quad \text{mit} \quad x_2 - x_1 = V_B(t_2 - t_1).$$

Interessiert nur die zeitliche Beziehung zwischen Auslaufen aus B_1 und Füllen von B_2, so gilt näherungsweise (Vernachlässigung der Fallzeiten am Anfang und Ende)

$$t_1 = t_2 - \frac{x_2 - x_1}{V_B} \equiv t_2 - \tau$$

und $$\dot{m}_{B_2}(t_2) = \dot{m}_{B_1}(t_2 - \tau). \tag{2.29}$$

Die Verzugszeit $\tau = t_2 - t_1 = (x_2 - x_1)/V_B$ wird „Totzeit“ genannt und das entsprechende System, das dies hervorruft „Totzeitglied“.

2.1.5.7 Stab/Wagen-System (balanciertes inverses Pendel). Baut man einen Elektromotor der oben (Abschn. 2.1.5.5) beschriebenen Art als Antrieb in einen Wagen, so entspricht bei schlupfloser Übertragung einem Drehwinkel Θ des Motorläufers ein Weg x_w des Wagens

$$x_w = k_w\Theta, \qquad (V = \dot{x}_w = k_w\omega) \tag{2.30}$$

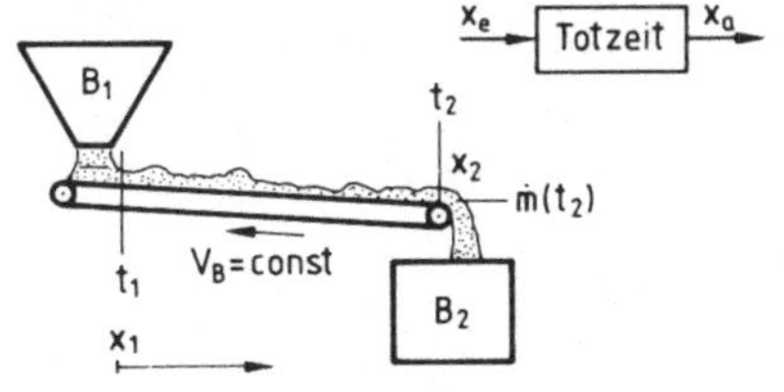

Bild 2.19 Totzeitglied Förderband

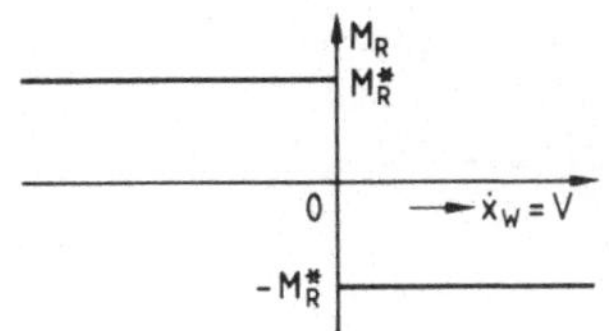

Bild 2.20 Trockene Reibung

wobei k_w das Gesamtübersetzungsverhältnis über Getriebe und Räder angibt. Der Wagen mit Motor habe ein konstantes Reibungsdrehmoment M_R^*, das dem Motordrehsinn und damit der Wagengeschwindigkeit stets entgegenwirkt. Die mathematische Beschreibung dieses Drehmoments lautet vorzeichenrichtig

$$M_R = -M_R^* \operatorname{sign}(V). \tag{2.31}$$

Sein Verlauf ist in Bild 2.20 aufgetragen; es macht einen Sprung bei V = 0 und seine Kennlinie ist damit nichtlinear.

Das verbleibende Motordrehmoment $M + M_R$ steht mit den d'Alembertschen Trägheitstermen $I'\dot{\omega}$ und $m'\dot{V}$ im Gleichgewicht; dabei ist I' das Trägheitsmoment aller rotatorisch beschleunigten Teilsysteme (Motorläufer, Getriebe, Räder) und m' die entsprechende Masse aller translatorisch bewegter Teile, auf die das Moment $M + M_R - I'\dot{\omega}$ über einen Hebelarm r als beschleunigende Kraft wirkt. Mit Gl. (2.22) wird für den Fall, daß die Stabmasse gegen die Wagenmasse vernachlässigt werden kann, aus

$$(M + M_R - I'\dot{\omega})/r = m'\dot{V}, \qquad \frac{k_M}{r}u + \frac{\gamma}{r}\omega + \frac{M_R}{r} - \frac{I'}{r}\dot{\omega} - m'\dot{V} = 0$$

und mit Gl. (2.30)

$$\left(m' + \frac{I'}{rk_w}\right)\dot{V} + \frac{M_R^*}{r}\operatorname{sign}(V) - \frac{\gamma}{rk_w}V = \frac{k_M}{r}u \tag{2.32}$$

oder $\quad \dot{V} + aV + f_N(V) = bu \qquad$ (2.32a)

mit $\quad a = \frac{|\gamma|}{m'rk_w + I'}, \qquad f_N = +\frac{M_R^*}{m'r + I'/k_w}\operatorname{sign}(V)$

und $\quad b = \frac{k_M}{m'r + I'/k_w}.$

Bei Vernachlässigung des nichtlinearen Terms f_N ist diese Gleichung identisch mit der des Motor/Antennen-Systems im vorigen Abschnitt (siehe Gl. (2.26)), wenn man $V = \dot{x}_w$ setzt; die Koeffizienten a und b haben nur andere Zahlenwerte.

Um diese Differentialgleichung für den Elektrokarren mit derjenigen für den balancierten Stab zu verbinden und eine Beschreibung des Gesamtsystems Stab/Wagen zu erhalten, braucht $\dot{V} = \ddot{x}_w$ aus Gl. (2.32a) nur für $\ddot{x}$ in Gl. (2.17) eingesetzt zu werden, da der Stab

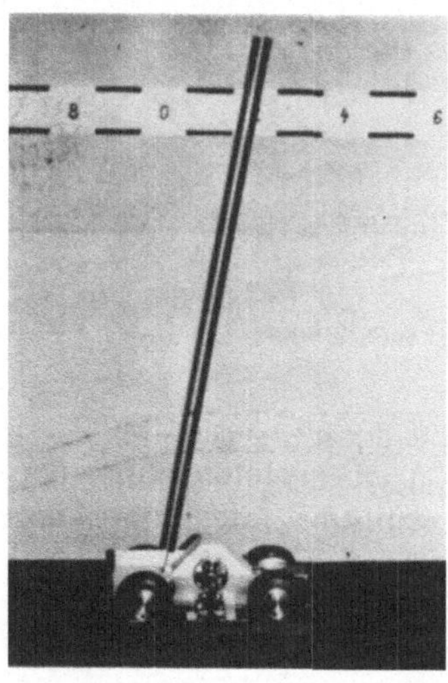

Bild 2.21
Stab/Wagen-System (SWS) des Standardbeispiels

am unteren Ende mit dem Lagerpunkt auf dem Wagen verbunden wird (siehe Bild 2.21). Man erhält (unter Vernachlässigung von f_N)

$$\ddot{\varphi} - g/\ell_r \varphi - a/\ell_r V = -b/\ell_r u. \tag{2.33}$$

Diese Differentialgleichung enthält die beiden abhängigen Variablen Stabneigung φ und Wagengeschwindigkeit V sowie die Steuervariable u(t). Läßt man die Wagenposition außer acht und interessiert sich nur für die Stabneigung φ, die auf 0 geregelt werden soll, so kann man durch Differentiation von (2.33), Einsetzen von Gl. (2.32a) und Addition von (2.33) zur Elimination von $\dot{V}$ und V folgende Differentialgleichung in φ und u erhalten

$$\dddot{\varphi} + a\ddot{\varphi} - g/\ell_r \dot{\varphi} - ag/\ell_r \varphi = -b/\ell_r \dot{u}. \tag{2.34}$$

Sie gibt keine Auskunft mehr über die Wagenposition x_w sowie über seine Geschwindigkeit V, und als Anregungsfunktion tritt nicht die Motorspannung u sondern deren zeitliche Änderung $\dot{u}$ auf; sie ist eine sehr kompakte Beschreibung des Zusammenhangs zwischen u und φ. Aus einer einmaligen Integration dieser Gleichung erkennt man, daß die Winkelbeschleunigung $\ddot{\varphi}$ von $\dot{\varphi}$, φ und dem Integral über φ sowie der Motorspannung u abhängt.

Will man auch die Wagenposition x_w wissen, so muß man die folgenden 3 Differentialgleichungen betrachten,

$$\dot{x}_w = V$$

$$\dot{V} = -aV + bu \quad \text{[ohne Nichtlinearität]} \tag{2.35}$$

$$\ddot{\varphi} = g/\ell_r \varphi + a/\ell_r V - b/\ell_r u \tag{2.35a}$$

die neben φ und dessen Ableitungen auch noch x_w mit Ableitungen enthalten. Eine nähere Diskussion dieses (Mehrgrößen-)Systems erfolgt im nächsten Abschnitt.

Zur Modellbildung gehört Erfahrung in dem Fachgebiet, aus dem das zu modellierende System stammt. Der Raum dieses Bandes gestattet es nicht, weitergehend auf die grundsätzliche Vorgehensweise in den verschiedenen Fachgebieten wie Mechanik, Elektrotechnik, Thermodynamik und Strömungsmechanik einzugehen. Der interessierte Leser sei auf das Buch von Cannon [10] verwiesen.

Im folgenden wird die Zustandsdarstellung als Standarddarstellung des mathematischen Modells insbesondere für Mehrgrößensysteme anhand des letzten Beispiels behandelt.

2.1.6 Zustandsnormalform für lineare, zeitinvariante Systeme

Interessiert man sich gleichzeitig für mehrere Zustandsgrößen eines Systems, so erhält man mehrere, i. allg. verkoppelte Differentialgleichungen. Treten in den einzelnen Differentialgleichungen Ableitungen höherer Ordnung auf, so lassen sich diese durch Einführung neuer Variablen für die ersten Ableitungen und Hinzufügen von zusätzlichen Differentialgleichungen schrittweise eliminieren, bis nur noch erste Ableitungen übrigbleiben. Isoliert man diese auf der linken Seite der Gleichheitszeichen, so erhält man die sogenannte Zustandsnormalform, die sich in Matrixschreibweise einfach darstellen läßt. Die Zahl n der anfallenden Gleichungen heißt Ordnung des beschriebenen Systems.

2.1.6.1 Zustandsdarstellung I des Stab/Wagen-Systems. Für das Stab/Wagen-System Gl. (2.35) ergibt sich mit der Einführung $\omega = \dot{\varphi}$ unmittelbar die isolierte Schreibweise

$$\begin{aligned} \dot{\varphi} &= \omega, & \dot{\omega} &= g/\ell_r \varphi + a/\ell_r V - b/\ell_r u \\ \dot{x}_w &= V, & \dot{V} &= -aV + bu. \end{aligned} \tag{2.36}$$

Man nennt die mit ihrer Ableitung auftretenden Größen Zustandsgrößen (φ, ω, x_w und V) und die ohne Ableitung auftretenden Variablen Steuergrößen, hier nur u. Die Zustandsgrößen faßt man als Zustandsvektor $\vec{x}$ mit $\vec{x}^T = (\varphi, \omega, x_w, V)$ zusammen und erhält in der kompakten Matrixschreibweise

$$\dot{\vec{x}} = F\vec{x} + \vec{b}_v u$$

$$\underbrace{\begin{pmatrix} \dot{\varphi} \\ \dot{\omega} \\ \dot{x}_w \\ \dot{V} \end{pmatrix}}_{\dot{\vec{x}}_1} = \underbrace{\begin{pmatrix} 0 & 1 & 0 & 0 \\ g/\ell_r & 0 & 0 & +a/\ell_r \\ 0 & 0 & 0 & 1 \\ 0 & 0 & 0 & -a \end{pmatrix}}_{F_1} \underbrace{\begin{pmatrix} \varphi \\ \omega \\ x_w \\ V \end{pmatrix}}_{\vec{x}_1} + \underbrace{\begin{pmatrix} 0 \\ -b/\ell_r \\ 0 \\ b \end{pmatrix}}_{\vec{b}_{v1}} \cdot u \,. \tag{2.37}$$

Da 4 Differentialgleichungen 1. Ordnung erforderlich sind, um das Systemverhalten zu beschreiben, spricht man von einem System 4. Ordnung.

Im nächsten Abschnitt wird gezeigt, daß die Zustandsvariablen φ, ω, x_w, V nicht die einzigen sind, mit denen das System beschrieben werden kann. Sie ergaben sich aus dem Wunsch nach einfach zu messenden Größen: Ein Potentiometer auf der Stabdrehachse am Wagen liefert direkt den Winkel φ aus der Vertikalen, wenn der Wagen auf einer horizontalen Ebene fährt und der Nullpunkt geeignet festgelegt wird. Ein zweites Potentiometer, das von einer der Radachsen angetrieben wird, liefert den Wagenweg x_w und ein Tachogenerator auf einer der drehenden Achsen liefert die Wagengeschwindigkeit V.

Die Stabdrehgeschwindigkeit $\omega = \dot{\varphi}$ ist nur schwer meßbar, zumal der Stab möglichst reibungslos gelagert sein sollte. Wird verlangt, daß der Regelkreis in der Lage sein soll, den Stab zu balancieren, wenn der Wagen über unebenen Boden fahren soll, so ist obige Stabwinkelmessung zwar noch möglich, aber der Bezug zur Vertikalen nicht mehr gegeben.

2.1.6.2 Zustandsdarstellung II des Stab/Wagen-Systems. Verzichtet man in diesem Fall auf eine Instrumentierung des Stab/Wagen-Systems und beobachtet es statt dessen mit einer Fernsehkamera, so kann man auch hierüber das System stabilisieren und steuern. Diese z. Zt. noch aufwendige und ungewöhnliche Regelkreisschließung wird mit Fortschreiten der Entwicklungen auf den Gebieten der elektro-optischen Sensoren und hochintegrierten Schaltkreise immer weiter vordringen und die Leistungsfähigkeit der organischen Auge/Hirn-Sensor- und Steuersysteme nachahmen und in speziellen Fällen zu übertreffen versuchen. Bild 2.22 zeigt eine zu Versuchszwecken realisierte Version [52]: Das Videosignal wird digitalisiert und in zwei horizontalen Streifen des Bildes werden die Stabpositionen x_u und x_0 gemessen. Kennt man die Abstände z_u und z_0, so kann man daraus den Winkel φ und die Wagenposition x_w berechnen. Für kleine φ gilt mit $\cos\varphi \approx 1$ und $\sin\varphi \approx \tan\varphi \approx \varphi$

$$x_u = x_w + z_u\varphi, \qquad x_0 = x_w + z_0\varphi \tag{2.38a}$$

oder mit $d = z_0 - z_u$

$$\begin{aligned} \varphi &= (x_0 - x_u)/d \\ x_w &= x_u - z_u(x_0 - x_u)/(z_0 - z_u) = \frac{z_0}{d}x_u - \frac{z_u}{d}x_0. \end{aligned} \tag{2.38b}$$

Durch Differentiation folgt aus (2.38a) und (2.38b)

$$\begin{aligned} V_u &= \dot{x}_u = V + z_u\omega \qquad & \omega &= (\dot{x}_0 - \dot{x}_u)/d \\ V_0 &= \dot{x}_0 = V + z_0\omega \qquad & V &= (z_0/d)\dot{x}_u - (z_u/d)\dot{x}_0 \\ \dot{V}_0 &= \ddot{x}_0 = \dot{V} + z_0\dot{\omega} & & \\ \dot{V}_u &= \ddot{x}_u = \dot{V} + z_u\dot{\omega} & & \end{aligned} \tag{2.38c}$$

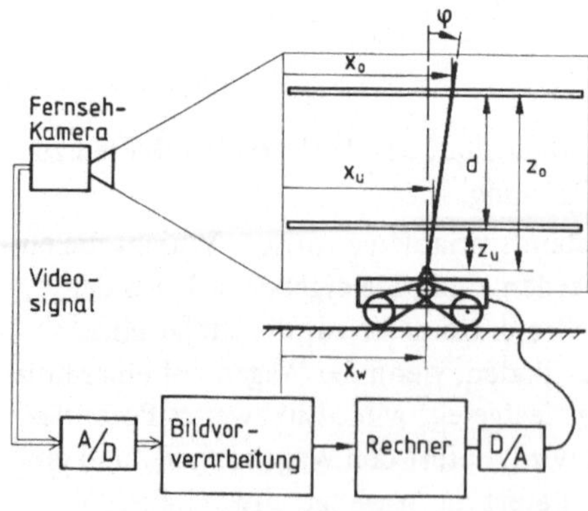

Bild 2.22
Regelung des SWS durch Rechnersehen

Hiermit hat man zwei verschiedene Möglichkeiten, das dynamische System einschließlich Meßvorgang zu beschreiben:

1. Der „Dynamik-Gleichung“ (2.37) wird eine Meßgleichung zugeordnet, die aus dem Zustandsvektor $\vec{x}_1$ den „Ausgangsvektor“ $\vec{y}$ mit $\vec{y}^T = [x_0, x_u]$ macht. Dies geschieht gemäß Gl. (2.38a) durch

$$\vec{y} = C_1 \vec{x}_1 \quad \text{mit} \quad C_1 = \begin{pmatrix} z_0 & 0 & 1 & 0 \\ z_u & 0 & 1 & 0 \end{pmatrix}. \tag{2.39}$$

2. Mit Hilfe der Gleichungen (2.38b und c) werden neue Zustandsvariable gebildet, die die gemessenen Ausgangsgrößen direkt enthalten. Z. B. liefert der neue Zustandsvektor $\vec{x}_2^T = [x_0, V_0, x_u, V_u]$ die Ausgangsgrößen $\vec{y}$ mit der Meßmatrix C_2

$$\vec{y} = C_2 \vec{x}_2 \quad \text{mit} \quad C_2 = \begin{pmatrix} 1 & 0 & 0 & 0 \\ 0 & 0 & 1 & 0 \end{pmatrix}. \tag{2.40}$$

Zur vollständigen Beschreibung eines linearen Systems mit der Dynamikmatrix F und den Ausgangsgrößen $\vec{y}$ gehört also stets das Tripel F, $\vec{b}_v$ und C.

Führt man den zweiten Weg durch, so erhält man mit Gl. (2.37) das neue Differentialgleichungssystem

$$\underbrace{\begin{pmatrix} \dot{x}_0 \\ \dot{V}_0 \\ \dot{x}_u \\ \dot{V}_u \end{pmatrix}}_{\dot{\vec{x}}_2} = \underbrace{\left(\begin{array}{c|c|c|c} 0 & 1 & 0 & 0 \\ \frac{z_0 g}{d\ell_r} & \frac{a z_u}{d}\left(1 - \frac{z_0}{\ell_r}\right) & -\frac{z_0 g}{d\ell_r} & -\frac{a z_0}{d}\left(1 - \frac{z_0}{\ell_r}\right) \\ 0 & 0 & 0 & 1 \\ \frac{z_u g}{d\ell_r} & \frac{a z_u}{d}\left(1 - \frac{z_u}{\ell_r}\right) & -\frac{z_u g}{d\ell_r} & -\frac{a z_0}{d}\left(1 - \frac{z_u}{\ell_r}\right) \end{array}\right)}_{F_2} \underbrace{\begin{pmatrix} x_0 \\ V_0 \\ x_u \\ V_u \end{pmatrix}}_{\vec{x}_2} + \underbrace{\begin{pmatrix} 0 \\ b\left(1 - \frac{z_0}{\ell_r}\right) \\ 0 \\ b\left(1 - \frac{z_u}{\ell_r}\right) \end{pmatrix}}_{\vec{b}_{v2}} \cdot u. \tag{2.41}$$

Durch die Wahl von Linearkombinationen der alten Zustandsvariablen $\vec{x}_1$ als neue Zustandsvariable $\vec{x}_2$ hat sich natürlich die Dynamik des Systems nicht geändert. Man ist deshalb daran interessiert, mit Beschreibungen zu arbeiten, die möglichst unabhängig von der speziellen Koordinatenwahl sind. Hierauf kommen wir später zurück.

Bei der Behandlung dynamischer Systeme mit Zustandsraum-Methoden, die in diesem Buch nicht behandelt werden, ist leicht nachzuweisen, daß sogenannte Lineartransformationen, wie wir e i n e mit den Gln. (2.38) vorgenommen haben, eine unendlich große Vielzahl an Darstellungsmöglichkeiten für ein und dasselbe physikalische System gestatten. Einige für die Regelungstechnik wichtige Standardformen werden wir bei der Anwendung der Übertragungsfunktionsmethoden auf natürliche Weise kennenlernen.

Das Stab/Wagen-System wird als Standardbeispiel im Rahmen dieses Buches immer wieder verwendet, weil es gestattet, die verschiedenen Methoden der Regelungstechnik systematisch zu veranschaulichen. Trifft man in (2.38) die spezielle Wahl $z_u = 0$ und $z_0 = \ell_r = d$ (vgl. Bild 2.22), so folgt

$$\dot{\vec{x}}_2 = \begin{pmatrix} 0 & 1 & 0 & 0 \\ g/\ell_r & 0 & -g/\ell_r & 0 \\ 0 & 0 & 0 & 1 \\ 0 & 0 & 0 & -a \end{pmatrix} \vec{x}_2 + \begin{pmatrix} 0 \\ 0 \\ 0 \\ b \end{pmatrix} \cdot u. \tag{2.41a}$$

Die untere Hälfte ist identisch mit (2.37). Die obere Hälfte entspricht der Differentialgleichung

$$\ddot{x}_0 - g/\ell_r x_0 = -g/\ell_r x_u, \tag{2.42}$$

die im Gegensatz zu Gl. (2.17) als inhomogenen Teil die Ortskoordinate des unteren Stabendes direkt enthält. Dadurch können Stab und Wagen als hintereinander geschaltete Teilsysteme betrachtet werden (Bild 2.23). Diese Möglichkeit ist von besonderer Bedeutung, wenn man den Einfluß der (nichtlinearen) trockenen Reibung auf den geschlossenen Regelkreis untersuchen möchte.

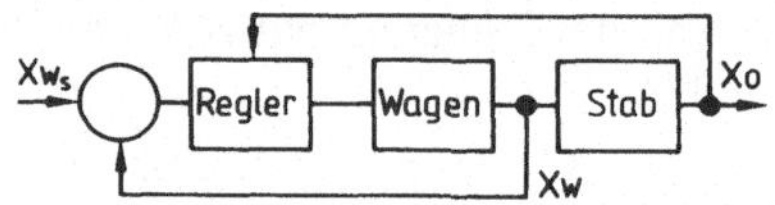

Bild 2.23
Sonderfall als Serienschaltung der Teilsysteme Wagen und Stab für $z_u = 0$ und $z_0 = \ell_r$

2.1.6.3 Linearisierung eines allgemeinen nichtlinearen Differentialgleichungssystems. Sind die Differentialgleichungen eines Systems nichtlinear (z. B. quadratische oder exponentielle Abhängigkeiten in den Zustands- oder Steuervariablen), so schreibt man allgemein

$$\dot{\vec{x}} = \vec{f}(\vec{x}, \vec{u}) \tag{2.43}$$

mit $\vec{x}$ als Zustandsvektor (n Komponenten) und $\vec{u}$ als Steuervektor (m Komponenten); $\vec{f}$ ist eine nichtlineare Vektorfunktion mit n Komponenten.

Jede Variable wird nun so aufgefaßt, daß sie sich aus einem Gleichgewichtsanteil im nominellen Arbeitspunkt $\vec{x}_N$, $\vec{u}_N$ und einem überlagerten Störanteil $\delta\vec{x}$ und $\delta\vec{u}$ zusammensetzt:

$$\vec{x} = \vec{x}_N + \delta\vec{x}, \qquad \vec{u} = \vec{u}_N + \delta\vec{u}. \tag{2.44}$$

Durch Differentiation folgt

$$\dot{\vec{x}} = \dot{\vec{x}}_N + \delta\dot{\vec{x}}$$

und durch Taylor-Reihenentwicklung der rechten Seite von (2.43) ergibt sich damit

$$\dot{\vec{x}}_N + \delta\dot{\vec{x}} = \vec{f}(\vec{x}_N, \vec{u}_N) + \left.\frac{\partial\vec{f}}{\partial\vec{x}}\right|_{\vec{x}_N, \vec{u}_N} \delta\vec{x} + \left.\frac{\partial\vec{f}}{\partial\vec{u}}\right|_{\vec{x}_N, \vec{u}_N} \delta\vec{u} + \underbrace{\text{T.h.O.}}_{\sim 0}, \tag{2.45}$$

wobei die Terme höherer Ordnung (T.h.O.) vernachlässigt werden.

Eliminiert man aus (2.45) den Gleichgewichtsanteil $\dot{\vec{x}}_N = 0 = \vec{f}(\vec{x}_N, \vec{u}_N)$, so erhält man das lineare Differentialgleichungssystem (das δ wird der Einfachheit halber ab hier fortgelassen)

$$\dot{\vec{x}} = F\vec{x} + G\vec{u} \tag{2.46}$$

mit $F = \left.\frac{\partial \vec{f}}{\partial \vec{x}}\right|_{\vec{x}_N, \vec{u}_N}$ einer n · n-Matrix der partiellen Ableitungen

und $G = \left.\frac{\partial \vec{f}}{\partial \vec{u}}\right|_{\vec{x}_N, \vec{u}_N}$ einer n · m-Matrix, ausgewertet mit den Nominalwerten $\vec{x}_N, \vec{u}_N$.

Über den Gültigkeitsbereich der linearen Näherung kann eine quantitative Aussage meist nur durch eine numerische Simulation mit den nichtlinearen Ausgangsgleichungen (2.43) gewonnen werden. Die Matrizen F und G haben für den gewählten Referenzzustand konstante Elemente.

2.1.7 Das Blockschaltbild zur Darstellung des Wirkungsablaufs

Zur Illustration der Aufgabenstellungen im vorigen Kapitel wurden zwanglos zeichnerische Skizzen der physikalischen Gegebenheiten und summarische Blockdarstellungen gemischt (vgl. z. B. Bild 2.22). Weiter stilisiert, könnte der gleiche Prozeß in verschiedenen Vereinfachungsstufen dargestellt werden.

2.1.7.1 Exemplarische Behandlung des Stab/Wagen-Systems. Eine nach Baueinheiten gegliederte Blockdarstellung zeigt Bild 2.24. Der Regelkreis soll den Wagen mit dem balancierten Stab an der Stelle $x_{w_{soll}}$ stabilisieren. Der Regelrechner ermittelt hieraus und aus den Meßwerten x_0 und x_w eine Steuerspannung u, mit der der Motor auf dem Wagen angesteuert werden soll. Der Prozeßausgang (Digital/Analog-Wandler D/A) liefert aber nur eine Spannung u_i auf dem „Informationsniveau", die über einen Leistungsverstärker auf das „Leistungsniveau" u_L übertragen werden muß; hiermit wird der Wagen angesteuert. Der rechte Block Meßgerät ist intern noch einmal aufgelöst in die physikalischen Baugruppen Fernsehkamera und Bildverarbeitungsrechner (BV) mit vorgeschaltetem Analog/Digital (A/D)-Wandler. Dies ist geschehen, um die Besonderheit dieses Meßverfahrens klarzumachen, das z. Z. noch im Erprobungsstadium ist. Wenn die ausgegebenen Signale x_0 und x_w den Zustand von Stab und Wagen gut und zuverlässig wiedergeben, könnte der Darstellungs-Block Meßgerät fortgelassen werden und man müßte die Signalpfade direkt aus dem Stab/Wagen-Block herausführen.

Der linke Block Prozeßrechner enthält ebenfalls eine interne Strukturierung, die bestimmte Merkmale hervorheben soll. Der Teilblock Rechnerkopplung (unten rechts) gibt z. B. an,

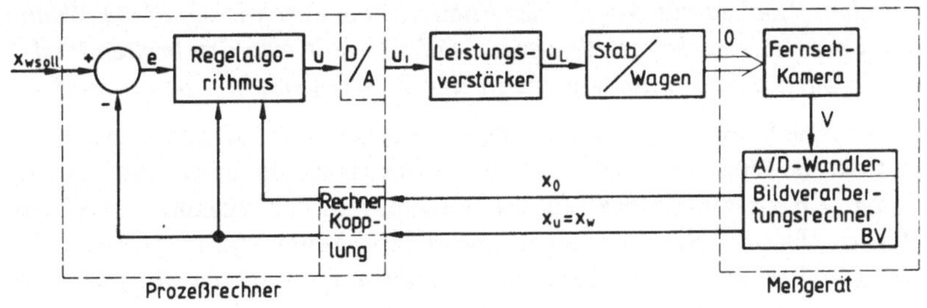

Bild 2.24 Blockschaltbild zu Bild 2.22

daß hier ein relativ aufwendiges Verbindungsglied (Interface) zwischen zwei Rechnersystemen zu realisieren ist, was sowohl Hardware- als auch Software-Arbeiten erfordert. Ferner können hier Verzugszeiten (Totzeiten) entstehen. Der Digital/Analogwandler-Block (D/A oben rechts) deutet auf spezielle Prozeßausgänge des Rechners hin, mit denen berechnete Zahlenwerte in elektrische Spannungen an Ausgangsbuchsen umgesetzt werden können.

Der Block „Regelalgorithmus" und die Vergleichsstelle (Kreis oben links) hingegen sind nicht physisch vorhanden, sondern als abstrakte Funktion zusammengefaßt, als wesentliche Teile jedes Regelkreises. Auf Digitalrechnern werden sie in Programmen definiert und bei jedem Anwendungsfall im allgemeinen in unterschiedliche Speicherbereiche geladen (je nach Zustand des Rechners durch dessen Betriebssystem). Für die Aufgabenabwicklung ist das unwichtig. Geschieht die Spannungsumwandlung von der berechneten Zahl u auf das Leistungsniveau u_L verzögerungs- und fehlerfrei, dann kann – bei Beschränkung auf die wesentlichen Aspekte – der funktionale Zusammenhang durch ein Blockschaltbild gemäß Bild 2.25 dargestellt werden. Bezüglich des Signalflusses ist es identisch mit Bild 2.24; es läßt allerdings die Hardware-Realisierung und damit mögliche Fehlerquellen nicht mehr erkennen. Fixiert man den Stab auf dem Wagen (z. B. $x_0 = x_w$, d. h. senkrecht), dann können die mit /// gekennzeichneten Signalpfade entfallen und man erhält den einfachen Standardregelkreis mit Einheitsrückführung, mit dem wir uns zu Beginn intensiv befassen werden.

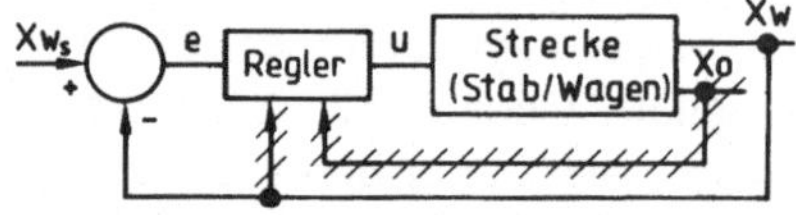

Bild 2.25
Standard-Blockschaltbild eines (Einfach-) Regelkreises

Bei der Darstellung von Wirkzusammenhängen durch Blockschaltbilder gilt folgende Grundregel:

– *Der Detaillierungsgrad geschieht nach Maßgabe des momentanen Hauptinteresses (mal summarisch, mal mit feiner Auflösung und gelegentlich gemischt).*

– *Funktionale (Teil-) Systeme mit definierten Ein- und Ausgangsgrößen werden als Blöcke zusammengefaßt. Ein Block, meist durch ein Rechteck dargestellt, kann als Kontrollfläche aufgefaßt werden, die das Teilsystem von seiner Umwelt abgrenzt. Alle wesentlichen Eingangsgrößen in das Teilsystem, auch Störungen und Rückwirkungen, sowie die interessierenden Ausgangsgrößen werden als Signalpfade eingezeichnet (Striche zwischen Blöcken mit Angabe der Flußrichtung durch einen Pfeil). Wenn viele Signale zusammenfassend dargestellt werden sollen, wählt man den breiten Pfeil ⇒ (z. B. für die Bilddaten, die die Fernsehkamera in* Bild 2.24 *aufnimmt, oben rechts).*

Rein formell kann man die Wirkung eines Blockes so auffassen, daß er die Eingangssignale (auf welche Weise auch immer) in die Ausgangssignale „überträgt". Daher hat sich der Name „Übertragungsblock" für die Beschreibung der Wirkung dieses Teilsystems eingebürgert. Über die Natur der Signale wird dabei keine Aussage gemacht. Z. B. setzt der Block Stab/Wagen in Bild 2.24 eine Spannung u_L in optische Signale 0 um, die von der Fernsehkamera erfaßt werden; diese wiederum transformiert die parallelen optischen

Signale in ein sequentielles Videosignal V, einen zeitlichen Spannungsverlauf, und der Bildverarbeitungsrechner macht daraus die beiden Stabkoordinaten x_0 und $x_u = x_w$, zwei binär kodierte Zahlen. Der Sollwert $x_{w_{soll}}$ wird über eine Terminal-Tastatur als dezimale Zahl eingetippt und der D/A-Unterblock macht aus der binären Zahl u eine Schwachstrom-Spannung u_i, die der Leistungsverstärker auf das Starkstromniveau u_L anhebt.

2.1.7.2 Elemente der Blockschaltbild-Darstellung. Die Abstraktion von der realen Natur der Signale ist es, die das Blockschaltbild für funktionale Analysen von komplexen Systemen so geeignet macht. Jedes Signal ist der zeitliche Verlauf einer funktionalen Größe, die als mathematische Funktion der Zeit formelmäßig oder numerisch erfaßt wird.

Der Übertragungsblock. Ein Block ist damit ein Glied, das einen Satz von Eingangsfunktionen in einen Satz von Ausgangsfunktionen transformiert. Es wird sich zeigen, daß für lineare Systeme mit konstanten Koeffizienten diese Transformationsfunktion als zeitinvariante, vom Eingangssignal unabhängige Kennfunktion G(s) mit komplexen Zahlen s im „Frequenzbereich" beschrieben werden kann. Der Übergang in den „Frequenzbereich" wird in Abschn. 2.2 behandelt.

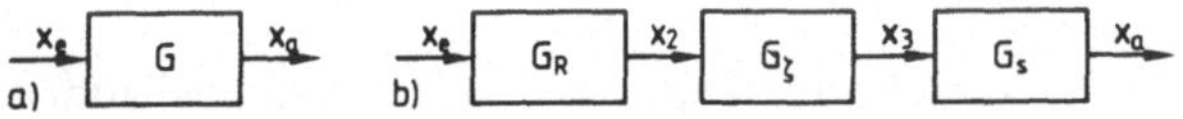

Bild 2.26 Übertragungsblock und Hintereinanderschaltung

Für ein Eingrößensystem mit einem Eingang und einem Ausgang kann das Ausgangssignal in diesem Fall als Produkt aus Eingangssignal und der zeitinvarianten „Übertragungsfunktion" G(s) dargestellt werden (Bild 2.26a). Damit sind hintereinandergeschaltete Teilsysteme leicht zu beschreiben: Aus

$$x_a = Gx_e; \qquad G = x_a/x_e \neq f(t) \tag{2.47}$$

folgt für die Hintereinanderschaltung gemäß Bild 2.26b

$$x_a = G_s x_3 = G_s G_\xi x_2 = G_s G_\xi G_R x_e = Gx_e, \tag{2.48}$$

d. h. die „Gesamtübertragungsfunktion" G der drei hintereinandergeschalteten linearen Teilsysteme ist das Produkt der Einzelübertragungsfunktionen.

In einem allgemeinen Blockschaltbild sagt ein Übertragungsblock nichts darüber aus, welcher Art die Transformationsfunktion zwischen Ein- und Ausgang ist; dies muß durch zusätzliche Angaben verdeutlicht werden. Die Angabe einer Übertragungsfunktion G(s) besagt, daß es sich um ein lineares zeitinvariantes Übertragungsglied handelt, von denen mehrere hintereinandergeschaltet im Frequenzbereich durch Multiplikation zusammengefaßt werden können. Diese Glieder findet man in der Literatur häufig auch durch eine Skizze des zeitlichen Verlaufs ihrer Sprungantwort oder einer anderen symbolischen Darstellung gekennzeichnet (siehe Bild 2.27a bis c). Nichtlineare Übertragungsglieder werden durch ihre „Kennlinie" ($x_a = f(x_e)$) (2.27d bis g) oder einen speziellen Hinweis verdeutlicht; für sie gibt es im „Frequenzbereich" in der Regel keine einfache Beschreibung. Meist hängt die erforderliche Behandlung von der Art der Nichtlinearität ab, die das mit der Kennlinie versehene Blockschaltbild leicht ersehen läßt. Nichtlineare Blöcke haben

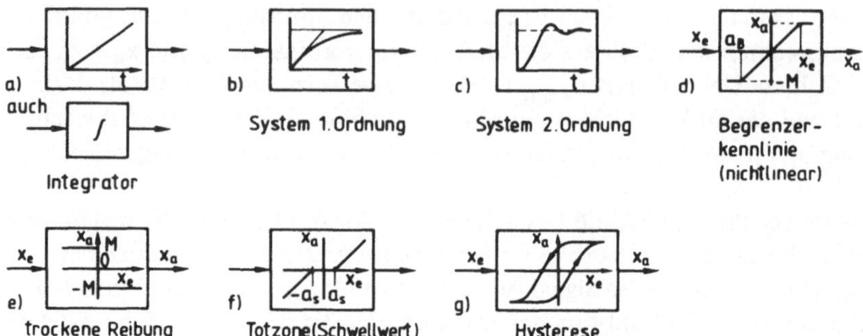

Bild 2.27 Übliche Darstellungen von Übertragungselementen

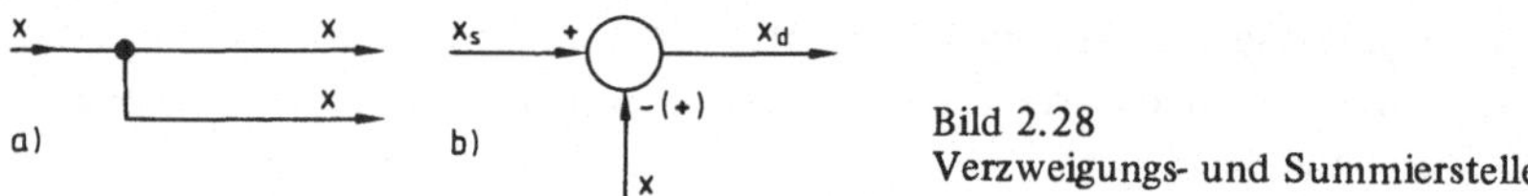

Bild 2.28
Verzweigungs- und Summierstelle

die Nichtanwendbarkeit der in diesem Band behandelten „Übertragungsfunktionsverfahren" zur Folge. In einigen Fällen helfen Näherungsverfahren wie z. B. die Beschreibungsfunktionsmethode [41].

Das Signal. Jedes Signal wird durch einen Pfeil als gerichtete Größe dargestellt. Je nach dem Zusammenhang kann es sich um eine Zeitfunktion (x(t)) oder die entsprechende Bildfunktion im Frequenzbereich (x(s)) handeln. Wird das Signal mehrfach benötigt, so wird seine Verzweigung gemäß Bild 2.28 als Punkt markiert. Mehrere Signale können miteinander verknüpft werden. Nur für die additive (subtraktive) Verknüpfung gibt es ein eigenes Symbol; alle anderen werden in speziell gekennzeichneten Blöcken dargestellt.

Die Summierstelle. Bild 2.28 zeigt das entsprechende Symbol (Kreis), das nur einen Ausgang aber mehrere Eingänge (additiv oder subtraktiv je nach Kennzeichnung) haben kann.

Die Blockschaltbilddarstellung ist ein sehr flexibles Werkzeug und sollte auch so gehandhabt werden. Es ist alles erlaubt, was verständlich und eindeutig ist und der Verdeutlichung der Zusammenhänge dient. Besonderheiten können auch durch Schlagworte an Blöcken gekennzeichnet werden. Für lineare zeitinvariante Systeme werden später unter dem Stichwort Blockschaltbildalgebra spezielle Rechenregeln behandelt, die die Umformung von Blockschaltbildern zur Zurückführung auf einfache Grundformen betreffen.
Die graphische Veranschaulichung funktionaler Zusammenhänge in Blockschaltbildern ist jedoch viel allgemeiner und keineswegs auf das Konzept der Übertragungsfunktionen beschränkt.

2.1.8 Zusammenfassung zur Modellierung

– Mathematische Modelle sollen so einfach wie möglich sein und den wesentlichen Kern der Problemstellung erfassen.

– Um die sehr leistungsfähigen analytischen Methoden der linearen Systemtheorie anwenden zu können, wird stets ein lineares, möglichst zeitinvariantes Modell angestrebt.

– Die getroffenen Annahmen, die zu der mathematischen Modellvorstellung führten, sind sorgfältig zu dokumentieren. Bei späteren Abweichungen der Leistungen des realen Systems von denen des modellierten muß das Modell ggf. erweitert werden.

– Die Modelle sind als gehirnliche Artefakte nur für die einfachere Analyse des Systems und die Synthese der festzulegenden Parameter von Bedeutung. Im Ergebnis muß *das reale System* zufriedenstellend funktionieren.

– Um diesem Ziel näherzukommen, werden heute bei komplexeren Systemen als Zwischenschritt zwischen der theoretischen Analyse und Synthese und dem Einsatz am realen System numerische Simulationen zwischengeschaltet, die eine recht genaue (auch die nichtlinearen Elemente enthaltende) Modellierung umfassen und häufig einzelne schwer modellierbare Elemente als Echtbauteile mit einschließen.

2.2 Laplace-Transformation und Frequenzbereich

In diesem Abschnitt werden zunächst einige der häufiger verwendeten Signale besprochen (Abschn. 2.2.1). Es wird gezeigt, wie beliebige Zeitverläufe durch eine Überlagerung von (verschobenen) Sinusfunktionen verschiedener Frequenzen oder durch eine Folge von Stufen angenähert dargestellt werden können. Die Darstellung im Frequenzbereich wird dann zur Laplace-Transformation modifiziert, mit der einige Signale als Funktion der neuen Variablen beschrieben werden (Abschn. 2.2.2). Nach Ableitung einiger Rechenregeln wird dieses Werkzeug dann auf lineare zeitinvariante Differentialgleichungen aus Abschn. 2.1.5 angewandt. Hierbei ergibt sich auf natürliche Weise eine Systembeschreibung, wie wir sie mit Gl. (2.47) gewünscht hatten; diese wird dann in Abschn. 2.3 näher untersucht.

2.2.1 Testsignale

Um dynamische Systeme im Vergleich zu charakterisieren, bringt man an ihrem Eingang möglichst einfache Signale auf und beobachtet die Ausgangssignale. Folgende Eingangssignaltypen finden dabei besonders häufige Verwendung: die Stufenfunktion mit Ableitung und Integral und die Sinusfunktion.

1. Die Stufenfunktion (Sprungfunktion) $x_e = A \cdot 1(t)$ (Bild 2.29) verschwindet für $t<0$ identisch und hat für $t>0$ den konstanten Wert A. Ihr Kern ist die Einheitsstufe (Einheitssprung) 1(t) mit

$$1(t) = \begin{cases} 0 & \text{für } t<0 \\ \text{undefiniert} & \text{für } t=0 \\ 1 & \text{für } t>0 \end{cases} \tag{2.49}$$

Sie hat bei $t = 0$ einen Sprung um den Betrag 1. Will man zur Klärung dieser undefinierten Stelle den rechtsseitigen Grenzwert $1(0^+) = 1$ als Integral über eine noch unbekannte

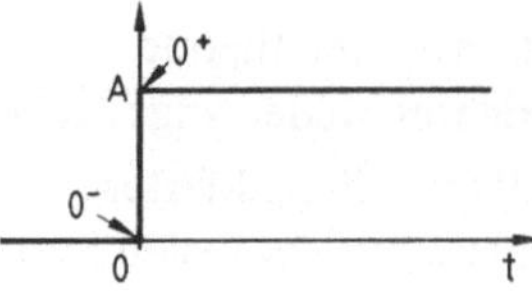

Bild 2.29 Stufen-(Sprung-)funktion

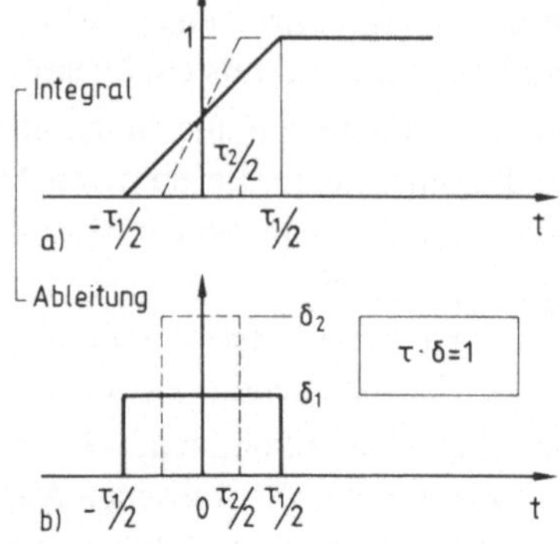

Bild 2.30
Grenzwertbildung $\tau \to 0$ zur Darstellung der Stufe 1(t) als Integral

Funktion und abhängig von dem linksseitigen Grenzwert $1(0^-) = 0$ als Anfangswert darstellen, so muß folgende Grenzwertbildung gelten (Bild 2.30):

$$\lim_{\tau \to 0} \left\{ \int_{-\tau/2}^{\tau/2} \delta(t)\,dt \right\} = 1.$$

Der Einfachheit halber wird $\delta(t) = \text{const}$ im Intervall $-\tau/2$ bis $\tau/2$ gewählt. Die Auswertung des Integrals ergibt $\delta \cdot \tau/2 + \delta \cdot \tau/2 = 1$, d. h. $\delta = 1/\tau$ wächst für $\tau \to 0$ über alle Grenzen.

2. Der Dirac-Impuls. Diese etwas merkwürdige Funktion $\delta(t)$ ist gemäß Bild 2.30b für alle t identisch 0, außer bei t = 0, wo sie so gegen ∞ geht, daß das Integral von 0^- bis 0^+ genau 1 ergibt. Sie heißt Dirac-Impuls und kann gemäß obiger Herleitung als Ableitung der Sprungfunktion 1(t) gelten

$$\delta(t) = \begin{cases} 0 & \text{für alle t außer 0} \\ \to \infty & \text{Mit dem Integral 1 von } 0^- \text{ bis } 0^+ \end{cases} \tag{2.50}$$

Mit dieser Definition ist sie natürlich ein rein geistiges Gebilde. Sie hat als mathematisch einfach zu beschreibende Funktion (s. u.) näherungsweise jedoch auch praktische Bedeutung. Z. B. kann die Anregung eines mechanischen Gebildes durch einen Hammerschlag (Glocke, Golfschlag) hiermit brauchbar beschrieben werden.

3. Die Rampenfunktion Ein weiteres gelegentlich benutztes Testsignal ist die Rampe gemäß Bild 2.32, die als Integral einer konstanten Größe v aufgefaßt werden kann

$$R(t) = v \cdot t = v \int_0^t 1(\rho)\,d\rho. \tag{2.51}$$

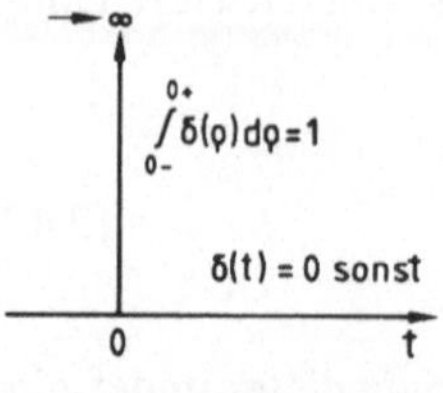

Bild 2.31 Dirac-Impuls $\delta(t)$

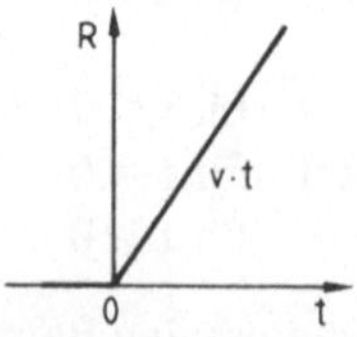

Bild 2.32 Rampenfunktion $v \cdot t$ für $t > 0$

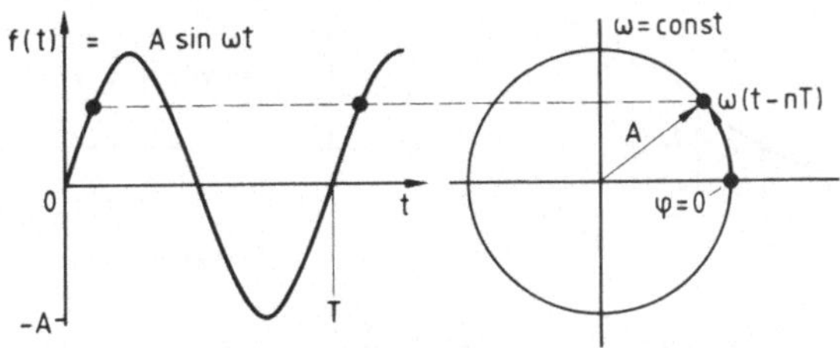

Bild 2.33 Sinusfunktion und Erzeugung durch Projektion bei konstanter Kreisgeschwindigkeit ω

4. Die Sinusfunktion $x_e = A \sin \omega t$ mit konstanter Frequenz $f = \omega/2\pi$. ω heißt Kreisfrequenz und gibt eine Winkelgeschwindigkeit in Radian pro Sekunde an. Bild 2.33 läßt erkennen, daß mit den 3 Größen Amplitude A, Kreisfrequenz ω und Bezugspunkt $\varphi_0 = 0$ für $t = 0$ der gesamte Funktionsverlauf festliegt. Nach einer Periode T, gekennzeichnet durch

$$\omega T = 2\pi \rightarrow T = 2\pi/\omega = 1/f, \tag{2.52}$$

wiederholt sich die Funktion. Für $\varphi_0 = \pi/2$ ergäbe sich die Cosinusfunktion. Über die „Phasenlage" φ_0 läßt sich also eine beliebig aus Sinus- und Cosinus-Anteilen gemischte Funktion der gleichen Frequenz darstellen (s. u.).

Beim Test eines dynamischen Systems mit einer Sinusfunktion der Frequenz ω_1 am Eingang stellt sich nach einiger Zeit bei (stabilen) linearen zeitinvarianten Systemen am Ausgang eine Sinusfunktion der gleichen Frequenz ω_1 ein, allerdings mit unterschiedlicher Amplitude A_a und in der Phasenlage φ verschoben. Wählt man eine andere Anregungsfrequenz ω_2, so werden nach einiger Zeit auch die Ausgangssignale nur noch Frequenzen ω_2 enthalten, aber andere Amplituden A_a und Phasenlagen φ. Man kann diese Charakteristiken $A_a(\omega)$ und $\varphi(\omega)$ zur Kennzeichnung des Systems heranziehen. Das Verhältnis von Ausgangs- zu Eingangsamplitude als Funktion von ω heißt Amplitudengang, $\varphi(\omega)$ heißt Phasengang, beides zusammen Frequenzgang. Hierauf werden wir später noch zurückkommen. Vorerst interessiert, wie beliebige Signale durch einige der hier beschriebenen Funktionen näherungsweise dargestellt werden können.

2.2.2 Darstellung beliebiger Signale

2.2.2.1 Stufenfolge. In Bild 2.2 war bereits das Prinzip dargestellt worden. Bild 2.34 gibt einen vergrößerten Ausschnitt um den Zeitpunkt kT wieder. Diese Behandlungsmethode von kontinuierlichen Signalen f(t) ist für den Einsatz von Digitalrechnern zur Steuerung und Regelung von kontinuierlichen Prozessen heute von besonderer Bedeutung. Das Meßgerät greift zum Zeitpunkt kT den Funktionswert f(kT) heraus, der über einen Analog/Digital-Wandler als kodierte Zahl f_h im Speicher des Digitalrechners abgelegt und im Rahmen des Regelalgorithmus weiterverarbeitet wird. Die Abarbeitung dieses Vorgangs dauert $T - \epsilon$, wobei ϵ als Reserve für den Rechner zur Erledigung anderer Aufgaben vorgehalten wird. T heißt Abtastperiode, 1/T Abtastrate. Man kann nun diese Wertefolge $f_h(kT)$ auf verschiedene Weise ausnutzen, um das Signal f(t) im Bereich

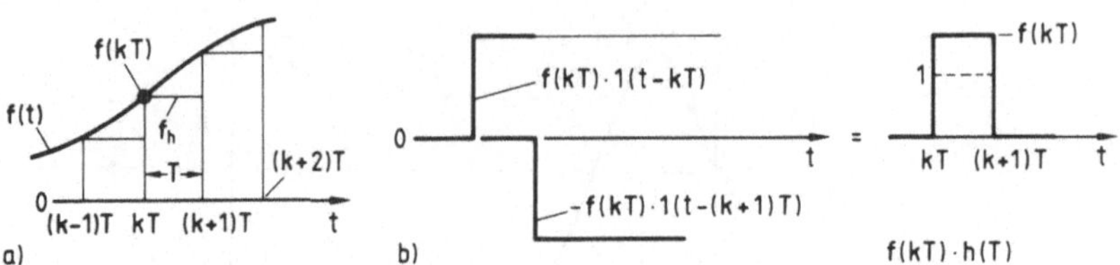

Bild 2.34 Näherungsweise Darstellung von f(t) für $kT \leqslant t < (k+1)T$ durch eine Stufenfolge

$kT \leqslant t \leqslant (k+1)T$ anzunähern. Die einfachste Art ist, f(t) durch das „gehaltene" Signal

$$f_h(t) = f(kT) \quad \text{für} \quad kT \leqslant t \leqslant (k+1)T \tag{2.53}$$

zu approximieren, das nur in dem angegebenen Zeitbereich von 0 verschieden ist. Gemäß Bild 2.34 rechts schreibt sich f_h mit Gl. (2.49) ($1(t-\tau)$ besagt, daß der Einheitssprung bei $t = \tau$ statt bei $t = 0$ stattfindet)

$$f_h(k, t) = f(kT)\,[1(t - kT) - 1(t - (k+1)T)] = f(kT) \cdot h(T). \tag{2.54}$$

Der Ausdruck in eckigen Klammern hängt als Einheitsfunktion nur noch von der Abtastperiode T ab und sei mit h(T) bezeichnet, da er den Funktionswert f(kT) über eine Abtastperiode hält (Halteglied). Damit kann der gesamte Funktionsverlauf f(t) für $t > 0$ näherungsweise durch die einfache Summenformel

$$f_A(t) = \sum_{k=0}^{\infty} f_h(k, t) = h(T) \cdot \sum_{k=0}^{\infty} f(kT) \tag{2.55}$$

beschrieben werden; diese Funktion hat an den Abtastpunkten Sprünge und ist ansonsten konstant, was weitere Rechnungen für $t \neq kT$ stark vereinfacht.

2.2.2.2 Rampenfolge. Eine bessere Annäherung an f(t) könnte erhalten werden, wenn man für $kT \leqslant t < (k+1)T$ eine lineare Interpolation zwischen f(kT) und f((k + 1)T) durchführen könnte. Bei einem realen Prozeß, in den der Rechner eingreift, wird der Meßwert f((k + 1)T) aber erst verfügbar, wenn der oben angegebene Zeitbereich für t bereits verlassen ist. Man könnte also höchstens aus f((k − 1)T) und f(kT) eine lineare Extrapolation in das nächste Intervall vornehmen

$$f_L(k, t) = f(kT) + \frac{f(kT) - f((k-1)T)}{T}(t - kT) \quad \text{für} \quad kT \leqslant t < (k+1)T. \tag{2.56}$$

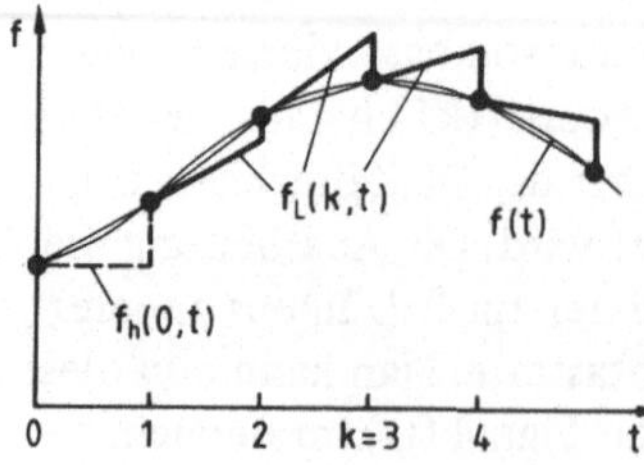

Bild 2.35
Halteglied 1. Ordnung

Bild 2.35 zeigt den entsprechenden Funktionsverlauf. Zu Beginn bei k = 0 muß ein Halteschritt durchgeführt werden, da kein alter Meßwert vorliegt. Man sieht, daß auch hier bei kT im allgemeinen Sprünge auftreten. Man spricht im vorliegenden Fall von einem Halteglied 1. Ordnung, während das einfache Halteglied nach Gl. (2.54) präziser Halteglied nullter Ordnung genannt wird.

2.2.2.3 Polynomapproximation. Durch Hinzunahme von n zurückliegenden Meßwerten könnte man mit einem Polynom n-ter Ordnung den Funktionsverlauf in das Intervall $kT \leqslant t < (k+1)T$ als Kurve extrapolieren, was Halteglied n-ter Ordnung genannt würde. Da es sich bei Echtzeitaufgaben jedoch stets um eine Extrapolation handeln muß, wird i. allg. zu jedem Abtastzeitpunkt ein Sprung auftreten. Dies ist ein wesentlicher Unterschied zur Interpolation mit Polynomen, wo glatte, differenzierbare Polynomapproximationen erhalten werden können. Mit aus diesem Grund wird in der regelungstechnischen Praxis meist die Näherung als Stufenfolge f_A gemäß Gl. (2.55) verwendet.

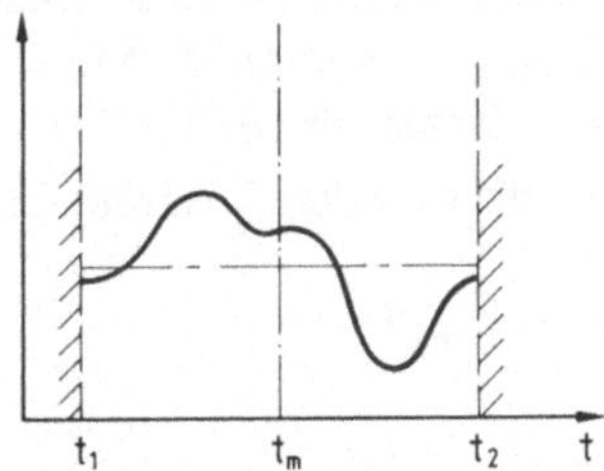

Bild 2.36
Zur Fourier-Reihenzerlegung einer Funktion

2.2.2.4 Frequenzbereichsdarstellung. Ein Signal, das im Bereich t_1 bis t_2 gegeben ist (Bild 2.36), kann durch eine Fourier-Reihe mit der Grundfrequenz

$$\omega = 2\pi/(t_2 - t_1) \tag{2.57}$$

dargestellt werden

$$f(t) = a_0 + 2 \sum_{n=1}^{\infty} (a_n \cos n\omega t + b_n \sin n\omega t) \tag{2.58}$$

mit $a_n = \frac{1}{2\pi} \int_0^{2\pi} f(t) \cos n\omega t d(\omega t)$; $b_n = \frac{1}{2\pi} \int_0^{2\pi} f(t) \sin n\omega t d(\omega t)$,

$n = 0, 1, 2 \ldots$

a_0 ist der Mittelwert von f(t). $\tilde{f}(t) = f(t) - a_0$ wird „Fourier-zerlegt".
Der Summenausdruck in Gl. (2.58) kann mit Bild 2.37 geschrieben werden

$$a_n \cos n\omega t + b_n \sin n\omega t = r_n \cos(n\omega t - \varphi) \tag{2.59}$$

mit $r_n = (a_n^2 + b_n^2)^{1/2} = |a_n - jb_n|$ $\quad \varphi = \arctan(b_n/a_n)$.

Mit der Umformung nach Euler ($j = \sqrt{-1}$)

$$e^{j\omega t} = \cos \omega t + j \sin \omega t \quad \text{und} \quad e^{-j\omega t} = \cos \omega t - j \sin \omega t$$

folgt $\cos \omega t = (e^{j\omega t} + e^{-j\omega t})/2$ (und $\sin \omega t = (e^{j\omega t} - e^{-j\omega t})/2j$). (2.60)

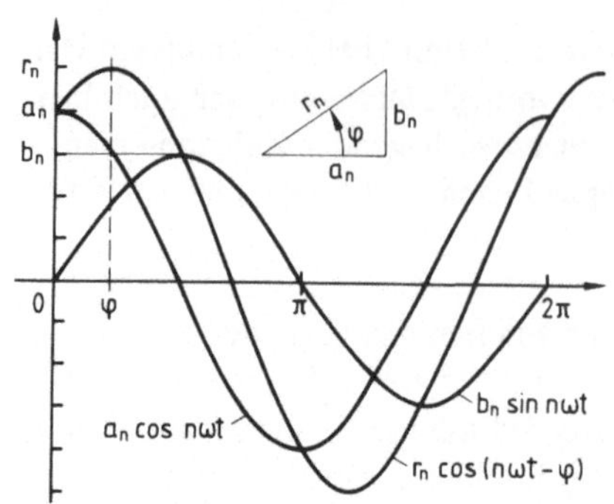

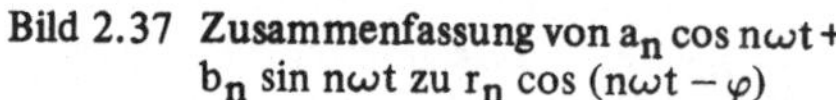

Bild 2.37 Zusammenfassung von $a_n \cos n\omega t + b_n \sin n\omega t$ zu $r_n \cos(n\omega t - \varphi)$

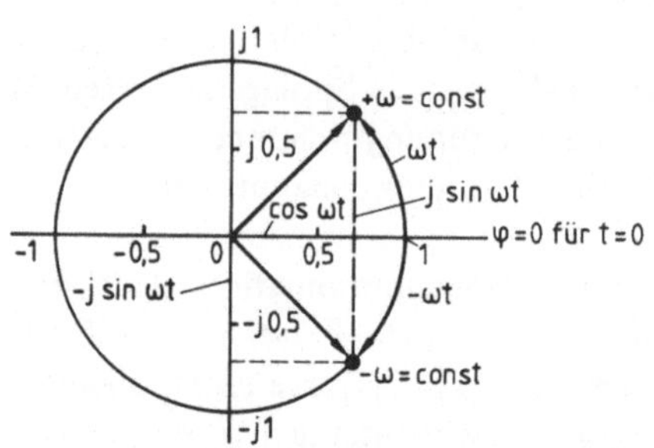

Bild 2.38 Komplexe Darstellung von Sinus und Cosinus

Hierdurch werden Sinus und Cosinus als Imaginär- und Realteil von zwei mit gleicher Frequenz ω gegensinnig umlaufenden Einheitsvektoren um den Ursprung in der komplexen Zahlenebene dargestellt (Bild 2.38).

Dies in Gl. (2.59) liefert für den Ausdruck hinter dem Summenzeichen in Gl. (2.58)

$$\frac{r_n}{2}\,[e^{-j\varphi}e^{jn\omega t} + e^{j\varphi}e^{-jn\omega t}]. \qquad (2.59a)$$

Definiert man nun für

$$\omega < 0 \qquad \varphi_{-n} = -\varphi \quad \text{und} \quad c_n = r_n \cdot e^{-j\varphi_n}(= c_{-n})$$

$$\omega > 0 \qquad \varphi_n = \varphi$$

so kann man Gl. (2.58) auch schreiben

$$f(t) = \sum_{n=-\infty}^{\infty} c_n e^{jn\omega t} \qquad (2.61)$$

mit $\quad c_n = \frac{1}{2\pi}\int_0^{2\pi} f(t)e^{-jn\omega t}d(\omega t).$

Dies besagt, daß das Zeitsignal $f(t)$ im Bereich t_1 bis t_2 durch eine Überlagerung von phasenverschobenen Sinusfunktionen der Frequenzen $n\omega$ mit den Amplituden r_n dargestellt werden kann. Bild 2.39 zeigt mit den gepunktet gezeichneten Werten die Amplitudenbeiträge r_n der Frequenzen $n\omega_1$ bis $n = \pm 4$ und die Phasenlagen φ_n. Neben den Absolutbeträgen r_n für $\tilde{f}(t)$ ist auch der auf die Grundfrequenz ω_1 bezogene Wert $r_n/\omega_1 = \overline{F}_{n_1}$ um den Frequenzwert $n\omega_1$ als Rechteck zentriert dargestellt. Ist der Zeitbereich, über den die Funktion gemessen wurde doppelt so groß, nämlich $2(t_2 - t_1)$, so ergibt sich nach Gl. (2.57) eine halb so große Grundfrequenz $\omega_2 = \pi/(t_2 - t_1) = \omega_1/2$. Da sich nun doppelt soviele Frequenzanteile über einen gegebenen Frequenzbereich $n_1\omega_1 = n_2\omega_2$ am Aufbau der Zeitfunktion beteiligen, wird ihr jeweiliger Amplitudenbeitrag kleiner sein, da $f(t)$ ja fest gegeben ist (Kreuze in Bild 2.39).

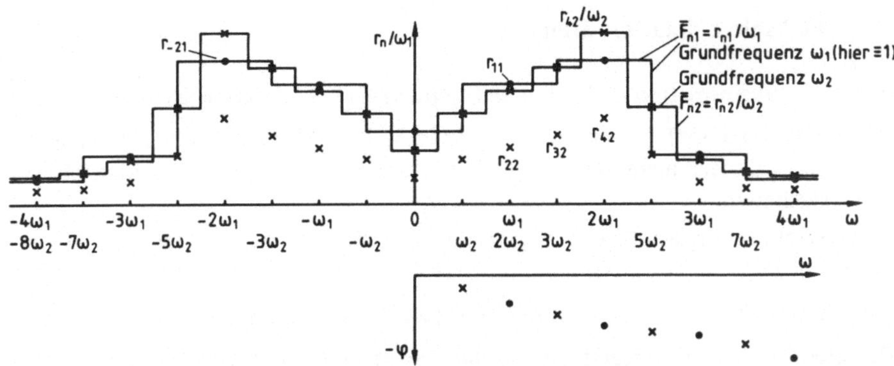

Bild 2.39 Auf die Grundfrequenz bezogene Komponenten der Fourier-Reihe für f(t) (konvergiert gegen die Amplitudendichte für $\omega_i \to d\omega$, $T \to \infty$)

Die Funktion $F_{n_2} = r_n/\omega_2$ ist nun aus doppelt so vielen halb so breiten Rechtecken aufgebaut. Bei gleichen absoluten Frequenzen wie die Stützpunkte $n\omega_1$ liegt der Wert $\overline{F}_{n_2}$ nahe bei dem Wert $\overline{F}_{n_1}$. An den neuen Stützwerten $n\omega_2$, n ungerade, ergeben sich i. allg. Zwischenwerte, die zu einer feiner unterteilten Treppenfunktion führen.

Wählt man $t_1 = -T$ und $t_2 = T$ und macht den Grenzübergang $T \to \infty$, so wird die Grundfrequenz infinitesimal ($d\omega$) und auch der Amplitudenanteil $r(\omega)$ wird infinitesimal, da f(t) endlich ist und über unendlich viele Beiträge aufsummiert (integriert) wird. Die Treppen der Funktion $\overline{F}_{n_\infty} = \lim\limits_{\omega_i \to d\omega} \dfrac{r(\omega)}{\omega_i}$ werden immer enger und ihre Stufenhöhe immer kleiner, bis im Grenzfall die „Amplitudendichtefunktion" $F'(\omega)$ entsteht, die eine kontinuierliche Funktion in der unabhängigen Variablen ω, der Frequenz, ist und die i. allg. endliche Werte hat. Enthält das Zeitsignal bestimmte Frequenzen ω_e mit endlicher Amplitude, so wird die Funktion $F'(\omega_e)$ wegen der Division durch $d\omega$ an diesen Stellen über alle Grenzen wachsen. Sie enthält Dirac-Impulse an den Stellen ω_e. Jeder Funktion f(t) im Zeitbereich kann so eine entsprechende Funktion $F'(\omega)$ im Frequenzbereich zugeordnet werden, wenn das mit dem Grenzübergang aus (2.61) entstehende Fourier-Integral existiert:

$$f(t) = \int_{-\infty}^{\infty} F'(\omega) e^{j\omega t} d\omega \tag{2.62}$$

mit

$$F'(\omega) = \frac{1}{2\pi} \int_{-\infty}^{\infty} f(t) e^{-j\omega t} dt. \tag{2.63}$$

Der Faktor $1/(2\pi)$ kann willkürlich verschoben werden; so findet man in der Literatur auch die Definition $F(\omega) = 2\pi F'(\omega)$. Dann muß Gl. (2.62) lauten

$$f(t) = \frac{1}{2\pi} \int_{-\infty}^{\infty} F(\omega) e^{j\omega t} d\omega. \tag{2.62a}$$

Manche Autoren bevorzugen aus Symmetriegründen den Faktor $1/\sqrt{2\pi}$ vor beiden Integralen.

2.2.3 Die Laplace-Transformation

Die Fourier-Transformation (2.63) in den Frequenzbereich hat zwei Nachteile:

1. Das Integral muß bis $T = -\infty$ erstreckt werden, während bei praktischen Problemen der Bereich $t < 0$ meist nicht mehr zugänglich ist; sein Einfluß ist in den Anfangsbedingungen festgehalten.

2. Das Integral konvergiert für viele praktische Fälle nicht. Es wächst z. B. für $f(t) = \text{const}$ über alle Grenzen.

Deshalb führt man zur Transformation (2.63) zwei Modifikationen ein:

a) Als untere Grenze des Integrals wird 0 statt $-\infty$ gewählt. Dies gestattet nun zur Erzwingung besserer Konvergenz

b) den Faktor $e^{-\sigma t}$ zur Funktion $f(t)$ einzuführen, womit für $\sigma > 0$ das Signal $f(t)e^{-\sigma t}$ für größere t gegen 0 gezwungen werden kann. (Für negative t würde $e^{-\sigma t} = e^{|\sigma t|}$ schnell wachsen.)

Behält man σ als freie Variable bei, so folgt für

$$F(\sigma, \omega) = \int_0^\infty f(t)e^{-\sigma t}e^{-j\omega t}dt = \int_0^\infty f(t)e^{-st}dt = F(s) \tag{2.64}$$

mit $s = \sigma + j\omega$.

Dies ist die sogenannte Laplace-Transformation, die G. Doetsch [12] eingeführt hat. Häufig findet man die Schreibweise

$$F(s) = \mathscr{L}\{f(t)\}, \tag{2.65}$$

mit $\mathscr{L}\{\ \}$ als Laplace-Transformations-Operator.

Im folgenden Abschnitt werden einige Signale aus dem Zeitbereich in den Bildbereich transformiert und einige Rechenregeln im Bildbereich abgeleitet.

2.2.3.1 Transformation einiger Signale

Sprungfunktion $1(t)$

$$\mathscr{L}\{1(t)\} = \int_0^\infty e^{-st}dt = \left[\frac{e^{-st}}{-s}\right]_0^\infty = \frac{1}{s} \tag{2.66}$$

Exponentialfunktion $f(t) = e^{-at}$

$$\mathscr{L}\{e^{-at}\} = \int_0^\infty e^{-at}e^{-st}dt = \int_0^\infty e^{-(s+a)t} = \left[\frac{e^{-(s+a)t}}{-(s+a)}\right]_0^\infty = \frac{1}{s+a} \tag{2.67}$$

Sinusfunktion $f(t) = \sin \omega t$. Nach Gl. (2.60) ist $\sin \omega t = -j(e^{j\omega t} - e^{-j\omega t})/2$. Mit (2.67) folgt

$$\mathscr{L}\{\sin \omega t\} = -\frac{j}{2}\left[\frac{1}{s+j\omega} - \frac{1}{s-j\omega}\right] = \frac{\omega}{s^2+\omega^2} \tag{2.68}$$

Für die Cosinus-Funktion erhält man entsprechend

$$\mathscr{L}\{\cos\omega t\} = \frac{s}{s^2+\omega^2}\,. \tag{2.69}$$

Verschobene Sprungfunktion $f(t) = a \cdot 1(t-\tau)$. Hier geht man von einer Verschiebung der Zeitachse aus: $t' = t - \tau$; $dt' = dt$.

$$\mathscr{L}\{f(t)\} = \int_0^\tau 0 \cdot e^{-st}dt + \int_\tau^\infty a \cdot 1(t-\tau)e^{-st}dt = 0 + a\int_0^\infty 1(t')e^{-s(t'+\tau)}dt' = \frac{a}{s}e^{-s\tau}. \tag{2.70}$$

Hiermit ergibt sich für die

Haltefunktion bei kT: $h_k(T) = 1(t-kT) - 1(t-(k+1)T)$

$$\mathscr{L}\{h_k(T)\} = \frac{1}{s}e^{-skT} - \frac{1}{s}e^{-s(k+1)T} = \frac{e^{-skT}}{s}(1-e^{-sT}) \tag{2.71}$$

Führt man die Abkürzung

$$z = e^{sT} \tag{2.72}$$

ein, so schreibt sich (2.71)

$$\mathscr{L}\{h_k(T)\} = \frac{1}{s}\cdot z^{-k}\left(1-\frac{1}{z}\right) = \frac{1}{s}z^{-(k+1)}(z-1). \tag{2.73}$$

Aus dem in Abschn. 2.2.2.1 Gesagten ist verständlich, daß die Variable z bei Abtastsystemen eine wesentliche Rolle spielt.

Dirac-Impuls $\delta(t)$. Er kann im Gegensatz zu Bild 2.30b auch aus der Grenzwertbildung $T \to 0$ für $k = 0$ (Bild 2.34) mit $f \cdot T = 1$ gewonnen werden. Aus (2.70) (2.71) folgt

$$\mathscr{L}\{\delta(t)\} = \lim_{T\to 0\,|\,f\cdot T=1}\left[\frac{f}{s}(1-e^{-Ts})\right].$$

Mit der Reihenentwicklung $e^{-x} = 1 - x + x^2/2 - x^3/3! + \ldots$ und $f = 1/T$ folgt

$$\frac{1-e^{-Ts}}{sT} = \frac{1}{sT} - \frac{1}{sT} + \frac{sT}{sT} - \frac{(sT)^2}{2T} + \ldots = 1 - sT/2 + \ldots$$

und damit

$$\mathscr{L}\{\delta(t)\} = 1. \tag{2.74}$$

Auf diese Weise kann man sich Korrespondenztabellen zwischen Funktionen im Zeit- und Bildbereich herleiten (s. Tab. 2.2). Sie erleichtern das praktische Arbeiten mit der Laplace-Transformation. Auch die Rücktransformation wird einfach, wenn es gelingt, im Bildbereich die entsprechenden Ausdrücke zu isolieren. Dann kann auf Rücktransformationsformeln wie (2.62) o. ä. ganz verzichtet werden.

2.2.3.2 Rechenregeln zur Laplace-Transformation. Ausführliche Abhandlungen zu diesem Themenkreis sind in [12, 13] gegeben. Hier sollen nur einige für die regelungstechnischen Anwendungen wichtige Regeln besprochen werden.

Das Ergebnis (2.70) zur Rechtsverschiebung eines Signals (Multiplikation mit $e^{-\tau s}$ im Bildbereich) wird auch 1. Verschiebungssatz genannt.

Ähnlichkeitssatz. Ändert man den Zeitmaßstab mit dem Faktor a, so folgt mit $at = \tau;\ t = \tau/a;\ dt = d\tau/a$

$$\mathscr{L}\{f(at)\} = \mathscr{L}\{f(\tau)\} = \int_0^\infty f(\tau)e^{-s\tau/a} \cdot \frac{d\tau}{a} = \frac{1}{a}F\left(\frac{s}{a}\right). \tag{2.75}$$

Dämpfungssatz. Sucht man die Laplace-Transformierte einer mit e^{-at} multiplizierten Funktion f(t), so ergibt sich

$$\mathscr{L}\{f(t)e^{-at}\} = \int_0^\infty f(t)e^{-at}e^{-st}dt = F(s+a). \tag{2.76}$$

Für den gedämpften Sinus und Cosinus folgt daraus mit (2.68)

$$\mathscr{L}\{e^{-at}\sin\omega t\} = \frac{\omega}{(s+a)^2+\omega^2} \tag{2.77}$$

und (2.69)

$$\mathscr{L}\{e^{-at}\cos\omega t\} = \frac{s+a}{(s+a)^2+\omega^2}$$

Integration von f(t). Unter Ausnutzung der Regel zur partiellen Integration

$$\int_0^{t_f} u'v\,d\tau = uv\Big|_0^{t_f} - \int_0^{t_f} uv'\,d\tau$$

erhält man

$$\mathscr{L}\{\int_0^{t_f} f(\tau)d\tau\} = \int_0^\infty \underbrace{e^{-st}}_{u'} \underbrace{\int_0^{t_f} f(\tau)d\tau}_{v}\,dt$$

$$= \left[\frac{e^{-st}}{-s}\int_0^{t_f} f(\tau)d\tau\right]_0^\infty + \int_0^\infty \frac{e^{-st}}{s} f(t)dt = \frac{1}{s}F(s). \tag{2.78}$$

Hieraus folgt: Die Integration im Zeitbereich wird im Bildbereich als Division durch die Bildvariable s dargestellt. Dies erlaubt einfache algebraische Operationen zur Bildung des Äquivalentes von Integralen und ist ein Schlüssel für die überragende Bedeutung der Laplace-Transformation zur Lösung von Differentialgleichungen (s. u.). Überraschenderweise gehen hierbei keine Anfangsbedingungen ein. Sie erscheinen statt dessen bei der Umkehroperation:

Differentiation von f(t)

$$\mathscr{L}\left\{\frac{df(t)}{dt}\right\} = \int_{0^-}^{\infty} \underbrace{\frac{df(t)}{dt}}_{u'} \underbrace{e^{-st}}_{v} dt = [f(t)e^{-st}]_{0^-}^{\infty} - \int_{0^-}^{\infty} f(t)(-s)e^{-st}dt = \underline{-f(0^-) + sF(s)} \tag{2.79}$$

Hier wurde 0^- als untere Grenze des Integrals gewählt, um beim Rechnen mit δ-Funktionen Schwierigkeiten zu vermeiden; ferner ist der Anfangswert bei sprungfähigen Systemen (s. u.) so praxisnah festgelegt.

Wiederholte Anwendung des Differentiationssatzes liefert:

$$\mathscr{L}\{f^{(n)}(t)\} = s^n F(s) - s^{n-1} f(0^-) - s^{n-2}\dot{f}(0^-) - \ldots - sf^{(n-2)}(0^-) - f^{(n-1)}(0^-). \tag{2.80}$$

Das Ergebnis läßt sich bezüglich der Kombination von Potenz in s und Grad der Ableitung der Anfangsbedingung leicht dadurch im Gedächtnis behalten, daß deren Summe stets $n-1$ ist.

Anfangswertsatz. Wenn

$$\lim_{s\to\infty} F(s) = 0 \tag{2.81}$$

gilt, dann lautet der Anfangswert $f(0^+)$ der Zeitfunktion

$$f(0^+) = \lim_{s\to\infty} sF(s). \tag{2.82}$$

Ist die Bedingung (2.81) nicht gegeben, so kann F(s) durch Ausdividieren in die Form gebracht werden

$$F(s) = s^{\rho} a_{\rho} + s^{(\rho-1)} a_{\rho-1} + \ldots + sa_1 + a_0 + F_1(s), \tag{2.83}$$

so daß (2.81) für $F_1(s)$ erfüllt ist. Die ersten Terme entsprechen Impulstermen im Zeitbereich (s. Tab. 2.2) und auf $F_1(s)$ ist Gl. (2.82) anwendbar.

Endwertsatz. Wenn $\lim_{t\to\infty} f(t)$ existiert, dann gilt

$$\lim_{t\to\infty} f(t) = \lim_{s\to 0} sF(s). \tag{2.84}$$

Die Existenz dieses Grenzwertes ist vorher im Zeitbereich zu prüfen. Z. B. erhält man für den Sinus

$$\lim_{s\to 0}\left[\frac{s\omega}{s^2+\omega^2}\right] = 0,$$

obwohl dieser Grenzwert im Zeitbereich nicht existiert. Der Endwertsatz ist von Vorteil, wenn man für stabile Systeme den stationären Zustand ohne das Übergangsverhalten ermitteln will.

Aus den Gln. (2.82) und (2.84) ersieht man die Dualität der Entsprechungen

$$t \to 0^+ \mathrel{\hat{=}} s \to \infty, \qquad t \to \infty \mathrel{\hat{=}} s \to 0. \tag{2.85}$$

Tab. 2.2 Korrespondenztabelle zur Laplace-Transformation

f(t)	F(s)	f(t)	F(s)
$\overset{(n)}{\delta}(t)$	s^n	$\frac{t^2}{2}e^{-at}$	$\frac{1}{(s+a)^3}$
$\delta(t)$	1	$\frac{t^n}{n!}e^{-at}$	$\frac{1}{(s+a)^{n+1}}$
1	$\frac{1}{s}$	$1-e^{-at}$	$\frac{a}{(s+a)s}$
t	$\frac{1}{s^2}$	$\sin \omega t$	$\frac{\omega}{s^2+\omega^2}$
$\frac{t^2}{2}$	$\frac{1}{s^3}$	$\cos \omega t$	$\frac{s}{s^2+\omega^2}$
$\frac{t^n}{n!}$	$\frac{1}{s^{n+1}}$	$e^{-at}\sin \omega t$	$\frac{\omega}{(s+a)^2+\omega^2}$
e^{-at}	$\frac{1}{s+a}$	$e^{-at}\cos \omega t$	$\frac{s+a}{(s+a)^2+\omega^2}$
te^{-at}	$\frac{1}{(s+a)^2}$		

Faltungssatz. Dem Produkt zweier Funktionen F(s) und G(s) im Bildbereich entspricht im Zeitbereich das Faltungsintegral $f * g$

$$F(s)\cdot G(s) = \mathscr{L}\left\{\int_0^t f(\tau)g(t-\tau)d\tau\right\} = \mathscr{L}\{f * g\}. \tag{2.86}$$

Rücktransformation. Die allgemeine Rücktransformation in den Zeitbereich wird hier nicht als Rechenregel behandelt. Der interessierte Leser sei auf [12] und [13] verwiesen; für die weit überwiegende Zahl der in der linearen Systemtheorie interessierenden Fälle kann mit relativ einfachen Korrespondenztabellen ähnlich Tab. 2.2 gearbeitet werden, wie in Abschn. 2.3 dargelegt wird. Im folgenden Abschnitt soll die Laplace-Transformation auf lineare Differentialgleichungen mit konstanten Koeffizienten angewandt werden.

2.2.3.3 Anwendung auf lineare, zeitinvariante Differentialgleichungen

Der Integrator. Gl. (2.2) für den hydraulischen Arbeitszylinder und Gl. (2.9) sind von der Form $\dot{x} = u(t)$. Transformiert erhält man

$$sX(s) - x(0) = U(s) \quad \text{oder} \quad X(s) = \frac{1}{s}U(s) + \frac{x(0)}{s}. \tag{2.87}$$

Für die Anfangsbedingung $x(0) = 0$ und den Dirac-Impuls als Eingang $u(t) = \delta(t)$, d. h. (Gl. (2.74)) $U(s) = 1$, erhält man $X(s) = 1/s$, was laut Gl. (2.66) der Stufe entspricht: $x(t) = 1(t)$. Die Rechnung im Bildbereich mit einem Impuls (Multiplikation mit 1) ergibt also sehr einfach das im Zeitbereich nur über einen Grenzübergang erzielbare Ergebnis.
Für den Fall der Anfangsbedingung $x(0) = 0$ bezeichnet man das Verhältnis

$$X(s)/U(s) = G_I(s) = 1/s \tag{2.88}$$

als die Darstellung eines Integrators im Bildbereich. Durch die Quotientenbildung ist $G_I(s)$ unabhängig vom Eingangssignal. Es ist jedoch festzuhalten, daß dies nur unter der Annahme $x(0) = 0$ möglich war.

Die Differentialgleichung 1. Ordnung. In Abschn. 2.1.4 hatten wir für verschiedene Systeme die Differentialgleichung 1. Ordnung

$$\dot{x} + ax = bu$$

erhalten. Wendet man die obigen Transformationen und Rechenregeln summandenweise an, ergibt sich

$$sX(s) - x(0) + aX(s) = bU(s), \tag{2.89}$$

oder nach Ausklammern von $X(s)$

$$X(s)[s + a] = bU(s) + x(0).$$

Die Lösung der gesuchten Variablen X lautet mithin im Bildbereich

$$X(s) = \frac{b}{s + a} U(s) + \frac{x(0)}{s + a}. \tag{2.90}$$

Die Differentialgleichung 2. Ordnung. Der Elektromotor (mit verschiedenen Anwendungen als Antennenservo, Wagenantrieb), der balancierte Stab und die Magnetaufhängung im Schwerefeld hatten auf Differentialgleichungen der Form $\ddot{x} + a_1\dot{x} + a_0x = bu$ geführt, wobei die Werte der Koeffizienten unterschiedlich waren. Eine Laplace-Transformation dieser Differentialgleichung führt auf

$$X(s)[s^2 + a_1 s + a_0] = bU(s) + sx(0) + \dot{x}(0) + a_1 x(0),$$

wobei $X(s)$ direkt ausgeklammert und die Anfangswertbeiträge auf die rechte Seite geschafft wurden.
Nach der gesuchten Lösung $X(s)$ aufgelöst erhält man

$$X(s) = \frac{b}{s^2 + a_1 s + a_0} U(s) + \frac{x(0)[s + (\dot{x}(0)/x(0) + a_1)]}{s^2 + a_1 s + a_0}. \tag{2.91}$$

Für den Elektromotor mit $a_0 = 0$ wird speziell ($a_1 = a$)

$$X(s) = \frac{b}{s(s + a)} U(s) + \frac{x(0)[\ ]}{s(s + a)}. \tag{2.91a}$$

Die allgemeine Differentialgleichung n-ter Ordnung

$$a'_n x^{(n)} + a'_{n-1} x^{(n-1)} + \ldots + a'_1 \dot{x} + a'_0 x(t) = b'_m u^{(m)} + b'_{m-1} u^{(m-1)} + \ldots + b'_1 \dot{u} + b'_0 u(t)$$

ergibt nach Laplace-Transformation und Trennung nach Funktionsverlauf X(s), U(s) und Anfangswerten

$$\begin{aligned} X(s)\,\{a'_n s^n + a'_{n-1} s^{n-1} + \ldots a'_1 s + a'_0\} &= U(s)\,\{b'_m s^m + b'_{m-1} s^{m-1} + \ldots + b'_1 s + b'_0\} \\ &\quad \underbrace{\begin{pmatrix} + a'_n [s^{n-1} x(0) + s^{n-2} \dot{x}(0) + \ldots + s x(0)^{(n-2)} + x(0)^{(n-1)}] \\ + a'_{n-1} \qquad [s^{n-2} x(0) + s^{n-3} \dot{x}(0) + \ldots + x(0)^{(n-2)}] \\ + \vdots \\ + a'_2 \qquad [s x(0) + \dot{x}(0)] \\ + a'_1 \qquad [x(0)] \end{pmatrix}}_{F\,(\text{Anfangsbedingungen } x)} \\ &\quad \underbrace{\begin{pmatrix} - b'_m [s^{m-1} u(0) + s^{m-2} \dot{u}(0) + \ldots + u(0)^{(m-1)}] \\ - b'_{m-1} \qquad [s^{m-2} u(0) + \ldots + u(0)^{(m-2)}] \\ - \vdots \\ - b'_2 \qquad [s u(0) + \dot{u}(0)] \\ - b'_1 \qquad [u(0)] \end{pmatrix}}_{F\,(\text{Anfangsbedingungen } u)} . \end{aligned} \tag{2.92}$$

Wählt man alle Anfangsbedingungen gleich 0, so läßt sich wieder das Verhältnis von Ausgangs- zu Eingangssignal als systemspezifische Kennfunktion im Bildbereich angeben.

$$G(s) = \frac{X(s)}{U(s)} = \frac{b'_m s^m + b'_{m-1} s^{m-1} + \ldots + b'_1 s + b'_0}{a'_n s^n + a'_{n-1} s^{n-1} + \ldots + a'_1 s + a'_0} = \frac{Z(s)}{N(s)}. \tag{2.93}$$

Die Funktion G(s) heißt Übertragungsfunktion (Üfkt) und ist der Quotient zweier Polynome in der komplexen Variablen s, dem Zählerpolynom Z(s) vom Grade m und dem Nennerpolynom N(s) vom Grade n. Die Koeffizienten der Differentialgleichung a'_i, b'_i erscheinen als Koeffizienten der Polynome; in ihnen sind die dynamischen Eigenschaften des Systems verschlüsselt.

Beispiel 3. Ordnung. Interessiert beim Stab/Wagen-System nur die Stablage φ, so hatten wir hierfür mit Gl. (2.34) eine Differentialgleichung der Form $\dddot{x} + a_2 \ddot{x} + a_1 \dot{x} + a_0 x = b_1 \dot{u}$ erhalten. Dies führt im Bildbereich über

$$X(s)[s^3 + a_2 s^2 + a_1 s + a_0] = b_1 s U(s) - b_1 u(0) + s^2 x(0) + s\dot{x}(0) + \ddot{x}(0) + a_2[s x(0) + \dot{x}(0)] + a_1 x(0)$$

auf
$$X(s) = b_1 s / N(s) \cdot U(s) + f\,(\text{Anfangsbedingung})/N(s). \tag{2.94}$$

Setzt man für a_i die Werte aus Gl. (2.34) ein, so erhält man

$$Z(s) = -(b/\ell_r)\cdot s, \qquad N(s) = (s+a)(s^2 - g/\ell_r).$$

Hier tritt wegen der Ableitung $\dot{u}$ auf der rechten Seite der Differentialgleichung ein s im Zähler sowie ein Anfangswert u(0) auf.

Systeme von Differentialgleichungen. Für das Stab/Wagen-System hatten wir mit Gl. (2.37) ein Differentialgleichungssystem 4. Ordnung erhalten. Wendet man die Laplace-Transformation an, so ergibt sich für die linke Seite

$$\begin{aligned} \mathcal{L}\{\dot{x}_1\} &= sX_1(s) - x_1(0) \\ \mathcal{L}\{\dot{x}_2\} &= sX_2(s) - x_2(0) \\ &\vdots \\ \mathcal{L}\{\dot{x}_n\} &= sX_n(s) - x_n(0) \end{aligned} \quad \text{oder} \quad \mathcal{L}\{\dot{\vec{x}}\} = \begin{pmatrix} s & 0 & 0 & 0 \\ 0 & s & 0 & 0 \\ 0 & 0 & s & 0 \\ 0 & 0 & 0 & s \end{pmatrix} \vec{X}(s) - \vec{x}(0)$$

d. h. mit E als Einheitsmatrix

$$\mathcal{L}\{\dot{\vec{x}}(t)\} = sE\vec{X}(s) - \vec{x}(0). \tag{2.95}$$

Da sich auf der rechten Seite des Gleichheitszeichens $\vec{x}(t)$ und $\vec{u}(t)$ einfach in $\vec{X}(s)$ und $\vec{U}(s)$ abbilden, erhält man

$$sE\vec{X}(s) - \vec{x}(0) = F\vec{X}(s) + \vec{b}_v U(s)$$

oder nach X(s) aufgelöst

$$\vec{X}(s) = (sE - F)^{-1}\vec{b}_v U(s) + (sE - F)^{-1}\vec{x}(0). \tag{2.96}$$

Damit ist in Matrixschreibweise die Gesamtlösung für alle n Zustandskomponenten formal gefunden; sie setzt sich jeweils additiv aus einem von der Steuerfunktion u und einem von den Anfangsbedingungen $\vec{x}(0)$ herrührenden Anteil zusammen. Sind die Anfangsbedingungen alle 0, so kann man komponentenweise Zustandsübertragungsfunktionen bilden $G_{x_i}(s) = X_i(s)/U(s)$ und diese wieder als Üfkt-Vektor schreiben

$$\vec{G}_x(s) = \begin{pmatrix} G_{x1}(s) \\ G_{x2}(s) \\ \vdots \\ G_{xn}(s) \end{pmatrix} = (sE - F)^{-1}\vec{b}_v. \tag{2.97}$$

Im vorliegenden Beispiel ist $[\vec{x}^T = (\varphi, \omega, x_w, V); \vec{b}_v^T = (0, -ak_M/\ell_r, 0, ak_M)]$

$$S = (sE - F) = \begin{pmatrix} s & -1 & 0 & 0 \\ -g/\ell_r & s & 0 & -a/\ell_r \\ 0 & 0 & s & -1 \\ 0 & 0 & 0 & s+a \end{pmatrix} \tag{2.98}$$

mit der Determinante $D = \det S = |S| = s(s+a)(s^2 - g/\ell_r)$.

Zur praktischen Ausrechnung von (2.97) über Determinanten lautet eine bekannte Methode: Setze den Vektor $\vec{b}_v$ in die i-te Spalte der Matrix S ein ($\rightarrow S_i$), wenn die i-te

Komponente des Vektors $\vec{G}$ ermittelt werden soll, und bilde

$$G_i = |S_i|/D. \tag{2.99}$$

Für die φ-Üfkt ($\varphi = x_1$) erhält man damit

$$G_\varphi(s) = \frac{\begin{vmatrix} 0 & -1 & 0 & 0 \\ -\dfrac{ak_M}{\ell_r} & s & 0 & -a/\ell_r \\ 0 & 0 & s & -1 \\ ak_M & 0 & 0 & s+a \end{vmatrix}}{D} = \frac{s\left[-\dfrac{ak_M}{\ell_r}(s+a) + \dfrac{a^2k_M}{\ell_r}\right]}{D}$$

$$= \frac{-\dfrac{ak_M}{\ell_r}s}{(s+a)(s^2 - g/\ell_r)}. \tag{2.100}$$

Dies ist identisch mit Gl. (2.94); man sieht hier allerdings, daß der dritte Grad im Nennerpolynom durch Kürzung des Faktors s in Zähler und Nenner entstanden ist. Man beachte, daß sich im 2. Summanden in Gl. (2.96), der den Einfluß der Anfangswerte angibt, dieses s nicht wegkürzt und damit der Nennergrad der beiden Terme ungleich ist. Dieser Fall der Kürzung von Zähler- und Nennertermen wird als nichtregulärer Fall einer Üfkt bezeichnet.

Da $x_2 = \omega$ die Ableitung von $x_1 = \varphi$ ist [$\dot{\varphi} = \omega$ entspricht gemäß Gln. (2.36) und (2.79) $sX_1(s) = X_2(s)$], erhält man sehr einfach für die Üfkt $G_\omega(s) = sG_\varphi(s)$, was mit der Gleichung (2.99) leicht nachgeprüft werden kann.

Sind die Zustandsgrößen nicht unmittelbar die Ausgangsgrößen, so folgt mit Gl. (2.39) $\vec{y} = C\vec{x}$ aus (2.96) für die Üfkt zwischen Eingang u und Ausgang y

$$\vec{Y}(s) = C(sE - F)^{-1}\vec{b}_v U(s), \tag{2.101}$$

und der Vektor der Ausgangsgrößen-Übertragungsfunktionen ist

$$\vec{G}_y(s) = C(sE - F)^{-1}\vec{b}_v. \tag{2.102}$$

Er hat die Spaltenlänge wie C, während $\vec{G}_x$ die Spaltenlänge n hat.

Vor dem eingehenderen praktischen Arbeiten mit Üfktn soll die komplexe Funktion G der komplexen Variablen s etwas genauer untersucht werden, um einige charakteristische Merkmale zu gewinnen, mit denen sich später einfacher arbeiten läßt.

2.3 Bestimmung des Zeitverhaltens

Gemäß der Definition der Üfkt Gl. (2.93) erhält man im Bildbereich die Ausgangsfunktion eines Systems mit den Anfangsbedingungen 0 als das Produkt aus Üfkt und Eingangsfunktion

$$X(s) = G(s) \cdot U(s). \tag{2.103}$$

Tab. 2.3 Systemantworten auf Testfunktionen

Eingangs-funktion	math. Beschreibung im Zeit-bereich u(t)	Bild-bereich U(s)	Systemantwort X(s) im Bild-bereich	x(t) im Zeitbereich
Impuls	$\delta(t)$	1	G(s)	$g(t) = \mathscr{L}^{-1}\{G(s)\}$
Sprung-funktion	1(t)	1/s	G(s)/s	$h(t) = \mathscr{L}^{-1}\{G(s)/s\} = \int_0^t g(\tau)d\tau$
Rampe	$1(t) \cdot t$	$1/s^2$	$G(s)/s^2$	$v(t) = \mathscr{L}^{-1}\{G(s)/s^2\} = \int_0^t h(\tau)d\tau$
Sinus	$\sin \omega t$	$\omega/(s^2+\omega^2)$	$\frac{\omega G(s)}{s^2+\omega^2}$	$f(t) = \mathscr{L}^{-1}\left\{\frac{\omega G(s)}{s^2+\omega^2}\right\}$

Als Eingangsfunktionen werden die Testsignale aus Abschn. 2.2.1 gewählt. Bezeichnet man bei verschwindenden Anfangsbedingungen die Impulsantwort eines Systems mit g(t), die Sprungantwort mit h(t), die Rampenantwort mit v(t) und die Sinusantwort mit f(t) so ergibt sich gemäß Tab. 2.2 und Gl. (2.103) die Zuordnung von Tab. 2.3.

Die Integralbeziehungen der letzten Spalte ergeben sich unmittelbar aus Gl. (2.78). Die Impulsantwort als Rücktransformierte der Üfkt heißt auch Gewichtsfunktion.

2.3.1 Zeitantworten einfacher Übertragungsglieder auf die Testsignale

2.3.1.1 Integrationsglied (G = 1/s). Aus Gl. (2.87) rechts folgt als allgemeine *Impulsantwort* auf $u(t) = A\delta(t)$

$$X(s) = A/s + x(0)/s = (A + x(0))/s.$$

Gemäß Tab. 2.2 ergibt sich als Zeitsignal

$$g_I(t) = (A + x(0)) \cdot 1(t), \tag{2.104}$$

was für x(0) = 0 und A = 1 dem Einheitssprung entspricht. Man erhält im Bildbereich also sehr einfach das im Zeitbereich nur über einen Grenzübergang erzielbare Ergebnis. Die

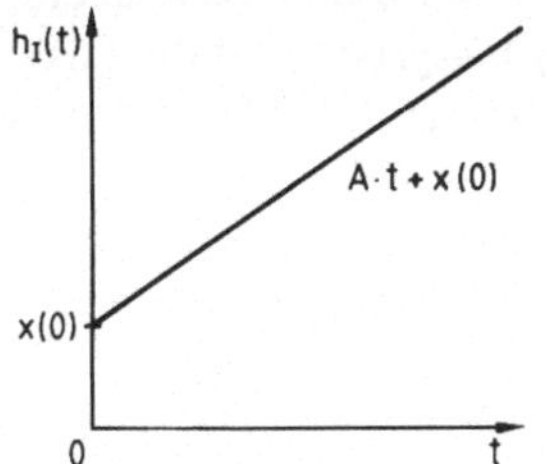

Bild 2.40 Sprungantwort des Integrationsgliedes

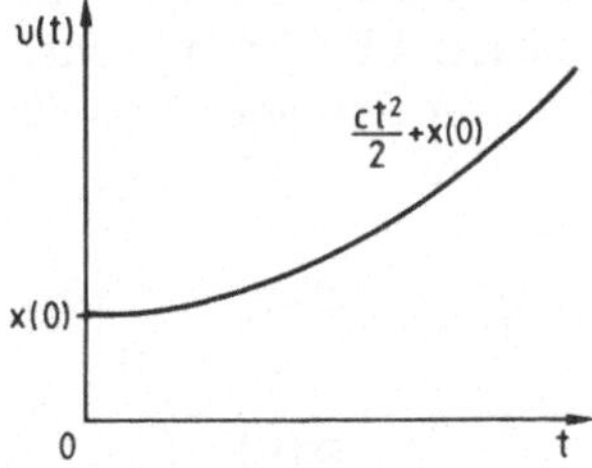

Bild 2.41 Rampenantwort des Integrationsgliedes

allgemeine *Sprungantwort* lautet ($\mathscr{L}\{A \cdot 1(t)\} = A/s$)

$$X(s) = \frac{1}{s} \cdot \frac{A}{s} + \frac{x(0)}{s} = \frac{x(0)}{s} + \frac{A}{s^2}$$

$$h_I(t) = x(0) + At \quad \text{(siehe Bild 2.40).} \tag{2.105}$$

Als *Rampenantwort* erhält man mit $\mathscr{L}\{c \cdot t\} = c/s^2$ nach Tab. 2.2

$$X(s) = \frac{1}{s}\frac{c}{s^2} + \frac{x(0)}{s} = \frac{x(0)}{s} + \frac{c}{s^3}$$

$$v_I(t) = x(0) + ct^2/2 \quad \text{(siehe Bild 2.41).} \tag{2.106}$$

Für $x(0) = 0$ lautet die *Sinusantwort* unter Verwendung der Partialbruchzerlegung [14] (siehe auch Abschn. 2.3.2.1)

$$X(s) = \frac{1}{s}\frac{\omega}{s^2 + \omega^2} = \frac{\alpha}{s} + \frac{\beta}{s + j\omega} + \frac{\gamma}{s - j\omega} = \frac{1/\omega}{s} + \frac{-1/2\omega}{s + j\omega} + \frac{-1/2\omega}{s - j\omega} = \frac{1}{\omega}\left[\frac{1}{s} - \frac{s}{s^2 + \omega^2}\right].$$

Mit Tab. 2.2 ergibt sich daraus im Zeitbereich

$$f(t) = \frac{1}{\omega}[1 - \cos \omega t] \quad \text{(siehe Bild 2.42a).} \tag{2.107}$$

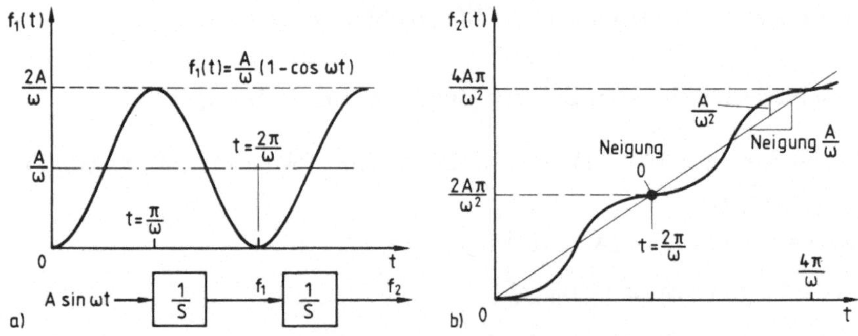

Bild 2.42 Zeitantwort von Integrationsgliedern bei Sinuseingang und x(0) = 0
a) Einfachintegrator, b) Doppelintegrator

2.3.1.2 Doppelintegrator ($G = k/s^2$). Betrachtet man bei einem einfachen Beschleunigungsvorgang die Kraft F (das Moment) als frei wählbare Eingangsgröße und die Position x (Winkel-) als Ausgangsgröße, so liefert das Newtonsche Gesetz die hier besprochene Üfkt (, die in der Raumfahrt häufig auftritt):

$$F(t) = m\ddot{x}(t) \to s^2X(s) = \frac{1}{m}F(s) + sx(0) + \dot{x}(0)$$

$$X(s) = \frac{k}{s^2}F(s) + \frac{sx(0) + \dot{x}(0)}{s^2} \quad \text{mit } k = 1/m. \tag{2.108}$$

Man sieht, daß hier in die Zeitantwort die Anfangsbedingungen von x und $\dot{x}$ eingehen. Für F(t) = F(s) = 0 erhält man $X(s) = x(0)/s + \dot{x}(0)/s^2$ oder nach Rücktransformation $x(t) = x(0) + t\dot{x}(0)$, die bekannte lineare Bewegung.

Ist die Anfangsbedingung $\dot{x}(0) = 0$ und wählt man als anregende Eingangsfunktion einen *Dirac-Impuls* (Hammerschlag) der Größe A/k, so erhält man das Ergebnis Gl. (2.105), das die Sprungantwort des Einfachintegrators war. Ist die Anfangsbedingung der Geschwindigkeit $\dot{x}(0) \neq 0$, so folgt aus der Rücktransformation von (2.108) unmittelbar

$$x(t) = x(0) + (\dot{x}(0) + A)\,t, \tag{2.109}$$

d. h. die Geschwindigkeit hat durch den Impuls um A zugenommen.

Die *Sprungantwort* des Doppelintegrators für $\dot{x}(0) = 0$ entspricht der Rampenantwort des Einfachintegrators Gl. (2.106).

Für die Anfangsbedingungen identisch 0 erhält man als *Sinusantwort* über die Partialbruchzerlegung (k = 1)

$$X(s) = \frac{1}{s^2}\frac{\omega}{(s^2+\omega^2)} = \frac{1}{\omega}\left[\frac{1}{s^2} - \frac{1}{\omega}\frac{\omega}{(s^2+\omega^2)}\right]$$

$$x(t) = \frac{1}{\omega}\left[t - \frac{1}{\omega}\sin\omega t\right] \tag{2.110}$$

was leicht als das Integral von Gl. (2.107) erkannt wird. (vgl. Bild 2.42b). Bei $t = i \cdot 2\pi/\omega$, $i = 0, 1, 2, \ldots$ hat diese Funktion die Neigung 0 und den Wert $i \cdot 2\pi/\omega^2$.

2.3.1.3 Glied 1. Ordnung. Für die allgemeine *Impulsantwort* folgt mit U(s) = A in Gl. (2.90) als Lösung für die Differentialgleichung 1. Ordnung $X(s) = \dfrac{Ab + x(0)}{s + a}$ nach Tab. 2.2:

$$g(t) = [Ab + x(0)] \cdot e^{-at} = g(0^+)e^{-at}. \tag{2.111}$$

Zum Zeitpunkt t = 0 ist der rechtsseitige Grenzwert (Anfangswert für $t > 0$)

$$g(0^+) = Ab + x(0). \tag{2.112}$$

Für $t > 0$ ist $u(t) \equiv 0$ und g(t) fällt als e-Funktion ab; hierbei ist es unerheblich, wie der Anfangswert $g(0^+)$ zustande kam. Gl. (2.112) liefert somit einen Hinweis, wie man die Impulsantwort numerisch (z. B. auf dem Analogrechner) einfach erzeugen kann (der Impuls selbst ist ja nicht realisierbar): Man erhält sie, indem als Anfangswert für $t > 0$ der Wert für die Anfangsbedingung des Systems um Ab vergrößert wird.

Die Neigung der e-Funktion (2.111) für $t = 0^+$ ist $g'(0^+)$, d. h. $g'/a = -g$. Mit der Definition der „Zeitkonstanten T" des Systems 1. Ordnung

$$T = 1/a \tag{2.113}$$

folgt $g'T = -g$, d. h. die Tangente $g'(0^+)$ schneidet die Zeitachse bei t = T. Der Wert g(T) ist $g(0^+)/e$, die Neigung $g'(T)$ wieder $-ag(T)$, so daß sich die Tangentenkonstruktion mit T rekursiv fortsetzen läßt (siehe Bild 2.43).

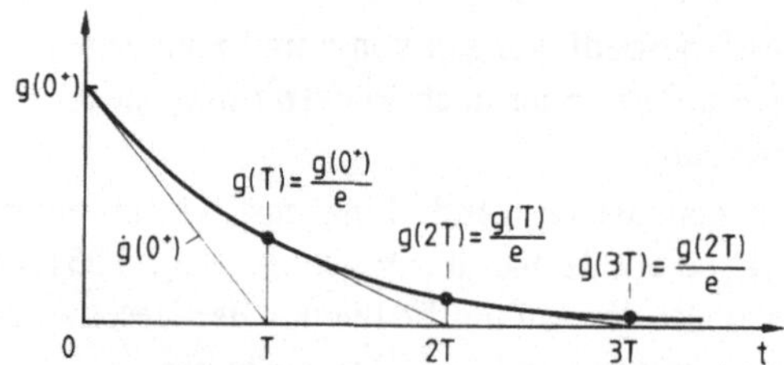

Bild 2.43 Impulsantwort des Systems 1. Ordnung

Für die allgemeine *Sprungantwort* ist U(s) = A/s und aus Gl. (2.90) folgt mit Partialbruchzerlegung des 1. Terms

$$X(s) = \frac{Ab}{s(s+a)} + \frac{x(0)}{s+a} = \frac{Ab/a}{s} + \frac{x(0) - Ab/a}{s+a}.$$

Die Korrespondenztabelle 2.2 ergibt hierfür

$$h(t) = \mathscr{L}^{-1}\{X(s)\} = \frac{Ab}{a} + (x(0) - Ab/a)e^{-at} \tag{2.114}$$

$$= \frac{Ab}{a}(1 - e^{-at}) + x(0)e^{-at}. \tag{2.114a}$$

Wählt man die Sprunghöhe A = ax(0)/b, so ist das System im Gleichgewicht und bleibt bei x(0) stehen. Ist die Anfangsbedingung x(0) = 0, so erhält man die (mit A multiplizierte) Sprungantwort h(t) (siehe Bild 2.44).

Auf ähnliche Weise erhält man für die *Rampenantwort* ($U(s) = c/s^2$), wobei darauf zu achten ist, daß bei der Partialbruchzerlegung auch alle niedrigeren Potenzen eines Nennerfaktors auftreten:

$$X(s) = \frac{cb}{s^2(s+a)} + \frac{x(0)}{s+a} = \frac{cb/a}{s^2} - \frac{cb/a^2}{s} + \frac{cb/a^2}{s+a} + \frac{x(0)}{s+a}$$

$$v(t) = \frac{cb}{a}\left[t - \frac{1}{a}(1 - e^{-at})\right] + x(0)e^{-at}. \tag{2.115}$$

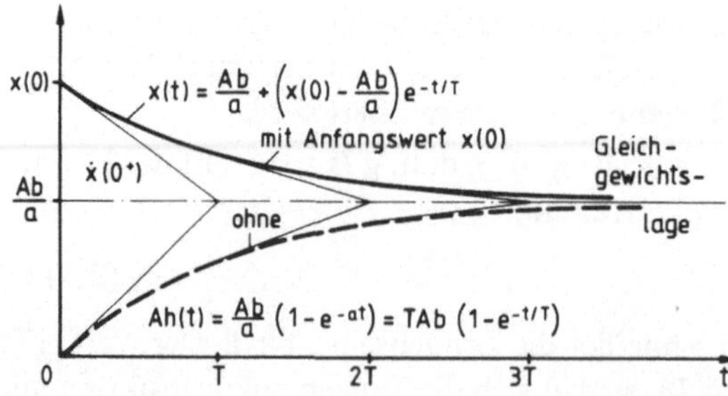

Bild 2.44 Sprungantwort des Systems 1. Ordnung mit und ohne Anfangswert x(0)

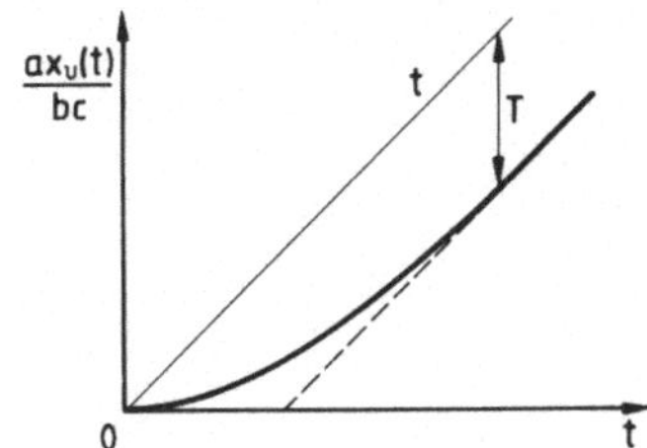

Bild 2.45 Rampenantwort des Systems 1. Ordnung

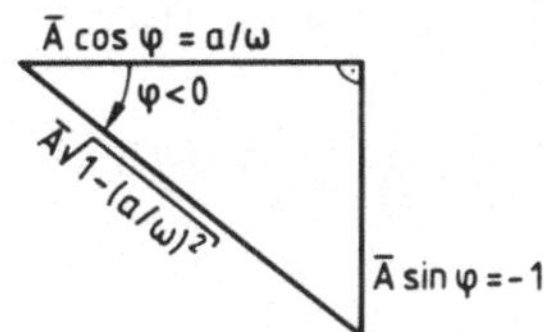

Bild 2.46 Beziehungen im rechtwinkeligen Dreieck

Den Verlauf für x(0) = 0 zeigt Bild 2.45. Man erkennt, daß für große t das Ausgangssignal um T verzögert dem Eingangssignal folgt.

Bei einem Sinuseingang $A \sin \omega t$ erhält man für x(0) = 0 die *Sinusantwort*

$$X(s) = \frac{Ab\omega}{(s+a)(s^2+\omega^2)} = \frac{Ab\omega}{a^2+\omega^2}\left[\frac{1}{s+a} - \frac{s}{s^2+\omega^2} + \frac{a}{\omega}\frac{\omega}{s^2+\omega^2}\right]$$

oder nach Rücktransformation mit Hilfe von Tab. 2.2

$$f_1(t) = \frac{Ab\omega}{a^2+\omega^2}\left[e^{-at} - \cos\omega t + \frac{a}{\omega}\sin\omega t\right]. \tag{2.116}$$

Diese Funktion beginnt mit der Neigung 0 bei t = 0 und schwingt für a > 0 und $t \to \infty$ um 0, da dann der 1. Term der Klammer verschwindet. Dieser Term kennzeichnet das sog. *Einschwingverhalten*, während die beiden letzten die e i n g e s c h w u n g e n e S i n u s a n t w o r t wiedergeben. Mit der trigonometrischen Beziehung $\sin(\alpha + \varphi) = \sin\alpha\cos\varphi + \cos\alpha\sin\varphi$ und der Dreiecksdefinition gemäß Bild 2.46 erhält man für die beiden letzten Terme in Gl. (2.116) ($\alpha = \omega t$) ohne den Vorfaktor

$$\bar{A}(\sin\omega t\cos\varphi + \cos\omega t\sin\varphi) = \bar{A}\sin(\omega t + \varphi) = \frac{a}{\omega}\sin\omega t - \cos\omega t \tag{2.117}$$

mit $\varphi = \arctan(-\omega/a)$, $\bar{A} = \sqrt{a^2+\omega^2}/\omega$.

Dies ist eine gegenüber dem Eingang um den „Phasenwinkel" φ verzögerte Sinusschwingung. Das Verhältnis von Ausgangs- zu Eingangsamplitude ist

$$F_{A_1}(\omega) = \frac{Ab\omega}{(a^2+\omega^2)}\frac{\sqrt{a^2+\omega^2}}{\omega A} = \frac{b}{\sqrt{a^2+\omega^2}}. \tag{2.118}$$

Das Ausgangssignal nach Abklingen des Einschwingvorgangs ist also durch die beiden Zahlen Amplitudenverhältnis F_{A_1} und Phasenwinkel φ, die beide von ω abhängen, definiert.

Rechnet man sich den Wert der Üfkt des Gliedes 1. Ordnung im Aufpunkt $s = \sigma + j\omega$ in Polarkoordinatendarstellung aus, so folgt über

$$|G| = \{[\mathrm{Re}(G)]^2 + [\mathrm{Im}(G)]^2\}^{1/2} \quad \text{aus der Üfkt } G(s) = b/(s+a)$$

$$|G(s)| = \left|\frac{b}{\sigma + j\omega + a}\right| = \left|\frac{b[(\sigma+a) - j\omega]}{[(\sigma+a)+j\omega][(\sigma+a)-j\omega)]}\right| =$$

$$= \left|\frac{b}{(\sigma+a)^2+\omega^2}[(\sigma+a)-j\omega]\right| = \frac{b\sqrt{(\sigma+a)^2+\omega^2}}{(\sigma+a)^2+\omega^2} = \frac{b}{\sqrt{(\sigma+a)^2+\omega^2}}, \tag{2.119a}$$

und $\varphi = \arctan\,[\mathrm{Im}(G)/\mathrm{Re}(G)] = \arctan\,[-\omega/(\sigma+a)].$ (2.119b)

Betrag und Argument (Phase) der Üfkt stimmen mit dem Amplitudenverhältnis und der Phasenverschiebung der Sinusantwort überein, wenn man $\sigma = 0$ setzt, d. h.

$$\left.\begin{array}{l}|G(j\omega)| = \textit{Amplitudengang}\\ \sphericalangle G(j\omega) = \textit{Phasengang}\end{array}\right\}\ \text{oder}\ \left\{\begin{array}{l}\textit{die komplexe Funktion}\\ G(j\omega) = \textit{Frequenzgang}.\end{array}\right. \tag{2.120}$$

Für diesen Spezialfall $\sigma = 0$ hat die Üfkt also eine direkte physikalische Bedeutung!

2.3.1.4 Doppelglied 1. Ordnung: $G = b/(s+a)^2$. Die vollständige Transformation der zugehörigen Differentialgleichung $\ddot{x} + 2a\dot{x} + a^2x = bu$ liefert zusätzlich den Einfluß der Anfangsbedingungen

$$X(s) = \frac{b}{(s+a)^2}U(s) + \frac{sx(0) + \dot{x}(0) + 2ax(0)}{(s+a)^2},$$

der sich dem aus der Eingangsgröße u resultierenden Anteil überlagert. Für $u \equiv 0$ erhält man aus der Partialbruchzerlegung des 2. Terms ($x(0) \neq 0$)

$$X_a(s) = x(0)\frac{s+c}{(s+a)^2} = x(0)\left[\frac{c-a}{(s+a)^2} + \frac{1}{s+a}\right] \quad \text{mit } c = \frac{\dot{x}(0)}{x(0)} + 2a$$

und mit Tab. 2.2

$$x_a(t) = x(0)\left[1 + \left(\frac{\dot{x}(0)}{x(0)} + a\right)t\right]e^{-at}. \tag{2.121}$$

Für $x(0) = 0$ und eine *Impulsanregung* $U(s) = A$, folgt

$$X_i(s) = \frac{bA + \dot{x}(0)}{(s+a)^2} \quad \text{und} \quad x_i(t) = [bA + \dot{x}(0)] \cdot te^{-at}, \tag{2.122}$$

d. h. der Impuls wirkt wie eine veränderte Anfangsbedingung der Geschwindigkeit $\dot{x}(0)$. Die *Sprungantwort* bei verschwindenden Anfangsbedingungen lautet ($U = A/s$)

$$X(s) = \frac{Ab}{s(s+a)^2} = \left[\frac{1}{s} - \frac{a}{(s+a)^2} - \frac{1}{s+a}\right]\frac{Ab}{a^2}$$

$$h(t) = \frac{Ab}{a^2}[1 - e^{-at}(1+at)]. \tag{2.123}$$

Das Doppelglied 1. Ordnung kann auch als die Hintereinanderschaltung zweier Einfachglieder aufgefaßt werden (siehe Bild 2.47)

$$X(s) = G_2X_1(s); \qquad X_1(s) = G_1U(s) \rightarrow X(s) = G_2G_1U(s),$$

d. h. $\quad G = G_1G_2 \quad \text{mit} \quad b = b_1b_2.$ (2.124)

Das Signal $x_1(t)$ ist durch den 1. Term von Gl. (2.114a) gegeben (Bild 2.44, gestrichelte Linie); der Ausgangsgrößenverlauf gemäß Gl. (2.123) kann also auch als das Antwortverhalten eines einfachen Gliedes 1. Ordnung auf dieses Signal $x_1(t)$ aufgefaßt werden.

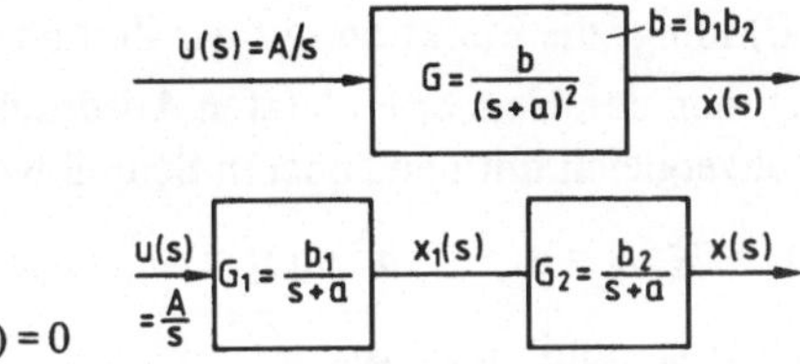

Bild 2.47
Gleichwertige Systeme bei $x(0) = \dot{x}(0) = x_1(0) = 0$

2.3.1.5 Glied 2. Ordnung: $G = b/(s^2 + 2\zeta\omega_n s + \omega_n^2)$. Für verschwindende Anfangsbedingungen liefert Gl. (2.91) diese Form, wenn man

$$\omega_n^2 = a_0 \quad \text{und} \quad \zeta = a_1/2\omega_n = a_1/2\sqrt{a_0} \tag{2.125}$$

setzt. Die Faktorisierung des Nennerpolynoms mit seinen Nullstellen (Wurzeln)

$$\lambda_{1,2} = -\frac{a_1}{2} \pm \sqrt{\frac{a_1^2}{4} - a_0} \tag{2.126}$$

$s^2 + a_1s + a_0 = (s - \lambda_1)(s - \lambda_2)$ läßt folgende 3 Fallunterscheidungen erkennen:

1. $\frac{a_1}{2} > \sqrt{a_0}$ $\rightarrow$ beide Wurzeln reell

2. $\frac{a_1}{2} = \sqrt{a_0}$ $\rightarrow$ Doppelwurzel

3. $\frac{a_1}{2} < \sqrt{a_0}$ $\rightarrow$ konjugiert komplexe Wurzeln.

Fall 1 kann man analog zu Bild 2.47 als Hintereinanderschaltung von 2 Gliedern 1. Ordnung ansehen (mit unterschiedlichen $T_i = -1/\lambda_i$); jedes Glied kann wie oben behandelt werden. Fall 2 wurde soeben in Abschn. 2.3.1.4 behandelt. Neu ist deshalb nur Fall 3 mit

$$\begin{aligned} &\lambda_1 = -\sigma_e - j\omega_e \quad \text{und} \quad \lambda_2 = -\sigma_e + j\omega_e \\ &\sigma_e = a_1/2; \qquad \omega_e = \sqrt{a_0 - a_1^2/4}. \end{aligned} \tag{2.126a}$$

Zur Berechnung der *Impulsantwort* mit U(s) = 1 liefert die Partialbruchzerlegung

$$X(s) = G(s) = \frac{b}{s^2 + 2\zeta\omega_n s + \omega_n^2} = \frac{\alpha}{s + \sigma_e + j\omega_e} + \frac{\beta}{s + \sigma_e - j\omega_e} = \frac{b/\omega_e \cdot \omega_e}{(s + \sigma_e)^2 + \omega_e^2}. \tag{2.127}$$

Die konjugiert imaginären Partialbruchkoeffizienten lassen sich bei Zusammenfassung der konjugiert komplexen Nennerwurzelausdrücke als reelle Zahl darstellen und Tab. 2.2 liefert die Korrespondenz zum Zeitbereich mit der gedämpften Sinusfunktion als Gewichtsfunktion des Gliedes 2. Ordnung

$$g(t) = \frac{b}{\omega_e} e^{-\sigma_e t} \sin \omega_e t. \tag{2.128}$$

Nur für $\sigma_e = 0$, d. h. nach Gl. (2.126a) $a_1 = 0$ (die Differentialgleichung enthält keinen Term mit der 1. Ableitung), ist g(t) ungedämpft und hat die Amplitude b/ω_e. Für $\sigma > 0$ (d. h. $a_1 > 0$) klingt die Funktion mit der Zeit ab (siehe Bild 2.48).

Multipliziert man den Nenner im letzten Ausdruck Gl. (2.127) aus, so erhält man durch Koeffizientenvergleich mit den anderen Schreibweisen

$$2\sigma_e = 2\zeta\omega_n = a_1; \qquad \sigma_e^2 + \omega_e^2 = \omega_n^2 = a_0, \tag{2.129}$$

d. h. $\sigma_e = \zeta\omega_n$ und $\omega_e = \omega_n \sqrt{1-\zeta^2}$. (2.130)

Diese Gleichungen lassen sich graphisch so deuten, daß ω_n der Abstand vom Ursprung und $\zeta = \sigma_e/\omega_n = \sin \Theta$ ist, mit Θ als Winkel von der imaginären Achse mathematisch positiv (Gegenuhrzeigersinn) bis zur Wurzel mit positivem Imaginärteil (siehe Bild 2.49). ζ heißt Dämpfungsgrad des Systems im Gegensatz zur „absoluten Dämpfung" σ_e, die den Verlauf der Einhüllenden festlegt.

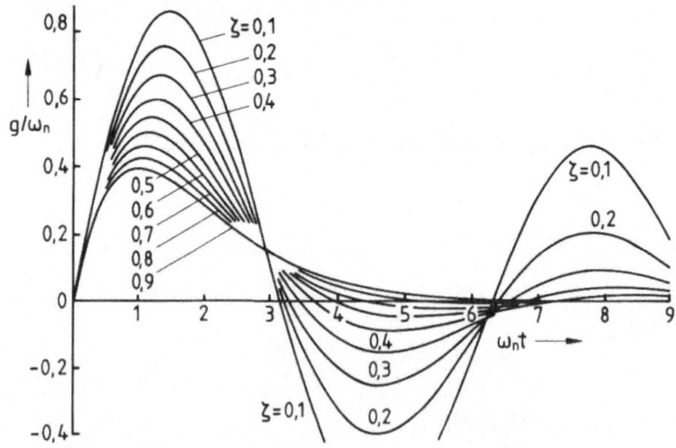

Bild 2.48 Impulsantworten des Gliedes 2. Ordnung

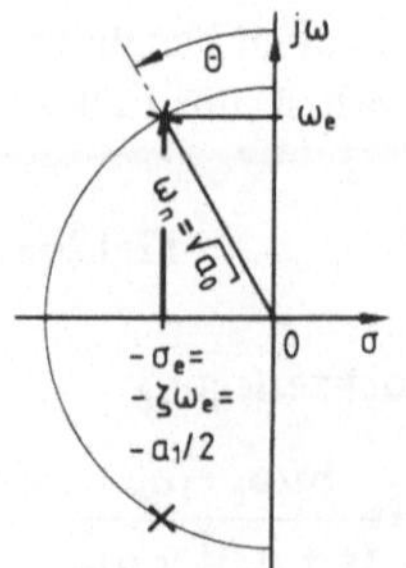

Bild 2.49
Kennzeichnung des Gliedes 2. Ordnung im Wurzelort mit 3 verschiedenen Parameterpaaren (σ_e, ω_e) (ζ, ω_n) (a_1, a_0)

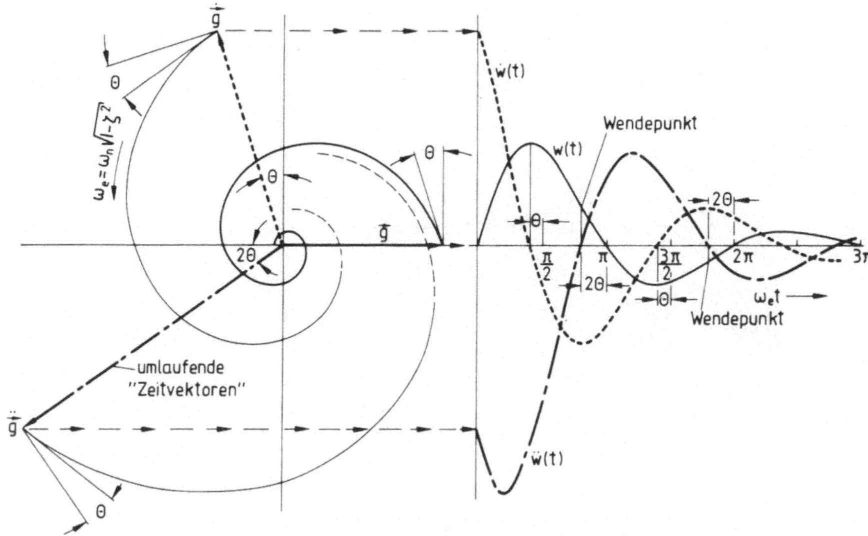

Bild 2.50 Die Entstehung der Zeitsignale aus Zeitvektoren für ein gedämpftes System 2. Ordnung (nach [51]); die Vektoren halten ihre relative Winkellage bei, schrumpfen mit $e^{-\sigma_e t}$ und laufen mit ω_e um

Die Ableitung der Impulsantwort erhält man aus Gl. (2.128) mit Bild 2.49 zu

$$\dot{g}(t) = \frac{b}{\omega_e}\{(-\sigma_e)e^{-\sigma_e t}\sin\omega_e t + e^{-\sigma_e t}\omega_e\cos\omega_e t\}$$

$$= \frac{b}{\omega_e}e^{-\sigma_e t}\omega_n\{\cos\Theta\cos\omega_e t - \sin\Theta\sin\omega_e t\}$$

$$= \frac{b}{\sqrt{1-\zeta^2}}e^{-\sigma_e t}\cos(\omega_e t + \Theta). \tag{2.131}$$

Diese Gleichung läßt sich zusammen mit Gl. (2.128) und (2.130) so deuten, daß die Zeitverläufe g(t) und $\dot{g}(t)$ durch Projektion der mit ω_e umlaufenden Vektoren $\vec{g}$ und $\dot{\vec{g}}$ entstehen, die beide gemäß $e^{-\sigma_e t}$ schrumpfen (siehe Bild 2.50). Der Vektor $\dot{\vec{g}}$ eilt dem Vektor $\vec{g}$ um $\frac{\pi}{2} + \Theta$ voraus und ist dem Betrag nach um den Faktor ω_n größer. Der Phasennachlauf von $\vec{g}$ gegenüber $\dot{\vec{g}}$ nimmt mit zunehmendem Dämpfungsgrad $\zeta = \sin\Theta$ von $-90°$ auf $-180°$ (für $\zeta = 1$) zu.

Als *Sprungantwort* erhält man analog zu obigem

$$X(s) = \frac{b}{s(s^2 + 2\zeta\omega_n s + \omega_n^2)} = \frac{b}{\omega_n^2}\left[\frac{1}{s} - \frac{(s+\sigma_e) + \zeta/\sqrt{1-\zeta^2}\,\omega_e}{(s+\sigma_e)^2 + \omega_e^2}\right]$$

$$h(t) = \frac{b}{\omega_n^2}\left[1 - e^{-\sigma_e t}\left(\cos\omega_e t + \frac{\zeta}{\sqrt{1-\zeta^2}}\sin\omega_e t\right)\right] = \frac{b}{\omega_n^2}\left[1 - \frac{e^{-\sigma_e t}}{\sqrt{1-\zeta^2}}\cos(\omega_e t - \Theta)\right]. \tag{2.132}$$

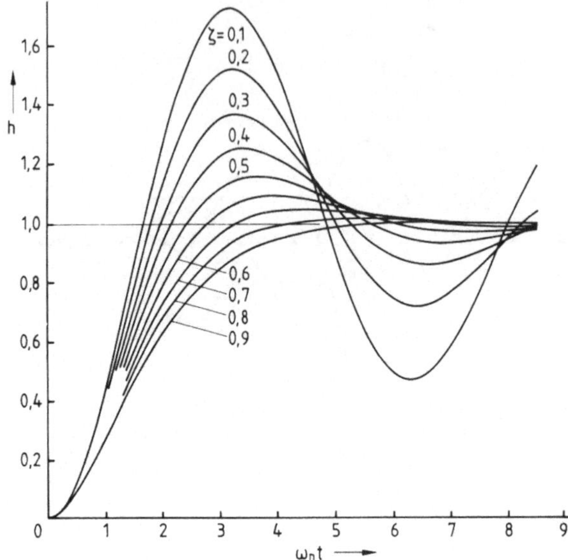

Bild 2.51 Sprungantworten des Systems 2. Ordnung

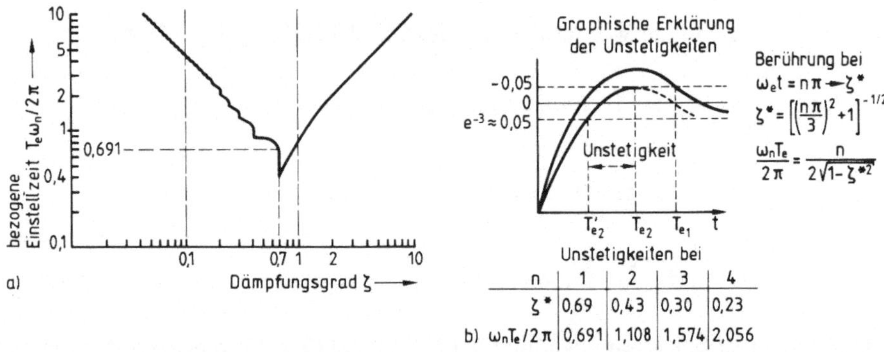

Bild 2.52 Einschwingzeit in 5% Schwellwertbereich um neue Ruhelage bei der Sprungantwort

Für die Ableitung $\dot{h}(t)$ ergibt sich die Gewichtsfunktion g(t) nach Gl. (2.128), d. h. die Ableitung der Systemantwort ist die Systemantwort auf das abgeleitete Eingangssignal. Diese Verschiebbarkeit der Operationen ist ein Kennzeichen linearer zeitinvarianter Systeme. Bild 2.51 zeigt die Sprungantworten für verschiedene Dämpfungsgrade ζ. Bildet man einen Schwellwertbereich um die neue Ruhelage und trägt über dem Dämpfungsgrad ζ den Zeitpunkt T_e auf, ab dem die Sprungantwort diesen Bereich nicht mehr verläßt, so sieht man (Bild 2.52), daß sich bei $\zeta \approx 1/\sqrt{2}$ ein Minimum ergibt. Das Entstehen der Sprünge wird aus Bild 2.52 (rechts) verständlich: immer wenn die Sprungantwort für ein ζ^* gerade die Schwellenlinie ϵ tangiert, hat T_e dort einen Sprung. Solche Tangenten treten bei $\omega_e t = n\pi$, n = 1, 2 . . . für $\zeta^* = 1/\sqrt{(n\pi/\rho)^2 + 1}$ auf, mit $\rho = -\ln(\Delta x_s/h_\infty)$. Für n = 1 und $\rho = \pi$, d. h. $\epsilon = e^{-\pi} \mathrel{\hat{=}} 4{,}32\%$ ist $\zeta^* = 1/\sqrt{2}$; weitere Werte zeigt Tab. 2.4.

Tab. 2.4 Dämpfungsgrade mit günstiger Sprungantwort für verschiedene Schwellenbereiche ϵ

ρ	1	2	3	π	4
ζ^*	0,3	0,537	0,691	$1/\sqrt{2} = 0{,}707$	0,786
$\frac{\Delta x_s}{h_\infty} \underset{\sim}{} \Delta\epsilon/\%$	36,8	13,5	4,98	4,32	1,83

Dies besagt: um schnelles Einschwingen eines Gliedes 2. Ordnung in einen Schwellwertbereich von einigen Prozent des stationären Endwertes zu erreichen, sollte der Realteil σ_e ungefähr gleich groß wie der Imaginärteil ω_e (oder $\Theta \approx 45°$) sein. Der hiermit angegebene Zielbereich ist für die Auslegung von Folgeregelungssystemen von Bedeutung.

Für die *Sinusantwort* des Systems 2. Ordnung erhält man (Anfangsbedingung = 0)

$$X(s) = \frac{b}{s^2 + 2\zeta\omega_n s + \omega_n^2} \cdot \frac{A\omega}{s^2 + \omega^2}, \quad \text{und mit dem Partialbruchansatz}$$

$$= \frac{\alpha s + \beta}{s^2 + 2\zeta\omega_n s + \omega_n^2} + \frac{\gamma s + \delta\omega}{s^2 + \omega^2}. \tag{2.133}$$

Die Ausrechnung der Partialbruchkoeffizienten α bis δ ist etwas mühsam, aber über Koeffizientenvergleich ohne weiteres möglich. Gruppiert man das Ergebnis für den 1. Term so, daß $\alpha'(s + \zeta\omega_n)$ und $\beta'\omega_n\sqrt{1-\zeta^2}$ auftreten, so kann mit Gl. (2.130) und Tab. 2.2 das Einschwingverhalten (des gedämpften Antwortanteils) analog zur Impuls- und Sprungantwort berechnet werden. Dieser Anteil geht bei $\zeta > 0$ für größere t gegen 0, so daß nur der Signalanteil des 2. Partialbruchgliedes, eines ungedämpften phasenverschobenen Sinus mit der Anregungsfrequenz ω übrigbleibt.

Aus den Partialbruchkoeffizienten

$$\gamma = -Ab/\omega_n^2 \cdot 2\zeta(\omega/\omega_n)/N, \quad \delta = Ab/\omega_n^2 \cdot [1 - (\omega/\omega_n)^2]/N \tag{2.134}$$

mit $\quad N = 1 + (\omega/\omega_n)^4 + 2(\omega/\omega_n)^2(2\zeta^2 - 1)$

folgt als Korrespondenzfunktion zum 2. Term in Gl. (2.133) aus Tab. 2.2

$$f(t) = \gamma \cos \omega t + \delta \sin \omega t = \bar{A} \sin(\omega t + \varphi)$$

mit $\quad \bar{A}/A = b/(\omega_n^2\sqrt{N})$ als Amplitudengang $|F(\omega)|$

und $$\varphi = \arctan\left[\frac{-2\zeta\omega/\omega_n}{1 - (\omega/\omega_n)^2}\right] \quad \text{als Phasengang } \sphericalangle F(\omega). \tag{2.135}$$

Bei kleinen Frequenzen $\omega \ll \omega_n$ ist für $b = \omega_n^2$ (statische Verstärkung = 1) der Amplitudengang = 1 und der Phasengang = 0; bei sehr großen Frequenzen $\omega \gg \omega_n$ geht $\bar{A}/A \to 0$ wie $1/\omega^2$ und $\tan\varphi \to 0$. Aus Kontinuitätsbetrachtungen und den Vorzeichen der Einzelterme (beide negativ) erkennt man, daß $\varphi \to -180°$ geht. Bild 2.53 zeigt den Verlauf der Funktion $|F(\omega)|$ und $\varphi(\omega)$.

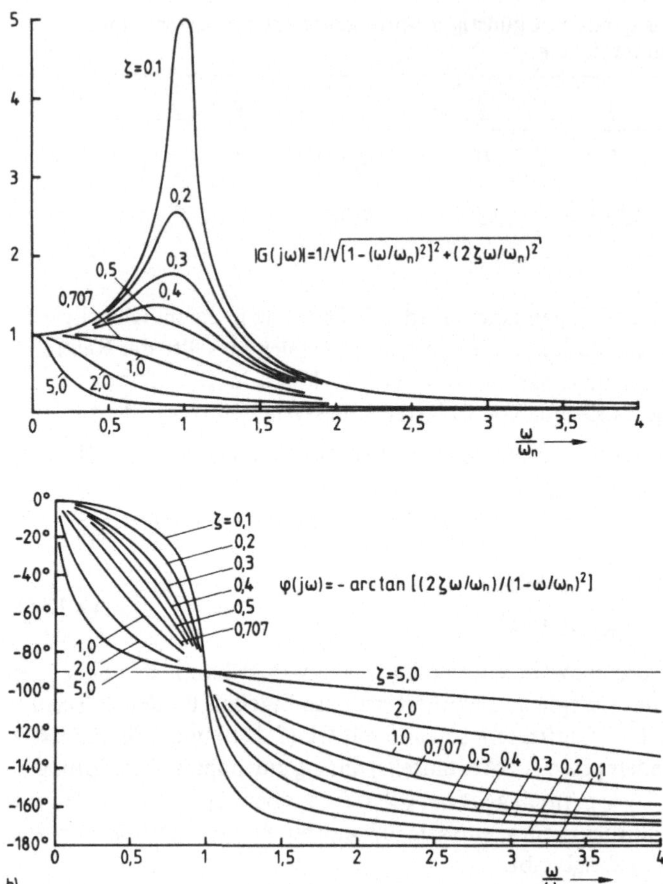

Bild 2.53 Amplituden- (a) und Phasengang (b) des Gliedes 2. Ordnung bei linearer Auftragung

Man beachte, daß für $\zeta = 1/\sqrt{2}$ der Verlauf $\varphi(\omega/\omega_n)$ über einen weiten Bereich $\omega < \omega_n$ fast linear ist, d. h. Signale unterschiedlicher Frequenzen $\omega_i < \omega_n$ haben den Phasenverzug $\varphi_{M_i} = d\varphi/d\omega \cdot \omega_i$. Will man bei Meßgliedern diesen Phasenfehler durch Verschiebung der Zeitachse um Δt korrigieren, so erhält man für ein gegebenes Signal der Frequenz ω_i den Korrekturwert $\varphi_{K_i} = \omega_i \Delta t$. Mit der Forderung zur Phasenkorrektur

$$\Delta\varphi = \varphi_{M_i} + \varphi_{K_i} = 0 = \omega_i(d\varphi/d\omega + \Delta t) \tag{2.136}$$

erkennt man, daß für Glieder mit linearem Phasengang ($d\varphi/d\omega$ = const) diese Gleichung unabhängig von der Signalfrequenz ω_i mit einer Zeitverschiebung $\Delta t = -d\varphi/d\omega$ erreicht werden kann ($d\varphi/d\omega = d\varphi/d(\omega/\omega_n)/\omega_n = -\pi/(2\omega_n)$; z. B. für $\omega_n = 50\ s^{-1} \mathrel{\underset{\sim}{\Delta}} 8$ Hz ergibt sich $\Delta t \approx 0{,}03$ s). Dies ist ein weiterer Grund (neben dem schnellen Einschwingen), weshalb Meßglieder 2. Ordnung mit einem Dämpfungsgrad $\zeta \approx 1/\sqrt{2}$ ausgelegt werden.

Aus dem Amplitudengang Bild 2.53a erkennt man, daß für kleine ζ die Kurven ein ausgesprochenes Maximum haben. Durch Nullsetzen der Ableitung von $d(\bar{A}/A)/d(\omega/\omega_n)$,

Gl. (2.135), erhält man die „Resonanzfrequenz"

$$\left.\begin{aligned} &\omega_R = \omega_n \sqrt{1-2\zeta^2} \\ &\text{und den Resonanzfaktor} \\ &Q = (\bar{A}/A)_{max} = 1/(2\zeta\sqrt{1-\zeta^2}). \end{aligned}\right\} \quad (2.137)$$

Für $\zeta > 1/\sqrt{2}$ ist die Ausgangsamplitude stets kleiner als die Eingangsamplitude. Man beachte jedoch, daß bei der Sprungantwort ein Überschwingen bis $\zeta = 1$ auftritt!

2.3.2 Zeitantworten allgemeiner Übertragungsglieder

Bezeichnet man in Gl. (2.92), wie in Gl. (2.93) eingeführt, das Polynom $\sum_{i=0}^{n} a_i' s^i$ mit N(s), so lautet die Lösung für das Ausgangssignal im Bildbereich

$$X(s) = \frac{Z(s)}{N(s)} U(s) + \frac{F\,(\text{Anfangsbedingungen}, s)}{N(s)}. \quad (2.138)$$

Nach dem Fundamentalsatz der Algebra [14,66] kann dieses Polynom faktorisiert werden mit den i. allg. komplexen Wurzeln λ_i

$$N(s) = \sum_{i=0}^{n} a_i' s^i = a_n' \prod_{i=1}^{n} (s - \lambda_i). \quad (2.139)$$

Bei der heutigen Verfügbarkeit von Digitalrechnern ist diese Faktorisierung auch für größere n kein Problem mehr. Früher war dies für $n > 4$ sehr aufwendig und meist nicht vertretbar. Wegen der reellen Koeffizienten a_i' treten komplexe λ_i immer in konjugierten Polpaaren auf.

Mit diesen Faktoren kann man nun eine Partialbruchzerlegung vornehmen, wobei komplexe Paare zusammengefaßt werden und, wie in Abschn. 2.3.1.5 gezeigt, schwingungsfähige Glieder 2. Ordnung darstellen. Die Gesamtantwort setzt sich nun additiv aus den Beiträgen dieser Glieder 1. und 2. Ordnung zusammen; i. allg. hat jeder dieser Anteile wiederum einen Teilbeitrag als Antwort auf die Eingangsfunktion u (Partialbruchkoeffizient des 1. Terms aus Gl. (2.138)) und einen zweiten aus den Anfangsbedingungen (2. Term (2.138)). Sind die q niedrigsten Koeffizienten $a_i = 0$, so liegen q Wurzeln im Ursprung; gemäß Abschn. 2.2.3.2 entspricht dies einer q-fachen Integration.

Als Antwort auf Anfangsbedingungen können nur Bewegungsanteile entsprechend den Faktoren $(s - \lambda_i)$ auftreten, wohingegen im 1. Term auch Nennerfaktoren aus der Anregungsfunktion u (z. B. $s^2 + \omega^2$ beim Sinuseingang) hinzukommen können. Enthalten die Zählerpolynome gleiche Faktoren wie das Nennerpolynom, so kürzen sich diese heraus, d. h. diese Bewegungsformen werden nicht angeregt und sind mithin auch nicht beobachtbar (zumindest nicht in dieser Üfkt).

Der Bewegungsverlauf eines linearen zeitinvarianten Systems n-ter Ordnung, n beliebig hoch, das durch Gl. (2.92) beschrieben werden kann, setzt sich additiv aus folgenden Teilbeiträgen zusammen:

Bildbereich	Zeitbereich	
$\frac{c_1}{s}$	Konstante c_1 (Parabel 0. Ordnung in t)	$c_1 \cdot 1(t)$
$\vdots$		
$\frac{c_q}{s^q}$	Parabel (q − 1)-ter Ordnung in t	$\frac{c_q}{(q-1)!}\, t^{(q-1)}$
$\frac{d_1}{s-\lambda}$	e-Funktion	$d_1 e^{\lambda t}$
$\vdots$		
$\frac{d_r}{(s-\lambda)^r}$	Produkt aus Parabel in t und e-Funktion	$\frac{d_r}{(r-1)!}\, t^{(r-1)} e^{\lambda t}$
$\frac{\alpha(s+\sigma_e)+\beta\omega_e}{(s+\sigma_e)^2+\omega_e^2}$	gedämpfter phasenverschobener Sinus	$\sqrt{\alpha^2+\beta^2}\, e^{-\sigma_e t} \sin(\omega_e t + \varphi)$
$= \frac{\alpha(s+\zeta\omega_n)+\beta\omega_n\sqrt{1-\zeta^2}}{s^2+2\zeta\omega_n s+\omega_n^2}$	– (evtl. Mehrfachpole hiervon (selten))	$\varphi = \arctan(\beta/\alpha)$ (Potenz von t als Faktor)

Bild 2.54 zeigt die Sprungantworten der Glieder mit reeller Wurzel und Bild 2.55 ihre Gewichtsfunktionen, die mit den Partialbruchkoeffizienten p_i multipliziert direkt den Anteil am Ausgangssignal angeben. Den Signalbeitrag von Gliedern 2. Ordnung mit konjugiert komplexen Wurzelpaaren zeigt Bild 2.56. Hier sind in der komplexen Zahlenebene σ,

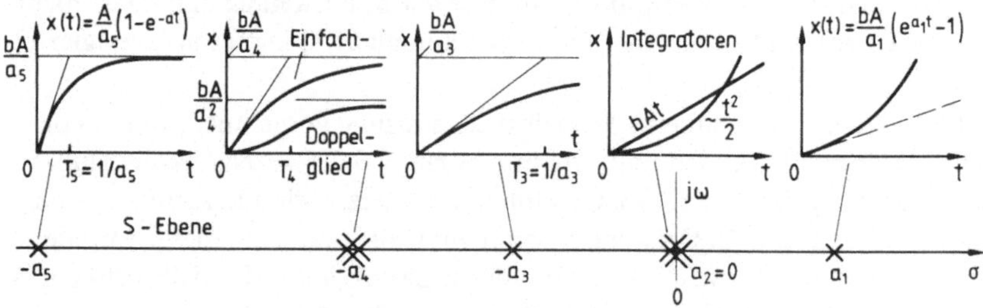

Bild 2.54 Zuordnung Pollage auf reeller Achse und Sprungantwort

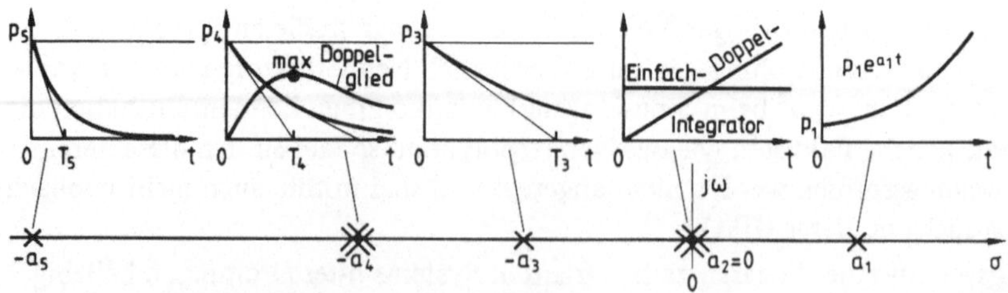

Bild 2.55 Zuordnung Pollage auf reeller Achse und Gewichtsfunktion $g_i(t)$; die Amplituden p_i ergeben sich aus der Partialbruchzerlegung

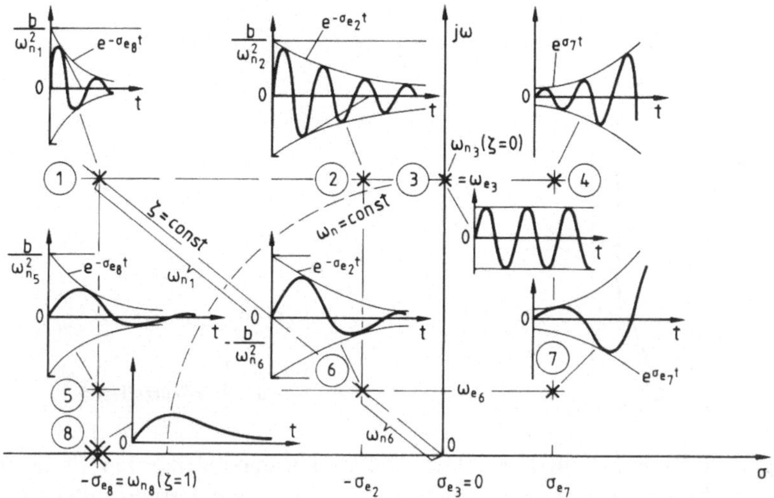

Bild 2.56 Zuordnung konjugiert komplexe Polpaare (nur $\omega > 0$ dargestellt) und Gewichtsfunktion $g_i(t)$, reiner Sinusanteil

$j\omega$ die Wurzeln als Kreuze dargestellt, und zwar nur jene mit positivem Imaginärteil; die zur reellen Achse spiegelbildlichen konjugiert komplexen wurden weggelassen. An jeder Wurzel wurde der charakteristische Verlauf der zum Paar gehörigen Gewichtsfunktion als Funktion der Zeit skizziert. Als Parameter sind sowohl σ_e und ω_e als auch ζ und ω_n angegeben. Für σ_e = const haben die Zeitverläufe die gleiche Amplitudeneinhüllende, während für ζ = const (gleicher Polarwinkel) die Zahl der Schwingungen bis zum Abklingen auf das gleiche Amplitudenverhältnis dieselbe ist. Im Zeitsignal tritt ω_e als Kreisfrequenz auf (nicht ω_n), so daß die Wurzeln ① bis ④ mit unterschiedlichem ω_n alle Signalanteile mit der gleichen Frequenz ω_e liefern. Nur für $\zeta = 0$ (Punkt ③) ist $\omega_n = \omega_e$; daher rührt auch der gelegentlich benützte Name „ungedämpfte Eigenfrequenz" für ω_n. Der Punkt ⑧ stellt den Übergang zu den Gliedern 1. Ordnung dar, da für $\zeta = 1$ ein Doppelglied 1. Ordnung vorliegt (s. o.); dessen analytische Beschreibung muß jedoch als getrennter Teil neben den Gliedern 1. und 2. Ordnung gehandhabt werden.

Eine solche Auftragung und Zuordnung aller Wurzeln eines Polynoms N(s) zu den Gewichtsfunktionen läßt unmittelbar einige für die Praxis wichtige Aussagen zu:

– *Bei Wurzeln in der rechten Halbebene wächst das Ausgangssignal für größere* t *über alle Grenzen, falls nicht über* u(t) *gegengesteuert wird.*

– *Wurzeln sehr weit links in der linken Halbebene geben Signalanteile, die sehr schnell auf* 0 *abklingen und deshalb häufig vernachlässigt werden können.*

– *Soll das Gesamtsignal schneller als mit dem Exponentialfaktor* $-\sigma_{gr}$ *abklingen und soll das Überschwingen bei der Sprungantwort kleiner* ϵ_{gr} *sein (vgl.* Tab. 2.4: *z. B.* $\epsilon_{gr} \approx 37\%$ *ergibt* $\zeta_{gr} = 0{,}3$), *so müssen alle Wurzeln links der Grenzkurven in* Bild 2.57 *liegen.*

Unbekannt ist bisher noch, mit welchen Amplitudenanteilen, und für Glieder 2. Ordnung zusätzlich mit welcher Phasenlage, diese Einzelsignale am gesamten Ausgangssignal betei-

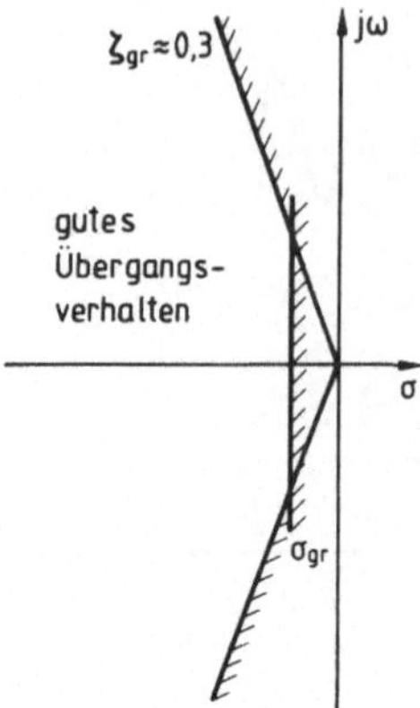

Bild 2.57
Gewünschte Wurzellagen

ligt sind. Diese Information liefern die Partialbruchkoeffizienten, für deren Ermittlung der nächste Abschnitt eine rekapitulierende Zusammenfassung enthält. Grundsätzliche Abhandlungen hierzu finden sich in der einschlägigen math. Literatur, z. B. [14].

2.3.2.1 Partialbruchzerlegung. Die Funktion einer komplexen Variablen, die wie Gl. (2.138) als Bruch zweier Polynome gegeben ist (gebrochen rationale Funktion), läßt sich über die Faktorisierung des Nenners (Gl. (2.139)) in Partialbrüche zerlegen:

$$Y(s) = \frac{C(s)}{M(s)} = \frac{\sum\limits_{i=0}^{m'} b_i s^i}{\sum\limits_{i=0}^{n'} a_i s^i} = \frac{C(s)}{\prod\limits_{i=1}^{n'} (s - \lambda_i)} = \sum_{i=1}^{n'} \frac{p_i}{(s - \lambda_i)}. \tag{2.140}$$

Ist $m' \geqslant n'$ (was in der Praxis nicht vorkommt, aber durch vereinfachte Modellierung entstehen kann), so sind die beiden Polynome zunächst auszudividieren bis der Zählergrad kleiner als der Nennergrad ist. Die auftretenden Potenzen von s entsprechen Impulsen höherer Ordnung (Distributionentheorie [66]), die hier nicht weiter besprochen werden sollen.

Treten Wurzeln q-fach auf, so sind im Partialbruchansatz alle Potenzen von q bis herunter zur 1 anzusetzen. Gemäß der Funktionentheorie sind die Koeffizienten p_i die Residuen der Funktion Y(s) an den Stellen $s = \lambda_i$. Bei einfachen Wurzeln gilt

$$p_i = \text{Res}\,[Y(s)]_{s = \lambda_i} = [Y(s)(s - \lambda_i)]_{s = \lambda_i} = C(\lambda_i)/M'(\lambda_i) \tag{2.141}$$

mit $$M'(\lambda_i) = \left[\frac{d}{ds} M(s)\right]_{s = \lambda_i}.$$

Bei q-fachen Wurzeln an der Stelle λ_ν berechnen sich die Koeffizienten p_ν bis $p_{\nu+q-1}$ zu den Summanden

$$\sum_{\kappa=1}^{q} \frac{p_{\nu+\kappa-1}}{(s - \lambda_\nu)^\kappa} = \frac{p_\nu}{s - \lambda_\nu} + \frac{p_{\nu+1}}{(s - \lambda_\nu)^2} + \ldots + \frac{p_{\nu+\kappa-1}}{(s - \lambda_\nu)^q}$$

gemäß der Beziehung

$$p_{\nu+\kappa-1} = \frac{1}{(q-\kappa)!} \frac{d^{(q-\kappa)}}{ds^{(q-\kappa)}} [Y(s)(s-\lambda_\nu)^q]_{s=\lambda_\nu}. \tag{2.142}$$

Beispiel. $Y(s) = \dfrac{s+c}{(s+a)^4(s+b)}$, vierfache Wurzel bei $\lambda_1 = -a$, $q = 4$.

$$Y(s)(s-\lambda_1)^4 = \frac{s+c}{s+b} = V(s)$$

$\kappa = 3$: $d/ds(V(s)) = (b-c)/(s+b)^2 \quad \to p_3 = (b-c)/(b-a)^2$

$\kappa = 2$: $\dfrac{d^2}{ds^2}(V(s)) = -2(b-c)/(s+b)^3 \quad \to p_2 = -(b-c)/(b-a)^3$

$\kappa = 1$: $\dfrac{d^3}{ds^3}(V(s)) = 6(b-c)/(s+b)^4 \quad \to p_1 = (b-c)/(b-a)^4$

$\kappa = 4$: $p_4 = V(s)|_{s=\lambda_1} \quad \to p_4 = (c-a)/(b-a)$

Aus (2.141) wird der Koeffizient der Einfachwurzel über $M(s) = (s+a)^4(s+b)$ und $M'(s) = 4(s+a)^3(s+b) + (s+a)^4$ zu $p_5 = (c-b)/(a-b)^4$. Damit folgt für die Partialbruchzerlegung

$$Y(s) = \frac{\frac{c-b}{(a-b)^4}}{s+b} + \frac{\frac{b-c}{(b-a)^4}}{s+a} - \frac{\frac{b-c}{(b-a)^3}}{(s+a)^2} + \frac{\frac{b-c}{(b-a)^2}}{(s+a)^3} + \frac{\frac{c-a}{b-a}}{(s+a)^4}$$

und für die entsprechende Zeitfunktion nach Rücktransformation entsprechend Tab. 2.2

$$y(t) = \frac{c-b}{(a-b)^4} e^{-bt} + \left[\frac{b-c}{b-a}\left\{\frac{1}{(b-a)^2} - \frac{t}{b-a} + \frac{t^2}{2}\right\} + \frac{c-a}{6} t^3\right] \frac{e^{-at}}{b-a}.$$

Treten Wurzeln als konjugiert komplexe Paare auf, so sind auch die zugehörigen Partialbruchkoeffizienten konjugiert komplex. Sie werden folgendermaßen zusammengefaßt:

$$\ldots + \frac{a+jb}{s+\sigma+j\omega} + \frac{a-jb}{s+\sigma-j\omega} + \ldots = \ldots + 2\frac{a(s+\sigma)+b\omega}{(s+\sigma)^2+\omega^2} + \ldots \tag{2.143}$$

Im Zeitbereich entspricht dem laut Tab. 2.2 der Signalanteil

$$2e^{-\sigma t}[a \cos \omega t + b \sin \omega t] = 2we^{-\sigma t} \sin(\omega t + \varphi)$$

mit $\quad w = \sqrt{a^2+b^2}$ und $\varphi = \arctan(a/b)$ (2.143a)

(vgl. Bild 2.46 bezüglich der trig. Umwandlungen); $|\varphi| > \pi/2$ für $b < 0$ (2. und 3. Quadrant, $\cos\varphi < 0$, Bild 2.58). Der Real- und Imaginärteil der Partialbruchkoeffizienten (a bzw. b) lassen sehr einfach Betrag und Phase des Zeitsignalanteils erkennen.

Die Partialbruchzerlegung bei einfachen Wurzeln läßt sich anschaulich graphisch deuten, wenn man auch das Zählerpolynom C(s) nach dem Fundamentalsatz der Algebra faktori-

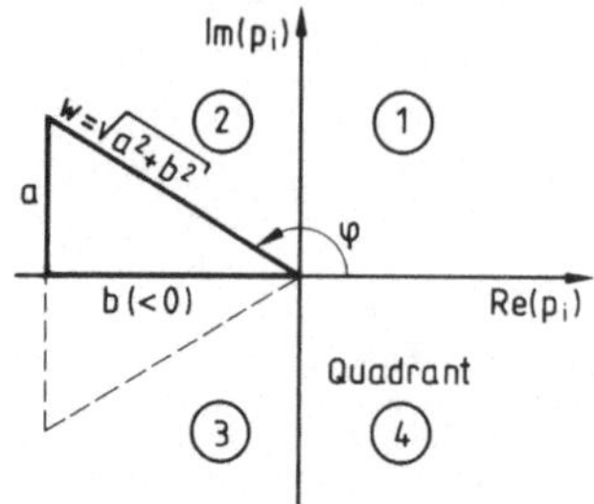

Bild 2.58 Zur quadrantenrichtigen Argumentbestimmung

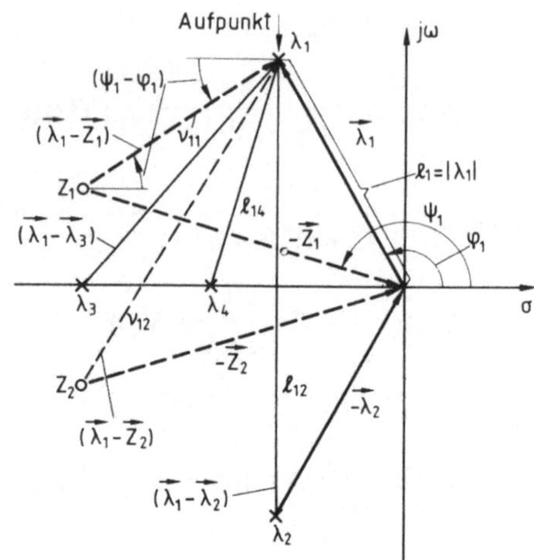

Bild 2.59
Zur graphischen Ermittlung der Partialbruchkoeffizienten

siert und die auftretenden Wurzeln z_i, ab hier „Nullstellen" genannt, gemeinsam mit den Nennerwurzeln λ_i, ab hier „Pole" genannt, als Vektoren in der komplexen s-Ebene deutet: Gl. (2.140)

$$Y(s) = \frac{C(s)}{M(s)} = \frac{\prod_{i=1}^{m'} (s - z_i)}{\prod_{k=1}^{n'} (s - \lambda_k)} \kappa = \kappa \frac{\prod_{i=1}^{m'} |s - z_i|}{\prod_{k=1}^{n'} |s - \lambda_k|} e^{j(\sum^{m'} \Psi_i - \sum^{n'} \varphi_k)} \tag{2.144}$$

mit $\kappa = b_{m'}/a_{n'}$, um der höchsten Potenz in s den Koeffizienten 1 zu geben, liefert hierzu in der Polarkoordinatenschreibweise (rechts) den Ansatzpunkt. Wie Bild 2.59 zeigt, ist $\vec{\lambda}_1$ ein Vektor der Länge $|\lambda_1|$ unter dem Winkel φ_1 (von der positiven reellen Achse aus), $-\vec{z}_1$ ein Vektor vom Punkt z_1 zum Ursprung (Winkel Ψ_1); mithin ist der Vektor $(\vec{\lambda}_1 - \vec{z}_1)$ die Verbindung von der Nullstelle z_1 zum Pol λ_1 unter dem Winkel $\Psi_1 - \varphi_1$, der original bei z_1 und als Wechselwinkel bei λ_1 gegen die negative reelle Achse auftritt. Letztere Messung hat den Vorteil, daß bei der Auswertung von Gl. (2.141) via Gl. (2.144) der Winkelmesser für jeden Partialbruchkoeffizienten p_i nur einmal im Punkt λ_i angelegt zu werden braucht. Gl. (2.141) zur Berechnung der Partialbruchkoeffizienten (mittlerer Ausdruck) lautet nun verbal, da der Faktor $(s - \lambda_i)$ im Zähler den die Singularität verursachenden Faktor im Nenner heraushebt:

– *Der Betrag des Partialbruchkoeffizienten* p_i *ist gleich* κ *mal dem Produkt aller Abstände von* λ_i *zu den Nullstellen dividiert durch das Produkt der Abstände von* λ_i *zu den übrigen Polstellen. Das Argument von* p_i *(Phasenwinkel) ist gleich der Summe der Nullstellenwinkel von* λ_i *aus minus der Summe der Winkel zu den restlichen Polstellen (alle als Wechselwinkel von der negativen reellen Achse aus gemessen).*

Dies erlaubt eine einfache qualitative Abschätzung der Größe der einzelnen Bewegungsanteile, wie im folgenden an einigen Beispielen gezeigt wird.

2.3.2.2 Sprungantwort

Dominante Bewegungsformen. Bei Systemen höherer Ordnung, deren Zeitantwort sich aus vielen additiven Signalanteilen zusammensetzt, interessiert häufig die Frage, welcher Signalanteil den größten Beitrag liefert (dominant ist). Dies sei anhand der Sprungantwort eines Systems ohne integrierende Wirkung (kein freies s im Nenner) diskutiert. Durch die Sprungfunktion als Eingang tritt im Ausgangssignal eine Wurzel im Ursprung auf, neben den durch die Üfkt gegebenen Polen; letztere seien gemäß Bild 2.60 verteilt: λ_1 bis λ_3 nahe dem Ursprung, $\lambda_{4,5}$ relativ weit weg. Die Zählernullstellen seien etwa gleich weit von allen Polen entfernt. Der Betrag der Partialbruchkoeffizienten ist dann mit

$$|p_i| = \prod_{k=1}^{m'} \nu_{ik} / \prod_{\substack{k=0 \\ \neq i}}^{n'} \ell_{ik} \tag{2.145}$$

für die am nächsten zum Ursprung liegenden Pole am größten, da hier durch kleine Werte ℓ_{10} bis ℓ_{13} dividiert wird, während z. B. für $p_5(\lambda_5)$ das Produkt von fünf großen Längen im Nenner auftritt. In dieser Konfiguration heißen die Pole nahe dem Ursprung dominant (λ_1 bis λ_3). Anders sieht es aus, wenn in der Nähe solcher Pole auch Nullstellen liegen, die kleine Faktoren ν im Zähler ergeben.

Einfluß der Zählernullstellen. In Bild 2.61 liegt ein Nullstellenpaar $z_{1,2}$ nahe bei dem Polpaar $\lambda_{1,2}$, so daß ν_{11} und ν_{22} sehr klein sind und damit auch die Partialbruchkoeffizienten. Für $z_{1,2} \to \lambda_{1,2}$ gehen ν_{11} und $\nu_{22} \to 0$ und die Bewegungsform $\lambda_{1,2}$ wird nicht mehr angeregt (Pol-Nullstellenkürzung in diesem Ausgangssignal (Üfkt); in anderen Ausgangsgrößen dieses Systems oder bei Anregung durch nicht verschwindende Anfangsbedingungen kann diese Bewegungsform jedoch auftreten). In diesem Fall ist λ_3 allein die dominante Bewegungskomponente.

Stationäre Sprungantwort. Gemäß dem Endwertsatz Gl. (2.84) entspricht $t \to \infty$ im Zeitbereich der Grenzwert $s \to 0$ für $sY(s)$ im Bildbereich. Da der hier auftretende Faktor s

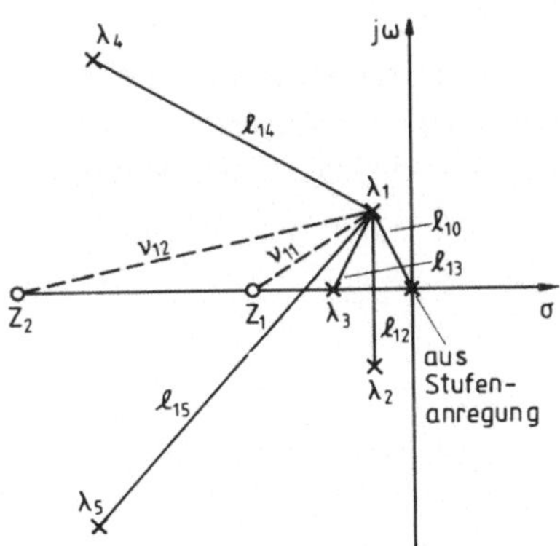

Bild 2.60 Zur Abschätzung dominanter Signalanteile der Stufenantwort

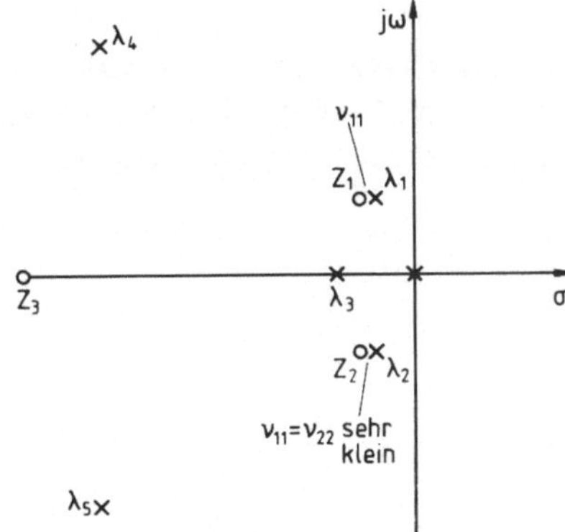

Bild 2.61 Nullstellen nahe bei Polen lassen die Amplitudenanteile klein werden (näherungsweise gegenseitige Auslöschung)

sich mit dem 1/s des Sprungeingangs A/s aufhebt, gibt der Grenzwert der Üfkt

$$\lim_{s \to 0} G(s) = k = b_0'/a_0' \tag{2.146}$$

direkt das statische Verstärkungsverhältnis des Systems wieder; k heißt auch Bode-Verstärkung, wie weiter unten erläutert wird. Für $a_i' = 0; i = 0, \ldots, q-1$ tritt ein q-faches Integrationsglied auf, d. h. die q-te Ableitung läuft gegen einen stationären Endwert $k_q = b_0'/a_q'$.

Verhalten bei t = 0⁺ in Abhängigkeit vom Differenzgrad (Polüberschuß) r = n − m. Der Anfangswertsatz Gl. (2.82) liefert in analoger Form zu oben für $s \to \infty$ den rechtsseitigen Grenzwert bei $t = 0^+$ für die Sprungantwort (A/s)

$$\lim_{s \to \infty} \left[AG(s) = A \frac{b_m' s^m + \ldots + b_0'}{a_n' s^n + \ldots + a_1' s + a_0'} = A\kappa \frac{s^{-r} + b_{m-1} s^{-(r+1)} + \ldots + b_0/s^n}{1 + a_{n-1}/s + a_{n-2}/s^2 + \ldots + a_0/s^n} \right]$$

$$= \lim_{s \to \infty} (A\kappa s^{-r}),$$

$$\text{mit} \quad \kappa = \frac{b_m'}{a_n'}, \qquad b_i = b_i'/b_m', \qquad a_i = a_i'/a_n'. \tag{2.147}$$

Hier wurde in Zähler und Nenner jeweils nur der 1. Term beibehalten, da die folgenden jeweils um 1/s schneller gegen 0 gehen für $s \to \infty$. κ heißt Wurzelortsverstärkung, da in dieser zur Faktorisierung geeigneten Form die Koeffizienten der höchsten Potenz von s gleich 1 sind. Für r = 0, d. h. Zählergrad = Nennergrad, springt bei verschwindenden linksseitigen Anfangswerten $x(0^-) = 0$ der rechtsseitige Grenzwert auf $x(0^+) = A\kappa$; ein solches System heißt sprungfähig. Für r = 1 ist $x(0^+) = 0$ und die Anfangsneigung $\dot{x}(0^+) = A\kappa$, da die Differentiation einer Multiplikation mit s im Bildbereich entspricht. Dies bedeutet einen Sprung in der Ableitung um $A\kappa$: Die Sprungantwort beginnt mit einer endlichen Neigung im Ursprung (vgl. Bild 2.62).

Für r = 2 (m = n − 2) ist sowohl $x(0^+)$ als auch $\dot{x}(0^+)$ gleich 0; die Sprungantwort startet horizontal mit $\ddot{x}(0^+) = A\kappa$.

2.3.2.3 Frequenzgang. Das System habe eine Üfkt G(s), deren Nennerwurzeln (Pole) alle negative Realteile haben, so daß die Einschwingterme, die beim Aufschalten des Sinus angeregt werden, bald gegen 0 gehen (vgl. Gl. (2.116) und Gl. (2.133)). Man erhält

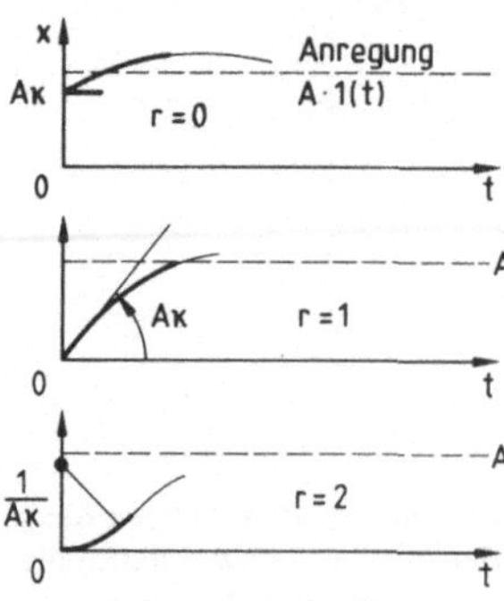

Bild 2.62
Anfangsverhalten der Sprungantwort als f(r), r = n − m = Polüberschuß

dann für den Sinuseingang A sin ωt

$$X(s) = G(s)\frac{A\omega}{s^2+\omega^2} = \left[\begin{array}{c}\text{für } t \to \infty \text{ ver-}\\ \text{schwindende Terme}\end{array}\right] + \left\{\frac{-G(-j\omega)}{s+j\omega} + \frac{G(j\omega)}{s-j\omega}\right\}\frac{A}{2j}$$

$$= \ldots + \frac{A}{2}\,\frac{s[G(j\omega) - G(-j\omega)]/j + \omega[G(-j\omega) + G(j\omega)]}{s^2+\omega^2}$$

$$= A\,\frac{s\,\mathrm{Im}\,(G(j\omega)) + \omega\,\mathrm{Re}\,(G(j\omega))}{s^2+\omega^2} + \ldots$$

Mit $I = \mathrm{Im}\,(G(j\omega))$ und $R = \mathrm{Re}\,(G(j\omega))$ sowie Tab. 2.2 folgt

$$x_f(t) = \ldots + A[I\cos\omega t + R\sin\omega t] = A\sqrt{I^2+R^2}\sin(\omega t + \varphi) + \ldots \qquad (2.148)$$

mit $\sqrt{I^2+R^2} = |G(j\omega)|$ und $\varphi = \arctan(I/R) = \mathrm{Arg}\,(G(j\omega))$;

d. h. $|G(j\omega)|$ ist das Verhältnis von Ausgangs- zu Eingangsamplitude der eingeschwungenen Sinusantwort (der „Amplitudengang") und $\varphi = \mathrm{Arg}\,(G(j\omega))$ ist dessen Phasenverschiebung (Phasengang). Beide zusammen heißen Frequenzgang und sind einer Messung direkt zugänglich. Entsprechende „Frequenzgang-Meßplätze", die das Eingangssignal über einen ω-Bereich erzeugen und das Ausgangssignal der zu vermessenden Strecke erfassen und nach Betrag und Phase berechnen sowie aufzeichnen, sind auf dem Markt zu kaufen. Für diesen Sonderfall $\sigma = 0$ hat die Üfkt also eine direkte physikalische Bedeutung. Diese Funktion $G(j\omega)$ kann man auch für instabile Systeme berechnen; hier gibt es allerdings wegen des Nichtabklingens der Einschwingterme keinen entsprechenden physikalischen Frequenzgang.

Die Gerade $\sigma = 0$ in der s-Ebene hat auch noch deshalb besondere Bedeutung, weil sie abklingende Signalanteile ($\sigma < 0$) von aufklingenden ($\sigma > 0$) trennt (vgl. Bild 2.56).

2.4 Die Übertragungsfunktion und ihre Darstellung

Die Übertragungsfunktion ist eine analytische Funktion einer komplexen Variablen s. Mithin steht die in der Mathematik seit Cauchy weit entwickelte Funktionentheorie (siehe z. B. [14, 66]) zu ihrer Behandlung zur Verfügung. Hier werden nur für regelungstechnische Anwendungen interessante Aspekte behandelt. Die komplexe Zahl läßt sich in der Gaußschen Zahlenebene durch 2 Koordinaten darstellen; dabei können entweder kartesische oder Polarkoordinaten verwendet werden. Bild 2.63 zeigt links kartesische Koordinaten für die Variable $s = \sigma + j\omega$ und rechts Polarkoordinaten für G: Betrag $|G|$

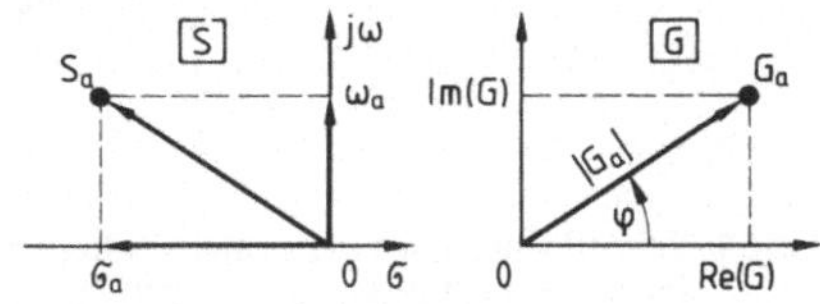

Bild 2.63
Darstellung von s in kartesischen und G in Polarkoordinaten

und Phase φ

$$|G| = ([\mathrm{Re}\,(G)]^2 + [\mathrm{Im}\,(G)]^2)^{1/2}; \quad \varphi = \arctan\,(\mathrm{Im}\,(G)/\mathrm{Re}\,(G)). \tag{2.149}$$

Eine Üfkt gemäß Gl. (2.93) kann in diesen Variablen σ, ω, $|G|$, φ als vierdimensionale funktionale Beziehung $F(\sigma, \omega, |G|, \varphi) = 0$ aufgefaßt werden: Zu jedem Paar σ, ω gehört ein Wertepaar $|G|$, φ.

2.4.1 Vollständige Darstellung durch 3D-Relief

Jede der beiden Größen $|G|$, φ kann man als räumliche Oberfläche über der s-Ebene als Bezugsbasis auftragen, z. B. $|G|$ wie in Bild 2.64 für den Integrator $G_I(s) = 1/s$. Für die Phase wird die Parameterdarstellung als Kurvenschar gleicher Phase auf der $|G|$-Oberfläche bevorzugt.

Es ist üblich, den Logarithmus von $|G|$ in Dezibel $|G|_{dB} = 20 \lg |G|$ statt $|G|$ im linearen Maßstab aufzutragen; dies hat zur Folge, daß

1. die Zahl 1 als Nullbezugslinie erscheint ($\lg 1 = 0$).
2. der Bereich 0 ⁒ 1 sich wie der Bereich $1 \to \infty$ abbildet (mit negativem Vorzeichen)

$$\lg(1/x) = -\lg x \tag{2.150}$$

3. die Multiplikation zweier Faktoren als Addition erscheint

$$\lg(x_1 \cdot x_2) = \lg x_1 + \lg x_2 \tag{2.151}$$

4. prozentuale Änderungen sich konstant (unabhängig vom absoluten Bezugswert) darstellen: Eine Änderung um 1 beim Ausgangswert 1 entspricht 100%, beim Ausgangswert 100

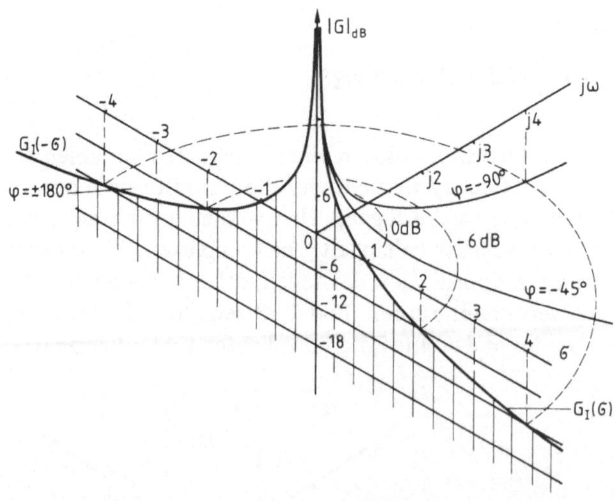

Bild 2.64 Schnitt durch das Integrator-Relief entlang der reellen Achse $j\omega = 0$ ergibt $|G_I(\sigma)| = 1/|\sigma|$; Phase: $\varphi = 0$ für $\sigma > 0$; $\varphi = 180°$ für $\sigma < 0$

jedoch nur 1%; für das Differential d(ln x) erhält man dx/x oder zur Basis 10

$$d(\lg x) = c\,dx/x, \qquad c = \lg(e) = 0{,}4343, \tag{2.152}$$

d. h. ein lineares Fortschreiten im logarithmischen Maßstab entspricht einer prozentualen Änderung im absoluten Maßstab. (Dies wird später bei den Bode-Diagrammen ausgiebig benutzt werden.)

2.4.1.1 Integrationsglieder. Diese Glieder mit Singularitäten im Ursprung sind am einfachsten überschaubar. Entlang der reellen Achse ($\omega \equiv 0$) ist $G_I(\sigma) = 1/\sigma$ und $\varphi = 0$ für $\sigma > 0$ sowie $\varphi = 180°$ für $\sigma < 0$ ($\cos 180° = -1$). Entlang der imaginären Achse ($\sigma \equiv 0$) ist $G_I(j\omega) = 1/j\omega = -j/\omega$, dem Betrag nach der gleiche Verlauf wie für $G_I(\sigma)$. Aus $G_I(s) = 1/(\sigma + j\omega)$ folgt

$$G_I(s) = \frac{(\sigma - j\omega)}{(\sigma + j\omega)(\sigma - j\omega)} = \frac{\sigma}{\sigma^2 + \omega^2} - j\,\frac{\omega}{\sigma^2 + \omega^2} = \mathrm{Re}\,(G_I) + j\,\mathrm{Im}\,(G_I)$$

und mit Gl. (2.149)

$$|G_I| = 1/\sqrt{\sigma^2 + \omega^2} = 1/\omega_n; \qquad \omega_n \equiv \sqrt{\sigma^2 + \omega^2}$$
$$\varphi_I = \arctan(-\omega/\sigma), \tag{2.153}$$

d. h. auf Strahlen vom Ursprung hat die Integrator-Üfkt gleiche Phase und einen hyperbolischen Verlauf (vgl. Bild 2.64). Im Ursprung ($s \to 0$) wächst der Betrag über alle Grenzen, da der Nenner gegen 0 geht.

Die Funktionswerte $G_I(s)$ sind in den beiden Halbebenen $+j\omega$ und $-j\omega$ konjugiert zueinander, d. h. sie haben gleichen Betrag und entgegengesetztes Vorzeichen im Imaginärteil; sie sind an der reellen Achse gespiegelt. Deshalb kann man das Relief $|G|$ entlang der σ-Achse ($j\omega = 0$) normal zur s-Ebene durchschneiden und den Halbraum $j\omega < 0$ fortlassen, ohne Information zu verlieren. Im Gegenteil wird durch den Schnitt der Verlauf

$$G(s = \sigma) \equiv G(\sigma) = \frac{1}{\sigma}, \tag{2.154}$$

besser sichtbar, wie Bild 2.64 erkennen läßt. Die Projektion in $j\omega$-Richtung ($\sigma - |G|$-Ebene als Zeichenebene) ergibt einen Kurvenverlauf $|G(\sigma)|_{dB}$ über σ (Bild 2.65) entsprechend $-20 \lg x$ über x, aus dem die Zuordnung dB zu linearem Maßstab an einigen markanten Stellen abgelesen werden kann.

Für die Neigung $d(\lg |G_I(\sigma)|)/d\sigma$ erhält man

$$\frac{d}{d\sigma}(\lg |G_I(\sigma)|) = c\,\frac{d(\ln |G_I|)}{d\sigma} = \frac{c}{|G_I|}\,\frac{d|G_I|}{d\sigma} = -\frac{c}{\sigma}; \tag{2.155}$$

sie ist proportional $1/\sigma$, d. h. sie geht gegen $-\infty$ für $\sigma \to 0$ und gegen 0 für $\sigma \to \infty$. Trägt man allerdings $|G|_{dB}$ über $\lg |\sigma|$ auf, so erhält man

$$\frac{d(\lg |G(\sigma)|)}{d(\lg |\sigma|)} = \frac{|\sigma|}{|G_I|}\,\frac{d|G|}{d|\sigma|}, \tag{2.156}$$

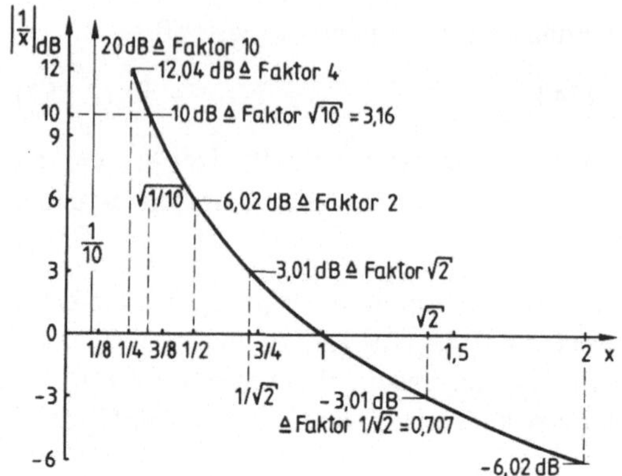

Bild 2.65 Darstellung der Funktion $1/x$ in dB über x

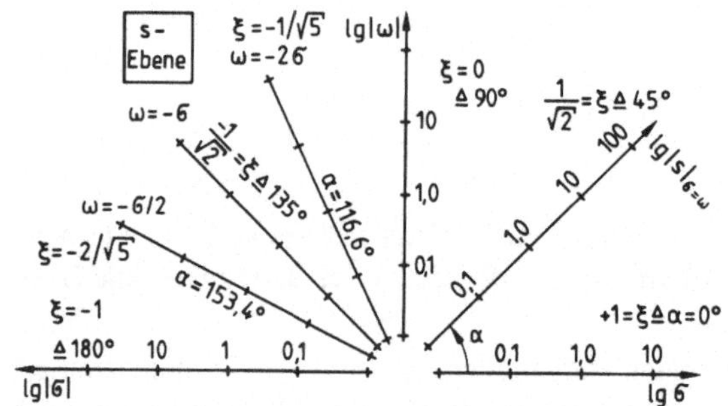

Bemerkung: Es ist allgemein üblich, trotz der logarithmischen Abszissenteilung (linear in lg |s|) die nicht logarithmierten |s|-Werte anzugeben: z. B. 100 statt 2 (lg 100 = 2)

Bild 2.66 Zur Verallgemeinerung des Bode-Diagramms. Schnittrichtung ξ = const und logarithmische Teilung für |s|

und speziell für den Integrator

$$\frac{d(\lg|G_I(\sigma)|)}{d(\lg|\sigma|)} = -1. \tag{2.156a}$$

Diese Neigung ist unabhängig von σ. Wählt man als Abszisse $\lg|\sigma|$ und als Ordinate $|G|_{dB}$, so wird $|G|_{dB}(\lg|\sigma|)$ durch eine Gerade der Neigung −20 dB/Dekade dargestellt. Für einen Doppelintegrator $G_{II}(s) = 1/s^2$ liefert Gl. (2.156)

$$\frac{d(\lg|G_{II}(\sigma)|)}{d(\lg|\sigma|)} = -2, \tag{2.156b}$$

d. h. eine Neigung von −40 dB/Dekade. Allgemein gilt für den n-fach-Integrator $G_{nI}(s) = 1/s^n$, daß der Verlauf $|G_{nI}|_{dB}$ über $\lg|\sigma|$ die Neigung $-n \cdot 20$ dB/Dekade hat. Da $|G_{nI}(s)|$ axialsymmetrisch zur Normalen zur s-Ebene im Ursprung $\sigma = \omega = 0$ ist, gilt diese Neigung in alle Richtungen vom Ursprung aus (Bild 2.66), d. h. in dieser doppeltlogarithmischen Auftragung mit ω/σ = const wird der n-fach-Integrator durch ein kegelförmiges Gebilde dargestellt, wobei der Kegelwinkel mit n kleiner wird. Eine Schwierigkeit ergibt

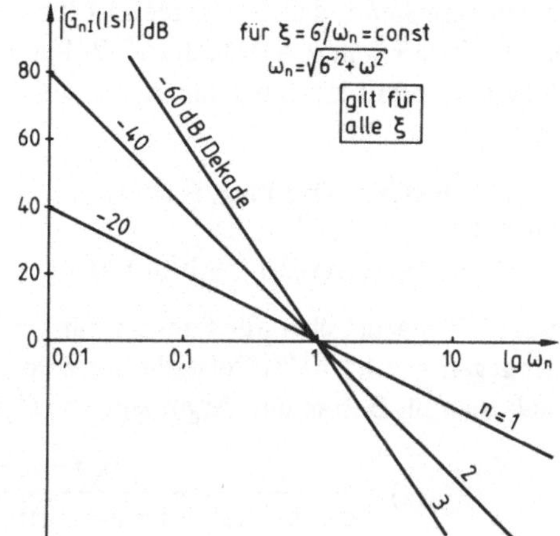

Bild 2.67
Der n-fach Integrator in doppeltlogarithmischer Darstellung. Betragsdarstellung für $\xi = \sigma/\omega_n$ = const

sich dadurch, daß für s → 0 lg |s| → −∞ geht, d. h. der Ursprung der s-Ebene und eine kleine Umgebung sind nicht mehr vernünftig darstellbar. Sie werden einfach fortgelassen; eine plausible Begründung hierfür wird später ersichtlich. Bild 2.67 zeigt die Verhältnisse bei doppeltlogarithmischer Auftragung mit $\xi = const = \sigma/\omega_n = \cos\alpha$ (α und ω_n als Polarkoordinaten für s).

Der Betragsverlauf des n-fach-Integrators ist also sehr einfach zu beschreiben: er geht durch 0 dB bei |s| = 1 und hat die Neigung −n · 20 dB/Dekade. Für die Phase (Argument) G(s) des Doppelintegrators gilt

$$G_{II}(s) = \frac{(\sigma - j\omega)^2}{(\sigma + j\omega)^2(\sigma - j\omega)^2} = \frac{\sigma^2 - \omega^2}{\omega_n^4} - j\omega\,\frac{2\sigma}{\omega_n^4} \tag{2.157}$$

und damit

$$\varphi_{II} = \arctan\left(\frac{-2\sigma\omega}{\sigma^2 - \omega^2}\right) = \arctan\left(\frac{2\sigma/\omega}{1 - (\sigma/\omega)^2}\right), \tag{2.158}$$

d. h. für ξ = const entsprechend σ/ω = const ist auch φ_{II} = const. Gl. (2.157) besagt darüber hinaus, daß $G_{II}(s)$ nicht nur für $\omega = 0$ reell ist, sondern auch für $\sigma = 0$, d. h. auf der imaginären Achse. Die Phase ist dort $\varphi_{II} = -180°$ sign (ω) wie eine Grenzwertbildung zeigt.

Für den Dreifachintegrator erhält man

$$G_{3I}(s) = \frac{(\sigma - j\omega)^3}{(\sigma + j\omega)^3(\sigma - j\omega)^3} = \frac{\sigma(\sigma^2 - 3\omega^2)}{\omega_n^6} - j\omega\,\frac{(3\sigma^2 - \omega^2)}{\omega_n^6} \tag{2.159}$$

und damit

$$\varphi_{3I} = \arctan\left(\frac{(\omega/\sigma)^2 - 3}{1 - 3(\omega/\sigma)^2}\,\frac{\omega}{\sigma}\right). \tag{2.160}$$

Wiederum ist φ_{3I} = const für ξ und damit ω/σ = const. Reale Werte von $G_{3I}(s)$ treten für $\omega = 0$ und $j\omega = \pm\sqrt{3}\,\sigma$, d. h. $\alpha = \pm 60°$ und $\pm 120°$ auf. Für den Vierfachintegrator erhält man entsprechend, daß $G_{4I}(s)$ reell ist für $\sigma = 0$, $\omega = 0$ und $j\omega = \pm\sigma$, d. h. unter den Winkeln $\alpha = k \cdot 45°$ mit $k = 0, 1, 2, \ldots, 7$. Beim n-fach-Integrator ist $G_{nI}(s)$ reell unter den Winkeln $k \cdot \alpha$ mit $k = 0$ bis $2n - 1$ und $\alpha = 180°/n$. Auf der $j\omega$-Achse gilt $\varphi_{nI}(j\omega) = -n\pi/2 \mathrel{\hat{=}} -n \cdot 90°$.

2.4.1.2 Glieder 1. Ordnung. Nach Gl. (2.90) erhält man für die Üfkt 1. Ordnung mit $x(0) \equiv 0$

$$G_1(s) = X(s)/U(s) = b/(s + a).$$

Diese Üfkt wächst über alle Grenzen für $s \to -a$. Eine solche Stelle, für die der Funktionswert gegen ∞ geht, heißt Polstelle (kurz Pol), und wird mit $\lambda(= -a)$ bezeichnet. Damit erhält man für Betrag und Argument von $G_1(s)$ $(s = \sigma + j\omega)$ aus

$$G_1(s) = \frac{b}{\sigma - \lambda + j\omega} = \frac{b(\sigma - \lambda - j\omega)}{(\sigma - \lambda + j\omega)(\sigma - \lambda - j\omega)} = \frac{b(\sigma - \lambda) - jb\omega}{(\sigma - \lambda)^2 + \omega^2}$$

$$|G_1(s)| = b/\sqrt{(\sigma - \lambda)^2 + \omega^2} = b/\ell \qquad (2.161)$$

$$\sphericalangle G_1 = \varphi_1(s) = \arctan\left(-\omega/(\sigma - \lambda)\right).$$

Bild 2.68 zeigt dieses Ergebnis in der Draufsicht bei linearer Darstellung von s und Bild 2.69 eine perspektivische Darstellung des Reliefs mit zwei Schnitten entlang $\sigma = 0$ und $j\omega = 0$ bei logarithmischer Achsenteilung. Aus Bild 2.68 und den Gln. (2.161) ist unmittelbar ersichtlich, daß die beiden Teilfunktionen $|G_1|$ und $\varphi_1(\sigma, j\omega)$ in der linearen Darstellung nichts anderes sind als die um λ verschobenen Teilfunktionen des Integrators nach Gl. (2.153) und den Bildern 2.64 und 2.65.

Bei logarithmischer Auftragung ergeben sich durch die Verzerrung um 0 neue Verhältnisse, wie die Schnitte in Bild 2.69 zeigen. Für $|s| \gg a$ gilt näherungsweise $s + a \approx s$ und folglich ist in diesem Bereich das Integrationsglied eine gute Näherung; dies zeigt sich in den mit -20 dB/Dekade geneigten „hochfrequenten Asymptoten“ sowohl für $-\sigma$ als auch für ω (es gilt im übrigen für alle $\xi = \sigma/\omega_n = \text{const}$). Im anderen extremen Wertebereich $|s| \ll a$ gilt näherungsweise $s + a \approx a = -\lambda$, d. h.

$$G_1(s) \approx G_{10} = \text{const} = \frac{b}{a}$$

oder $$|G_{10}| = b/a; \qquad \sphericalangle G_{10} = \varphi_{10} = 0. \qquad (2.161a)$$

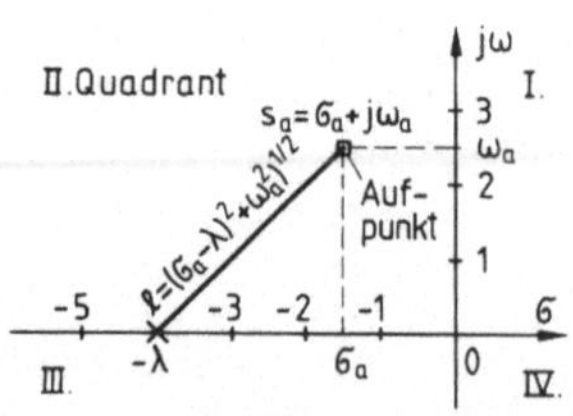

Bild 2.68 Draufsicht auf Pol 1. Ordnung (kartesisch, linear)

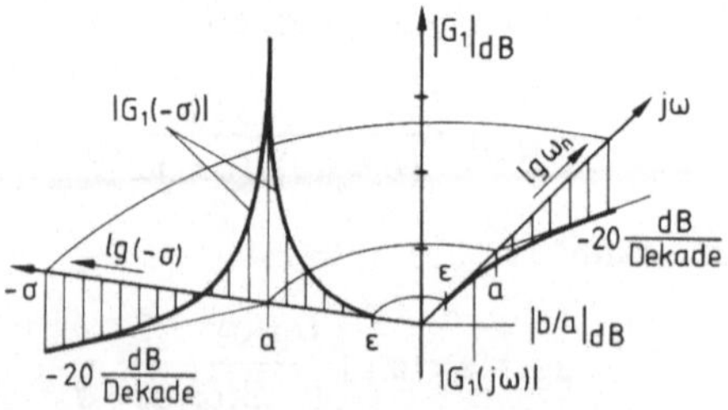

Bild 2.69 Perspektivische Darstellung des 2. Quadranten mit Glied 1. Ordnung (polar, logarithmisch)

Dies entspricht einer parallelen Ebene in der Höhe lg (b/a) über der logarithmisch verzerrten Gaußschen Zahlenebene, aus der (Bild 2.69) der Bereich $|s| < \epsilon$ ausgeschnitten wurde, um sie darstellen zu können (Kreisring). In den Vertikalschnitten $\sigma = 0$ und $\omega = 0$ entspricht dies horizontalen Linien bei $|b/a|_{dB}$, den sogenannten „niederfrequenten Asymptoten". Diese und die „hochfrequente Asymptote" 1/s schneiden sich unabhängig von ξ stets bei $\omega_n = |s| = a$. Normiert man die absoluten Koeffizienten der Üfkt auf 1 (sog. Bode-Normalform)

$$G_{1B}(s) = k\frac{1}{(s/a+1)} \quad \text{mit } k = b/a \tag{2.162}$$

so heißt k „Bode-Verstärkung" oder statische Verstärkung (die Herkunft der sinnfälligen zweiten Benennung wurde in Abschn. 2.3.2.2 dargelegt). Der innere Kreisring in Bild 2.69 hat also das Niveau k. Schreibt man

$$\lg |G_{1B}(s)| = \lg k - \lg |s/a + 1|,$$

so sieht man, daß das „dynamische" 2. Glied (enthält s und entspricht daher einem zeitvariablen Anteil) nun die niederfrequente Asymptote $1 \mathrel{\hat{=}} 0$ dB hat.

Wir betrachten im folgenden nur dieses Glied allein weiter, da der Faktor k bei der logarithmischen Auftragung nur das Niveau insgesamt verschiebt. Noch offen ist die Frage, wie der Funktionsverlauf gemäß Gl. (2.161) im Bereich $|s| \approx a$ relativ zu den Asymptoten liegt.

Betragsverlauf. Mit $\bar{\omega}_n = \sqrt{(\sigma/a)^2 + (\omega/a)^2}$ und $\xi = \sigma/\omega_n$ wird für $G_{1D} = 1/(s/a + 1)$ gemäß Gl. (2.161)

$$\lg |G_{1D}(\bar{\omega}_n, \xi)| = -\frac{1}{2}\lg [\bar{\omega}_n^2 + 1 + 2\xi\bar{\omega}_n]; \tag{2.163}$$

durch Ausklammern von $\bar{\omega}_n^2$ folgt

$$\lg |G_{1D}(\bar{\omega}_n, \xi)| = -\lg \bar{\omega}_n - \frac{1}{2}\lg \left[\frac{1}{\bar{\omega}_n^2} + 1 + \frac{2}{\bar{\omega}_n}\xi\right]. \tag{2.163a}$$

Da der erste Term $-\lg \bar{\omega}_n$ die hochfrequente Asymptote ist ($d(\lg |G|)/d(\lg \bar{\omega}_n) = -20$ dB/Dekade $= -1$), gibt bei logarithmischer $\bar{\omega}_n$-Auftragung ($1/\bar{\omega}_n$ liegt genausoweit links von 1 wie $\bar{\omega}_n$ rechts davon liegt) der zweite Term den bei 1 gespiegelten Verlauf von Gl. (2.163) wieder, d. h.

> *die Abweichungskurven von den Asymptoten sind für alle radialen Richtungen ξ bei doppeltlogarithmischer Auftragung spiegelsymmetrisch zum Pol (hier auf* 1 *normiert).* (2.164)

In Bild 2.70 sind diese Abweichungskurven für $\omega = 0$: $\sigma > 0$ und $\sigma < 0$ sowie für $\sigma = 0$ ($\omega > 0$) aufgetragen. Letztere Kurve hat eine direkte physikalische Bedeutung als „Amplitudengang" wie in Abschn. 2.3.1.3 gezeigt wurde. Am Asymptotenknickpunkt $\bar{\omega}_n = 1$ ergibt sich aus (2.163) der Betragsverlauf als Funktion von ξ

$$|G_{1D}(1, \xi)|_{dB} = -10 \lg [2(1 + \xi)], \tag{2.163b}$$

der für den Amplitudengang $\sigma = 0$ (d. h. $\xi = 0$) den Wert $-3{,}01$ dB liefert.

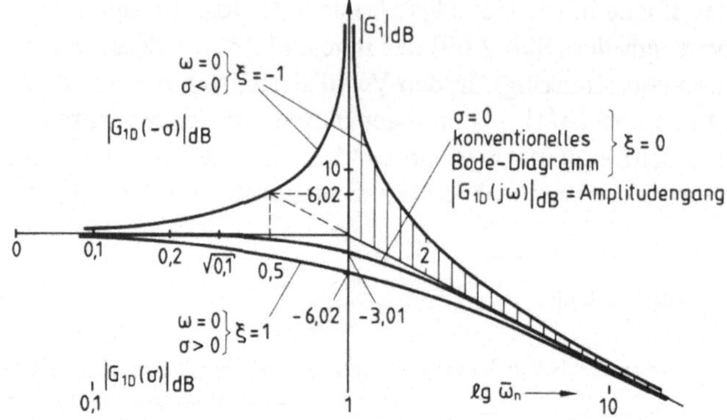

Bild 2.70 **Betragsverlauf eines normierten Gliedes 1. Ordnung bei doppeltlogarithmischer Auftragung (verallgemeinertes Bode-Diagramm)**

Argumentverlauf. Nach Gl. (2.161) erhält man in der normierten polaren Schreibweise mit $\bar{\omega}_n$ und ξ

$$\sphericalangle G(\bar{\omega}_n, \xi) = \varphi = \arctan\left[\frac{-\bar{\omega}_n\sqrt{1-\xi^2}}{\bar{\omega}_n\xi + 1}\right]. \tag{2.165}$$

Betrachten wir den Neigungsverlauf bei logarithmischer Auftragung von $\bar{\omega}_n$, so wird mit

$$\frac{d\varphi}{d(\lg \bar{\omega}_n)} = \frac{d\varphi/d\bar{\omega}_n}{c\,d(\ln \bar{\omega}_n)/d\bar{\omega}_n} = \frac{\bar{\omega}_n}{c}\frac{d\varphi}{d\bar{\omega}_n}, \qquad c = \lg e$$

und Anwendung der Kettenregel zur Differentiation $\left(\varphi = \arctan y = f(y);\ y = g(\bar{\omega}_n):\ \frac{d\varphi}{d\bar{\omega}_n} = \frac{df}{dy}\frac{dg}{d\bar{\omega}_n}\right)$

$$\frac{d\varphi}{d(\lg \bar{\omega}_n)} = -\frac{1}{c}\,\frac{\sqrt{1-\xi^2}}{\bar{\omega}_n + 2\xi + \dfrac{1}{\bar{\omega}_n}}; \tag{2.166}$$

diese Funktion hat ein Extremum bei $\bar{\omega}_n = 1$ mit

$$\left.\frac{d\varphi}{d(\lg \bar{\omega}_n)}\right|_{\bar{\omega}_n = 1} = \frac{-1}{2c}\,\frac{\sqrt{1-\xi^2}}{(1+\xi)} = \frac{y_1}{2c}, \qquad y_1 = -\sqrt{\frac{1-\xi}{1+\xi}}. \tag{2.166a}$$

φ hat dort den Wert ($\alpha = \arccos \xi$)

$$\varphi(1) = \arctan\left[\frac{-\sqrt{1-\xi^2}}{1+\xi}\right] = \frac{-\alpha}{2}. \tag{2.165a}$$

Die Wendetangente (2.166a) schneidet die Linie $\varphi = 0$ bei der Frequenz $\bar{\omega}_{n,to}$ mit

$$\lg\left[\bar{\omega}_{n,to}(\xi)\right] = \frac{c\alpha}{y_1}. \tag{2.167}$$

Für $\xi = 0$ ($\sigma = 0$, „Phasengang") erhält man speziell mit $y_1 = -1, \alpha = \pi/2$

$$\lg \bar{\omega}_{n,t0} = -0{,}4343 \frac{\pi}{2} \rightarrow \bar{\omega}_{n,t0} = 10^{-0{,}682} = 0{,}208 = \frac{1}{4{,}81}. \tag{2.167a}$$

Drückt man das Argument φ als Überlagerung aus $\varphi(1)$ bei $\bar{\omega}_n = 1$ und einem $\Delta\varphi$ relativ zu $\varphi(1)$ aus ($\varphi = \varphi(1) + \Delta\varphi$), so erhält man aus (2.165) und (2.165a) mit der trigonometrischen Umformung

$$\tan \Delta\varphi = -\frac{(1 - \bar{\omega}_n)}{(1 + \bar{\omega}_n)} y_1 = \frac{(1 - 1/\bar{\omega}_n)}{(1 + 1/\bar{\omega}_n)} y_1. \tag{2.168}$$

Man erkennt hieraus, daß bei logarithmischer Auftragung in $\bar{\omega}_n$ der Verlauf $\Delta\varphi(\lg \bar{\omega}_n)$ punktsymmetrisch zu $\bar{\omega}_n = 1$ ist. Bild 2.71 zeigt den Verlauf für $\sigma = 0$ ($\xi = 0, y_1 = -1$) mit charakteristischen Daten zu einer schnellen Skizzierung.

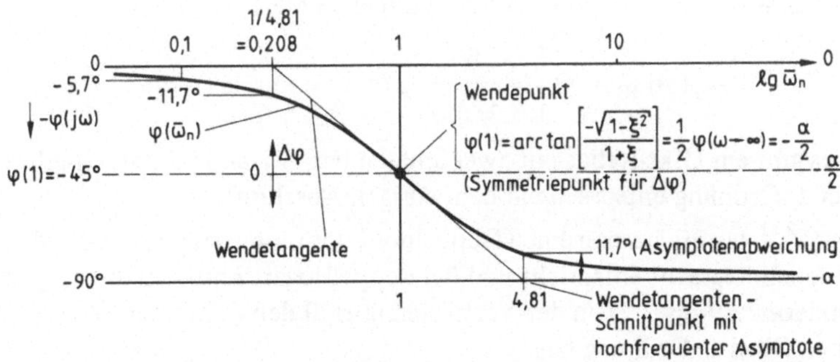

Bild 2.71 Phasengang des Gliedes 1. Ordnung; Argument $\varphi(\bar{\omega}_n)$ für $\sigma = 0$ ($\xi = 0$, $\alpha = 90°$) mit charakteristischen Daten zu seiner Konstruktion

Zusammenfassung der Ergebnisse für den Argumentverlauf des Gliedes 1. Ordnung:

– *Die niederfrequente Argumentasymptote ist* 0°.

– *Bei Auftragung über* $\lg \bar{\omega}_n$ *besteht ein Symmetriepunkt bei* $\bar{\omega}_n = 1$, *in dem der Verlauf* $\varphi(\lg \bar{\omega}_n)$ *eine maximale Neigung hat; die Wendetangente erleichtert das Zeichnen des* φ*-Verlaufs. Sie schneidet die nieder- (bzw. hoch-)frequente Phasenasymptote bei* $\bar{\omega}_{nt0}(1/\bar{\omega}_{nt0})$. *Die Phase ist dort* $\varphi(\bar{\omega}_{nt0})$. *Folgende Tabelle gibt einige Werte*:

$\alpha/° = -\varphi(\infty)$	ξ	$\varphi(1)/°$	$\bar{\omega}_{nt0}$	$1/\bar{\omega}_{nt0}$	$\Delta\varphi(\bar{\omega}_{nt0})$	$\Delta\varphi(0{,}1)/°$
90	0	−45	0,208	4,81	−11,75	−5,71
110,5	−0,35	−55	0,262	3,81	−15,13	−5,55
120	−0,5	−60	0,298	3,35	−16,85	−5,19
135	−0,707	−67,5	0,376	2,65	−19,9	−4,36
180	−1	−90	1	1	0	0

2.4.1.3 Glieder 2. Ordnung. Gemäß Gl. (2.91) lautet die allgemeine Üfkt (ohne Zählerpolynom)

$$G_2 = \frac{X(s)}{U(s)} = \frac{b}{s^2 + a_1 s + a_0} = \frac{b/a_0}{s^2/a_0 + a_1/a_0 s + 1}.$$

Die Funktion $G_2(s)$ hat Pole für jene s, für die das Nennerpolynom 0 ist, d. h.

$$s = -\lambda_{1,2} = -\frac{a_1}{2} \pm \sqrt{a_1^2/4 - a_0}. \tag{2.169}$$

Für den Sonderfall $a_0 = 0$ (Gl. (2.91a), Elektromotor) erhält man für $G_2(s)$ in dB

$$|G_{20}(s)|_{dB} = 20 \lg \left[\frac{b}{s(s + a_1)}\right] = 20 \left[\lg \frac{b}{a_1} - \lg s - \lg \left(\frac{s}{a_1} + 1\right)\right]. \tag{2.170}$$

Man sieht unmittelbar, daß diese Üfkt die additive Überlagerung des Integrators (Bild 2.64) und des Gliedes 1. Ordnung (Bild 2.69) ist, siehe Bild 2.72.

Für $a_0 \neq 0$ und $a_1^2 > 4a_0$ erhält man 2 reelle Pole 1. Ordnung:

$$|G_{21}(s)|_{dB} = 20 \left[\lg \frac{b}{\lambda_1 \lambda_2} - \lg (s/\lambda_1 + 1) - \lg (s/\lambda_2 + 1)\right]; \tag{2.171}$$

dies gibt ein Üfkt-Relief mit zwei Spitzen bei $-\lambda_1$ und $-\lambda_2$ als Überlagerung zweier Glieder 1. Ordnung entsprechend dem vorigen Abschnitt.

Für $a_1^2 = 4a_0$ erhält man einen Doppelpol 1. Ordnung bei $-a = -a_1/2$, der einem verschobenen Doppelintegrator entspricht und bei doppeltlogarithmischer Auftragung (ω_n, ξ) in den Bildern 2.69 bis 2.71 in der Vertikalen überall den doppelten Wert gegenüber dem einfachen Glied 1. Ordnung hat.

$$|G_{22}(s)|_{dB} = 20 \lg \frac{b}{(s + a)^2} = 20 \left[\lg \frac{b}{a^2} - 2 \lg (s/a + 1)\right]. \tag{2.172}$$

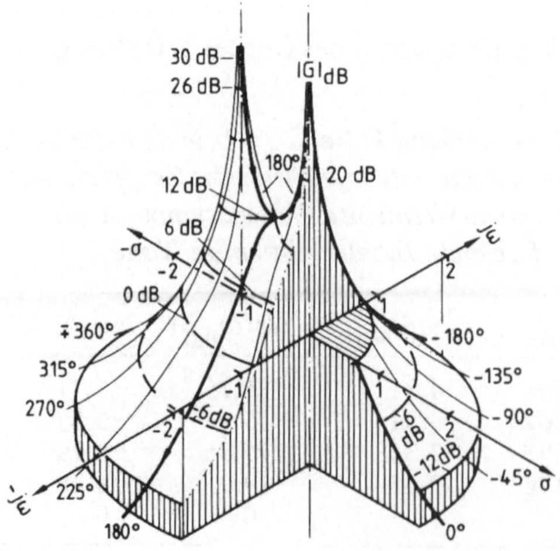

Bild 2.72
Reliefdarstellung der Übertragungsfunktion $G(s) = 1/[s(s + 1)]$ (s linear)

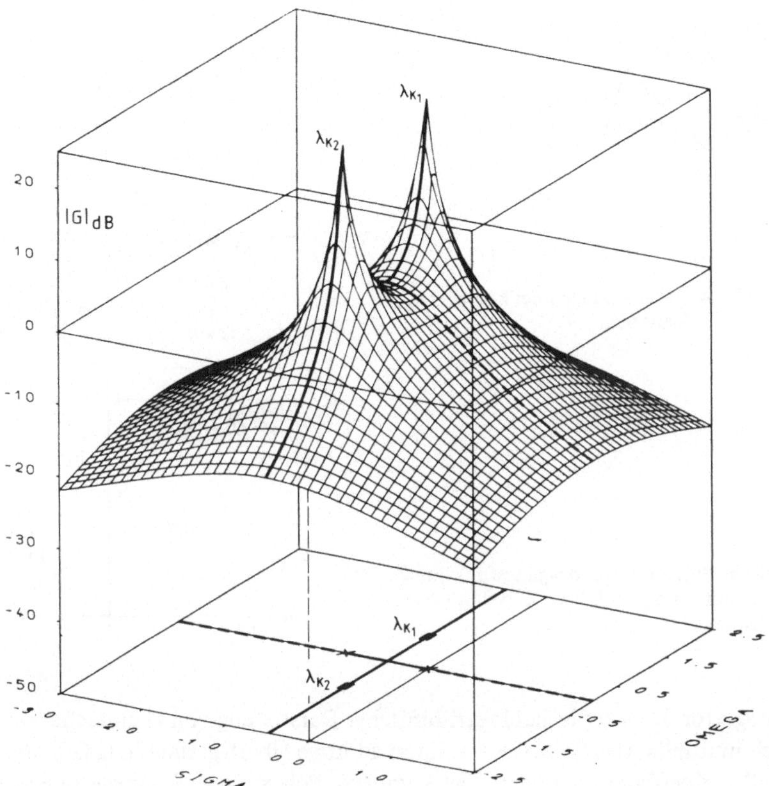

Bild 2.73 Reliefdarstellung einer Übertragungsfunktion mit 2 konjugiert komplexen Polen

Der Fall $a_0 > a_1^2/4$ ist insofern neu, als hier zum erstenmal komplexe Zahlen als Polstellen auftreten. Wie Gl. (2.169) angibt, ist der Realteil für beide Pole gleich, während die Imaginärteile entgegengesetzte Vorzeichen haben (konjugiert komplexes Zahlenpaar). Bild 2.73 zeigt den Betragsverlauf einer solchen Üfkt.

Für jeden zu einem komplexen Einzelpol $\lambda = \sigma_p + j\omega_p$ gehörenden Reliefanteil gilt

$$\Delta G(s) = \frac{k'}{s - \sigma_p - j\omega_p} = \frac{k'}{\sigma - \sigma_p + j(\omega - \omega_p)}.$$

Bild 2.74 zeigt die Bedeutung der einzelnen Variablen und den Übergang auf Polarkoordinaten ω_n und α (bzw. ξ). Hiermit schreibt sich

$$|\Delta G(s)| = k'((\sigma - \sigma_p)^2 + (\omega - \omega_p)^2)^{-1/2} = \frac{k'}{\ell} \tag{2.173a}$$

$$\sphericalangle\, \Delta G(s) = \arctan\left[\frac{\text{Im}\,(G(s))}{\text{Re}\,(G(s))}\right] = \arctan\left[\frac{-(\omega - \omega_p)}{\sigma - \sigma_p}\right], \tag{2.173b}$$

d. h. dieser Teilbetrag ist identisch mit dem an den Ort des komplexen Pols verschobenen

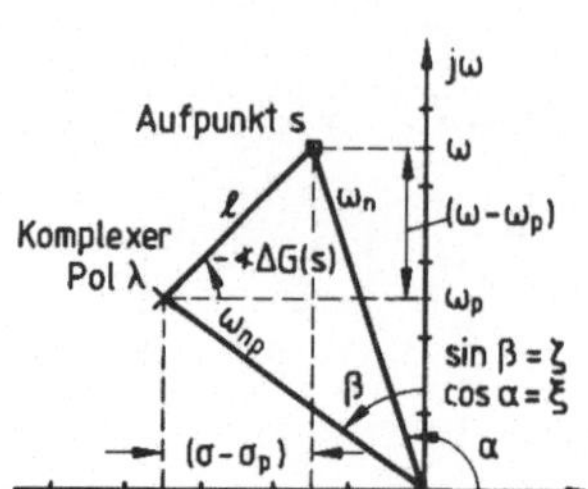

Bild 2.74 Bezeichnungen bei komplexen Variablen

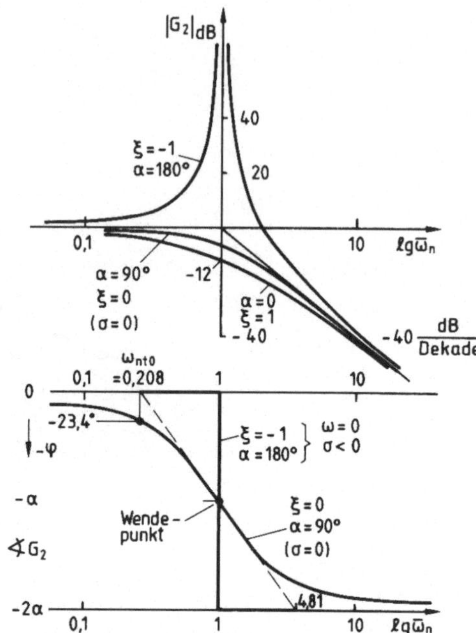

Bild 2.75
Schnitt durch die Übertragungsfunktion 2. Ordnung mit $\zeta = 1$; $\sigma = 0$ bzw. $\omega = 0$ in Bode-Darstellung

Integrator. Dies ergibt bei logarithmischer Darstellung von G einfache Verhältnisse, weil sich multiplikative Glieder in G durch additive Überlagerung in lg G bilden lassen. Da bei reellen Koeffizienten in der Üfkt komplexe Pole stets als konjugierte Paare auftreten, ist es zweckmäßig, das Paar als Einheit abzuhandeln. Dies ist für das normierte Glied ($\bar{\omega}_n = \omega_n/\omega_{np}$) im Anhang 1 durchgeführt, um den Hauptteil von den etwas trockenen Ableitungen zu entlasten.

Das Ergebnis läßt sich wie folgt zusammenfassen: Bei doppeltlogarithmischer Auftragung $|G|_{dB}$ über lg $\bar{\omega}_n$ ergeben sich symmetrische (Teil-) Verläufe für Betrag und Phase des normierten Gliedes 2. Ordnung, die sich durch einfache Asymptoten und additive Abweichungsterme leicht zeichnen lassen.

Betrag

– *niederfrequente Asymptote* = 0 dB (+ lg k) *bis* $\bar{\omega}_n = 1$

– *ab dort hochfrequente Asymptote mit der Neigung* −40 dB/Dekade (für alle ξ, ζ *gleich*!)

– *die Abweichungskurven hiervon sind spiegelsymmetrisch zu* $\bar{\omega}_n = 1$ *und hängen von* ζ *und* ξ *ab (letzter Term* Gl. (A1.2a), Bild A1.1)

Argument

– *niederfrequente Asymptote* $\varphi = 0°$ *bis* $\bar{\omega}_{nt0}$ *nach* Gl. (A1.5),

– *ab dort Wendetangente bei* $\bar{\omega}_n = 1$ *durch den Punkt* $\varphi(\bar{\omega}_n = 1) = -\alpha = -\arccos \xi$ *bis zur Frequenz* $1/\bar{\omega}_{nt0}$ *und*

– *dem dortigen Schnittpunkt mit der hochfrequenten Asymptote* $\varphi(\bar{\omega}_n \to \infty) = -2\alpha$.

– *die Phasenabweichung im Schnittpunkt der Wendetangente mit den Asymptoten erhält*

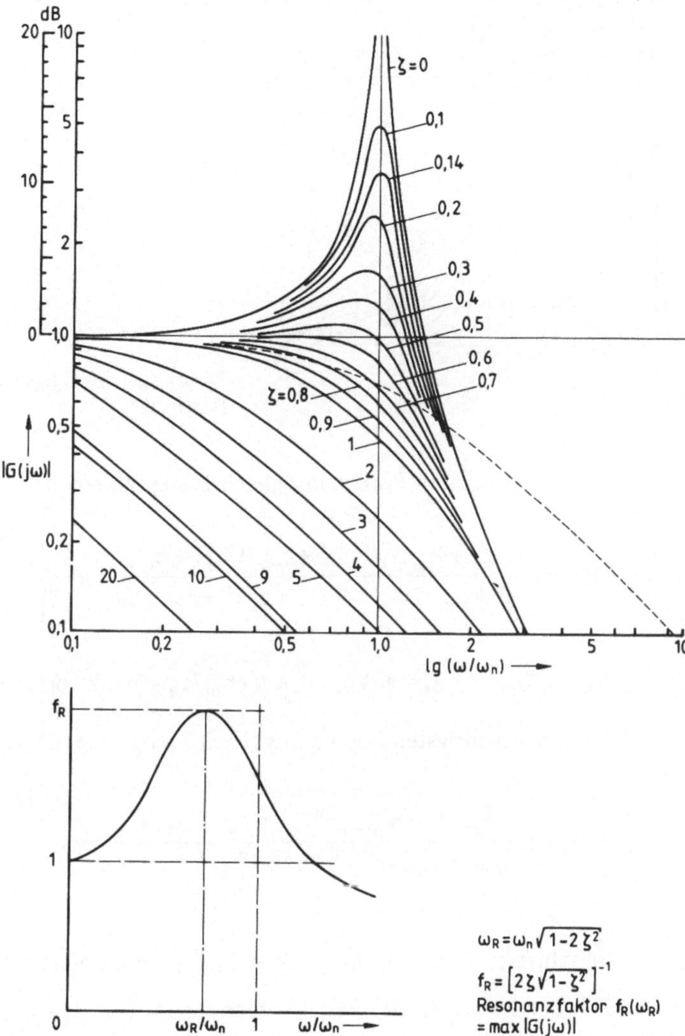

Bild 2.76 Amplitudengang des Gliedes 2. Ordnung: $|G_2(j\omega)|_{dB}$

man aus den Gln. (A1.5) *und* (A1.3) *unter Beachtung der Symmetrieeigenschaft* Gl. (A1.6) (Bild A1.2 *für den Phasengang*).

2.4.1.4 Die allgemeine rationale Übertragungsfunktion. Die Üfkt

$$G(s) = c\,\frac{b'_m s^m + b'_{m-1} s^{m-1} + \ldots + b'_1 s + b'_0}{a'_n s^n + a'_{n-1} s^{n-1} + \ldots + a'_2 s^2 + a'_1 s + a'_0} \qquad (2.174)$$

kann in den folgenden beiden Normalformen geschrieben und faktorisiert werden:

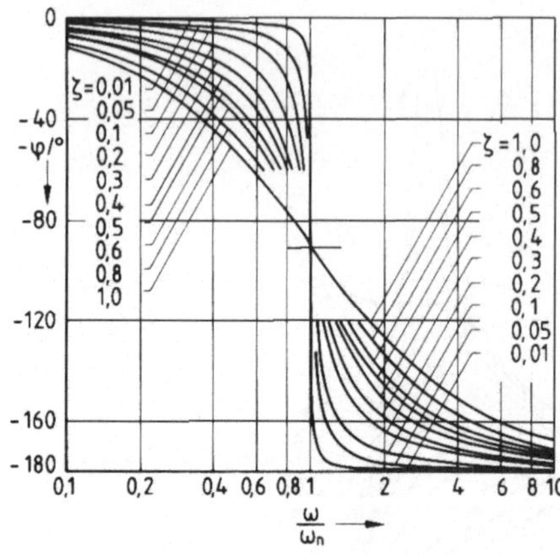

Bild 2.77
Phasengang des Gliedes 2. Ordnung: Argument $[G_2(j\omega)] = \varphi$

1. Koeffizient der höchsten Potenz in s gleich 1, sog. Wurzelortsnormalform

$$G(s) = \kappa \frac{s^m + b_{m-1}s^{m-1} + \ldots + b_1 s + b_0}{s^n + a_{n-1}s^{n-1} + \ldots + a_2 s^2 + a_1 s + a_0} = \kappa \frac{\prod_{i=1}^{m} (s - z_i)}{\prod_{p=1}^{n} (s - \lambda_p)} \tag{2.174a}$$

mit $\quad b_i = b_i'/b_m'; \quad a_i = a_i'/a_n'; \quad \kappa = cb_m'/a_n'$ = Wurzelortsverstärkung (2.174b)

2. Koeffizient der niedrigsten Potenz in s gleich 1, sog. Bode-Normalform

$$G(s) = k \frac{\bar{b}_m s^m + \bar{b}_{m-1}s^{m-1} + \ldots + \bar{b}_1 s + 1}{\bar{a}_n s^n + \bar{a}_{n-1}s^{n-1} + \ldots + \bar{a}_2 s^2 + \bar{a}_1 s + 1} = k \frac{\prod_{i=1}^{m} (1 - s/z_i)}{\prod_{p=1}^{n} (1 - s/\lambda_p)} \tag{2.174c}$$

mit $\quad \bar{b}_i = b_i'/b_0'; \quad a_i = a_i'/a_0'; \quad k = cb_0'/a_0'$ = Bode-Verstärkung. (2.174d)

Sind im Zähler oder im Nenner freie s vorhanden (b_i oder $a_i = 0, i = 0, 1, \ldots, q_z - 1$ bzw. $q_n - 1$), so können diese ausgeklammert werden und es ergibt sich ein Faktor $s^{(q_z - q_n)}$ vor einer Restfunktion mit um q_z bzw. q_n reduzierten Koeffizientenindices:

$$G(s) = ks^{(q_z - q_n)} \cdot \frac{\bar{b}_\mu s^\mu + \bar{b}_{\mu-1}s^{\mu-1} + \ldots + \bar{b}_1 s + 1}{\bar{a}_\nu s^\nu + \bar{a}_{\nu-1}s^{\nu-1} + \ldots + \bar{a}_2 s^2 + \bar{a}_1 s + 1} \tag{2.175}$$

mit $\quad k = cb_{q_z}'/a_{q_n}'; \quad \mu = m - q_z; \quad \nu = n - q_n; \quad \bar{b}_i = b_{(i+q_z)}'/b_{q_z}'$
$\bar{a}_i = a_{(i+q_n)}'/a_{q_n}'$.

Sind q_z und $q_n \neq 0$, so liegt ein nichtregulärer Fall mit verdecktem Pol im Ursprung vor (Pol-Nullstellen-Kürzung). – Es wird nun nach reellen und komplexen Wurzeln des Zähler- und Nennerpolynoms unterschieden. Der Zähler habe m_1, der Nenner n_1 reelle Wurzeln. Die konjugiert komplexen Wurzelpaare, m_2 im Zähler und n_2 im Nenner, werden zu Teilpolynomen 2. Ordnung mit reellen Koeffizienten $\left(\left(\frac{s}{\omega_n}\right)^2 + 2\zeta\frac{s}{\omega_n} + 1\right)$ zusammengefaßt. Mit $q = q_n - q_z$, $\mu = m_1 + 2m_2$, $\nu = n_1 + 2n_2$ schreibt sich dann Gl. (2.174c)

$$G(s) = ks^{-q}\,\frac{\prod\limits_{i=1}^{m_1}(1 - s/z_i)\cdot\prod\limits_{i=1}^{m_2}[1 + 2\zeta_{zi}s/\omega_{nzi} + (s/\omega_{nzi})^2]}{\prod\limits_{i=1}^{n_1}(1 - s/\lambda_i)\cdot\prod\limits_{i=1}^{n_2}[1 + 2\zeta_{pi}s/\omega_{npi} + (s/\omega_{npi})^2]}\,. \tag{2.175a}$$

Hierbei heißen die ω_{np} „natürliche (ungedämpfte) Eigenfrequenzen" (des Nenners), die ζ_p „Dämpfungsgrade" und im übertragenen Sinn werden die ω_{nz} natürliche Eigenfrequenzen und ζ_z Dämpfungsgrade des Zählers genannt. DieNennerfaktoren wurden in Abschn. 2.4.1.1 bis 2.4.1.3 einzeln analysiert. Ihr Produkt ist bei logarithmischer Auftragung die Summe der Einzelglieder. Die neu auftretenden Zählerterme können als Kehrwerte entsprechender Nennerterme aufgefaßt werden, für die wiederum das oben Abgeleitete gilt. Bei der Logarithmierung erscheint die Kehrwertbildung nur als Vorzeichenumkehr. Dies bedeutet, daß mit den Ergebnissen aus obigen Abschnitten beliebige rationale Übertragungsfunktionen additiv aus den untersuchten Elementen (Integrator und Glieder 1. und 2. Ordnung) aufgebaut werden können. Beschreibt man jeden Faktor in Polarkoordinaten (Index z für Zähler, p für Nenner)

$$(1 - s/z_i) = \ell_{zi}e^{j\varphi_{zi}}; \qquad (1 + 2\zeta_{zi}s/\omega_{nzi} + (s/\omega_{nzi})^2) = r_{zi}e^{j\rho_{zi}},$$

$$s = \omega_n e^{j\alpha}$$

so folgt für Gl. (2.175a)

$$G(s) = k\omega_n^{-q}\,\frac{\prod\limits^{m_1}\ell_{zi}\cdot\prod\limits^{m_2}r_{zi}}{\prod\limits^{n_1}\ell_{pi}\cdot\prod\limits^{n_2}r_{pi}}\cdot e^{j\left(\sum\limits^{m_1}\varphi_{zi} + \sum\limits^{m_2}\rho_{zi} - \sum\limits^{n_1}\varphi_{pi} - \sum\limits^{n_2}\rho_{pi} - q\alpha\right)}, \tag{2.175b}$$

was leicht nach Betrag und Phase zu trennen ist.

Durch die Darstellung in dB (Logarithmieren) ergibt sich $|G(s)|$ als folgende Summe

$$\begin{aligned}|G(s)| = {} & \lg k - q\lg|s| \\ & + \sum_{i=1}^{m_1}\lg|1 - s/z_i| + \sum_{i=1}^{m_2}\lg|1 + 2\zeta_{zi}s/\omega_{nzi} + (s/\omega_{nzi})^2| \\ & - \sum_{i=1}^{n_1}\lg|1 - s/\lambda_i| - \sum_{i=1}^{n_2}\lg|1 + 2\zeta_{pi}s/\omega_{npi} + (s/\omega_{npi})^2|.\end{aligned} \tag{2.175c}$$

Bild 2.78 zeigt das Üfkt-Relief eines Doppelintegrators mit Nullstelle und Bild 2.79 das Relief der φ-Üfkt Gl. (2.103) des Stab/Wagen-Systems mit einer Nullstelle im Ursprung (reines Differenzierglied) bei linearer Auftragung von $s = \sigma + j\omega$.

Die Konstruktion des vollständigen Üfkt-Reliefs ist aufwendig und für die Praxis nicht erforderlich. Wenn das tiefere Verständnis der Zusammenhänge einmal erlernt wurde,

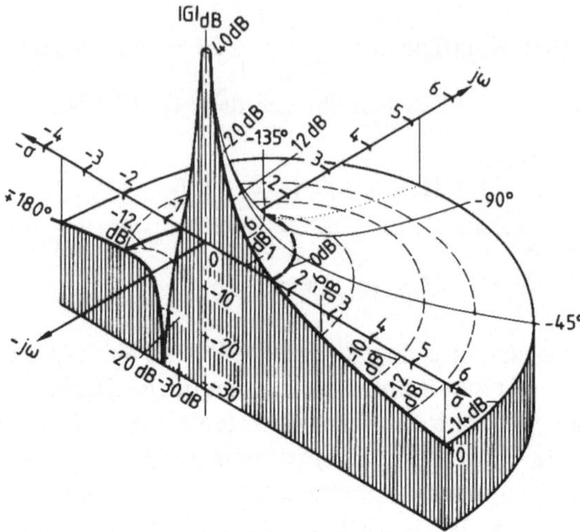

Bild 2.78 Relief der Übertragungsfunktion G(s) = (s + 1)/s² (Doppelintegrator mit Nullstelle bei −1)

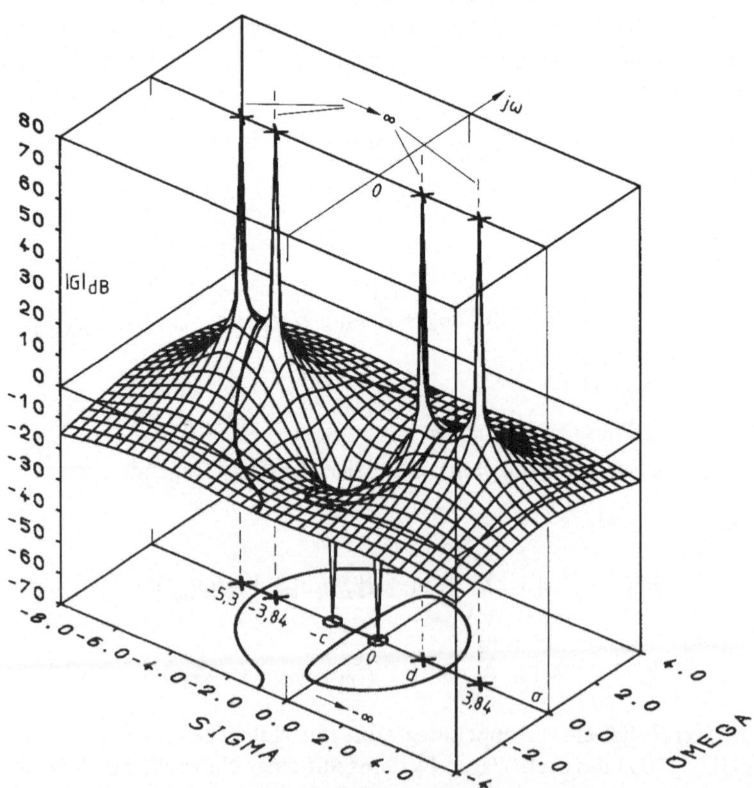

Bild 2.79 Relief der Übertragungsfunktion des Stab/Wagen-Systems mit Regler ähnlich Bild 4.28c; enthält die originalen dreidimensionalen Wurzelortskurven und ihre Projektion, für G reell und <0

genügen in der Regel wenige einfache Ansichten und Schnitte, um das vollständige Relief qualitativ vor dem geistigen Auge zu sehen. Die einfachen Teildarstellungen sollten so gewählt werden, daß sie wesentliche quantitative Aussagen einfach gestatten. Dies wird in den folgenden Abschnitten besprochen.

2.4.2 Der Wurzelort als Draufsicht auf das Übertragungsfunktions-Relief

Die markanten Punkte eines Üfkt-Reliefs sind jene, an denen der Betrag in dB über alle Grenzen wächst: die Pole (Wurzeln oder Nullstellen des Nenners) mit Spitzen gegen $+\infty$ und die Zählernullstellen, kurz Nullstellen (da die Gesamt-Üfkt hier 0 ist) mit Spitzen gegen $-\infty$ bei logarithmischer Auftragung. Beide zusammen heißen Singularitäten. Es erhebt sich die Frage, ob man mit diesen Punkten die Üfkt nicht einfach darstellen kann. Hierzu ist besonders die Form (2.174b) geeignet. Markiert man die Nullstellen z_i in der Gaußschen Zahlenebene mit dem Zeichen ○, die Polstellen λ_p mit Kreuzen x und den Aufpunkt s, für den die Üfkt ausgewertet werden soll, mit einem Viereck □ (s. Bild 2.80), so erkennt man, daß der Vektor $s - \lambda_p = -\lambda_p + s$ die Verbindung vom Punkt λ_p zum Aufpunkt ist mit dem Betrag

$$|s - \lambda_p| = \ell_p = \text{Abstand } \overline{\lambda_p s} \tag{2.176}$$

und dem Argument φ_p zwischen der Nullrichtung $(+\sigma)$ und der Verbindungslinie. Dieser Winkel tritt im Aufpunkt s (als Wechselwinkel) zwischen der $(-\sigma)$-Richtung und der Verbindungslinie auf. Diese Messung hat den Vorteil, daß mit dem einmaligen Anlegen eines Winkelmessers (durchsichtiger Vollkreis) die Beiträge aller Pole und Nullstellen abgelesen werden können.

2.4.2.1 Ermittlung des Wertes G(s) im Aufpunkt s. Schreibt man Gl. (2.174b) in Polarkoordinaten für die einzelnen Faktoren, so gilt in dieser W u r z e l o r t s d a r s t e l l u n g (vgl. oben)

$$G(s) = \kappa \frac{\prod_{i=1}^{m} |s - z_i| e^{j\psi_i}}{\prod_{p=1}^{n} |s - \lambda_p| e^{j\varphi_p}} = \kappa \frac{\prod_{i=1}^{m} \ell_{z_i} e^{j\psi_i}}{\prod_{p=1}^{n} \ell_p e^{j\varphi_p}} \tag{2.177}$$

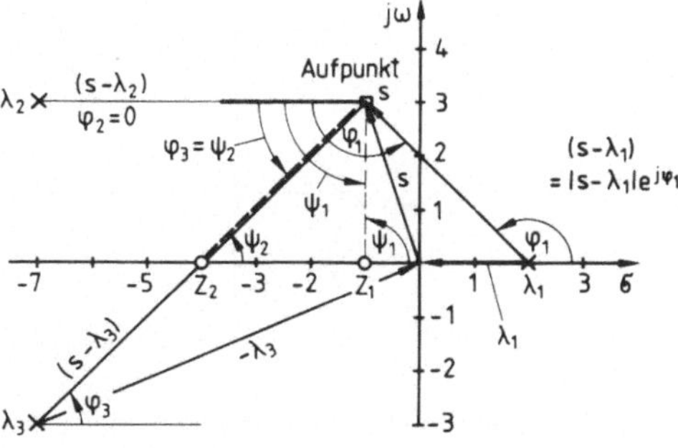

Bild 2.80
Halbgraphische Berechnung der Übertragungsfunktion im Wurzelort

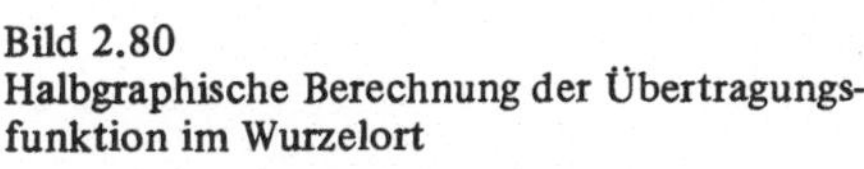

$$G(s) = \kappa \frac{(s+1)(s+4)}{(s-2)(s^2+14s+58)}$$

und getrennt nach Betrag und Phase (Argument)

$$|G(s)| = \kappa \prod_{i=1}^{m} \ell_{z_i} / \prod_{p=1}^{n} \ell_p \tag{2.177a}$$

$$\sphericalangle G(s) = \sum_{i=1}^{m} \psi_i - \sum_{p=1}^{n} \varphi_p. \tag{2.177b}$$

Anhand von Bild 2.80 lautet dies in Worten:

– *Der Betrag der Üfkt ist die Wurzelortsverstärkung κ mal dem Produkt aller Nullstellenentfernungen dividiert durch das Produkt aller Polentfernungen.*

– *Das Argument der Üfkt ist die Summe aller Nullstellenwinkel minus der Summe aller Polstellenwinkel.*

Zum Vertrautwerden mit dem analytischen und graphischen Berechnungsweg sei dem interessierten Leser empfohlen, den Wert der Üfkt aus Bild 2.80 an der Stelle $s = -1 + 3j = \sqrt{10}\, e^{j1{,}893}$ nach beiden Methoden auszuwerten.

Läßt man s von 0 aus auf der imaginären Achse laufen, so erhält man den „Frequenzgang G(jω)" (s. Abschn. 2.3.2.3). Für $s = \sigma$ ($\omega \equiv 0$) ist wegen der paarweise konjugiert auftretenden Singularitäten die Phase stets 0 oder Vielfache von $\pm 180°$ (die Funktion einer reellen Variablen ist reell). Alle jene Stellen, an denen G(s) reell ist, spielen eine besondere Rolle für den geschlossenen Regelkreis um diese Üfkt (nur hier kann der geschlossene Regelkreis Pole haben). Deshalb ist es interessant zu wissen, wo G(s) auch bei komplexem s reell ist.

2.4.2.2 Kurven mit G(s) reell: Wurzelortskurven. Der Argumentberechnungsteil des vorigen Abschnitts, insbesondere die graphische Winkelmessung, kann vorteilhaft zur Lösung dieser Aufgabe genutzt werden. Dabei werden einzelne Bereiche der s-Ebene getrennt behandelt.

1. Große Abstände vom Ursprung: $|s| \gg \max|\lambda_p|$ und $\max|z_i|$. Bild 2.81 zeigt die Verhältnisse für verschiedene Polüberschüsse $r = n - m$. Für sehr große $|s|$ erscheinen alle Singularitäten etwa unter dem gleichen Winkel α. Der Zähler liefert also insgesamt einen Argumentbeitrag von $+m\alpha$, während vom Nenner $-n\alpha$ herrühren; ihre Summe soll ein

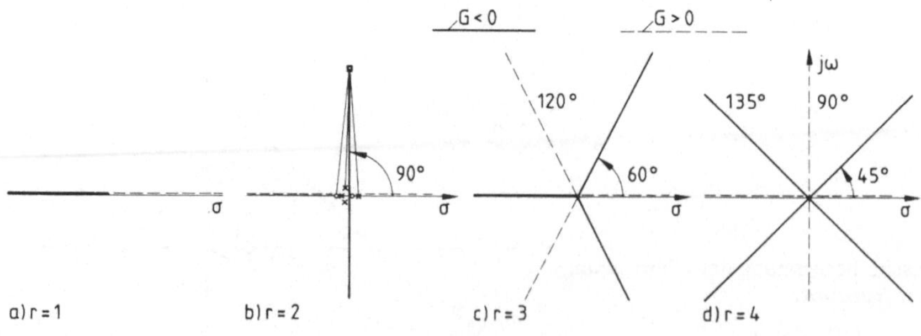

Bild 2.81 Asymptotenstern für G(s) reell und $|s| \gg |\lambda_{max}|, |z_{max}|$

ganzzahliges Vielfaches k von $\pm\pi$ (180°) ergeben: $(m-n)\alpha_r = -r\alpha_r = k(\pm\pi)$. Dies liefert

$$\alpha_r = \pm\, k\pi/r, \qquad k = 0, 1, 2, \ldots \,. \tag{2.178}$$

Tab. 2.5 gibt in Abhängigkeit vom Polüberschuß r die Asymptotenrichtungen α_r für $|s| \to \infty$, in denen G(s) reell ist.

Tab. 2.5 Asymptotenrichtungen des Wurzelorts

r →	1	2	3	4	|k|
α_r	0	0	0	0	0
	180°	± 90°	± 60°	± 45°	1
		180°	± 120°	± 90°	2
			180°	± 135°	3
				180°	4

Für r > 1 treten solche Asymptoten im komplexen Bereich auf. Sie bilden einen „Asymptotenstern" mit je 2r Strahlen, von denen r dem Wert $\cos(r\alpha_r) = +1$ und die zweiten r dem Wert $\cos(r\alpha_r) = -1$ zugeordnet werden können, je nachdem ob k gerade oder ungerade ist. Ihnen entspricht ein positives oder negatives Vorzeichen von G(s). Wegen der konjugierten Singularitätenpaare liegt der Mittelpunkt des Sterns auf der reellen Achse bei σ_s. Um diesen Wert zu ermitteln, schreiben wir Gl. (2.174a) in der Form

$$\frac{\kappa}{G(s)} = \frac{s^n + a_{n-1}s^{n-1} + \ldots + a_1 s + a_0}{s^m + b_{m-1}s^{m-1} + \ldots + b_0} = s^r + (a_{n-1} - b_{m-1})s^{r-1} + F(s).$$

Für $|s| \to \infty$ ist näherungsweise der Restausdruck F(s), der niedrigere Potenzen in s als $r-1$ enthält, gegenüber den ersten beiden zu vernachlässigen. Andererseits hat der Asymptotenstern mit dem Zentrum bei σ_s die analytische Beschreibung $(s-\sigma_s)^r$, bei deren Ausmultiplikation man erhält

$$(s-\sigma_s)^r = s^r - r\sigma_s s^{r-1} + F_1(s).$$

Auch hier gilt für große $|s|$ wieder, daß die beiden ersten Terme F_1 dominieren. Setzt man aus beiden Gln. die beiden ersten Terme gleich, so hebt sich s^r heraus und nach Auflösung für σ_s erhält man

$$\sigma_s = -\frac{a_{n-1} - b_{m-1}}{r}. \tag{2.179}$$

Diese Gl. kann leicht gedeutet werden, wenn man den Koeffizienten der zweithöchsten Potenz von s im Nenner- und Zählerpolynom aus Gl. (2.174b) durch Ausmultiplikation ermittelt: Er ist die negative Summe der Polynomwurzeln

$$a_{n-1} = -\sum_{p=1}^{n} \lambda_p; \qquad b_{m-1} = -\sum_{i=1}^{m} z_i. \tag{2.180}$$

Damit lautet Gl. (2.179) verbal

$$\text{Asymptotenzentrum} = \frac{\Sigma \text{ Polstellen} - \Sigma \text{ Nullstellen}}{\text{Polüberschuß}}. \tag{2.179a}$$

2. Unmittelbare Umgebung einer Singularität. Läßt man den Aufpunkt s auf einem infinitesimalen Radius um eine Singularität umlaufen, so daß die Winkel zu den anderen Singularitäten so gut wie nicht verändert werden, dann muß es zwei Positionen geben, wo die Winkelsumme 0° (bzw. Vielfache von ±360°) oder ±180° (bzw. ungerade Vielfache von ±180°) ist.

Pol:
$$\sum_{i=1}^{m} \psi_i - \sum_{\substack{p=1 \\ p\neq j}}^{n} \varphi_p - \varphi_a = \begin{cases} (2k+1)\pi \\ k2\pi \end{cases}$$

φ_a wird Abgangswinkel an der Polstelle j genannt und berechnet sich zu

$$\varphi_a = \sum_{i=1}^{m} \psi_i - \sum_{\substack{p=1 \\ p\neq j}}^{n} \varphi_p - \begin{cases} (2k+1)\pi & \text{für } G<0 \\ k2\pi & \text{für } G>0 \end{cases} \tag{2.181}$$

Nullstelle:

$$\sum_{\substack{i=1 \\ i\neq j}}^{m} \psi_i + \psi_e - \sum_{p=1}^{n} \varphi_p = \begin{cases} (2k+1)\pi \\ k2\pi \end{cases}$$

ψ_e wird Einlaufwinkel an der Nullstelle j genannt und berechnet sich zu

$$\psi_e = \sum_{p=1}^{n} \varphi_p - \sum_{\substack{i=1 \\ i\neq j}}^{m} \psi_i + \begin{cases} (2k+1)\pi & \text{für } G<0 \\ k2\pi & \text{für } G>0. \end{cases} \tag{2.182}$$

Die Bedeutung der Namen wird bei der Diskussion der Regelkreisschließung verständlich. Bei Mehrfachsingularitäten treten Sterne wie in Bild 2.81 auf.

3. Unmittelbare Umgebung der reellen Achse. Setzt man $s_\epsilon = \sigma + j\epsilon$ mit $\epsilon \ll \sigma$, so folgt $s_\epsilon^2 = \sigma^2 + j2\sigma\epsilon - \epsilon^2 \approx \sigma^2 + j2\sigma\epsilon$; $s_\epsilon^3 \approx \sigma^3 + j3\sigma^2\epsilon$ und allgemein $s_\epsilon^n \approx \sigma^n + jn\sigma^{n-1}\epsilon$.
Führt man dies in Gl. (2.174a) ein und separiert im Zähler und Nenner Real- und Imaginärteile, so erhält man

$$G(s_\epsilon) = \kappa \frac{\overbrace{[\sigma^m + b_{m-1}\sigma^{m-1} + \ldots + b_0]}^{R_Z} + j\epsilon\overbrace{[m\sigma^{m-1} + b_{m-1}(m-1)\sigma^{m-2} + \ldots + b_1]}^{I_Z}}{\underbrace{[\sigma^n + a_{n-1}\sigma^{n-1} + \ldots + a_0]}_{R_N} + j\epsilon\underbrace{[n\sigma^{n-1} + a_{n-1}(n-1)\sigma^{n-2} + \ldots + a_1]}_{I_N}}$$

$$= \kappa \frac{(R_Z + j\epsilon I_Z)(R_N - j\epsilon I_N)}{(R_N + j\epsilon I_N)(R_N - j\epsilon I_N)} = \kappa \frac{R_Z R_N + \epsilon^2 I_Z I_N + j\epsilon[I_Z R_N - R_Z I_N]}{R_N^2 + I_N^2\epsilon^2}.$$

Damit G reell ist, muß der Imaginärteil verschwinden, d. h. es muß gelten

$$\frac{I_Z R_N - R_Z I_N}{R_N^2} = 0. \tag{2.183}$$

Aus den obigen Definitionen von I und R erkennt man, daß gilt

$$I_Z = \frac{dR_Z}{d\sigma} \quad \text{und} \quad I_N = \frac{dR_N}{d\sigma}.$$

Dies in (2.183) liefert

$$\frac{\frac{dR_Z}{d\sigma} R_N - \frac{dR_N}{d\sigma} R_Z}{R_N^2} = \frac{d}{d\sigma}\left(\frac{R_Z}{R_N}\right) = \underline{\frac{d}{d\sigma} G(\sigma) = 0,} \tag{2.183a}$$

d. h. reelle Werte G(s) in der Nähe der σ-Achse treten dort auf, wo $G(\sigma)$ eine horizontale Tangente hat. Diese Beziehung läßt sich in einem vertikalen Schnitt durch das Relief entlang der σ-Achse auswerten, was im nächsten Abschnitt geschieht. Aus dem linken Teil der Gl. (2.183a) kann man folgende Beziehung erhalten

$$\frac{dR_Z/d\sigma}{R_Z} - \frac{dR_N/d\sigma}{R_N} = 0. \tag{2.183b}$$

Wendet man diese Gleichung auf die faktorisierte Form (2.174b) mit $s = \sigma$ an (Kettenregel und Kürzen), so gilt sie an den Stellen σ_v, die der Gleichung

$$\sum_{i=1}^{m} \frac{1}{\sigma_v - z_i} - \sum_{p=1}^{n} \frac{1}{\sigma_v - \lambda_p} = 0 \tag{2.183c}$$

genügen.

Diese Auswertung kann iterativ in der Draufsicht durchgeführt werden und liefert sogenannte „Verzweigungspunkte" von der reellen Achse. Aus den Bildern 2.72 und 2.73 sowie der Aussage (2.183a) erkennt man, daß es sich im Relief um Sattelpunkte handelt, die in σ-Richtung ein Minimum (Maximum, Bild 2.73) darstellen, während sie senkrecht dazu ein Maximum (Minimum) haben.

Mit diesen Ergebnissen 1. bis 3. kann man die Kurven der Üfkt, wo G reell ist, in wesentlichen Bereichen schnell skizzieren.

Beispiel. Dies ist in Bild 2.82 für das Stab/Wagen-System und die Üfkt $G_{\varphi u}$ nach Gl. (2.100) getan. Auf der σ-Achse ist G stets reell. Es hat die Phase $0 \pm k2\pi$ (gestrichelt gekennzeichnet), wenn eine gerade Zahl von Singularitäten rechts des Aufpunktes liegt ($G > 0$); ansonsten ist $G < 0$ (Phase $\pm 180° \pm k2\pi$). Den Verzweigungspunkt σ_v ermitteln wir nach Gl. (2.183c): 1. Schätzwert: $\sigma_{v_1} = -3$ ergibt

$$\frac{1}{-3} - \frac{1}{-3 + 3{,}84} - \frac{1}{-3 + 2} - \frac{1}{-3 - 3{,}84} = -0{,}3776 = f_1$$

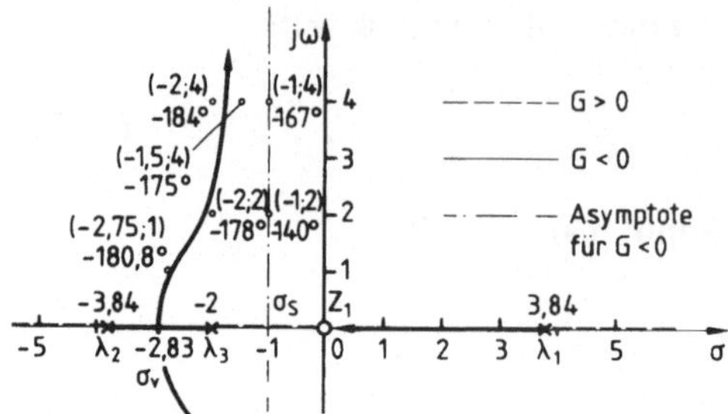

Bild 2.82 Ermittlung der Wurzelortskurve $\text{Im}(G(s)) = 0$ für das Stab/Wagen-System

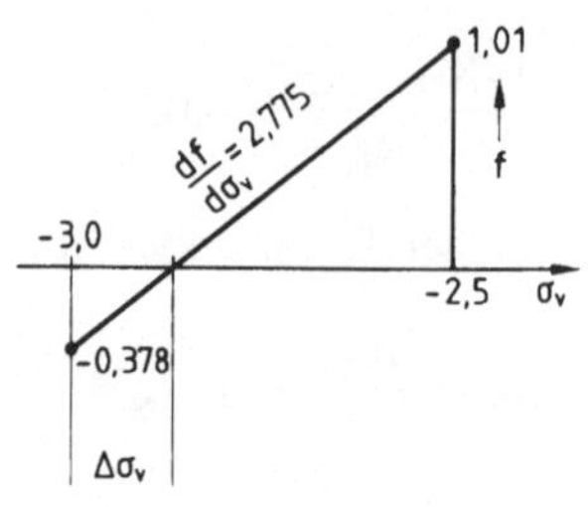

Bild 2.83 Bestimmung des Verzweigungspunktes

Der 2. Schätzwert $\sigma_{v2} = -2{,}5$ liefert $f_2 = 1{,}01$. Daraus errechnet sich nach Bild 2.83 die Neigung $df/d\sigma_v = (f_2 - f_1)/(\sigma_2 - \sigma_1) = 2{,}775$ und das Inkrement $\Delta\sigma_{v_1}$ für den Nulldurchgang bei linearer Interpolation

$$\Delta\sigma_{v_1} = -f_1 / \frac{df}{d\sigma_v} = 0{,}3776/2{,}775 = 0{,}136.$$

Wir setzen $\sigma_{v_3} = -2{,}86$ und erhalten aus (2.183c) $f_3 = -0{,}058$. Dies liefert analog zu oben $df/d\sigma_v = 2{,}29$ und $\Delta\sigma_{v_2} = 0{,}025$. Der hiermit berechnete Wert $\sigma_v = -2{,}83$ genüge den Genauigkeitsforderungen.

Als nächstes wird der Asymptotenstern bestimmt: Der Polüberschuß ist $r = 3 - 1 = 2$ und für die Schwerpunktlage erhält man aus Gl. (2.179a) mit $\lambda_1 + \lambda_2 = z_1 = 0$: $\sigma_s = \lambda_3/2 = -1$; wegen $r = 2$ laufen gemäß Bild 2.81 die Asymptoten für $G < 0$ unter $\pm 90°$ und für $G > 0$ entlang den σ-Achsen. Die Kurve $\text{Im}(G(s)) = 0$ bei $G > 0$ ist damit auf der reellen Achse gegeben (in Bild 2.82 gestrichelt). Für $G < 0$ sind die beiden Stücke zwischen z_1 und λ_1 sowie λ_2 und λ_3 mit dem Verzweigungspunkt σ_v bekannt. Um den Übergang von σ_v zur Asymptote bei $|s| \gg |\lambda_{max}|$ besser zeichnen zu können, wird an einigen Aufpunkten (σ, ω) die Phase ermittelt (graphisch oder analytisch mit arctan-Ansätzen); dies ist für $\omega = 1; 2$ und 4 für soviele σ gemacht worden, bis der Punkt mit dem Argument 180° jeweils genügend genau geschätzt werden konnte. Durch diese 3 Punkte wurde dann die Kurve skizziert.

Bei komplexen Polen und Nullstellen hätten Abgangs- und Einlaufwinkel weitere wertvolle Skizzierungshilfen gegeben. Anstatt die Phasenwinkel in der Draufsicht mit Winkelmessungen zu bestimmen, kann man auch die Punkte reeller Üfkt für radiale Vertikalschnitte $\xi = \arccos \alpha = \text{const}$ anhand der Bedingung $\text{Im}(G(\omega_n, \xi)) = 0$ bestimmen, was mit den heute verfügbaren Taschenrechnern leicht möglich ist. Dies wird ein Nebenprodukt des nächsten Abschnittes sein.

2.4.3 Vertikalschnitte durch Strahlen vom Ursprung

Mit den in Abschn. 2.4.1 abgeleiteten Beziehungen kann der Verlauf $|G(\omega_n)|_{dB}$ über $\lg \omega_n$ für gegebenes ξ nach Faktorisierung der Zähler- und Nennerpolynome leicht durch gliedweise Überlagerung gewonnen werden; das gleiche gilt für das Argument $\sphericalangle G(\omega_n)$. Mit der Verfügbarkeit von rekursiv rechnenden Digitalrechnern (selbst als Taschenrechner) gewinnt eine andere Berechnungsweise an Bedeutung, die von der nicht faktorisierten Form ausgeht und vielseitig anwendbar ist. Sie wird im folgenden mit einigen praktischen Spezialfällen abgeleitet.

2.4.3.1 Allgemeines Berechnungsschema $G(\omega_n)|_{\xi=\text{const}}$. Bei gegebenem ξ (Schnittwinkel α) ist ω_n die noch freie Variable, um s vollständig festzulegen. Die kartesischen Komponenten von s sind $\sigma = \omega_n \cos\alpha$ und $\omega = \omega_n \sin\alpha$, d. h.

$$s = \omega_n(\cos\alpha + j\sin\alpha) = \omega_n(R_1 + jI_1) = \omega_n(\xi + j\eta) \tag{2.184}$$

mit $\eta = \sqrt{1-\xi^2}$. Für die höheren Potenzen von s folgt hieraus über

$$s^2 = \omega_n^2[\underbrace{R_1\xi - I_1\eta}_{R_2} + j(\underbrace{R_1\eta + I_1\xi}_{I_2})] = \omega_n^2(R_2 + jI_2)$$

die rekursive Formel

$$s^k = \omega_n^k[R_k + jI_k] \tag{2.185}$$

$$R_{k+1} = R_k\xi - I_k\eta; \qquad I_{k+1} = R_k\eta + I_k\xi. \tag{2.186}$$

Ein Polynom $N(s) = \sum_{i=0}^{n} a_i s^i$ schreibt sich hiermit ($s^0 = 1 + j0$)

$$N(s) = \sum_{i=0}^{n} \underbrace{a_i R_i}_{Ra_i} \omega_n^i + j \sum_{i=0}^{n} \underbrace{a_i I_i}_{Ia_i} \omega_n^i = R_N + jI_N;$$

analog gilt

$$Z(s) = \sum_{i=0}^{m} \underbrace{b_i R_i}_{Rb_i} \omega_n^i + j \sum_{i=0}^{m} \underbrace{b_i I_i}_{Ib_i} \omega_n^i = R_Z + jI_Z. \tag{2.187}$$

Die Koeffizienten Ra_i, Ia_i (n + 1 Stück) und Rb_i, Ib_i (m + 1 Stück) sind für gegebenes $\xi(\alpha)$ konstant und unabhängig von ω_n, so daß sie für jeden Schnitt nur einmal berechnet zu werden brauchen und in Speicherfeldern abgelegt werden können. Damit ergibt sich ein einfaches Berechnungsschema für $G(\omega_n)|_{\xi=\text{const}}$ wenn man beachtet, daß gilt

$$G(s) = \frac{(R_Z + jI_Z)}{(R_N + jI_N)} \cdot \frac{(R_N - jI_N)}{(R_N - jI_N)} = \text{Re}\,(G(s)) + j\,\text{Im}\,(G(s))$$

$$= (R_N R_Z + I_N I_Z)/B + j(R_N I_Z - I_N R_Z)/B, \tag{2.188}$$

mit $\quad B = R_N^2 + I_N^2,$

und $\quad |G| = \sqrt{[\mathrm{Re}\,(G)]^2 + [\mathrm{Im}\,(G)]^2}, \quad ∢\, G = \arctan\left[\dfrac{R_N I_Z - I_N R_Z}{R_N R_Z + I_N I_Z}\right];$ (2.188a)

die Phase ist $90° < |∢\, G| < 270°$, wenn Re (G) < 0, d. h. $R_N R_Z < I_N I_Z$ ist. G(s) ist reell (Wurzelort), wenn (s. Gl. (2.188))

$$R_N I_Z = I_N R_Z. \tag{2.189}$$

Diese Beziehung ist besonders wichtig, da sie über Iteration in ω_n gestattet, für die gegebene Schnittrichtung $\alpha(\xi)$ jene Punkte ω_{nW} zu finden, wo der geschlossene Regelkreis Eigenwerte haben kann (s. u.).

Ein Fortran-Programm zur Berechnung der Verläufe $|G(\omega_n)|$ und $∢\, G(\omega_n)$ für gegebenes ξ sowie zur Bestimmung der Punkte ω_{nW} mit Im $[G(\omega_{nW})] = 0$ ist im Anhang 2 gegeben. Es liefert für $\xi = 0$ den Frequenzgang, für $\xi = -1$ den Verlauf $G(-\sigma)$ und für $\xi = -\zeta_{gr}$ (vgl. Bild 2.57) den Schnitt entlang der gewünschten Grenzlinie für Teilsysteme 2. Ordnung, die alle für Regelkreisauslegungen von Interesse sind. Soll ein Teilglied 2. Ordnung günstiges Einschwingverhalten nach einem Sprungeingang erhalten, so wird der Schnitt $\xi = -1/\sqrt{2}$ gute Dienste tun, um die Regelkreisschließung festzulegen. Diese Zusammenhänge werden in Kapitel 3 diskutiert.

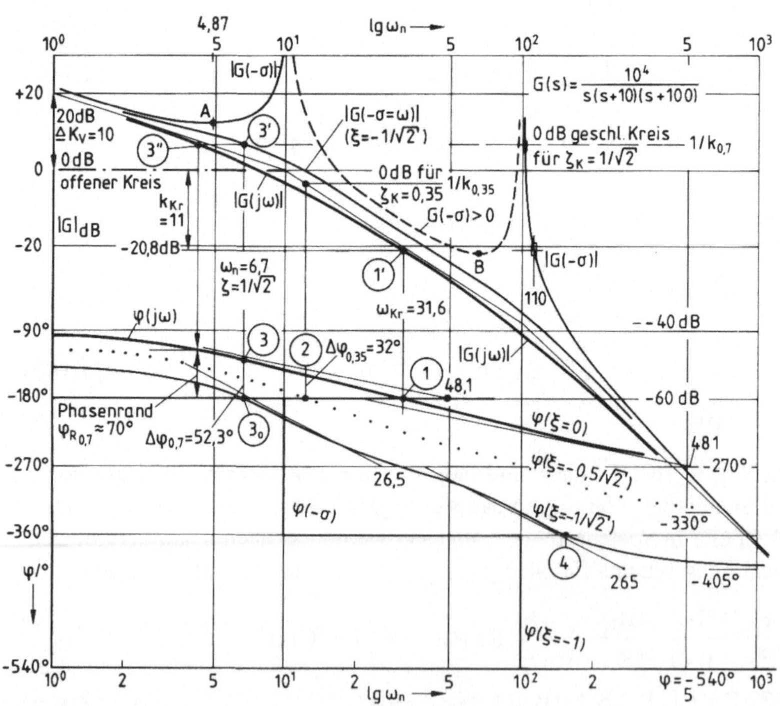

Bild 2.84 Verallgemeinerte Bode-Diagramme für die Strecke G(s) = 10/[s(s/10 + 1) (s/100 + 1)]

2.4.3.2 Verallgemeinerte Bode-Diagramme. Die spezielle Auftragungsart $|G|_{dB}$ und $\sphericalangle G$ über lg ω_n für $\xi = 0$ heißt nach ihrem Erfinder Bode-Diagramm. Seine Verallgemeinerung auf $\xi \neq 0$ wird nach [50] „verallgemeinertes Bode-Diagramm" genannt; es hat sich in der deutschen Literatur bisher nicht durchgesetzt. Das oben beschriebene Berechnungsverfahren gestattet jedoch seine Zeichnung mit nur geringfügig mehr Aufwand als für den Frequenzgang erforderlich ist. Als graphisches Arbeitsmittel werden im folgenden neben $\xi = 0$ die Schnitte $\xi = \pm 1$ häufig verwendet, da sie die Pole 1. Ordnung des geschlossenen Regelkreises sowie die Verzweigungspunkte der Wurzelortskurve auf der reellen Achse unmittelbar zu bestimmen gestatten. Von den übrigen Schnitten interessieren letztlich nur die Bereiche um Im (G) = 0. Dieses Vorgehen wird am Beispiel der Üfkt $G(s) = 10^4/[s(s + 10)(s + 100)]$ in Bild 2.84 gezeigt. Die Betragsasymptoten sind gemäß Abschn. 2.4.1 für alle Schnittrichtungen gleich: −20 dB/Dekade für das Integrationsglied 1/s, jeweils zusätzliche −20 dB/Dekade für jedes Nennerglied 1. Ordnung mit dem Knickpunkt am Ort des Pols. Die Abweichungskurven hängen von der Schnittrichtung $\alpha(\xi)$ ab und sind für $\xi = 0$ und ± 1 eingezeichnet.

Die niederfrequente Asymptote des Phasenverlaufs ist infolge des Integrationsgliedes gleich $-\alpha$, die hochfrequente gleich Polüberschuß (hier r = 3) mal $-\alpha$. Die Teilphasenkonstruktion mit Hilfe der Wendetangente ist aus dem Bild ersichtlich. Jede Teilphase wird von links, beginnend an der hochfrequenten Phasenasymptote der bis dahin abgehandelten Teilsysteme aufgebaut; dies erlaubt eine einfache systematische Addition der Wendetangenten im Überlappungsbereich. Die Wendetangenten der Teilphasen gehen bei $\omega_n = -\lambda_i$ durch den Mittelwert von nieder- und hochfrequenter Asymptote; ihre Neigung wird durch Gl. (2.166a) festgelegt. Einige Werte zeigt die Tabelle auf Seite 93.

Die Korrespondenz der erhaltenen reellen Werte ① bis ④ und der reellen Verzweigungspunkte A und B im Wurzelort zeigt Bild 2.85.

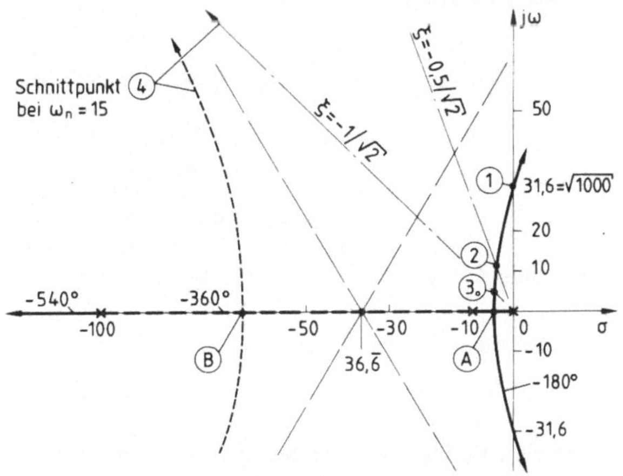

Bild 2.85 Entsprechungen Wurzelort zu verallgemeinertem Bode-Diagramm Bild 2.84

2.5 Die Realisierung von Übertragungsfunktionen im Zeitbereich bei beliebigen Eingangssignalen

Nach Gl. (2.92) ist die Übertragungsfunktion aus einer Differentialgleichung n-ter Ordnung hervorgegangen, bei der auch die Eingangsfunktion Ableitungen (bis zum Grad m) aufwies. Wenn eine beliebige Eingangsfunktion zu Testzwecken erzeugt werden soll (z. B. durch manuelle Betätigung eines Steuerorgans), so ist es am einfachsten, wenn nur diese Funktion (ohne Ableitungen) aufgebracht werden muß. Es soll deshalb nach Darstellungsweisen der Übertragungsfunktion gesucht werden, die dies ermöglichen.

2.5.1 Steuerungsnormalform

Die Ausgangsdifferentialgleichung wird durch den höchsten Koeffizienten a_n' durchdividiert, so daß die entstehenden Koeffizienten $a_i = a_i'/a_n'$, i = 0 bis n − 1, der Wurzelortsnormalform der Üfkt entsprechen. Nun soll aus der Lösung der Differentialgleichung

$$\overset{(n)}{y} + a_{n-1}\overset{(n-1)}{y} + \ldots + a_2\ddot{y} + a_1\dot{y} + a_0 y = u(t) \tag{2.190}$$

die gesuchte Lösung x(t) durch eine Linearkombination der Zeitverläufe $\overset{(i)}{y}(t)$ erhalten werden gemäß dem Ansatz

$$x(t) = c_0 y + c_1\dot{y} + c_2\ddot{y} + \ldots + c_{n-1}\overset{(n-1)}{y} + c_n\overset{(n)}{y}. \tag{2.191}$$

Differenziert man Gl. (2.190) m-mal und Gl. (2.191) n-mal (Differenzierbarkeit wird vorausgesetzt) und setzt die Ergebnisse in die Ausgangsgleichung zu Gl. (2.92) mit folgender Schreibweise ein

$$\overset{(n)}{x} + a_{n-1}\overset{(n-1)}{x} + \ldots + a_1\dot{x} + ax - b_m\overset{(m)}{u} - b_{m-1}\overset{(m-1)}{u} - \ldots - b_1\dot{u}$$

$$= b_0[\overbrace{\overset{(n)}{y} + a_{n-1}\overset{(n-1)}{y} + \ldots + a_1\dot{y} + a_0 y}^{u(t)\text{ gemäß Gl. (2.190)}}],$$

so erhält man durch Koeffizientenvergleich die notwendige Bedingung für die c_i:

$$\begin{aligned} c_i &= b_i \quad \text{für } i \leqslant m \\ c_i &= 0 \quad \text{für } i > m. \end{aligned} \tag{2.192}$$

Unabhängig von der Ordnung des Systems wird x(t) aus m + 1 Summanden, der Funktion y(t) und deren m ersten Ableitungen, als gewichtete Summe aufgebaut; die Gewichtsfaktoren sind die Koeffizienten $b_i = b_i'/a_n'$ der Ausgangsdifferentialgleichung.

Gl. (2.190) schreibt sich als System von Differentialgleichungen 1. Ordnung mit den Definitionen:

$$y_1 = y; \dot{y}_1 = y_2; \quad \dot{y}_2 = y_3 = \ddot{y}_1 \dots \dot{y}_{n-1} = y_n = \overset{(n-1)}{y_1}:$$

$$\begin{pmatrix} \dot{y}_1 \\ \dot{y}_2 \\ \dot{y}_3 \\ \vdots \\ \\ \dot{y}_n \end{pmatrix} = \begin{pmatrix} 0 & 1 & 0 & & & \\ 0 & 0 & 1 & & & \\ 0 & 0 & 0 & 1 & & \\ & & & & \ddots & \\ & & & & & 1 \\ -a_0 & -a_1 & -a_2 & & \dots & -a_{n-1} \end{pmatrix} \begin{pmatrix} y_1 \\ y_2 \\ y_3 \\ \vdots \\ \\ y_n \end{pmatrix} + \begin{pmatrix} 0 \\ 0 \\ 0 \\ \vdots \\ 0 \\ 1 \end{pmatrix} u(t) \quad (2.193)$$

$$\dot{\vec{y}} = A_B \vec{y} + \vec{b}_s u(t). \quad (2.193a)$$

Aus (2.191) und (2.192) folgt

$$x(t) = b_0 y_1 + b_1 y_2 + \dots + b_{m-1} y_m + b_m y_{m+1} = \vec{c}^T \vec{y}, \quad (2.194)$$

mit dem Zeilenvektor $\vec{c}^T = [b_0 \quad b_1 \dots b_m \quad 0 \dots 0]$, der n Komponenten hat, deren letzte $n - m - 1$ verschwinden. (Man sieht, daß bei sprungfähigen Systemen ($m = n$) die Ableitung $\dot{y}_n$ zum Aufbau von x(t) mit herangezogen werden muß.) Anfangswerte von x und y sind einander über diese Gleichungen umkehrbar eindeutig zugeordnet. Die Matrix A_B heißt Begleitmatrix des Systems. Eine numerische Lösungsmöglichkeit dieser Gleichung für beliebige u(t) zeigt Bild 2.86 in Form eines Analogrechnerkoppelplanes (ohne Berücksichtigung der Vorzeichenumkehr in Verstärkern).

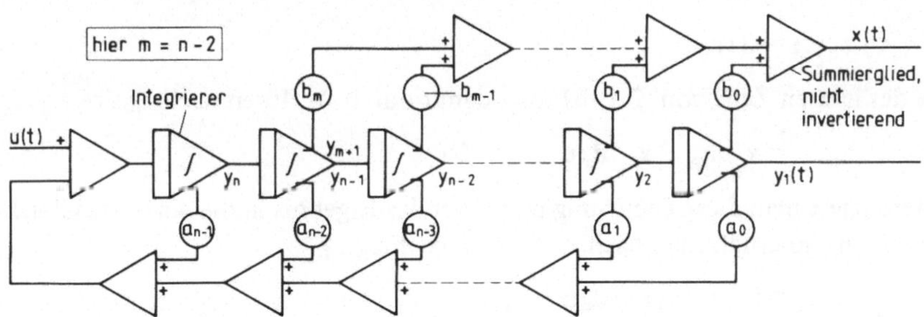

Bild 2.86 Realisierung einer Übertragungsfunktion in Steuerungsnormalform (auch Regelungsnormalform genannt)

Bei dieser Realisierung der Üfkt tritt u(t) nur einmal und ohne Ableitung auf; daher der Name Steuerungsnormalform*). Allerdings muß die Ausgangsgröße x(t) aus Überlagerungen von künstlich eingeführten Zwischengrößen, y(t) und deren Ableitungen, gebildet werden.

Es stellt sich die Frage, ob es nicht ein Differentialgleichungssystem gibt, bei dem x(t) direkt auftritt und wo trotzdem keine Ableitungen von u(t) benötigt werden.

---

*) Die Terminologie ist in der Literatur uneinheitlich; u. a. findet man häufig auch die Bezeichnung Regelungsnormalform.

2.5.2 Beobachtungsnormalform

Gemäß Gl. (2.93) schreibt sich Gl. (2.193a) nach Laplace-Transformation

$$(sE - A_B)\vec{Y}(s) = \vec{b}_s U(s).$$

Die Determinante $|sE - A_B|$ ergibt das Nennerpolynom N(s) in Wurzelortsnormalform. Ein Stürzen der Matrix (Transponieren) verändert die Determinante nicht. Deshalb wird versucht, mit einem Ansatz

$$(sE - A_B)^T \vec{Z}(s) = \vec{d} U(s) \tag{2.195}$$

die Ausgangsübertragungsfunktion zu erhalten. Im Zeitbereich entspricht obiger Gleichung das Differentialgleichungssystem

$$\begin{pmatrix} \dot{z}_1 \\ \dot{z}_2 \\ \dot{z}_3 \\ \vdots \\ \dot{z}_n \end{pmatrix} = \begin{pmatrix} 0 & 0 & 0 & & -a_0 \\ 1 & 0 & 0 & & -a_1 \\ 0 & 1 & 0 & & -a_2 \\ & & \ddots & \ddots & \\ 0 & & & 1 & -a_{n-1} \end{pmatrix} \begin{pmatrix} z_1 \\ z_2 \\ z_3 \\ \vdots \\ z_n \end{pmatrix} + \begin{pmatrix} d_1 \\ d_2 \\ d_3 \\ \vdots \\ d_n \end{pmatrix} u(t) \quad , \tag{2.196}$$

wobei die z_i bisher noch nicht definierte Funktionen sind. Da bei diesen neuen Variablen x(t) direkt auftreten soll, wählen wir zur Definition jene Variable, die in alle Differentialgleichungen eingeht

$$z_n(t) = x(t). \tag{2.197}$$

Aus der letzten Zeile von (2.196) folgt damit durch Auflösen nach z_{n-1}

$$z_{n-1} = \dot{x} + a_{n-1}x - d_n u.$$

Differenziert man diese Gleichung und führt das Ergebnis in die vorletzte Gleichung von (2.196) ein, so erhält man nach Auflösung nach z_{n-2}

$$z_{n-2} = \ddot{x} + a_{n-1}\dot{x} - d_n\dot{u} + a_{n-2}x - d_{n-1}u.$$

Weiterführung dieses Prozesses aufwärts bis zur 1. Zeile in (2.196) liefert endlich

$$0 = \overset{(n)}{x} + a_{n-1}\overset{(n-1)}{x} + \ldots + a_1\dot{x} + a_0 x - d_n \overset{(n-1)}{u} - d_{n-1}\overset{(n-2)}{u} - \ldots - d_2\dot{u} - d_1 u.$$

Ein Koeffizientenvergleich mit der Ausgangsdifferentialgleichung ergibt, daß Gl. (2.196) mit dieser identisch ist, wenn folgende Wahl für die Steuerkoeffizienten getroffen wird:

$$\begin{aligned} d_i &= b_{i-1} \quad \text{für} \quad i \leqslant m+1 \\ d_i &= 0 \quad\quad \text{für} \quad i > m+1. \end{aligned} \tag{2.198}$$

Dies ist die sogenannte Beobachtungsnormalform, bei der die Steuerung in m + 1 Differentialgleichungen des Systems mit den Steuerkoeffizienten $b_i = b_i'/a_n'$ eingeht. Ableitungen von u(t) treten nicht auf; die Ausgangsgröße x(t) aber liegt explizit vor. In Matrix-Schreibweise lautet dieses Ergebnis

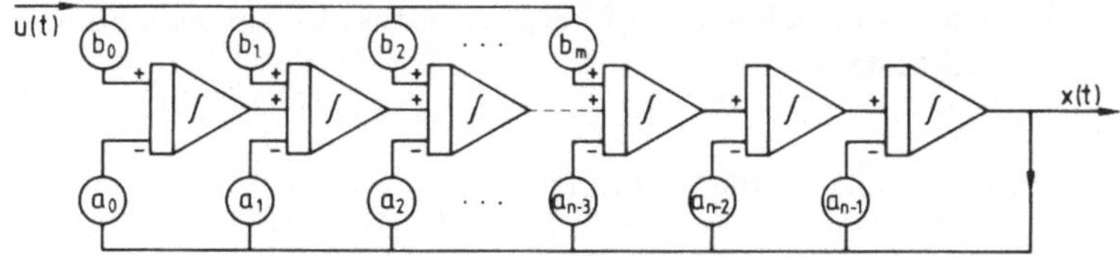

Bild 2.87 Realisierung einer Übertragungsfunktion in Beobachtungsnormalform

$$\dot{\vec{z}} = A_B^T \vec{z} + \vec{b}_B u(t) \quad \text{mit} \quad \vec{b}_B^T = [b_0, b_1, \ldots, b_m, 0, \ldots, 0] \tag{2.199}$$

$$x = \vec{c}^T z \quad \text{mit} \quad \vec{c}^T = [0, 0, \ldots, 0, 1].$$

Bild 2.87 zeigt das entsprechende Analogrechnerschaltbild (ohne Vorzeichenumkehr), das für eine Realisierung der Übertragungsfunktion wohl am besten geeignet ist. In der „modernen" Regelungstheorie, die mit Matrixmethoden im Zeitbereich arbeitet, spielen diese Normalformen eine besondere Rolle. Sie sind nur zwei Spezialfälle jener Lineartransformationen, die eine äußerst vielfältige Darstellung ein und derselben Übertragungsfunktion durch Wertetripel A, $\vec{b}$ und $\vec{c}$ gestatten.

3 Arbeiten mit Übertragungsfunktionen

Im Kapitel 2 ist der Begriff der Übertragungsfunktion abgeleitet und die Übertragungsfunktion als analytische Funktion im Komplexen diskutiert worden. Dabei wurden verschiedene Darstellungsarten ausgiebig behandelt, deren Vorteile für die Regelkreissynthese im vorliegenden Kapitel offenkundig werden. Neben der einfachen Bestimmung der Zeitantworten von Systemen, die in Abschn. 2.3 besprochen wurde, ist es vor allem die einfache Möglichkeit zur Ausnutzung der Ergebnisse aus Abschn. 2.4 zur Auslegung rückgekoppelter Systeme, die das Konzept der Übertragungsfunktion so wirksam macht.

In Abschn. 3.1 wird zunächst der Aufbau zusammengeschalteter Teilsysteme verfolgt und das Vorgehen zur Umwandlung entsprechender Blockschaltbilder in einfachere Grundarten besprochen. Abschn. 3.2 gibt eine Charakterisierung von Übertragungsfunktionen anhand einiger Kenngrößen und in Abschn. 3.3 werden jene Methoden abgeleitet und mit den Ergebnissen von Abschn. 2.4 verknüpft, die ab Kapitel 4 das Handwerkszeug zur Regelkreissynthese sein werden.

3.1 Zusammenschaltung von Übertragungsfunktionen und Umformen von Blockschaltbildern

3.1.1 Reihen- und Parallelschaltung

Die Definition der Übertragungsfunktion als das Verhältnis von Ausgangs- zu Eingangsvariable im Frequenzbereich bei verschwindenden Anfangsbedingungen erlaubt eine einfache Zusammenfassung von hintereinander (in Reihe) geschalteten Teilsystemen (Bild 3.1). Aus $x_a = G_3 x_2 = G_3 G_2 x_1 = G_3 G_2 G_1 x_e$ folgt als Gesamtübertragungsfunktion G

$$x_a/x_e = G_1 G_2 G_3 = G. \tag{3.1}$$

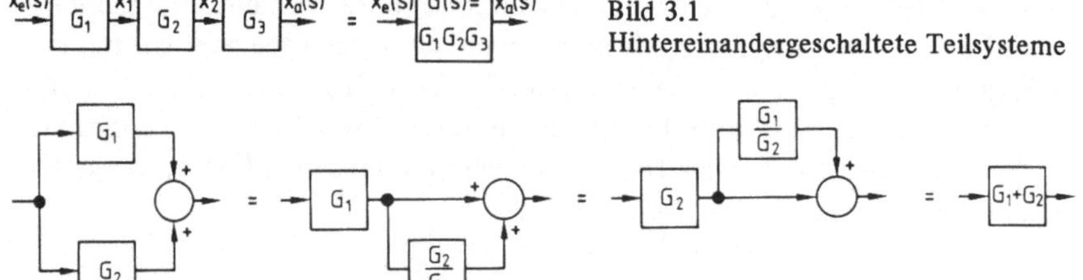

Bild 3.1
Hintereinandergeschaltete Teilsysteme

Bild 3.2 Parallelschaltung von Übertragungsfunktionen

Bei den weiteren Umformungen ist als Grundregel darauf zu achten, daß jedes Einzelsignal in der Summe aller durchgeführten Manipulationen nicht verändert wird. Z. B. kann man die Parallelschaltung (s. Bild 3.2) umwandeln in

$$x_a = x_e(G_1 + G_2) = x_e G_1(1 + G_2/G_1) = x_e G_2(G_1/G_2 + 1), \tag{3.2}$$

oder mit $G_1 = k_1 Z_1(s)/N_1(s)$ und $G_2 = k_2 Z_2(s)/N_2(s)$ in die Form

$$\frac{x_a}{x_e} = \frac{k_1 Z_1 N_2 + k_2 Z_2 N_1}{N_1 N_2} = \frac{kZ(s)}{N_1 N_2}; \tag{3.2a}$$

hieraus sieht man, daß die Pole bei Parallelschaltung genau die gleichen wie bei der Hintereinanderschaltung sind, daß aber die Nullstellen und damit über die Partialbruchzerlegung die Amplitudenanteile der Eigenbewegungsformen verschieden sind. Hat G_1 den Polüberschuß $r_1 = n_1 - m_1$ und G_2 einen von $r_2 = n_2 - m_2$, so hat die Parallelschaltung den Polüberschuß min (r_1, r_2), während die Hintereinanderschaltung den Wert $r_1 + r_2$ hat und damit träger antwortet (vgl. Abschn. 2.3.2.2, Bild 2.62).

3.1.2 Übertragungsfunktionen mit Rückkopplung

Der einfachste Fall der Rückkopplung ist die Einheitsrückführung nach Bild 3.3; aus diesem liest man folgende Beziehungen unmittelbar ab ($G = kZ(s)/N(s)$):

$$e = w - y; \qquad y = eG, \quad \text{d. h. } y = (w - y)G$$

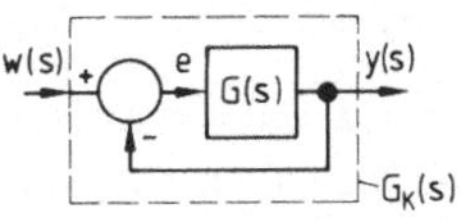

Bild 3.3 Einheitsrückführung

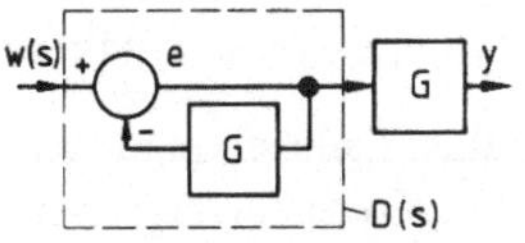

Bild 3.4 Umformung von Bild 3.3 durch Verschiebung von G über den Verzweigungspunkt

oder $$y = \frac{G}{1+G} w = \frac{kZ(s)}{N(s) + kZ(s)} w = G_K w \tag{3.3a}$$

und $$e = \frac{1}{1+G} w = D \cdot w. \tag{3.3b}$$

Verschiebt man G über die Verzweigungsstelle hinweg, so muß nun jeder Signalzweig getrennt mit G multipliziert werden, um das Ausgangs- und das Rückführsignal nicht zu verändern (s. Bild 3.4). Die Übertragungsfunktion G_K des geschlossenen Kreises kann hiermit als Produkt zweier Übertragungsfunktionen dargestellt werden:

$$G_K = \frac{G}{1+G} = D \cdot G \quad \text{mit} \quad D(s) = \frac{1}{1+G(s)}. \tag{3.4}$$

Die Übertragungsfunktion D(s), die bei G im Rückführzweig entsteht, heißt dynamischer Regelfaktor, da die Übertragungsfunktion G des offenen Kreises mit ihm multipliziert die Übertragungsfunktion des geschlossenen Kreises mit Einheitsrückführung ergibt. Enthält ein Regelkreis mehrere dynamische Glieder wie Regler G_R, Stellglied G_{st} und Meßglied G_M (im Rückführzweig) neben der Streckenübertragungsfunktion G_s (s. Bild 3.5), so ergibt sich

$$e = w - yG_M; \qquad y = eG_R G_{st} G_s, \quad \text{d. h. } y = (w - yG_M) G_R G_{st} G_s$$

oder $$y = \frac{G_R G_{st} G_s}{1 + G_M G_R G_{st} G_s} w = G_K w \tag{3.5a}$$

und $$e = \frac{1}{1 + G_M G_R G_{st} G_s} w = Dw. \tag{3.5b}$$

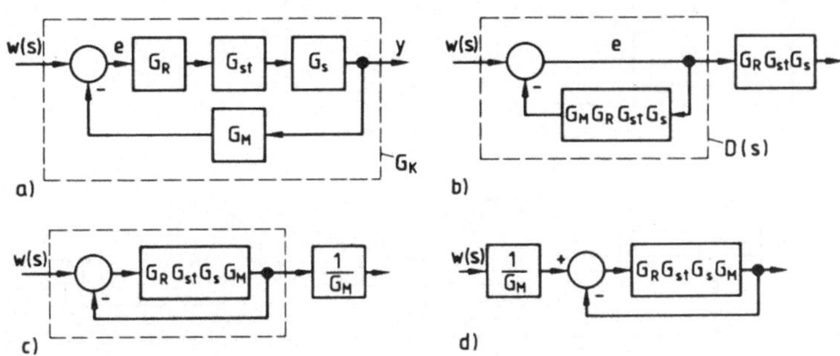

Bild 3.5 Dynamische Rückführung und Umwandlung als Regelfaktor sowie als Einheitsrückführung

Man sieht, daß der dynamische Regelfaktor $D(s) = 1/[1 + \prod_i G_i]$ im Nenner stets den Ausdruck 1 + (Produkt aller Teilübertragungsfunktionen im Vorwärts- und Rückwärtszweig: $\prod_i G_i$), die sogenannte „Kreisübertragungsfunktion" enthält, während im Zähler der Übertragungsfunktion G_K des geschlossenen Kreises nur das Produkt der Teilsysteme im Vorwärtszweig auftritt. Die Bilder 3.5c und d zeigen die Umwandlung in einen Regelkreis mit Einheitsrückführung durch Verschieben der Übertragungsfunktion im Rückführzweig einmal über die Verzweigungsstelle hinweg und zum anderen über den Summierpunkt; bei den bisher nicht von G_M betroffenen Signalen tritt nun zusätzlich der Faktor $1/G_M$ auf.

3.1.3 Vereinfachen von Schaltbildern

Zur einfachen systematischen Behandlung von dynamischen Systemen mit Rückkopplung ist es zweckmäßig, kompliziertere Schaltungen von Üfktn auf verschachtelte oder hintereinander geschaltete Regelkreise mit Einheitsrückführung zu reduzieren, die dann nacheinander mit den weiter unten dargestellten Methoden behandelt werden können. Bild 3.6a zeigt ein Blockschaltbild, das die Signalverknüpfung eines realen Systems darstellen soll. In einem ersten Vereinfachungsschritt wird die Summierstelle im Rückführzweig in zwei Vergleichsstellen aufgelöst, die Verzweigung des Signals x_1 hinter G_3 und die Addition der Signale x_1G_2 und x_3G_7 von der Summierstelle V_4 auf die Vergleichsstelle V_3 mit entsprechender Signalanpassung vorverlegt, um Einzelregelkreise zu separieren

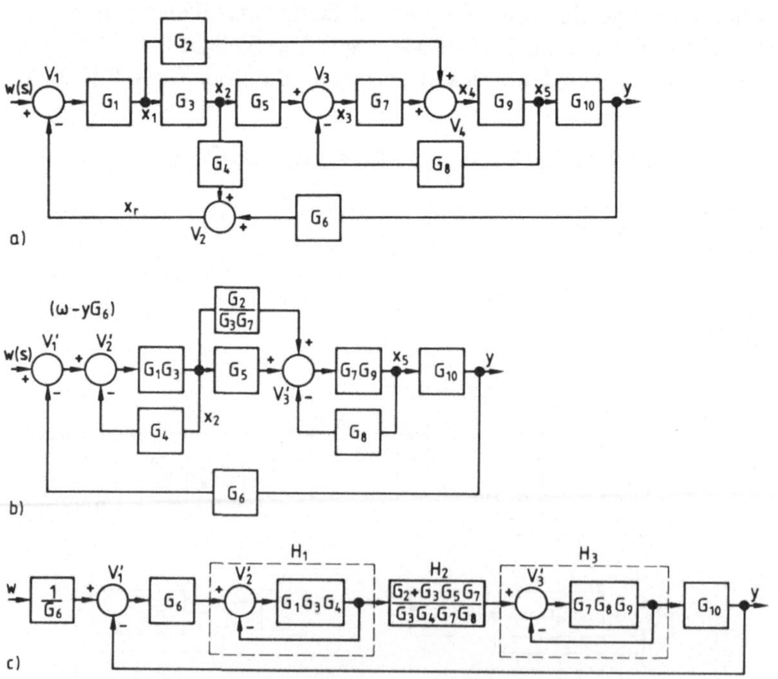

Bild 3.6 Schrittweise Vereinfachung eines Blockschaltbildes

(Bild 3.6b). Im zweiten Schritt werden durch Verschiebung der Üfktn in den Rückführzweigen (G_6 und G_8 über die Vergleichsstellen V'_1 bzw. V'_3, G_4 über die Verzweigungsstelle nach G_3) Regelkreise mit Einheitsrückführung erhalten (Bild 3.6c).

Will man die Üfkt des geschlossenen Kreises $G_K = y/w$ analytisch ausrechnen, so ist der direkte Weg der Elimination sehr mühsam. Einfacher ist es, die Rückführsignale x_2 und x_5 zunächst beizubehalten: Aus dem linken Teil von Bild 3.6a folgt

$$(w - x_2G_4 - yG_6)G_1G_3 = x_2,$$

und nach Auflösung bezüglich x_2 und $w - yG_6$

$$\frac{x_2}{w - yG_6} = \frac{G_1G_3}{1 + G_1G_3G_4} = \frac{H_1}{G_4}, \tag{3.6}$$

mit $H_1 = \dfrac{G_1G_3G_4}{1 + G_1G_3G_4}$ als Üfkt des mit Einheitsrückführung geschlossenen Regelkreises um die Üfkt $G_1G_3G_4$. Drückt man im rechten Teil von Bild 3.6a x_5 durch x_2 aus, so liest man unmittelbar ab

$$[(x_2G_5 - x_5G_8)G_7 + x_2G_2/G_3]G_9 = x_5.$$

Hieraus folgt, rechts mit einer Erweiterung, um die Form eines mit Einheitsrückführung geschlossenen Regelkreises zu erhalten

$$\frac{x_5}{x_2} = \frac{(G_5G_7 + G_2/G_3)G_9}{1 + G_7G_8G_9} = \frac{(G_3G_5G_7 + G_2)}{G_3G_7G_8} \cdot \frac{G_7G_8G_9}{(1 + G_7G_8G_9)} = (H_2G_4) \cdot H_3. \tag{3.7}$$

Das Signal $(w - yG_6)$ in Gl. (3.6) taucht in Bild 3.6b nach der ersten Vergleichsstelle V'_1 auf. Hiermit lautet die Gleichung des gesamten Regelkreises

$$(w - yG_6) \cdot \frac{H_1}{G_4} \cdot (H_2G_4) \cdot H_3 \cdot G_{10} = y.$$

Nun wird verständlich, weshalb in Gl. (3.7) der Faktor G_4 eingeführt wurde: er hebt sich mit dem reziproken Wert in Gl. (3.6) heraus, so daß nach Auflösung bezüglich y

$$\frac{y}{w} = \frac{H_1H_2H_3G_{10}}{1 + H_1H_2H_3G_6G_{10}} = G_K = G_{KE}/G_6 \tag{3.8}$$

erhalten wird mit G_{KE} als Üfkt des geschlossenen Kreises mit Einheitsrückführung um $H_1 \cdot H_2 \cdot H_3 \cdot G_6 \cdot G_{10}$. Dieses Ergebnis ist identisch mit dem graphisch erhaltenen Blockschaltbild 3.6c.

3.1.4 Umwandlung von paralleler in sequentielle Kreisschließung

Sollen bei einem System mit einer Eingangs- und zwei Ausgangsgrößen beide Ausgänge gleichzeitig zurückgekoppelt werden, so erhält man ein Blockschaltbild gemäß Bild 3.7a: H_x und H_y sind die Üfktn der Meßgeräte für x und y, w_x und w_y die vorgegebenen Soll-

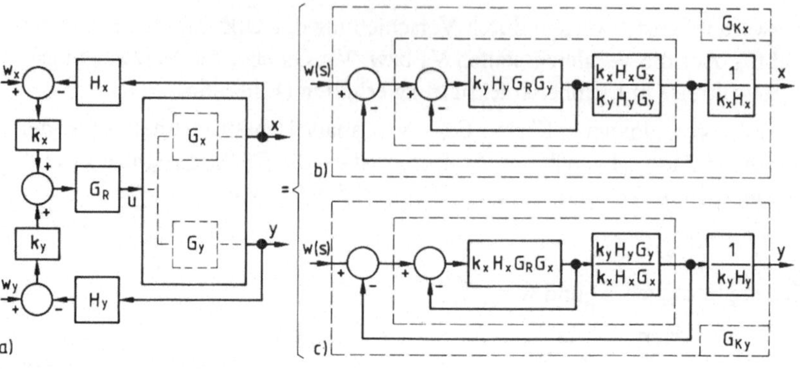

Bild 3.7 Umwandlung von parallelen in sequentielle Rückführungen

wertverläufe und k_x und k_y relative Gewichtungsfaktoren (z. B. mit der Nebenbedingung $k_x + k_y = 1$), um die beiden Regelkreise gegeneinander zu gewichten.
Für den oberen x-Teil und den unteren y-Teil erhält man

$$[(w_x - xH_x)k_x + (w_y - yH_y)k_y]G_R G_x = x \tag{3.9}$$

$$[(w_y - yH_y)k_y + (w_x - xH_x)k_x]G_R G_y = y. \tag{3.10}$$

Bei dem Versuch der Auflösung dieses Gleichungssystems nach x und y als Funktion von w_x und w_y stellt man fest, daß nur eine gewichtete Führungsfunktion

$$w = k_x w_x + k_y w_y \tag{3.11}$$

isoliert werden kann. Man erhält

$$\frac{x}{w} = \frac{G_R G_x}{\underbrace{1 + k_y H_y G_R G_y}_{\equiv N_x} + \underbrace{k_x H_x G_R G_x}_{\equiv Z_x}} = \frac{Z_x/N_x}{(1 + Z_x/N_x)} \cdot \frac{1}{k_x H_x} \tag{3.12}$$

mit $$\frac{Z_x}{N_x} = \frac{k_x H_x G_R G_x}{1 + k_y H_y G_R G_y} = \frac{k_y H_y G_R G_y}{(1 + k_y H_y G_R G_y)} \cdot \frac{k_x H_x G_x}{k_y H_y G_y} \tag{3.12a}$$

und $$\frac{y}{w} = \frac{G_R G_y}{\underbrace{1 + k_x H_x G_R G_x}_{\equiv N_y} + \underbrace{k_y H_y G_R G_y}_{\equiv Z_y}} = \frac{Z_y/N_y}{(1 + Z_y/N_y)} \cdot \frac{1}{k_y H_y} \tag{3.13}$$

mit $$\frac{Z_y}{N_y} = \frac{k_y H_y G_R G_y}{1 + k_x H_x G_R G_x} = \frac{k_x H_x G_R G_x}{(1 + k_x H_x G_R G_x)} \cdot \frac{k_y H_y G_y}{k_x H_x G_x}. \tag{3.13a}$$

In der Form $G/(1 + G)$ erkennt man den mit Einheitsrückführung um G geschlossenen Regelkreis, so daß sich die Blockschaltbilder 3.7b für die Üfkt $G_{Kx} = x(s)/w(s)$ (s. Gl. (3.11)) und 3.7c für $G_{Ky} = y(s)/w(s)$ des geschlossenen Regelkreises ergeben. Beide entstehen durch eine zweifache ineinander geschachtelte Einheitsrückführung, wobei die Symmetrie ins Auge fällt: der innere Kreis ist immer die Einheitsrückführung um die „Kreisübertragungsfunktion" (Produkt aller Teilübertragungsfunktionen im zugehörigen Regelkreis) der komplementären Variablen zum betrachteten Ausgang.

Auf diese Weise wird es möglich, mit den für Einfachregelkreise entwickelten Methoden zur Regelkreissynthese auch Mehrgrößenregelungen zu bearbeiten, wie im Kapitel 6 erläutert wird.

3.2 Charakterisierung von Übertragungsfunktionen

Im vorigen Abschnitt wurde gezeigt, wie aus Teilübertragungsfunktionen und einem Verschaltungsplan die Üfkt des geschlossenen Systems mittels Blockschaltbildalgebra abgeleitet werden kann. Bevor dies für Regelkreisschließungen an einzelnen Beispielen detailliert wird, sollen hier einige allgemeine Aussagen aus der Zusammenschau von Abschn. 2.3 bis 3.1 zur Charakterisierung von Üfktn gemacht werden, insbesondere qualitative Aussagen zur Kreisübertragungsfunktion und zur Üfkt des geschlossenen Kreises.

3.2.1 Pole

Wie aus den Bildern 3.5 bis 3.7 ersichtlich, spielt bei Regelkreisen das Produkt aller im Kreis vorhandenen Teilübertragungsfunktionen eine Rolle. Schreibt man jede Üfkt in Bode-Normalform

$$G_i = k_i Z_i(s)/N_i(s) = k_i G_i^* \quad \text{(mit } a_0 \text{ und } b_0 = 1\text{)}, \tag{3.14}$$

so ist die statische Gesamtverstärkung der Kreisübertragungsfunktion

$$k_{ges} = \prod_i k_i \tag{3.15}$$

und ihre Pole sind die Gesamtheit aller Einzelpole. Die Impulsantwort der Kreisübertragungsfunktion hat deshalb additiv überlagerte Bewegungsanteile aller Eigenbewegungsformen der Teilsysteme. Im Wurzelort werden die Eigenwerte einfach überlagert (s. z. B. Bilder 3.8 und 3.9).

Bei $s = -20$ entsteht ein Doppelpol aus Stellglied- und Regleranteil. Bei $s = -3$ heben sich die Reglernullstelle und der Streckenpol auf (herauskürzen), d. h. diese Eigenbewegungsform wird im Kreis nicht mehr angeregt, der Partialbruchkoeffizient ist 0. Mit Ausnahme

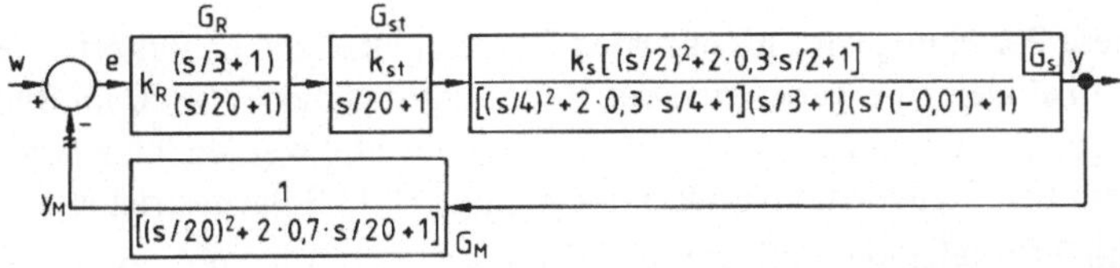

Bild 3.8 Bildung der Kreisübertragungsfunktion $G = G_R G_{st} G_s G_M = k_R k_{st} k_s G_R^* G_{st}^* G_s^* G_M$; ($k_M = 1$)

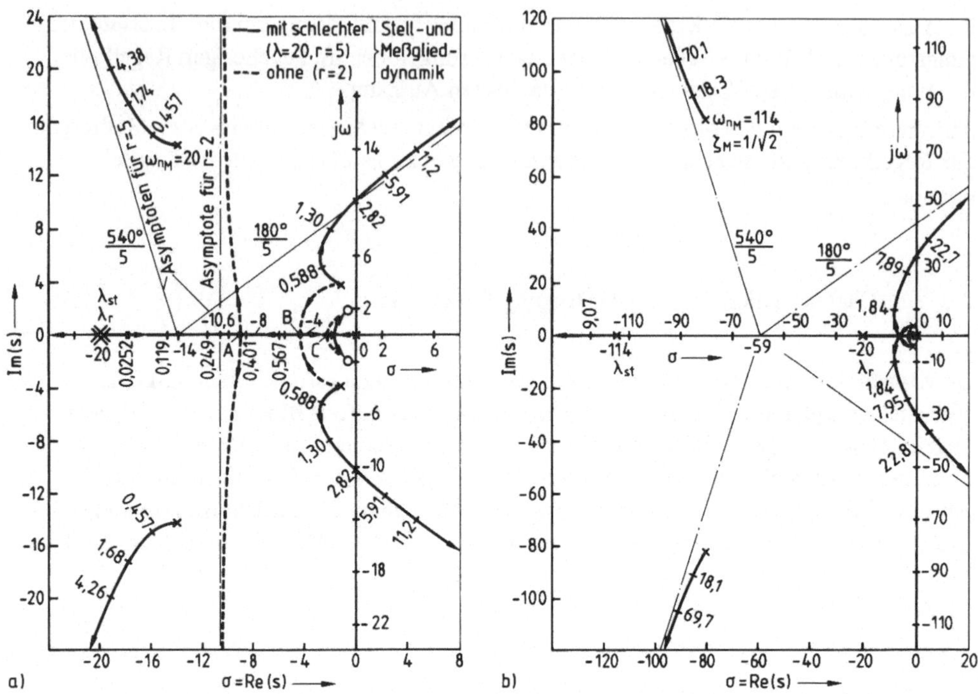

Bild 3.9 Einfluß der Meß- und Stellglieddynamik auf den Wurzelort
a) schlechter und idealer Grenzfall, b) Sonderfall einer Vierfachpolstelle

des Streckeneigenwertes bei s = 0,01 sind alle Bewegungsanteile asymptotisch abklingend; wegen dieses einen Anteils mit positivem Realteil ist der aufgeschnittene Regelkreis $G = y_M(s)/e(s)$ instabil. Die weit links liegenden Pole entsprechen schnell abklingenden Bewegungsanteilen (vgl. Bild 2.56). Haben z. B. das Meß- und das Stellglied noch größere Eigenwerte (z. B. ω_{n_M} und $|\lambda_{st}| > 200$), so sind für kleine s ($|s| \lesssim 10$) die Phasenbeiträge dieser Eigenwerte nahe 0; sie können zur Bestimmung der Kurven G(s) = reell vernachlässigt werden (vgl. Bild 2.60). Dies ist in Bild 3.10 getan, wodurch sich die Aufgabe merklich vereinfacht. Man sieht in Umkehrung dieser Feststellung, daß Meß- und Stellglieder mit nicht genügend großer Eigendynamik auf die Kurven G(s) = reell zurückwirken und damit die Eigenwerte des geschlossenen Kreises beeinflussen: gemäß den Gln. (3.3a) und (3.5a) liegen diese bei 1 + G = 0, oder mit $G(s) = kZ(s)/N(s) = kG^*$ bei

$$G^* = Z(s)/N(s) = -1/k. \tag{3.16}$$

Diese Beziehung wird im nächsten Kapitel eingehend analysiert. Hier sei nur festgehalten, daß bei kleinen Eigenwerten des Meß- und Stellgliedes (= 20 im Bild 3.9a), der geschlossene Regelkreis schon bei kleinen Frequenzen instabil werden kann, während dies im Fall ohne Meß- und Stellglieddynamik unmöglich ist (Bild 3.9a, gestrichelte Kurve), da hier r = 2 ist. Bild 3.9b zeigt den Fall, wo für $|\lambda_{st}| = \omega_{n_M} = 114$ bei $\sigma = -6{,}2$ eine vierfache Polstelle auftreten kann. Ein Vergleich der Bilder 3.10a und b zeigt den Einfluß der Reglerüber-

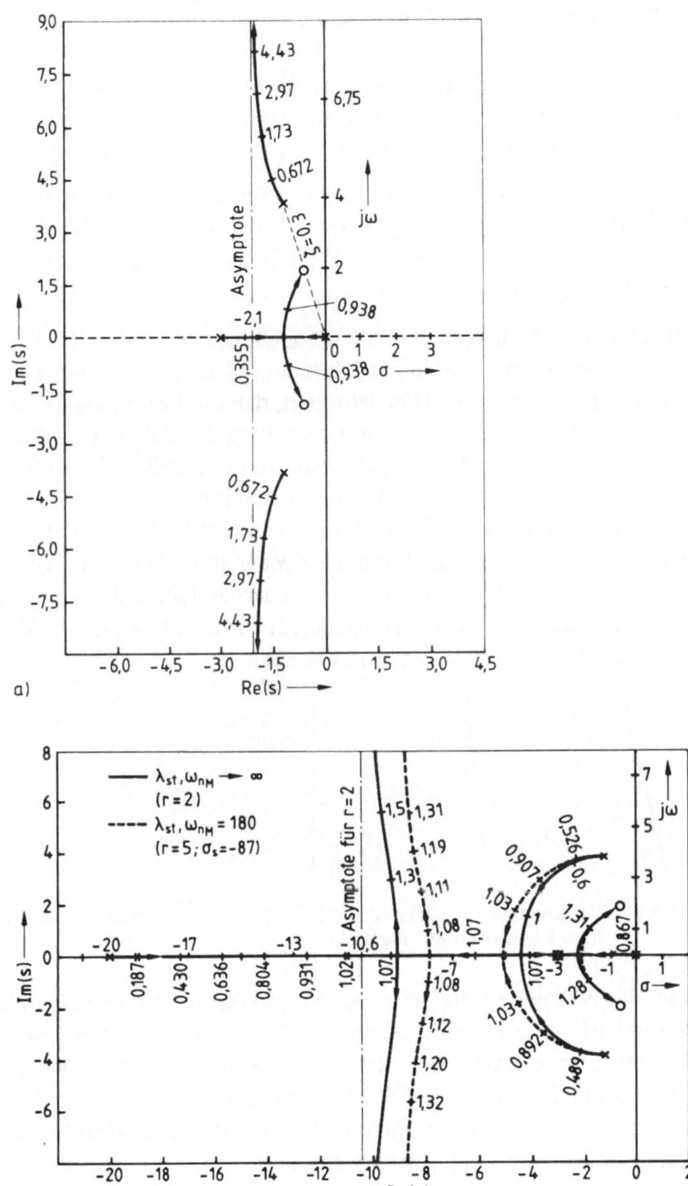

Bild 3.10 Einfluß der Reglerübertragungsfunktion $G_R = (s + 3)/(s + 20)$ auf den Wurzelort: a) ohne Regler, b) idealer und praktisch realisierbarer Fall mit Regler

tragungsfunktion $G_R = k_R(s + 3)/(s + 20)$ auf die möglichen Eigenwerte des geschlossenen Kreises: Die Asymptote des hochfrequenten Eigenwertpaares ist von $-2{,}1$ auf $-10{,}6$ verschoben.

3.2.2 Nullstellen und Polüberschuß (Differenzgrad)

Obwohl die Pole (Nennernullstellen) allein die Eigenbewegungsformen einer Kreisübertragungsfunktion festlegen, haben auch die Zählernullstellen einen wesentlichen Einfluß auf das Systemverhalten. Zusammen mit der Polverteilung legen sie

– *die Partialbruchkoeffizienten für gegebene Eingangssignale und damit die Amplitudenanteile und Phasenlage der einzelnen Eigenbewegungsformen, sowie*

– *die Kurvenverläufe* [G(s) = *reell*] (*Wurzelortskurven*) *und damit die möglichen Eigenwerte des geschlossenen Kreises*

fest. Liegt eine Nullstelle auf einem Pol (Bilder 3.9 und 3.10b bei −3), so ist, wie oben erwähnt, der entsprechende Partialbruchkoeffizient 0, aber aus einem Grenzübergang im $G(\sigma)$-Diagramm (Bild 3.11) ersieht man, daß die Beziehung (3.16) für alle k erfüllt ist. Dies bedeutet, daß durch die Kreisschließung der Pol nicht verändert wird. Da dieser Pol aber auch in anderen Übertragungskanälen des gleichen Systems und bei der Zeitantwort auf Anfangsbedingungen auftritt, wo er sich im allgemeinen nicht mit einer Zählernullstelle herauskürzt, ist bei dieser Art „Kompensation" Vorsicht geboten: Insbesondere kann ein instabiles System durch diese Maßnahme nicht stabilisiert werden. Alles was hierdurch erreicht wird, ist, daß eine Steuerbetätigung diese Eigenbewegungsform nicht anregt; falls sie auf andere Weise angeregt wird, kann sie durch Maßnahmen in diesem Übertragungskanal nicht stabilisiert werden.

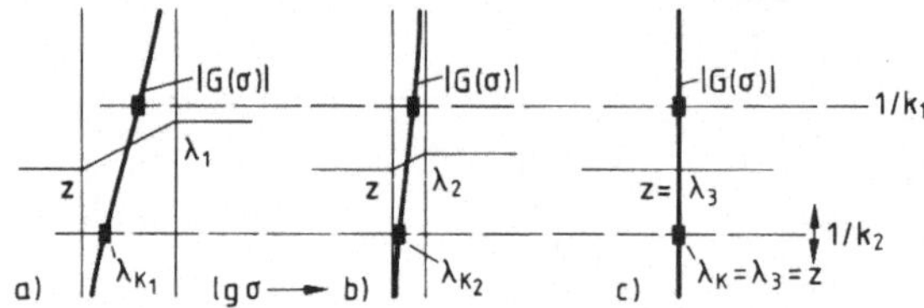

Bild 3.11 Einfluß einer Pol-Nullstellen-Nähe auf den $G(\sigma)$-Verlauf, c) Pol-Nullstellen-Kompensation, λ bleibt für alle k gleich!

Liegt eine Nullstelle nahe bei einem Pol, so resultiert daraus ein kleiner Wert des zugehörigen Partialbruchkoeffizienten (vgl. Bild 2.61), d. h. diese Eigenbewegungsform wird nur schwach angeregt; eine Regelkreisschließung verändert diesen Eigenwert kaum (s. Bild 3.11). Da der Pol auf die Nullstelle zuwandert, diese jedoch im geschlossenen Regelkreis unverändert bestehen bleibt (s. Gl. (3.3a)), wird die Eigenbewegungsform im geschlossenen Kreis noch geringer angeregt.

3.2.2.1 Nullstellen in der rechten Halbebene: Allpaßglieder. Tritt eine Nullstelle in der rechten Halbebene auf,

$$G(s) = \kappa \frac{\prod_{i=1}^{m-1} (s - z_i)}{\prod_{i=1}^{n} (s - \lambda_i)} (s - z_m); \qquad \begin{matrix} z_i < 0 \\ z_m > 0 \\ \lambda_i < 0 \end{matrix} \tag{3.17}$$

und liegen alle λ_i in der linken Halbebene, so ist der offene Kreis zwar stabil; bei der Kreisschließung ergeben sich jedoch besondere Stabilitätsprobleme, da stets ein Eigenwert gegen eine Nullstelle wandert (Gl. (3.16)). Die Sprungantwort eines solchen Systems zeigt ein spezifisches Verhältnis zwischen der Anfangsbewegungsrichtung und der stationären Antwort, wie die Anwendung des Anfangs- und Endwertsatzes (vgl. Abschn. 2.2.3.2) zeigt (Polüberschuß $r = n - m$):

Mit $s^r X(s) = s^r G(s) U(s)$, $U(s) = A/s$ liefert der Anfangswertsatz:

$$\overset{(r)}{x}(t = 0^+) = \lim_{s \to \infty} s s^r X(s) = \lim_{s \to \infty} \frac{s^r(s^m + \ldots + b_0)}{s^n + \ldots + a_1 s + a_0} \kappa A = \kappa A, \tag{3.18}$$

d. h. die r-te Ableitung hat bei 0^+ den Wert κA.

Der Endwertsatz ergibt

$$x(t \to \infty) = \lim_{s \to 0} sX(s) = \lim_{s \to 0} \frac{\bar{b}_m s^m + \ldots + \bar{b}_1 s + 1}{\bar{a}_n s^n + \ldots + \bar{a}_1 s + 1} \kappa \frac{b_0}{a_0} A = kA \tag{3.19}$$

mit $k = \kappa b_0 / a_0$; wegen (3.17) und der dort getroffenen Annahmen zu den z_i, λ_i ist

$$a_0 = \prod_{i=1}^{n} |\lambda_i| \quad \text{und} \quad b_0 = \prod_{i=1}^{m-1} |z_i| \cdot (-z_m), \tag{3.20}$$

so daß κ und k entgegengesetzte Vorzeichen haben. Der Anfangsausschlag des Systems ist also genau entgegengesetzt dem Endausschlag.

Erweitert man Gl. (3.17) mit einem Term $(s - (-z_m))$, so erhält man

$$G(s) = \kappa \frac{\prod^{m-1} (s - z_i)(s - (-z_m))}{\prod^{n} (s - \lambda_i)} \cdot \underbrace{\frac{(s - z_m)}{(s - (-z_m))}}_{\text{Allpaßglied 1. Ordnung}}. \tag{3.21}$$

Der erste Faktor ist eine Üfkt mit den Polen und den ersten (m − 1) Nullstellen wie in Gl. (3.17); die letzte Nullstelle ist aus der rechten Halbebene in die linke gespiegelt (Bild 3.12 Mitte). Dafür tritt als zusätzlicher Faktor ein sogenanntes reines Allpaßglied 1. Ordnung mit einem Pol links und einer Nullstelle rechts auf, die beide den gleichen Betrag haben (Bild 3.12 rechts). Aus dem Bild erkennt man, daß der Amplitudengang

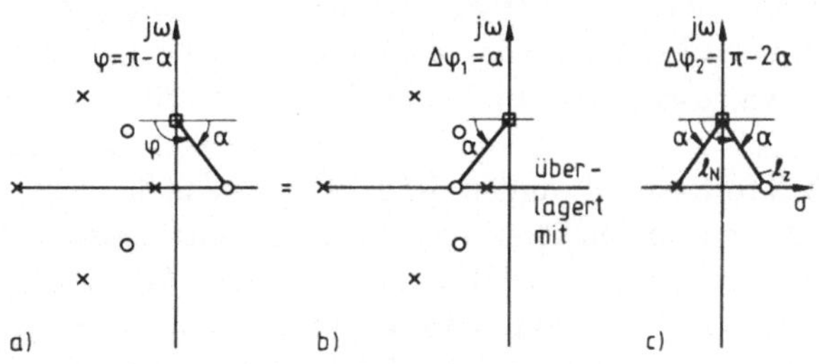

Bild 3.12 Zum Allpaßverhalten
a) nichtphasenminimales System, b) phasenminimales System, c) Allpaßglied

des Allpaßgliedes $|G| = \ell_z/\ell_N$ überall den Wert 1 hat (daher der Name „Allpaß“) und daß der Phasengang von $\varphi = +180°$ für $\omega = 0$ auf $\varphi = 0$ für $\omega \to \infty$ abfällt. (Dies ist die konsistente Notation im Wurzelort; wer lieber physikalisch im Frequenzgang denkt, kann diese Phase mit dem negativen Vorzeichen der Bode-Verstärkung k kombinieren und erhält einen Phasengang von 0 auf $-180°$ für ω von $0 \to \infty$.)

Bode untersuchte die Frage, ob beim Frequenzgang der Phasengang eindeutig durch den Amplitudengang festgelegt sei und umgekehrt, so daß nur die Angabe eines von beiden genügt. Er wies nach, daß dies für Phasenminimum-Systeme (alle Pole und Nullstellen in der linken Halbebene) zutrifft, daß aber bei nichtphasenminimalen Systemen (Nullstellen in der rechten Halbebene; instabile Systeme mit Polen in der rechten Halbebene haben keinen physikalischen Frequenzgang) stets ein phasenminimales Gegenstück mit gleichem Amplitudengang existiert, was mit Gl. (3.21) und Bild 3.12 gezeigt wurde.

Natürlich können mehrere Nullstellen in der rechten Halbebene auftreten; ihre Behandlung geschieht nach dem gleichen Verfahren wie oben.

3.2.2.2 Polüberschuß (Differenzgrad). Gemäß Gl. (3.18) gibt der Polüberschuß $r = n - m$ an, die wievielte Ableitung des Ausgangssignals nach einer Sprunganregung bei $t = 0^+$ als erste $\neq 0$ ist; d. h. er ist ein Indiz für die Trägheit des Systems (neben der Größe der Eigenwerte). Werden q Teilsysteme mit den Polüberschüssen r_i hintereinander (in Reihe) geschaltet, so addieren sich gemäß Gl. (3.1) die Polüberschüsse

$$r = \sum_{i=1}^{q} r_i. \tag{3.22}$$

Schreibt man eine solche Gesamtübertragungsfunktion in faktorisierter Bode-Normalform

$$G = k \prod_{i=1}^{m} \left(\frac{s}{-z_i} + 1\right) \Big/ \prod_{i=1}^{n} \left(\frac{s}{-\lambda_i} + 1\right) \tag{3.23}$$

und haben einige der Singularitäten einen großen (bei Polen negativen) Realteil, so kann man die Üfkt näherungsweise vereinfachen: Für nicht zu große s kann dann der erste Term der entsprechenden Faktoren gegen die 1 vernachlässigt werden. Große s entsprechen dem Bereich um $t = 0$ (vgl. Anfangswertsatz), so daß Differenzen zwischen den beiden Beschreibungen für kleine Zeiten zu erwarten sind (sprunghafte Ableitungsänderung statt schnellem Einschwingen, wenn Polstellen auf diese Weise vernachlässigt werden). Die Bilder 3.9 und 3.10 zeigen, wie die Kurven G(s) = reell (Wurzelortskurven) sich ändern, wenn die Eigenwerte des Meß- (ω_{nM} bei $\zeta = 1/\sqrt{2}$) und des Stellgliedes λ_{st} schrittweise größer gewählt werden. Für $|\lambda_{st}| = \omega_{nM} = 180\ s^{-1}$ ergibt sich im interessierenden s-Bereich $|s| \lesssim 5$ um den Ursprung fast der gleiche Verlauf wie für den Fall, bei dem diese Pole einfach fortgelassen wurden (Bild 3.10b). Wenn hierdurch auch der Polüberschuß von 5 auf 2 reduziert werden konnte und bei dem Näherungssystem deswegen der geschlossene Regelkreis nicht mehr instabil werden kann (90°-Asymptoten für r = 2 gegenüber 36° für r = 5), so muß im Gedächtnis behalten werden, daß der geringe Polüberschuß nur näherungsweise für kleine |s| gilt. Kommen die Pole des mit der vereinfachten Üfkt geschlossenen Regelkreises in die Größenordnung der vernachlässigten Pole, müssen diese wieder mit betrachtet werden, was den Asymptotenstern mit 5 Ästen und die Möglichkeit des instabilen geschlossenen Kreises ergibt. Aus Gl. (3.16) folgt durch Inversion beider Seiten

$$-k = s^r + (a_{n-1} - b_{n-1})s^{r-1} + \ldots \tag{3.24}$$

und damit die Feststellung, daß große Eigenwerte des geschlossenen Kreises bei großen Kreisverstärkungen k auftreten. In diesem Bereich muß man also bei vereinfachten Üfktn Vorsicht walten lassen.

Aus Gl. (3.3a) wird unmittelbar klar, daß der geschlossene Regelkreis den gleichen Polüberschuß wie der offene haben muß.

3.2.3 Verstärkungsfaktoren (stationäre Antworten)

Durch Anwendung des Endwertsatzes der Laplace-Transformation auf die Bode-Normalform einer Üfkt (absolute Glieder in Zähler und Nenner = 1) wurde gezeigt, daß die Bode-Verstärkung k die statische Verstärkung eines Systems auf einen Sprungeingang ist, wenn kein freies s im Zähler oder Nenner vorkommt. Treten freie s auf, so kann man Bode-Konstanten definieren, die für die Quantifizierung der stationären Antwort des geschlossenen Regelkreises bei verschiedenen Testfunktionen nützlich sind.

Es sei

$$G = k_q G^* s^{-q} \tag{3.25}$$

wobei G^* so definiert ist, daß es für $s \to 0$ gegen 1 geht. Die ganze Zahl q kennzeichnet den Typ der Üfkt und k_q ist die entsprechende Bode-Verstärkung. Für $q = -1$ tritt ein freies s im Zähler auf und die Ausgangsgröße x ist die Ableitung einer Funktion y, der Ausgangsgröße der Üfkt G^* bei gleichem Eingang. Der stationäre Regelfehler e (für $t \to \infty$) ergibt sich aus Bild 3.13 gemäß Gl. (3.3b) bei Anwendung des Endwertsatzes allgemein zu

$$e(t \to \infty) = \lim_{s \to 0} s \frac{x_e(s)}{1 + k_q G^* s^{-q}} . \tag{3.26}$$

Für einen Sprungeingang $x_e(s) = A/s$ und $q = -1$ folgt daraus

$$e_{-1,s\infty} = A, \tag{3.27}$$

d.h. x geht wieder auf 0 zurück (während $y = x/s$ für $t \to \infty$ gegen den Wert $y_{s\infty} = A/(1 + k_{-1})$ geht); der Stellungsfehler des Regelkreises e ist 100%!

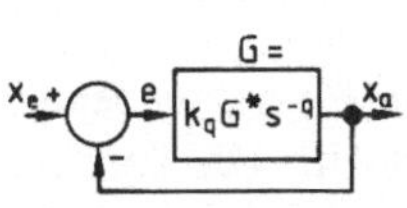

Bild 3.13 Übertragungsfunktionen typisiert nach den freien s

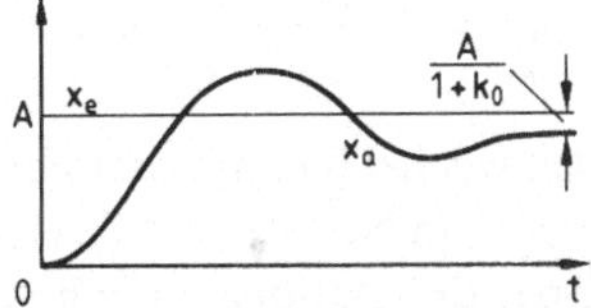

Bild 3.14 Endlicher Stellungsfehler bei Typ-0-Übertragungsfunktion und Sprunganregung

Für q = 0 (System ohne freie s) wird er bei Sprunganregung

$$e_{0,s\infty} = A/(1 + k_0) \tag{3.28}$$

(s. Bild 3.14) und bei Rampenanregung $x_e(s) = v/s^2$

$$e_{0,R\infty} = \lim_{s\to 0} s \frac{v/s^2}{1 + k_0 G^*} \to \infty. \tag{3.29}$$

Er wächst über alle Grenzen; $\dot{e}_{0,R\infty}$ (im Bildbereich mit s multiplizierte Funktion) geht gegen den endlichen Grenzwert $v/(1 + k_0)$, und $\frac{dx_a}{dt}(t \to \infty) = \frac{k_0 v}{1 + k_0}$, d. h. große k_0 sind günstig für kleine Fehler (vgl. Bild 3.15).

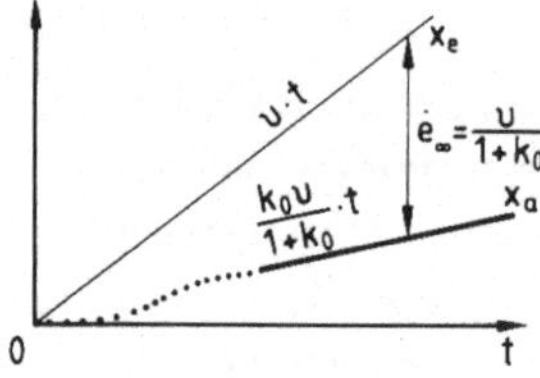

Bild 3.15 Über alle Grenzen wachsender Rampenfehler bei Typ-0-Übertragungsfunktionen

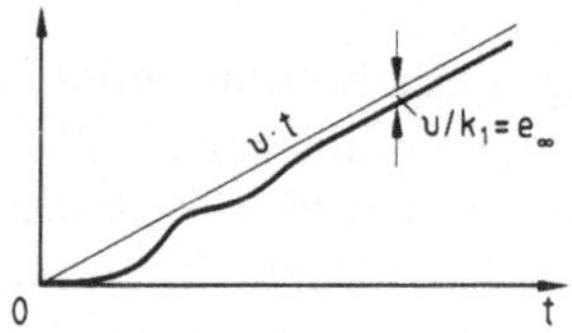

Bild 3.16 Endlicher Rampenfehler bei Typ-1-Übertragungsfunktionen

Bei Systemen vom Typ q = 1 (einfaches Integrationsglied in Üfkt enthalten) folgt aus Gl. (3.26) für die Sprunganregung als stationärer Fehler des geschlossenen Regelkreises

$$e_{1,s\infty} = \lim_{s\to 0} s \frac{A/s}{1 + k_1 G^*/s} = 0. \tag{3.30}$$

Bei Rampeneingang $x_e(s) = v/s^2$ folgt

$$e_{1,R\infty} = \lim_{s\to 0} s \frac{v/s^2}{1 + k_1 G^*/s} = \lim_{s\to 0} \frac{v}{s + k_1 G^*} = \frac{v}{k_1}, \tag{3.31}$$

d. h. es stellt sich ein endlicher Rampenfehler ein, der für größere k_1 kleiner wird (s. Bild 3.16).

Beim Beschleunigungseingang (x_e resultiert aus einer konstanten Beschleunigung) $x_e(s) = b/s^3$ ergibt sich

$$e_{1,B\infty} = \lim_{s\to 0} s \frac{b/s^3}{1 + k_1 G^*/s} = \lim_{s\to 0} \frac{b}{s^2 + k_1 G^* s} \to \infty. \tag{3.32}$$

Bei Typ 1-Systemen wächst hier also der Fehler noch über alle Grenzen. Als letztes seien Systeme mit 2 freien s im Nenner (q = 2, Doppelintegratorglied) untersucht: Die Sprungantwort ergibt wieder den stationären Fehler $e_{2,s\infty} = 0$ und für den Rampeneingang folgt

$$e_{2,R\infty} = \lim_{s\to 0} s \frac{v/s^2}{1 + k_2 G^*/s^2} = \lim_{s\to 0} \frac{v}{s + k_2 G^*/s} = 0, \tag{3.33}$$

d. h. auch konstant sich ändernde Führungsfunktionen x_e werden von diesem System fehlerfrei nachgefahren.

Bei Beschleunigungseingang $x_e(s) = b/s^3$ ergibt sich

$$e_{2,B\infty} = \lim_{s \to 0} \frac{b}{s^2 + k_2 G^*} = \frac{b}{k_2}$$

ein konstanter Fehler, dessen Größe umgekehrt proportional zur Verstärkung k_2 geht (vgl. Bild 3.17).

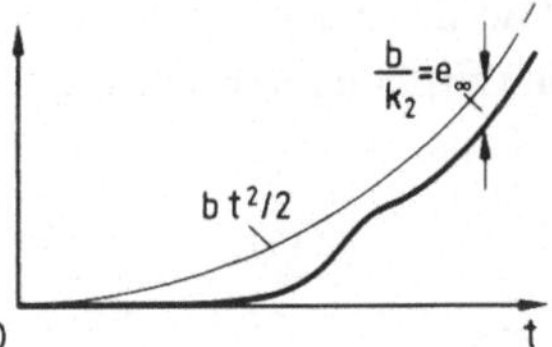

Bild 3.17
Endlicher Beschleunigungsfehler bei Typ-2-Übertragungsfunktionen

Tab. 3.1 Stationäre Fehler des geschlossenen Regelkreises bei verschiedenen Anregungen und Übertragungsfunktions-Typen (freie s der Form s^{-q})

Systemtyp q	stationärer Fehler bei den Eingängen Sprung	Rampe	Beschleunigungsfunktion
−1	100%	∞	∞
0	$A/(1 + k_0)$	∞	∞
1	0	v/k_1	∞
2	0	0	b/k_2

Zusammenfassend läßt sich folgende Feststellung treffen (vgl. Tab. 3.1): Je größer q in der Üfkt des offenen Kreises ist, um so kleiner sind die stationären Fehler des geschlossenen Regelkreises. Systeme mit differenzierendem Glied ($q = -1$, freies s im Zähler) sind zur Stellungsregelung nicht geeignet. Bei $q = 0$ tritt ein endlicher Sprungantwortfehler auf, dessen Größe mit $A/(1 + k_0)$ abnimmt; Rampen können nicht nachgefahren werden. Bei einfach integrierenden Systemen ($q = 1$) ist der Sprungantwortfehler 0 und Rampen werden mit dem Fehler v/k_1 nachgefahren; bei gleichmäßig beschleunigter Führungsfunktion wächst der Fehler über alle Grenzen. Doppelt integrierende Üfktn ($q = 2$) ergeben sowohl bei Sprung- als auch bei Rampeneingängen keine stationären Fehler und bei Beschleunigungseingängen den endlichen Fehler b/k_2. Sie stellen jedoch auch schwierigere Stabilitätsprobleme, wie weiter unten gezeigt wird.

3.3 Bestimmung der Übertragungsfunktion des geschlossenen Kreises aus der des offenen

Die folgenden Betrachtungen beziehen sich alle auf den Einheitsregelkreis gemäß Bild 3.3: Alle Teilübertragungsfunktionen im Vorwärts- und Rückwärtszweig wurden zur Kreisübertragungsfunktion

$$G = kZ(s)/N(s) = kG^* \tag{3.34}$$

zusammengefaßt und der Rückführzweig wurde durch Blockschaltbildalgebra (vgl. Abschn. 3.1) in eine Einheitsrückführung umgewandelt. Gl. (3.3a) ergab hierfür als Üfkt des geschlossenen Kreises G_K

$$G_K = \frac{G}{1+G} = \frac{kZ(s)}{N(s)+kZ(s)} = \frac{y(s)}{w(s)}. \tag{3.35}$$

Hieraus erhält man die beiden Aussagen:

– *Nullstellen des geschlossenen Kreises sind jene des offenen,*

– *Pole des geschlossenen Kreises erhält man bei* $1 + G = 0$, *d. h.*

$$G^* = -1/k = Z(s)/N(s) \tag{3.36}$$

oder $$N(s) + kZ(s) = 0. \tag{3.36a}$$

Diese letzte Beziehung kann leicht numerisch ausgewertet werden

$$\begin{array}{ll|l}
 & a_n s^n + a_{n-1}s^{n-1} + \ldots + a_{n-r}s^m + \ldots + a_1 s + a_0 & N(s) \\
+ & \qquad\qquad kb_m s^m + \ldots + kb_1 s + kb_0 & +kZ(s) \\
\hline
\multicolumn{2}{l|}{a_n s^n + a_{n-1}s^{n-1} + \ldots + (a_{n-r} + kb_m)s^m + \ldots + (a_1 + kb_1)s + (a_0 + kb_0)} & = 0 \quad .
\end{array} \tag{3.36b}$$

Sie liefert folgende qualitative Aussagen:

– *Die Zahl der Pole des geschlossenen Kreises ist gleich der des offenen;*

– *für* k *von* 0 *startend gehen die Pole des geschlossenen Kreises von denen des offenen aus.*

– *Für Systeme mit dem Polüberschuß* r *werden die ersten* r *Koeffizienten von* N(s) *nicht verändert: dies bedeutet insbesondere, daß für Systeme mit* $r > 1$ *das Nennerpolynom den* 2. *Koeffizienten* a_{n-1} *hat. Da* a_{n-1} *in der Wurzelortsnormalform* (*Koeffizient* $a_n = 1$) *die negative Summe aller Nennerwurzeln ist, vgl.* Gl. (2.180), *folgt*

$$\textit{für } r > 1 \textit{ ist die Summe aller Polstellen konstant.} \tag{3.37}$$

(Wegen des Auftretens konjugiert komplexer Paare kann man dies auf die Realteile beschränken.)

Zur quantitativen Auswertung stehen heute selbst auf Taschenrechnern fertige Programme zur Verfügung, die jedoch immer nur die Lösung für einen bestimmten k-Wert liefern. Will man einen Überblick über alle möglichen Pollagen für k von 0 bis $\pm\infty$ haben, so hilft Gl. (3.36) weiter, die im folgenden interpretiert wird.

3.3.1 Wurzelortskurven

Gl. (3.36) sagt, daß überall dort Pole des geschlossenen Kreises sein können, wo die komplexe Zahl $G^* = Z(s)/N(s)$ gleich der reellen Zahl $-1/k$ ist. Wird die komplexe Zahl in Polarkoordinaten als Betrag $|G^*|$ und Phase $\varphi(s)$ dargestellt, so lautet die Bedingung $G^*(s)$ = reell nun

$$\begin{aligned} &\text{für } G^* > 0: \quad \varphi(s) = 0^\circ \quad \text{(oder Vielfache von } 360^\circ) \\ &\text{für } G^* < 0: \quad \varphi(s) = \pm 180^\circ \quad \text{(plus Vielfache von } 360^\circ). \end{aligned} \tag{3.38}$$

Diese Phasenbedingung läßt sich gemäß Abschn. 2.4.2.1, Bild 2.80 unabhängig von $|G|$ ermitteln, was in Abschn. 2.4.2.2 durchgeführt und wofür einfache Skizzierungsregeln angegeben wurden:

Die Kurven G(s) = *reell der Übertragungsfunktion des offenen Kreises sind also die Orte, an denen der geschlossene Regelkreis Eigenwerte haben kann, und zwar für*

$$\begin{aligned} &k < 0 \quad \textit{auf den Kurven} \quad 2\ell\pi, \quad \ell = 0, \pm 1, \pm 2, \ldots, (0^\circ) \\ &k > 0 \quad \textit{auf den Kurven} \quad (2\ell - 1)\pi, \quad \ell = 0, \pm 1, \pm 2, \ldots, (\pm 180^\circ) \end{aligned} \tag{3.38a}$$

(bei negativer, umgekehrt bei positiver Rückführung).

Für $k \to \infty$ sind Pole des geschlossenen Kreises dort, wo G(s) reell gegen 0 geht: Dies ist einerseits an den Nullstellen des Zählerpolynoms und andererseits auf dem Asymptotenstern (Gln. (2.178) und (2.179)) der Fall, womit man folgende Aussagen erhält:

Regel 1. *Mit zunehmendem* k *laufen von den Polen des geschlossenen Kreises, die von denen des offenen ausgehen,* m *gegen die Nullstellen des offenen Kreises (die auch solche des geschlossenen bleiben), während* $r = n - m$ *gegen die Strahlen des Asymptotensterns streben.*

Der Abgangswinkel (Regel 1a) *vom Pol* j *des offenen Kreises ist* (Gl. (2.181))

$$\varphi_a = \sum_{i=1}^{m} \psi_i - \sum_{\substack{p=1 \\ p \neq j}}^{n} \varphi_p - \begin{cases} (2\ell + 1)\pi & \text{für } k > 0 \\ 2\ell\pi & \text{für } k < 0; \end{cases} \tag{3.39}$$

der Einlaufwinkel (Regel 1b) *in die Nullstelle* j *ist* (Gl. (2.182))

$$\psi_e = \sum_{p=1}^{n} \varphi_p - \sum_{\substack{i=1 \\ i \neq j}}^{m} \psi_i + \begin{cases} (2\ell + 1)\pi & \text{für } k > 0 \\ 2\ell\pi & \text{für } k < 0. \end{cases} \tag{3.40}$$

Der Asymptotenstern hat seinen Schwerpunkt (Regel 1c) *bei*

$$\sigma_s = \frac{\sum\limits^{n} \lambda_p - \sum\limits^{m} z_i}{r} = \frac{\Sigma\,\text{Pole} - \Sigma\,\text{Nullstellen}}{\text{Polüberschuß}} \tag{3.41}$$

Seine Strahlen (Regel 1d) *verlaufen unter den Winkeln*

$$\alpha_s = \ell\pi/r, \qquad \ell = 0, \pm 1, \pm 2 \ldots r \tag{3.42}$$

(*gerade* ℓ *für* 0°*-Kriterium, ungerade für* 180°*-Kriterium*).

Auf der reellen Achse ist $G(s = \sigma)$ immer reell, deshalb ist hier immer Wurzelort. Die Phasenbeiträge der konjugiert komplexen Glieder heben sich auf. Aus Bild 2.80 erhält man als Vorzeichenregel für $G(\sigma)$

Regel 2. *Liegt eine gerade Zahl von Singularitäten rechts des Aufpunktes, so ist* $G(\sigma) > 0$ ($0°$*-Kriterium, gültig für* $k < 0$); *ist die Zahl ungerade, so gilt* $G(\sigma) < 0$ ($180°$*-Kriterium, gültig für* $k > 0$).

Liegen zwei Polstellen auf der reellen Achse nebeneinander, so laufen bei Kreisschließung zwei Wurzelortskurven- (WOK-) Äste aufeinander zu; treffen sie aufeinander, so brechen sie unter 90° von der reellen Achse (Verzweigungspunkt) weg.

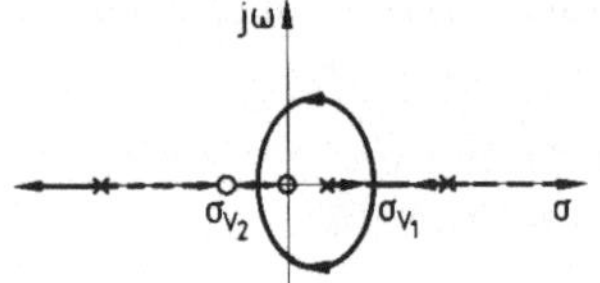

Bild 3.18
Wurzelortskurve und Verzweigungspunkte auf der reellen Achse für 180°-Kriterium (keine für 0°)

Liegen zwei Nullstellen auf der reellen Achse nebeneinander, so laufen auf die reelle Verbindungsgerade 2 WOK-Äste unter 90° (für kleine $j\omega$) zu, verzweigen sich und wandern je in eine Nullstelle (s. Bild 3.18); kompliziertere WOK-Verläufe mit mehreren Verzweigungen auf einem solchen Ast sind möglich (vgl. Bild 3.10). Die Verzweigungspunkte sind gegeben durch die Gln. (2.183a bzw. c). Man hat hiermit

Regel 3. *Verzweigungen auf der reellen Achse treten auf,*

$$\left.\begin{aligned} &\textit{wo } G(\sigma) \textit{ eine horizontale Tangente hat } (dG(\sigma)/d\sigma = 0);\\ &\textit{dort gilt} \quad \sum_{i=1}^{m} \frac{1}{\sigma_\nu - z_i} = \sum_{p=1}^{n} \frac{1}{\sigma_\nu - \lambda_p}. \end{aligned}\right\} \tag{3.43}$$

Bei Doppelpolen läuft die WOK unter 90° *von der reellen Achse weg, bei Doppelnullstellen unter* 90° *auf sie zu. Bei* q*-fachen Singularitäten auf der reellen Achse sind die Verzweigungswinkel* α_ν

$$\alpha_\nu = \ell\pi/q, \qquad \ell = 0, \pm 1, \pm 2, \ldots, q \tag{3.44}$$

(*gerade* ℓ *für* 0°*-Kriterium, ungerade* ℓ *für* 180°*-Kriterium*).

Weitere Einzelpunkte der WOK zur Stützung ihrer schnellen Skizzierung können durch Winkelmessungen auf geschickt gewählten Testkurven gewonnen werden (vgl. Abschn. 2.4.2.2 und Bild 2.82); hierzu gibt es sogar spezielle Geräte wie die Spirule, doch tut ein durchsichtiger Vollkreiswinkelmesser zusammen mit einem Taschenrechner den gleichen Dienst.

Eine spezielle Klasse von solchen Testkurven sind die Strahlen vom Ursprung aus (im Übertragungsfunktion-Relief vertikale Schnitte mit $\xi = \arccos \alpha = \text{const}$), die im nächsten Abschnitt behandelt werden.

Die WOK geben zwar die Gesamtheit aller möglichen Eigenwerte des geschlossenen Regelkreises an, jedoch fehlen bei einer Konstruktion nur aus der Phaseninformation die Bezüge zu den Verstärkungen $|k| = 1/|G^*|$, die zur Regelkreisschließung wichtig sind. Da Phase 0 oder 180° bedeutet, daß in kartesischer Darstellung von G(s)

$$\mathrm{Im}\,(G(s)) = 0 \tag{3.45}$$

sein muß, kann man für die interessierenden Orte $s_i|_{G(s_i)=\mathrm{reell}}$ (s_i unter der Bedingung, daß $G(s_i)$ reell ist) k aus der Beziehung ermitteln

$$|k| = 1/\mathrm{Re}\,(G^*(s_i)). \tag{3.46}$$

Gl. (2.177a) erlaubt eine einfache halbgraphische Auswertung, die ebenfalls mit dem Gerät Spirule oder mit Lineal und Taschenrechner durchgeführt werden kann.

Von besonderem Interesse sind jene Verstärkungswerte, bei denen WOK-Äste die imaginäre Achse überqueren (vgl. Bilder 2.85) und 3.18). Dies geschieht bei $\varphi(j\omega) = (2\ell - 1)\pi$ [180°-Kriterium] (bzw. bei $\varphi(j\omega) = 2\ell\pi$ [0°-Kriterium]) für $\ell = 0, \pm 1, \pm 2, \ldots$ Aus der Eigenwertbedingung des geschlossenen Kreises N + kZ = 0 folgt hier mit $j^2 = -1$

$$\underbrace{a_0 - a_2\omega^2 + a_4\omega^4 - \ldots}_{R_N} + k\underbrace{(b_0 - b_2\omega^2 + \ldots)}_{R_Z}$$
$$+ j\omega[\underbrace{a_1 - a_3\omega^2 + a_5\omega^4 \ldots}_{I_N} + k\underbrace{(b_1 - b_3\omega^2 + \ldots)}_{I_Z}] = 0.$$

Da Real- und Imaginärteil getrennt verschwinden müssen, gilt

$$\frac{R_N}{R_Z} = -k = \frac{I_N}{I_Z} \tag{3.47a}$$

oder $$R_N I_Z - I_N R_Z = 0. \tag{3.47b}$$

Dies ist eine Bestimmungsgleichung für ω_{Kr} in ω_{Kr}^2, die bis zur 6. Potenz in ω_{Kr} analytisch gelöst werden kann; für jedes ω_{Kr} erhält man über Gl. (3.47a) die zugeordnete Verstärkung. Im allgemeinen Fall kann man numerisch die Wurzeln der Gleichung (3.47b) suchen.

Regel 4. WOK-*Äste überqueren die imaginäre Achse* (= *Stabilitätsgrenze*), *wo Bedingung* (3.47b) *erfüllt ist;* (3.47a) *liefert die zugehörigen „kritischen" Verstärkungen* k_{Kr}.

Da $G(j\omega)$ der Frequenzgang des offenen Kreises ist, folgt aus dem bisher Abgeleiteten:

Der geschlossene Regelkreis überquert die Stabilitätsgrenze, wo der Frequenzgang die Phase $\varphi(j\omega) = \ell\pi$ *hat* [$\ell = 0, \pm 1, \pm 2, \ldots$; ℓ *gerade für* 0°-*Kriterium* ($k < 0$), ℓ *ungerade für* 180°-*Kriterium* ($k > 0$)]. (3.48)

Die Überquerungsrichtung ersieht man aus dem WOK-Diagramm.

3.3.2 Verstärkungszuordnung und aktuelle Kreisschließung

Wegen der Beziehung $|G| = |1/k|$ als Teilbedingung für die Pole des geschlossenen Regelkreises kann die Reliefdarstellung von G(s) mit ihren Ordinatenwerten $|G(s_i)|$, $s_i|_{G(s_i) = \text{reell}}$, zur Verstärkungszuordnung benutzt werden. Der Funktionswert $|1/k|$ ist eine Ebene parallel zur Bezugsebene $|G| = 0$ dB (er gilt für alle $s = \sigma + j\omega$). Somit gibt Gl. (3.36) die Durchstoßpunkte $G(s_i)$ = reell durch die Ebene $1/k$ mit der richtigen Phasenzuordnung (Vorzeichen des Realteils) an. Man kann sich die Kurven $G(s_i)$ = reell als räumliche Drahtgebilde vorstellen, die in der Draufsicht auf die s-Ebene den Verlauf der WOK und über der 0-dB-Bezugsebene die Ordinate $|G(s_i)|$ haben.

Für die praktische Anwendung dieser Vorstellung von dreidimensionalen Wurzelorten braucht man nicht das gesamte Relief zu bestimmen, sondern es genügen einige wenige Schnitte, die im folgenden diskutiert werden. Der grundsätzliche Zusammenhang war in Abschn. 2.4.3 abgeleitet worden. Hier seien die für die folgenden Anwendungen wichtigsten Ergebnisse nochmals zusammengefaßt:

1. *Die von Bode* [6] *eingeführte doppeltlogarithmische Auftragung* $|G(j\omega)|_{dB}$ *über* lg ω *führt zu symmetrischen Verläufen für die Asymptoten- und Phasenabweichungen zu den linearen Bezugskurven im Punkt der Eigenwerte. Dies gilt für alle Teilglieder:*

a) freie s führen zu Beiträgen in Geradenform: s^q

Amplitude:	$\pm q$ 20 dB/Dekade (+ im Zähler, − im Nenner)
Phase:	$\pm q\ \pi/2$ = konstant (+ im Zähler, − im Nenner)

b) reelle Eigenwerte (Glieder 1. Ordnung) haben gerade nieder- und hochfrequente Asymptoten, wobei die hochfrequenten in ihrer Neigung mit denen der freien s übereinstimmen und die niederfrequenten konstant 0 sind. Die Amplitudenasymptoten schneiden sich an der Stelle des Eigenwertes. Der Phasenverlauf ist punktsymmetrisch zu dem Wert $\pi/4$ an dieser Stelle.

c) Konjugiert komplexe Eigenwertpaare (Glieder 2. Ordnung) werden neben dem Parameter „ungedämpfte (natürliche) Eigenfrequenzen ω_n“ durch den Dämpfungsgrad $\zeta = \sin \Theta$ (Bild 2.49) charakterisiert. Die niederfrequenten Asymptoten auch dieser Glieder sind 0 (dB für Betrag). Die hochfrequente Betragsasymptote beginnt bei ω_n, verläuft mit ± 40 dB/Dekade (entsprechend einem Doppelintegrator) bei höheren Frequenzen und ist für alle ζ gleich. Nur die Abweichungskurven sowie der Phasenverlauf (inklusive Wendetangente bei ω_n) hängen von ζ ab. Letzterer ist wieder punktsymmetrisch zum Wert $\pi/2$ bei ω_n.

2. *Die Beiträge aller Teilsysteme können durch Addition überlagert werden: Zählerglieder sind spiegelsymmetrisch zu Nennergliedern.*

3. *Eine multiplikative Verstärkungsänderung wird durch eine vertikale Verschiebung einer Bezugslinie dargestellt.*

4. *Die Amplitudenasymptoten gelten unabhängig von der Schnittrichtung* $\alpha = \arccos \xi$.

5. *Die Symmetrieeigenschaften der Abweichungskurven und der Phasenverläufe gelten ebenfalls unabhängig von* α.

6. *Die Aussagen zu den Phasenverläufen unter* 1. *gelten für alle* α, *wenn man stets* $\pi/2$ *durch* α *ersetzt*. (Der Frequenzgang ist der Sonderfall mit der Schnittrichtung $\alpha = \pi/2$.)

Hierauf aufbauend werden nun zur Interpretation der Gln. (3.35) und (3.36) einige Einzelschnitte diskutiert.

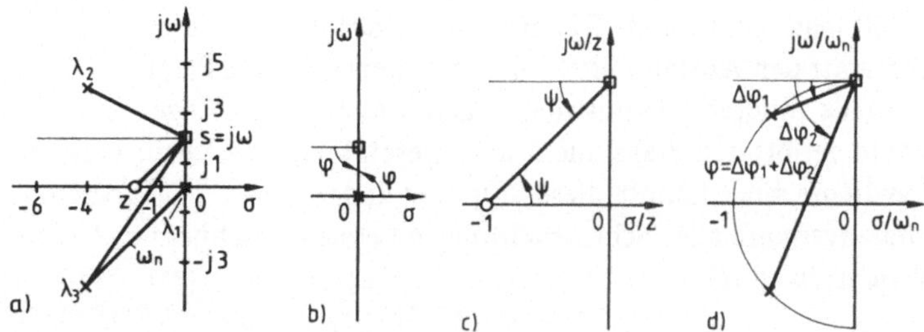

Bild 3.19 Zur mathematisch anschaulichen Deutung des Frequenzgangs
a) Singularitätenplan
b) Beitrag des Integrators
c) Beitrag der normierten Nullstelle 1. Ordnung
d) Beitrag des normierten Nennergliedes 2. Ordnung

3.3.2.1 Der Frequenzgang im Bode-Diagramm. Betrag und Phase des Frequenzgangs erhält man mathematisch anschaulich aus dem Wurzelort in der s-Ebene entsprechend Bild 2.80. In Bild 3.19 sind die Einzelelemente einer Übertragungsfunktion in Bode-Normalform (s auf die jeweilige „Eckfrequenz" (z, λ, ω_n) normiert, d. h. absoluter Koeffizient der faktorisierten Teilglieder = 1) aufgetragen. Man sieht, daß hier für alle Eigenwerte der Phasen- und Betragsverlauf (bei Gliedern 2. Ordnung für jeweils gleiches ζ) gleich ist. Der Übergang von der normierten Form auf die nicht normierte geschieht nach folgendem Schema: Der Funktionsverlauf $f(\lg \bar{s})$ sei bekannt. Aus $\bar{s} = s/\omega_n$ folgt nun

$$f(\lg \bar{s}) = f(\lg s - \lg \omega_n). \qquad (3.49)$$

Da ω_n konstant ist, ergibt sich bei Auftragung des Funktionsverlaufs über lg s statt über lg $\bar{s}$ nur eine Verschiebung der gleichen Kurve um den Betrag lg ω_n, d. h. die Amplitudenasymptotenknickpunkte und die Wendetangenten an den Phasenverlauf $\varphi(\lg s)$ liegen nicht mehr bei 1, sondern bei ω_n; ansonsten bleiben die Kurvenformen unverändert. Damit kann die Kurve $\xi = 0$ in Bild 2.70 als Frequenzgangbeitrag aller Glieder 1. Ordnung verwertet werden, während die Bilder 2.75 bis 2.77 das gleiche für Glieder 2. Ordnung leisten.

Eine Frequenzgangdarstellung des Systems $G(s) = 10/[s(s+1)(s+10)]$ zeigen die dick ausgezogenen Kurven in Bild 2.84, wenn man die Abszisse um eine Dekade nach rechts verschiebt. Dies ist so einfach möglich, weil obige Übertragungsfunktion Singularitäten hat, die alle um den Faktor 10 kleiner sind als die der Übertragungsfunktion in Bild 2.84. Aus der Phasenbedingung $\varphi = -180°$ erkennt man, daß der geschlossene Regelkreis bei $\omega_{Kr} = 3{,}16\ s^{-1}$ (für das dort gegebene System bei $31{,}6\ s^{-1}$) instabil wird. Die zugehörige Verstärkung k_{Kr} erhält man als Schnittpunkt der Linie ω_{Kr} mit dem Amplitudengang (der wahren Kurve, nicht der Asymptote: (1')).

Andere Eigenwerte des geschlossenen Regelkreises sind aus dem Frequenzgang in Bode-Form nicht ablesbar, da es keine weiteren Punkte $G(j\omega)$ = reell im vorliegenden Beispiel mehr gibt. Wegen der Wichtigkeit der Stabilitätsgrenze hat jedoch das konventionelle Bode-Diagramm $|G(\lg \omega)|$ seine besondere Bedeutung; indem man genügend weit von dieser Grenze wegbleibt durch entsprechende Wahl der Kreisschließungsverstärkung k, erhält man dann stabile Systeme. Meist gibt man sich einen sogenannten „Phasenrand φ_R" vor, statt den Abstand direkt in k anzugeben (s. u.). Präzisere Aussagen erhält man durch Vorgabe anderer ξ-Schnittrichtungen, was zwar seit längerem bekannt ist, sich aber bisher in der breiten Praxis nicht durchgesetzt hat. Die Verfügbarkeit programmierbarer Taschenrechner könnte diese Situation ändern, da e i n Programm Amplituden- und Phasenverläufe aller Schnittrichtungen liefert (einschließlich Frequenzgang für $\xi = 0$, siehe Anhang A2).

3.3.2.2 Das G(σ)-Bode-Diagramm. Die ertragreichste Schnittrichtung ist offensichtlich (nach Gl. (3.36)) die, bei der G(s) immer reell ist, d. h. $\omega = 0$. Es ist erstaunlich, daß sie bisher so wenig Anwendung gefunden hat, da sie unmittelbar die Verstärkungszuordnung für alle reellen Eigenwerte des geschlossenen Kreises liefert. Darüber hinaus läßt sie die Punkte horizontaler Tangente und damit (Gl. (2.183a)) die Verzweigungspunkte im Wurzelort direkt erkennen, was eine wesentliche Erleichterung zum Zeichnen der WOK ist.

Für Systeme mit $r > 1$ und nur einem konjugiert komplexen Polpaar kann bei Kenntnis der Eigenwerte 1. Ordnung des geschlossenen Kreises über die Aussage (3.37) (Konstanz der Summe der Eigenwerte) die absolute Dämpfung des Polpaares und in Verbindung mit der WOK deren vollständige Lage angegeben werden: Der Regelkreis in Bild 2.85 wird z. B. instabil, wenn der reelle Eigenwert des geschlossenen Kreises durch den Wert -110 wandert; aus $G(-\sigma)$ kann die zugehörige Verstärkung direkt abgelesen werden (vgl. Bild 2.84 oben rechts). Wegen der logarithmischen Auftragung muß es natürlich 2 Schnitte $G(\sigma)$ geben, um den positiven ($G(+\sigma)$) und den negativen Zahlenstrahl ($G(-\sigma)$) getrennt zu erfassen ($\xi = 1$ bzw. -1). $G(-\sigma)$ ist der bei stabilen Systemen meist hinreichende Schnitt; treten positiv reelle Eigenwerte auf, kann $G(+\sigma)$ noch hinzugezogen werden. Die Phase kann nur ganze Vielfache von π sein ($\ell\pi$, $\ell = 0, \pm 1, \pm 2, \ldots$). Da die Eingangsgröße dieser Funktion reell ist, kann ihr Betrag durch Division von zwei Zahlen erhalten werden, die nach dem Horner-Schema für Zähler und Nenner getrennt aus der nicht faktorisierten Form berechnet werden. Selbst wenn man alle übrigen Schnitte $\xi \neq 0$ ablehnt, hat dieser ($\xi = -1$) in Verbindung mit der WOK wegen der dargelegten Vorteile weitere Anwendung verdient.

Bild 3.20 zeigt das $G(-\sigma)$-Diagramm zum Wurzelort Bild 3.10b; es läßt unmittelbar die Parameter erkennen, die zu dem (zunächst doch überraschenden) Auftreten von 3 Verzweigungspunkten führen. Mit der Kenntnis von deren Lage und den Regeln des vorigen Kapitels läßt sich die WOK schnell richtig skizzieren. Wenn das Nullstellen- auf das Polpaar zuwandert (z. B. durch Änderung von Auslegungsparametern der Regelstrecke), wird ein Punkt erreicht, wo B und C aufeinanderliegen. Dort ist eine reelle 4-fach-Polstelle vorhanden und die WOK-Äste haben in diesem Punkt eine Neigung von $\pm(90° \pm 45°)$. Die gleiche Situation kann auch auftreten, wenn die Meß- und Stellglieddynamik bei unverän-

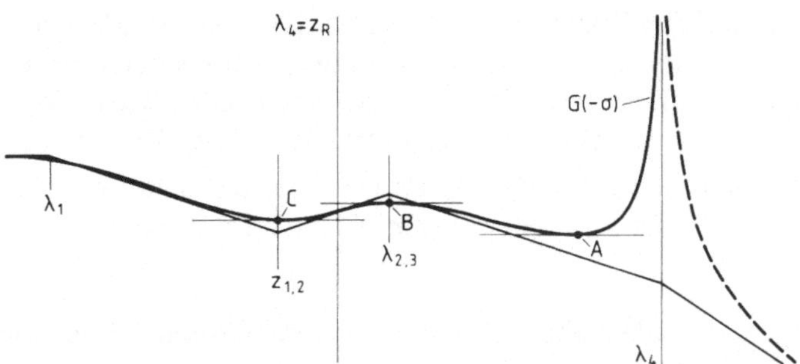

Bild 3.20 G(−σ)-Bode-Diagramm zu dem System in Bild 3.9 und Markierung der Verzweigungspunkte auf der reellen Achse

derter Regelstrecke nicht hoch genug gewählt wurde (s. Bild 3.9b). In beiden Fällen treten jedoch bei sehr kleinen Verstärkungsänderungen relativ große Eigenwertwanderungen auf, was das G(−σ)-Diagramm leicht erkennen läßt.

3.3.2.3 Weitere verallgemeinerte Bode-Diagramme. Bei der Reglersynthese liegt häufig die Nebenbedingung vor, daß der dominierende schwingende Bewegungsanteil des geschlossenen Regelkreises einen gewissen Dämpfungsgrad haben soll. Z. B. wird in der Luftfahrt gefordert, daß die Anstellwinkelschwingung eines Flugzeugs mindestens den Dämpfungsgrad $\zeta = 0{,}35$ haben soll, damit die Passagierbelastung nicht zu hoch und die Steuerungsgenauigkeit durch den Piloten genügend gut ist. Durch den Wert ζ sind auch die Überschwingweite bei der Sprungantwort (s. Bild 2.51) und das Amplitudenmaximum des Frequenzgangs festgelegt (vgl. Bild 2.76). Minimale Einschwingdauer in einen Schwellwertbereich um die stationäre Endlage ergibt sich für $\zeta \approx 0{,}7$ (s. Bild 2.52).

Dies alles läßt es wünschenswert erscheinen, den Dämpfungsgrad der konjugiert komplexen Polpaare des geschlossenen Regelkreises als Funktion der Kreisschließungsverstärkung direkt angeben zu können. Schnitte durch das G(s)-Relief mit $\xi = -\zeta$ liefern das gewünschte Ergebnis. Mit den Asymptoten- und Symmetrieeigenschaften der Bode-Diagramme für die Teilsysteme sind diese sogar relativ einfach zu skizzieren. Da jedoch letztlich nur die (sehr wenigen) Punkte $G(s_i)$ = reell interessieren, sollte man diese mit einer Suchschleife für $\mathrm{Im}\,(G(\omega_n)|_{\xi = \mathrm{const}}) = 0$ in dem Rechenprogramm zu Abschn. 2.4.3.1 ermitteln (s. Anhang 2).

In diesen Punkten gilt dann $|G| = |\mathrm{Re}\,(G(s))|$, so daß mit Gl. (3.36) die zugehörige Verstärkung lautet

$$|k_\zeta| = 1/|\mathrm{Re}\,(G(\omega_n)|_{\xi=-\zeta})|\,; \tag{3.50}$$

die Vorzeichenfrage kann über das Vorzeichen des Realteils geklärt werden. Wird auf diese Weise die Kreisschließungsverstärkung festgelegt, so können hiermit aus dem G(−σ)-Diagramm alle zugehörigen Eigenwerte 1. Ordnung abgelesen werden. Gibt es 1 weiteres konjugiert komplexes Polpaar, so ist dessen Bestimmung bei $r > 1$ durch die Konstanz der Summe der Eigenwerte (σ-Lage) in Verbindung mit den WOK unmittelbar möglich. Für $r < 2$ wird im nächsten Abschnitt ein Verfahren gegeben.

Falls mehrere Schnittpunkte $\mathrm{Im}\,(G(\omega_n)|_{\xi=-\zeta}) = 0$ existieren, kann über die zugehörigen k_ζ-Werte gemäß Gl. (3.50) derjenige festgestellt werden, der als erster (z. B. bei kleinstem k_ζ) diese Grenze guter Stabilität erreicht; dann weiß man, daß alle übrigen Eigenwerte noch auf der Seite der Ausgangswerte des offenen Kreises liegen.

Treten mehr als zwei konjugierte Polpaare auf, so hilft nur eine numerische Lösung der Gl. (3.36b) bzw. eine Iteration im Wurzelort oder mit verschiedenen ξ-Schnitten.

3.3.3 Die Übertragungsfunktion des geschlossenen Kreises im Bode-Diagramm

Gemäß Gl. (3.35) gilt für die Üfkt G_K des geschlossenen Kreises mit Einheitsrückführung

$$G_K(s) = \frac{kG^*(s)}{1 + kG^*(s)} \qquad \left.\begin{array}{l} k = \text{statischer} \\ G^* = \text{dynamischer} \end{array}\right\} \text{Anteil der Üfkt} \tag{3.51}$$

Für reale Systeme mit einem Polüberschuß geht $G^*(s)$ für große $|s|$ gegen 0, so daß in diesem Bereich näherungsweise gilt

$$G_K(s)|_{|s| \gg 1} = kG^*(s). \tag{3.52}$$

Will man also in den Bode-Diagrammen für den geschlossenen und den offenen Regelkreis die gleichen „hochfrequenten" Asymptoten haben, so muß die 0-dB-Bezugslinie für den geschlossenen Kreis um $(\lg k) \cdot 20$ dB verschoben werden, und zwar mit negativem Vorzeichen (Multiplikation mit $1/k$).

Die Linie $1/k$ ist aber genau jene, die gemäß Gl. (3.36) die Pole des geschlossenen Kreises festlegt, d. h. *wählt man die Linie der Kreisschließungsverstärkung als* 0-dB-*Bezugslinie des geschlossenen Kreises, dann stimmen für Systeme mit Polüberschuß die hochfrequenten Asymptoten des Amplitudengangs überein.*

Die statische Verstärkung k_K des Systems nach der Kreisschließung (Index K) ist gemäß Abschn. 3.2.3

$$\begin{aligned} k_K &= 1 && \text{für Systeme vom Typ } q > 0 \\ k_K &= \frac{k}{1+k} && \text{für Systeme ohne freies s.} \end{aligned} \tag{3.53}$$

Dies ist die niederfrequente Asymptote des geschlossenen Kreises; für $q > 0$ stimmt sie mit der 0-dB-Linie überein (kein Stellungsfehler).

Beispiel 1. Die Schließung eines Regelkreises mit einer Gesamtübertragungsfunktion vom Typ 1 zeigt Bild 3.21, das das gleiche System wie Bild 2.84 darstellt. Die vorgegebene Kreisschließungsbedingung 1 sei optimales Einschwingverhalten nach einer Stufe ($\zeta_{K_1} = 1/\sqrt{2}$). Das verallgemeinerte Bode-Diagramm mit $\xi = -1/\sqrt{2}$ liefert in Bild 2.84 die Eigenfrequenz des geschlossenen Kreises zu $\omega_{n_K} = 6{,}7\,[s^{-1}]$ (im Punkt ③ ist mit $\varphi = -180°$ die Phasenbedingung Gl. (3.36) erfüllt). Die zugehörige Verstärkung liest man bei diesem ω_{n_K} an der Amplitudenkurve $|G(-\sigma = \omega)|$ ab, die im Punkt ③' den Wert $|G(\omega_{n_K}, \xi = -0{,}7)| = 6{,}88\text{ dB} \mathrel{\hat{=}} 2{,}2$ und daraus $k = 1/|G| = 0{,}455$ liefert.

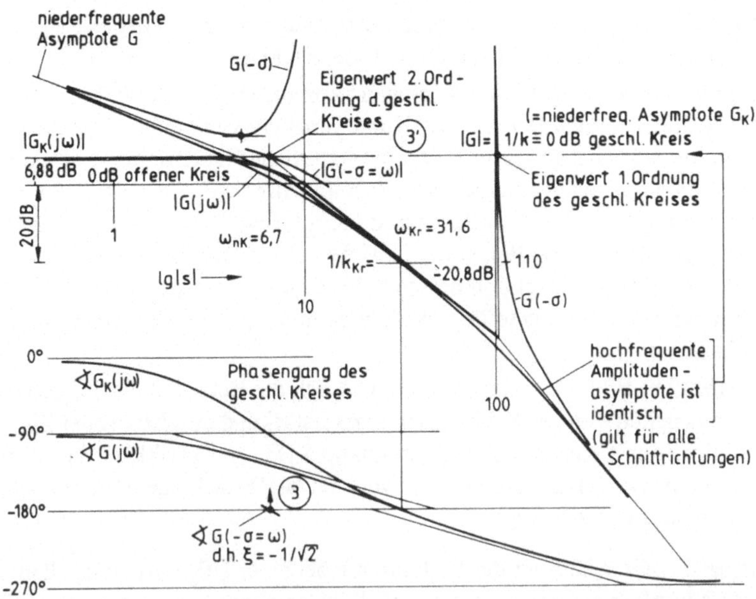

Bild 3.21 Zur Bestimmung der Übertragungsfunktion des geschlossenen Kreises im verallgemeinerten Bode-Diagramm, einschließlich Frequenzgang des geschlossenen Kreises

Die Stabilitätsgrenze $\sphericalangle G(j\omega) = -\pi$ wird erst bei einer Verstärkung von $k_{Kr} = 11 \hat{=} |G(j\omega)| = -20{,}82$ dB erreicht. Man nennt den Faktor k_{Kr}/k (hier $24{,}2 \hat{=} 27{,}7$ dB) den Amplitudenrand der Kreisschließung; die negative Phasendifferenz zwischen $-\pi$ und $\sphericalangle G(j\omega)|_k$ nennt man Phasenrand φ_R. In Bild 2.84 erhält man für das vorliegende Beispiel einen Phasenrand von $\varphi_R \approx 70°$, während bei $\omega = 6{,}7$ die Phasendifferenz $(\sphericalangle G(j\omega) - \sphericalangle G(-\sigma = \omega)) = 52°$ ist. Diese beiden Phasendifferenzen dürfen also nicht verwechselt werden. Es ist in der heutigen Praxis, in der fast ausschließlich mit dem konventionellen $G(j\omega)$-Bode-Diagramm gearbeitet wird, üblich, den gewünschten Dämpfungsgrad indirekt über den Phasenrand vorzugeben. Dies ist bei unterschiedlichen Üfktn des offenen Kreises weit weniger präzise als die Schnittanalyse mit ξ = const, die exakt den gewünschten Dämpfungsgrad liefert.

Um die hochfrequenten Asymptoten des offenen und geschlossenen Kreises gleich zu haben, wird die Linie der Kreisschließungsverstärkung als 0-dB-Linie des geschlossenen Kreises gewählt (s. Bild 3.21). Ihr Schnittpunkt mit den Kurven $G(-\sigma)$ liefert alle reellen Eigenwerte, hier nur den Wert bei 100 ($\rightarrow \lambda_3 = -100{,}5$). Dieser Wert kann auf die hochfrequente Asymptote heruntergeholt werden, um den Asymptotenknickpunkt des geschlossenen Kreises festzulegen. Links von diesem verläuft die Asymptote 20 dB/Dekade flacher (hier mit -40 dB/Dekade). Der Schnittpunkt dieser mit der niederfrequenten Asymptote ergibt die ungedämpfte Eigenfrequenz des Gliedes 2. Ordnung, d. h. er muß im vorliegenden Fall mit $k_K = 1$ (wegen des freien s im Nenner von G) auf der neuen 0-dB-Linie im Punkt ③ liegen. Da der Dämpfungsgrad in diesem Punkt bekannt ist ($\zeta = 1/\sqrt{2}$), kann nun mit den Abweichungskurven und den Phasenbeiträgen aus Abschn. 2.4.3 der Frequenzgang des geschlossenen Kreises nach Betrag und Phase durch Überlagerung der Einzelglieder aufgebaut werden.

Man sieht, daß der Amplitudengang bis etwa $\omega = 3$ sehr nahe bei 1 ist (0 dB) und daß für Frequenzen kleiner 1 [s^{-1}] auch der Phasennachlauf sehr klein ist.

Dank der Tatsache, daß nur 1 konjugiert komplexes Polpaar auftreten kann, ist es mit Hilfe der hochfrequenten $|G(-\sigma)|$-Kurve möglich, von beiden Asymptotenenden ausgehend für jedes beliebig gewählte k die natürliche Eigenfrequenz des konjugiert komplexen Polpaares zu bestimmen. Die Zuhilfenahme weiterer Schnitte ξ = const ist hierzu nicht erforderlich. Der Dämpfungsgrad kann für willkürlich gewählte k ermittelt werden, wenn man mit dem erhaltenen ω_{n_K} aus dem Bode-Diagramm im Wurzelort einen Kreis um den Ursprung schlägt und dessen Schnittpunkte mit den WOK-Ästen bestimmt; diese liefern den Dämpfungsgrad ζ_K, mit dem dann wieder der Frequenzgang gezeichnet werden kann.

Man sieht aus Bild 3.21 sehr deutlich, wie sich die Eckfrequenz des geschlossenen Kreises in Abhängigkeit von der Kreisschließungsverstärkung erhöht, bis bei $k_{K_r} = 11$ das System instabil wird mit einer Frequenz von knapp 5 Hz ($\omega = \sqrt{1000}\,[s^{-1}]$). Ferner erkennt man auf einen Blick, daß der große Eigenwert bei ≈ 100 sich zunächst nur sehr wenig in Abhängigkeit von k bewegt.

Beispiel 2. Bild 3.22 zeigt die Verhältnisse bei einer Üfkt mit Nullstellen. Dieser Regelkreis ist insofern günstig, als wegen des Polüberschusses von r = 1 (durch Weglassen der hochfrequenten Meß- und Stellglieddynamik) alle Pole außer dem hochfrequenten gegen eine Nullstelle streben. Da der offene Kreis keine Integration enthält, ergibt sich ein stationärer Stellungsfehler (statische Verstärkung $k_K = k/(1 + k) \neq 1$), d. h. die niederfrequente Asymptote liegt unter der 0-dB-Linie des geschlossenen Kreises, und zwar um k_K[dB]. Von hier anfangend können nun die Asymptoten des geschlossenen Kreises nacheinander mit Hilfe von $G(-\sigma)$ gezeichnet werden, wenn die Kreisschließungsverstärkung unterhalb des Punktes B liegt: Die Nullstellen z_i bleiben im geschlossenen Kreis erhalten und die Polstellen 1. Ordnung erhält man aus den Schnittpunkten der Linie 1/k mit den Kurven $G(-\sigma)$ in den Bereichen, wo die Phasenbedingung $G(-\sigma) < 0$ zutrifft.

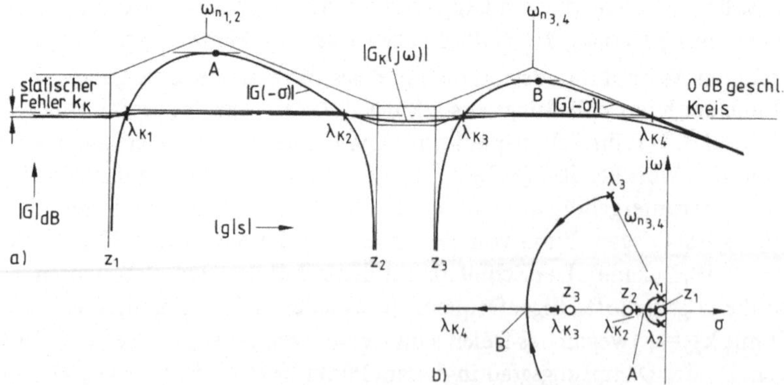

Bild 3.22 „Systemskizze" eines idealisierten Nicklageregelkreises bei Flugzeugen (ohne Meß- und Stellglieddynamik)
a) Bode-Asymptoten mit $|G(-\sigma)|$ und $|G_K(j\omega)|$, b) Wurzelortskurven

Man sieht, daß mit zunehmender Verstärkung (1/k wird kleiner, d. h. die 0-dB-Linie des geschlossenen Kreises wandert nach unten) die Abweichungen der Asymptoten von der Horizontalen immer kürzer werden. Damit wird der Frequenzgang immer gleichförmiger. Da gleichzeitig $k_K \rightarrow 1$ geht, erhält man sehr schönes Folgeverhalten über einen weiten Frequenzbereich (bis $\approx \lambda_{K_4}$). Liegt die Kreisschließungsverstärkung im Bereich zwischen den Punkten A und B, so kann die ungedämpfte Eigenfrequenz des höherfrequenten, konjugiert komplexen Eigenwertpaares aus dem Asymptotenschnittpunkt mit der gleichbleibenden hochfrequenten Asymptote abgelesen werden. Liegt die 1/k-Linie oberhalb von Punkt A, so kann die Bestimmung der beiden Polpaare über e i n e n ξ = const-Schnitt und die Asymptotenauswertung von beiden Seiten aus erfolgen.

Beispiel 3. Instabile Ausgangsstrecke. Ein am unteren Ende (z. B. auf der Hand) senkrecht aufgestützter Stab soll balanciert werden (nur eine Richtung wird betrachtet). Dabei interessiere nicht, an welcher Stelle der Stab steht, er soll nur ruhig stehen, d. h. seine Geschwindigkeit soll 0 sein. Gl. (2.42) liefert dafür die Üfkt (Stablänge $\approx$ 1,5 [m] ergibt $g/\ell_r = 10\,[s^{-2}]$); die Nullstelle folgt daraus, daß die Geschwindigkeit $V_0 \mathrel{\hat{=}} sX_0(s)$ als Regelgröße auftritt

$$G_s = \frac{-s}{s^2 - 10}\,. \tag{3.54}$$

Als Regler-Übertragungsfunktion sei (s. Abschn. 4.1)

$$G_R = k_R \frac{s+1}{s-1} \tag{3.55}$$

gewählt worden, um numerisch einfachere Verhältnisse zu haben. Bild 3.23 zeigt die auf einige wesentliche Aspekte beschränkte „Systemübersicht“ bestehend aus Bode-Schnitten in der Seitenansicht, alle in die Papierebene gedreht (Teilbild a), und der Draufsicht im Wurzelort (Teilbild b).

1. Das $|G(+\sigma)|$-Diagramm (oben) zeigt die Zuordnung der 3 Eigenwerte 1. Ordnung, insbesondere der instabilen Pole für kleine Verstärkungen und den Verzweigungspunkt bei $A(\omega \approx 1{,}6\,[s^{-1}])$.

2. Aus der Phasenkurve des $G(j\omega)$-Verlaufs, die bei einem solchen instabilen System natürlich nicht aus Frequenzgangmessungen gewonnen werden kann, erhält man bei $-\pi$ die Frequenz, bei der der geschlossene Regelkreis stabil wird (Punkt B), hier $\omega = 1\,[s^{-1}]$. Als zugehörige Verstärkung folgt $|k_{R_{Kr}}| = 1/|G| = 11$ ($\mathrel{\hat{=}}$ 20,823 dB).

3. Ein Programmlauf mit der Schnittrichtung $\xi = -1/\sqrt{2}$ zur Bestimmung des Ortes $\text{Im}\,(G(-\sigma = j\omega)) = 0$ liefert $\omega_{n_K} = 0{,}67$ (Punkte K′ und K) mit der zugehörigen Verstärkung $k_R = 3{,}3$ entsprechend $|G| = -10{,}4$ dB. Mit dieser Verstärkung k_{eff} soll der Kreis geschlossen werden.

4. Der „hochfrequente“ Ast von $|G(-\sigma)|$ für $|\sigma| > \sqrt{10}$ liefert den reellen Pol bei etwa 35, der „niederfrequente“ für $|\sigma| < 1$ den Verzweigungspunkt zwischen den beiden Nullstellen (Punkt C), in dem die WOK-Äste senkrecht in die reelle Achse einlaufen. Man liest ab, daß eine Verstärkungserhöhung um 5 dB (etwa Faktor 1,8) einen Doppelpol auf der reellen Achse ergeben würde (bei $\omega_{n_c} \approx 0{,}49\,[s^{-1}]$); der geschlossene Regelkreis wäre damit merklich langsamer.

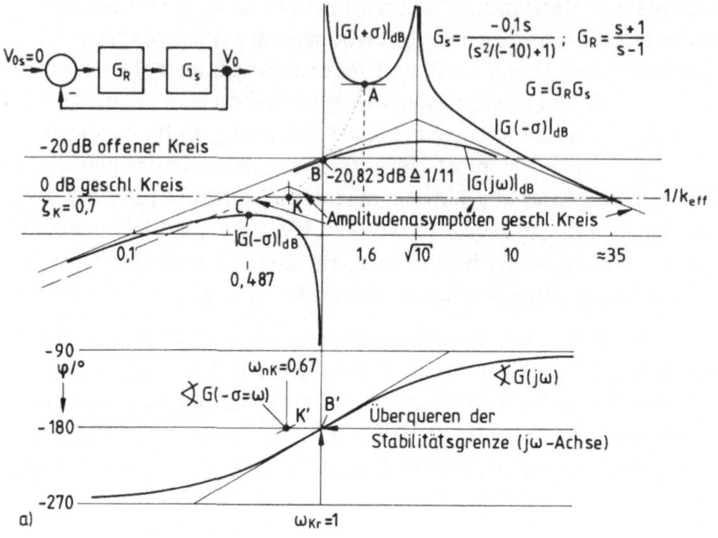

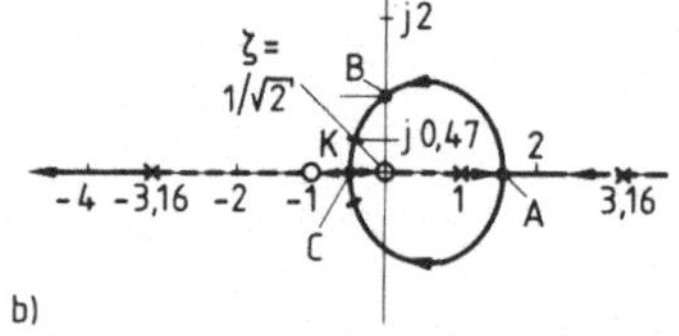

Bild 3.23
Systemübersicht „balancierter Stab" ($\ell \approx 1,5$ m)
a) verallgemeinerte Bode-Schnitte
b) Wurzelort
(Fußpunktposition als Stellgröße)

5. Mit diesen Werten können die Wurzelortskurven leicht genau gezeichnet werden; empfehlenswert ist jedoch, sich als erstes die Singularitäten in den Wurzelort zu zeichnen und daraus die Schnitte und Parameterbereiche zu ermitteln, für die eine Verstärkungszuordnung und die genaue Lage der WOK gewünscht wird (ein Programmlauf nach Anhang 2 je Schnitt liefert die erforderlichen Daten).

6. Ausgehend von der hochfrequenten Asymptote des offenen Kreises kann nun der Amplitudenasymptotenverlauf des geschlossenen Kreises angegeben werden (Polygonzug); man erkennt, daß der Frequenzgang des geschlossenen Kreises im Bereich zwischen 0,5 und 35 [s^{-1}] (~ 1/12 bis etwa 5 Hz) flach und nahe 1 ist. Er könnte, da der geschlossene Kreis stabil ist, auch physikalisch gemessen werden.

Diese 3 Beispiele zeigen das grundsätzliche Vorgehen, um aus der Üfkt des offenen Kreises, die Üfkt (und speziell den Frequenzgang im Bode-Diagramm) des geschlossenen Kreises abzuleiten.

Interessiert nur der Frequenzgang für e i n e bekannte Kreisschließungsverstärkung k_{eff}, so kann dieser noch einfacher graphisch aus der Nyquist-Ortskurve konstruiert werden, wie im nächsten Abschnitt dargelegt werden soll.

3.3.4 Der Frequenzgang des geschlossenen Kreises als Nyquist-Ortskurve

Gl. (3.51) schreibt sich für den speziellen Fall $s = j\omega$ ($\sigma = 0$)

$$G_K(j\omega) = \frac{kG^*(j\omega)}{1 + kG^*(j\omega)}. \tag{3.56}$$

Diese Form ist besonders angebracht, wenn $G^*(j\omega)$ aus Messungen vorliegt (Frequenzgangmessung) und kein analytisches (faktorisiertes) Modell der Strecke ermittelt wurde.

Trägt man den Frequenzgang $kG^*(j\omega)$ als von dem reellen Parameter ω abhängige komplexe Zahl in der Gaußschen Zahlenebene auf, so ergibt sich die sogenannte „Nyquist-Ortskurve". Für unterschiedliche Verstärkungen k verschieben sich die einzelnen Punkte auf dem Strahl vom Ursprung unter dem gegebenen Polarwinkel $\varphi(\omega)$ radial (nach außen für Faktoren > 1 und umgekehrt, s. Punkte A und A′ in Bild 3.24). Der Zähler in Gl. (3.56) ist in dieser Darstellung der Vektor vom Ursprung zum Punkt A. Der Nenner ergibt sich als Vektor vom Ursprung zum Punkt A_N, der genau um 1 rechts von A liegt. Er hat die Länge ℓ_N und die Phase φ_N; um 1 nach links verschoben treten beide Größen am Punkt -1 auf der reellen Achse nochmals auf. Die Quotientenbildung der beiden komplexen Zahlen im Zähler und Nenner von (3.56) kann in Polarkoordinaten einfach durchgeführt werden:

$$|G_K(j\omega)| = \frac{|kG^*(j\omega)|}{|1 + kG^*(j\omega)|} = \frac{\ell_Z(\omega)}{\ell_N(\omega)} = \frac{\overline{AO}}{\overline{AE}} \tag{3.57}$$

$$\sphericalangle G_K(j\omega) = \sphericalangle G^*(j\omega) - \sphericalangle(1 + kG^*(j\omega)) = \varphi(\omega) - \varphi_N(\omega) = \varphi_K(\omega). \tag{3.58}$$

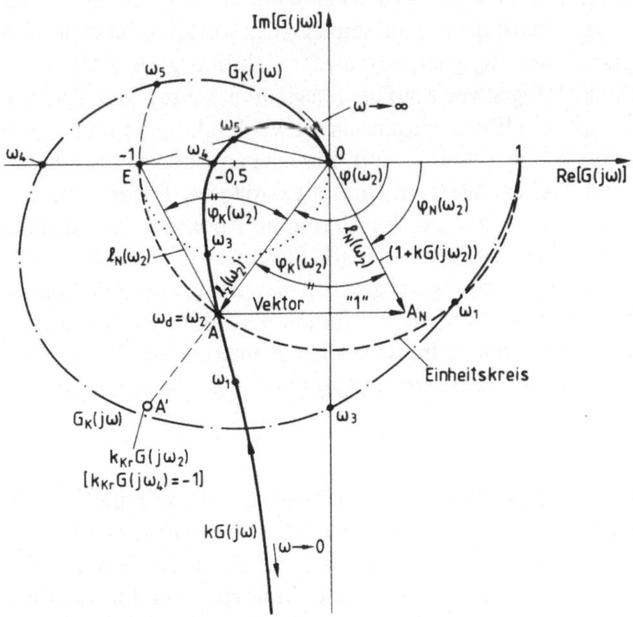

Bild 3.24 Punktweise Konstruktion des Frequenzgangs des geschlossenen Kreises aus dem des offenen

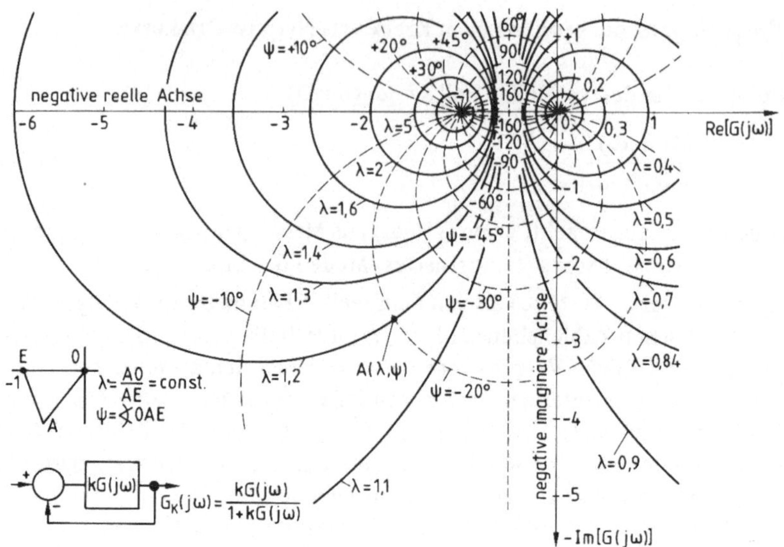

Bild 3.25 Hall-Kreise
Wenn A ein Punkt des Frequenzgangs $kG(j\omega)$ des offenen Kreises ist, hat der Frequenzgangpunkt des geschlossenen Kreises $G_K(j\omega)$ das Amplitudenverhältnis λ und das Argument ψ

$|G_K|$ ist also das Verhältnis der Strecken vom Aufpunkt $A(\omega)$ auf der Ortskurve des offenen Kreises zum Ursprung zu der zum Punkt -1. Geht eine Ortskurve $k_{Kr}G^*(j\omega)$ durch den Punkt -1, so wächst dort (0 im Nenner!) der Wert $|G_K|$ über alle Grenzen (Resonanzfall), d. h. der geschlossene Regelkreis ist an der Stabilitätsgrenze. Der Punkt -1 heißt deshalb „kritischer Punkt" (Eigenwerte auf der imaginären Achse). Man erkennt, daß Kurven $|G_K| = \text{const}$ in der komplexen Ebene eingezeichnet werden können (Hall-Kreise, Bild 3.25); große Werte treten um den Wert -1 auf. Für eine an einen solchen Kreis tangierende Frequenzgangkurve gibt der Wert am Kreis die Größe der Resonanzspitze des mit k geschlossenen Regelkreises an, so daß sich k_R hiermit als Funktion der maximal zulässigen Resonanzspitze wählen läßt. Die Phase des geschlossenen Kreises ist der Winkel, unter dem die Strecke $\overline{AA_N}$ vom Ursprung her gesehen erscheint; wegen der auftretenden Wechselwinkelbeziehungen ist dies identisch mit dem Winkel, unter dem die Strecke $\overline{OE}(\overline{O,-1})$ von A aus gesehen erscheint. Im Beispielfrequenzgang, der Bild 2.84 entspricht, erhält man für kleine ω (A gegen $-j\infty$) mit $\ell_Z \approx \ell_N$ und $\varphi \approx \varphi_N \approx -\pi/2$:

$$|G_K(\omega = \text{klein})| \approx 1, \qquad \varphi_K \approx 0. \tag{3.59}$$

Bei ω_3 (Schnittpunkt von $kG^*(j\omega)$ mit dem Thaleskreis über $\overline{OE}$) wird $\varphi_K = -90°$; dies ergibt den Durchgangspunkt der Ortskurve des geschlossenen Kreises durch die imaginäre Achse. ω_4 liefert den Durchgang durch die reelle Achse. So kann punktweise die Ortskurve des geschlossenen Kreises konstruiert und interpoliert werden. Der Nachteil ist, daß für jedes k entweder eine neue Ortskurve oder die Skalierung in der Ortskurvenebene verändert werden muß.

3.3.5 Deutung der Ergebnisse im Zeitbereich

Der zuletzt besprochene Frequenzgang des geschlossenen Kreises hat eine unmittelbare physikalische Bedeutung: Er gibt an, mit welchem Phasenverzug und welchem Amplitudenverhältnis die Ausgangsgröße der Führungsgröße nachfolgt. Ein idealer Folgeregelkreis hat bis zu der Auslegungsfrequenz ω_g den Wert $|G_K| = 1$ und die Phase $\varphi_K = 0$. Vor allem die Phase nimmt jedoch schon bei relativ kleinen Frequenzen im allgemeinen größere Werte an, während der Betrag noch nahe bei 1 sein kann (vgl. Glied 2. Ordnung mit $\zeta \approx 0{,}7$). Ein flacher Amplituden- und Phasenverlauf bei kleineren Frequenzen wird erreicht, wenn die Regelkreisverstärkung so groß gewählt werden kann, daß alle kleineren Eigenwerte des geschlossenen Kreises nahe bei Nullstellen liegen und alle, auch die großen, genügend weit in der linken Halbebene bleiben. Hierzu müssen zwei Voraussetzungen bei der Üfkt des offenen Kreises gegeben sein:

– *es dürfen keine Nullstellen in Ursprungnähe in der rechten Halbebene liegen, in die Pole bei kleiner Verstärkung einlaufen* (vgl. Allpaßglied);

– *der Polüberschuß darf nicht zu groß sein, und der Schwerpunkt muß möglichst weit links liegen (dies bedingt z. B. die Verwendung von Meß- und Stellgliedern mit hohen Eigenfrequenzen und guter Dämpfung).*

Da bei Systemen mit Polüberschuß der Betrag der Üfkt für große Frequenzen gegen 0 geht, ist in diesem Bereich (mit $|G| \ll 1$) auch $|G_K| \ll 1$. Ist für kleine „Frequenzen" $\omega_n = |s|$ der Wert $kG^* \gg 1$, so kann man 3 Bereiche in Abhängigkeit von $|s|$ unterscheiden (s. Bild 3.26): Bei kleinen Frequenzen ist $|G_K| \approx 1$ (Bereich a) und bei großen ist $|G_K| \approx k|G| \ll 1$, d. h. für das Folgeverhalten uninteressant. Von besonderem Interesse ist meist der mittlere Bereich um die sogenannte „Durchtrittsfrequenz" ω_d, bei der der Frequenzgang durch das Niveau der Kreisschließungsverstärkung $1/k_{ges}$ geht. Aus Gl. (3.36) sieht man, daß bei ω_d die Phase nicht $180°$ sein darf, da dann $k_{ges}G^* = -1$ wäre und mithin ein Polpaar des geschlossenen Kreises auf der imaginären Achse läge. Dies hätte eine Resonanzspitze mit $A \to \infty$ bei Anregung mit $\omega = \omega_d$ zur Folge und entspräche einem Verlauf der Nyquist-Ortskurve durch den kritischen Punkt -1 (vgl. Bild 3.24); der

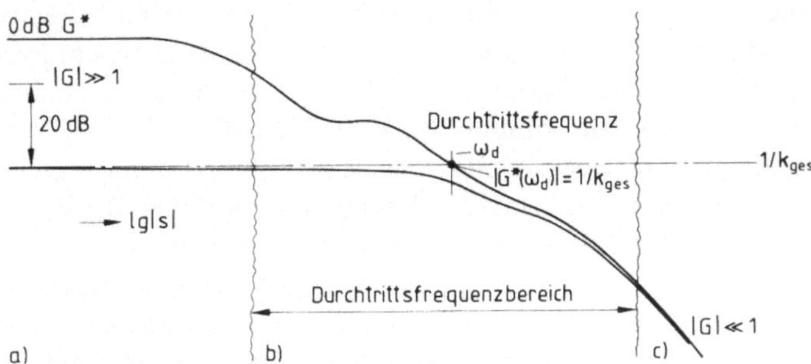

Bild 3.26 Charakteristische Frequenzbereiche zur Regelkreisschließung
a) unkritischer niederfrequenter Bereich
b) kritischer Durchtrittsfrequenzbereich
c) hochfrequenter Bereich (kaum veränderbar)

Tab. 3.2 Betrag und Phase des Frequenzgangs des geschlossenen Kreises an der Stelle der Durchtrittsfrequenz $\omega_d(|G^*(\omega_d)| = 1/k_{ges})$ in Abhängigkeit von der Phase des offenen Kreises

$\varphi(\omega_d)/°$	0	−90	−120	−135	−150	−170
$\lvert G_K(\omega_d)\rvert$	0,5	0,707	1	1,3	1,93	5,74
$\lvert G_K(\omega_d)\rvert$/dB	−6	−3	0	2,3	5,7	15,2
$\varphi_K(\omega_d)/°$	0	−45	−60	−67,5	−75	−85

geschlossene Regelkreis wäre an der Stabilitätsgrenze. In der Nyquist-Ortskurvendarstellung entspricht der Wert ω_d dem Punkt auf der Ortskurve, der auf dem Einheitskreis liegt; dadurch lassen sich Betrag und Phase von $G_K(\omega_d)$ einfach aus Bild 3.24 bestimmen: Tab. 3.2 zeigt einige Wertezuordnungen. Man erkennt, daß der Phasenrand $\varphi_R = 180° + \varphi(\omega_d) \gtrsim 45°$ sein muß, wenn für den geschlossenen Kreis gefordert wird, daß die Amplitudenüberhöhung bei ω_d kleiner 30% sein soll. Diese ist ein Näherungswert für die Resonanzspitze des geschlossenen Kreises, wenn die Nyquist-Ortskurve den Einheitskreis etwa unter 90° schneidet (vgl. Hall-Kreise, Bild 3.25); für den Fall in Bild 3.24 (oder ähnliche) gilt dies nicht.

Definiert man als Eckfrequenz des geschlossenen Kreises den Wert bei dem $|G_K(\omega_g)| = -6$ dB (oder, was auch üblich ist: $\varphi_K = -90°$) ist, so lassen obige Zahlenwerte erkennen, daß ω_g etwas oberhalb von ω_d liegt; aus diesem Grund ist die Durchtrittsfrequenz ω_d ein leicht erkennbares Maß für die Bandbreite des geregelten Systems.

4 Eingrößen-Regelkreise

In diesem Kapitel werden die bisher behandelten Verfahren eingesetzt, um mit den Komponenten des offenen Kreises ein System mit geschlossenem Regelkreis zu erstellen, das vorgegebenen Spezifikationen bezüglich des dynamischen Antwortverhaltens genügt bzw. ihnen möglichst nahe kommt. Zur Erreichung dieses Zieles können meist verschiedene Zustandsgrößen gemessen oder Signale manipuliert und gemischt werden. Letztere Operationen werden im sogenannten „Regler" durchgeführt. Bei Eingrößenregelungen mit einem besonders interessierenden Ausgangswert y, der trotz Störungen z an der Regelstrecke einem Sollwert y_s möglichst gleich sein soll, können der Regeleinrichtung neben dem Soll- und Istwert noch weitere Hilfsregelgrößen x_h zugeführt werden (Bild 4.1). Wenn x_h die Ableitung von y ist, ergibt sich im Bildbereich mit $x_h = sy$ ein einfacher Zusammenhang und man spricht nach wie vor von einem Eingrößenregelkreis (mit Vorhaltsignal); ist x_h eine allgemeine Zustandsvariable, spricht man häufig bereits von einer Mehrgrößenregelung, obwohl man strenggenommen diese Bezeichnung Systemen mit mehreren Soll-, Steuer- und Ausgangsgrößen vorbehalten sollte.

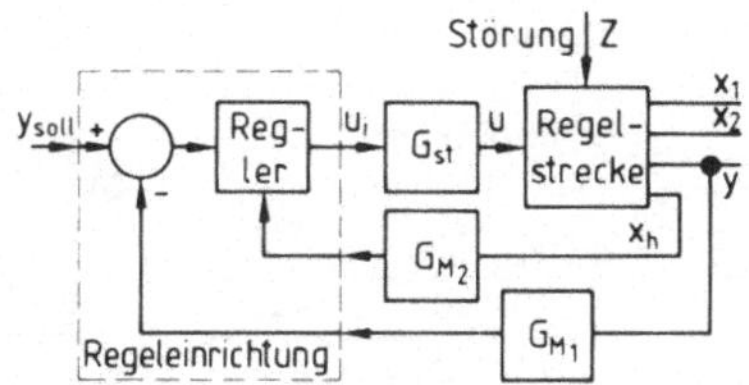

Bild 4.1
Regelkreis mit Hilfsregelgröße

Hat der Regler die Aufgabe, bei festem y_{Soll} Störungen z auszuregeln, so spricht man von einem Festwertregler (z. B. Drehzahlregelung bei elektrischen Generatoren oder bei Motoren unter wechselnder Last), auch Regulator genannt; soll der Regler die Ausgangsgröße y einer dynamisch sich ändernden Sollgröße $y_s(t)$ nachführen, so spricht man von einer Folgeregelung, auch Servosystem genannt (z. B. Servolenkung, graphische Ausgabegeräte wie xy-Schreiber). Für beide sind die Akzentsetzungen bei der Auslegung verschieden.

In diesem Kapitel werden zunächst einschleifige Regelkreise behandelt, um einige Grundreglerarten näher kennenzulernen. Nach einer Zusammenfassung der Entwurfsgesichtspunkte im Kapitel 5 werden dann in Kapitel 6 Mehrgrößen-Regelkreise behandelt. Dabei steht stets die Frage im Vordergrund, wie die Regeleinrichtung in Bild 4.1 ausgelegt werden sollte, um folgende Ziele zu erreichen:

1. *gute statische Genauigkeit*
2. *schnelles Einschwingverhalten*
3. *gute Störunterdrückung*
4. *Unempfindlichkeit gegen Parameteränderungen.*

Als Standardbeispiel werden das Stab/Wagen-System (Abschn. 2.1.5.7) und seine Elemente behandelt.

4.1 „Klassische" Rückkopplungen und Kompensationsglieder

4.1.1 Rückkopplung um den Integrator

In Abschn. 2.1.5.1 und 2.1.5.2 waren der hydraulische Arbeitszylinder und der über einen zusätzlichen Kondensator rückgekoppelte Operationsverstärker als Integrierglied erkannt worden. Im Bildbereich wird dieses Glied durch die Übertragungsfunktion $G_I = k_I/s$ beschrieben. Eine Rückkopplung mit der Verstärkung k_R des Fehlersignals (Bild 4.2) liefert als Übertragungsfunktion des geschlossenen Kreises

$$G_K = k_R k_I/(s + k_R k_I) = 1/(sT + 1) \quad \text{mit} \quad T = 1/k_R k_I = 1/a. \tag{4.1}$$

Die „Eckfrequenz" $a = k_R k_I = 1/T$ kann aus dem verallgemeinerten Bode-Diagramm Bild 4.3a unmittelbar in ihrer Verstärkungsabhängigkeit erkannt werden, während der

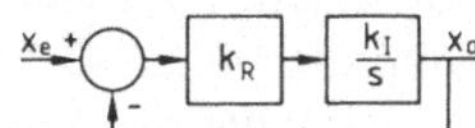

Bild 4.2
Rückkopplung um einen Integrator

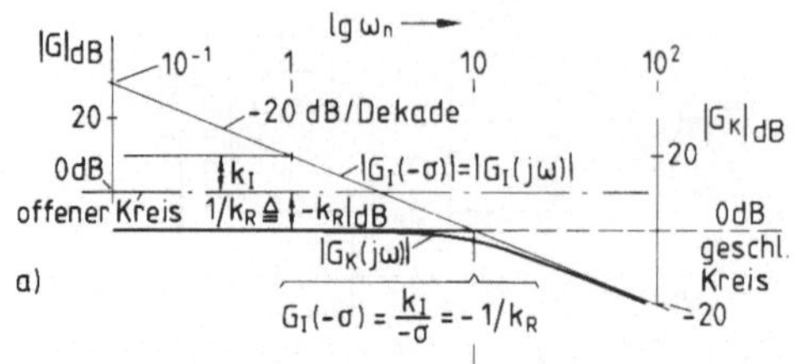

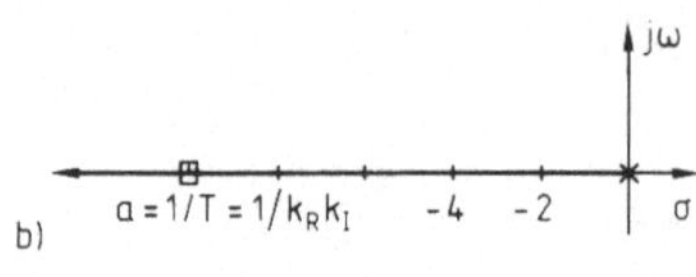

Bild 4.3 Kreisschließung um Integrator in der Systemübersicht
a) verallgemeinertes Bode-Diagramm mit Frequenzgang des geschlossenen Kreises
b) Wurzelortskurve

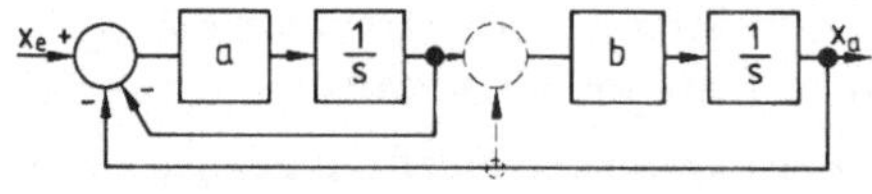

Bild 4.4
Rückkopplungen um zwei Integratoren: Glied 2. Ordnung für a < 4b (komplexe Eigenwerte)

Wurzelort (Bild 4.3b) diese nicht explizit zeigt. In Bild a) wurde k_I/s aufgetragen (k_I an der Stelle $|s| = \omega_n = 1$); es wäre genauso gut möglich, $G_I^* = 1/s$ aufzutragen (dann würde die Gerade −20 dB/Dekade bei $\omega_n = 1$ durch 0 dB gehen) und den Kehrwert $1/k_R k_I$ der statischen Gesamtverstärkung mit $G_I^*(-\sigma) = -1/\sigma$ gemäß Gl. (3.36) gleichzusetzen. Dies entspricht der Umskalierung der $|G|$-Werteskala (Ordinate) des offenen Kreises um $-k_I|_{dB}$ und ändert sonst nichts.

Mit der zweckmäßigen Festlegung, daß die hochfrequenten Asymptoten von offenem und geschlossenem Kreis übereinstimmen, wird die Linie der Kreisschließungsverstärkung ($1/k_R \triangleq -k_R|_{dB}$) die 0-dB-Linie des geschlossenen Kreises (Abschn. 3.3.3) und man kann mit den Ergebnissen aus Abschn. 2.4.1.2 unmittelbar den Frequenzgang des geschlossenen Kreises einzeichnen; dies ist für den Betrag $|G_K(j\omega)|_{dB}$ ausgeführt. Man sieht, daß bei Anregung dieses Gliedes mit einem Signal, das ein breites Spektrum an Frequenzen enthält, die Amplitudenanteile der höheren Frequenzen ($\omega > a = 1/T$) gedämpft werden, während die der niedrigen Frequenzen kaum beeinflußt werden. Man benutzt deshalb solche Glieder, um höherfrequente Rauschsignalanteile zu unterdrücken (Tiefpaß-Filter); die Positionierung der Eckfrequenz hat man über die Rückkopplungsverstärkung k_R in der Hand.

Schaltet man zwei dieser Glieder hintereinander, so erhält man als Gesamtübertragungsfunktion $G_K = ab/(s^2 + (a + b)s + ab)$. Führt man den Ausgang des letzten Integrierers nicht auf dessen Eingang, sondern auf den des ersten zurück (Bild 4.4), so werden auch komplexe Eigenwerte möglich (Glied 2. Ordnung, Abschn. 2.4.1.3) und für a = 2b erhält man aus der Übertragungsfunktion des geschlossenen Kreises

$$G_{K2} = ab/(s^2 + as + ab) = 1/[s/\omega_n)^2 + 2\zeta(s/\omega_n) + 1] \qquad (4.2)$$

den Wert $\zeta = 1/\sqrt{2}$, für den dieses Glied bis in die Nähe der Eckfrequenz $\omega_n = \sqrt{ab}$ gutes Folgeverhalten hat. Signalanteile mit Frequenzen größer ω_n werden stark gedämpft, da die hochfrequente Asymptote −40 dB/Dekade beträgt; dieses Filter 2. Ordnung hat gegenüber zwei Filtern 1. Ordnung den Vorteil, daß bei kleineren Frequenzen der Phasennachlauf φ und die Amplitudendämpfung geringer sind. Da $\varphi(\omega)$ für $\zeta = 1/\sqrt{2}$ mit guter Näherung bei kleinen Frequenzen linear ist, kann der Phasennachlauf in diesem Bereich durch eine Verschiebung der Zeitachse kompensiert werden (vgl. Abschn. 2.3.1.5, Gl. (2.136)). Rückgekoppelte Integratoren sind die Basis der Analogrechnersimulation und von Reglern mit aktiven Bauelementen.

4.1.2 Proportional- (P-) und Proportional-Integral- (PI-) Regler bei Gliedern 1. Ordnung

4.1.2.1 Proportional-Regler. Aus der Übertragungsfunktion $G_{yu} = \kappa/(s + a)$ ergibt sich mit dem Endwertsatz der erforderliche Steuerausschlag A um y stationär auf 1 zu steuern zu

$$\lim_{s \to 0} s \frac{A}{s} \frac{\kappa}{(s + a)} = 1 \quad \text{oder} \quad A = \frac{a}{\kappa} = 1/k. \tag{4.3}$$

Bei einem Regelkreis gemäß Bild 4.5a mit der Sollwertvorgabe w = 1 erhält man über die Übertragungsfunktion des geschlossenen Kreises

$$G_K = \frac{y}{w} = \frac{k_R \kappa}{s + a + k_R \kappa} \quad \text{mit} \quad b = a + k_R \kappa \tag{4.4}$$

für y den stationären Wert $k_K = k_R\kappa/b$, d. h. einen Stellungsfehler $1 - k_K = \epsilon = a/b$. Der Eigenwert des Systems wird wie Gl. (4.4) erkennen läßt, um den Wert $k_R\kappa$ größer (Bild 4.5b), d. h. das System wird mit zunehmender Reglerverstärkung schneller. Um den Preis hierfür zu erkennen, betrachten wir den Stellaufwand

$$U = y/G_{yu} = G_K/G_{yu} w = \frac{k_R(s + a)}{s + b} w. \tag{4.5}$$

Für w als Einheitssprung w(s) = 1/s folgt damit

$$U(s) = \frac{k_R}{b} \left[\frac{a}{s} + \frac{k_R \kappa}{s + b} \right] \quad \text{oder} \quad u(t) = \frac{a}{a/k_R + \kappa} + \frac{k_R}{1 + a/(k_R \kappa)} e^{-bt}. \tag{4.6}$$

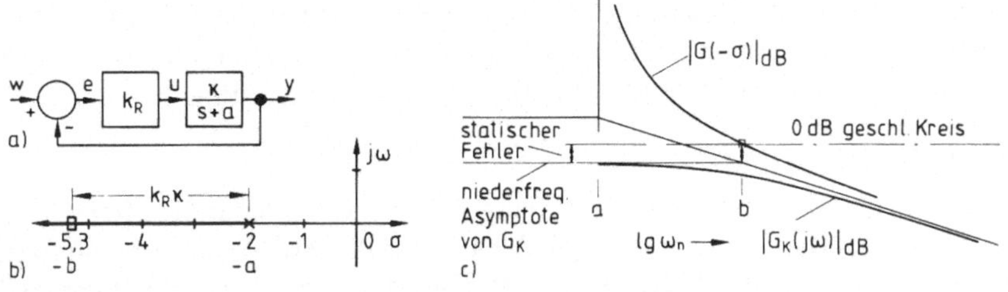

Bild 4.5 Einheitsrückführung um Glied 1. Ordnung
a) Blockschaltbild
b) Wurzelort
c) verallgemeinertes Bode-Diagramm mit Frequenzgang des geschlossenen Kreises, der aus $G(-\sigma)$ des offenen erhalten wird

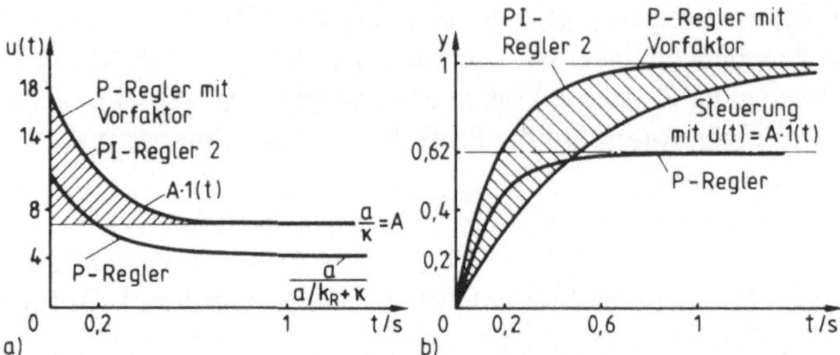

Bild 4.6 Zeitverlauf der Steuer- (a)) und Ausgangsgröße (b)) des Systems aus Bild 4.5

Anstatt auf a/κ für $t \to \infty$ zu gehen, läuft u gegen $a/\kappa\,[1/(1 + a/(k_R\kappa))]$; man sieht, daß der Sollwert nur für $k_R \to \infty$ erreicht wird. Andererseits steigt damit die Größe des 2. Terms in Gl. (4.6) anfangs auch über alle Grenzen.

Bild 4.6a zeigt als untere Kurve den Steuerverlauf für das Zahlenbeispiel: a = 2; b = 5,3; κ = 0,3. Aus der Festlegung von b (Polvorgabe) ergibt sich entweder analytisch aus Gl. (4.4) oder graphisch aus dem $|G(-\sigma)|$-Diagramm (Bild 4.5c) die Verstärkung k_R des (Proportional-)Reglers zu $k_R = 11$. Die Anwendung des Anfangswertsatzes auf Gl. (4.5) zeigt, daß k_R gleich dem Anfangsausschlag von u für w = 1(t) ist. Das Schnellerwerden des Systems wird also mit anfangs größeren Steuerausschlägen bezahlt. Da die Steuergröße bei realen Systemen beschränkt ist, ergeben sich hieraus Grenzen für die Möglichkeit des Schnellermachens. Ist z. B. im vorliegenden Fall $u_{max} = 30$, so läuft das bisher betrachtete Regelsystem mit der proportionalen Aufschaltung des Regelfehlers e auf die Steuerung bereits bei $w \approx 3$ in die Sättigung; der stationäre Endwert wäre kleiner als 2. Der statische Fehler kann übrigens in diesem einfachen Fall eines einzigen Gliedes 1. Ordnung direkt aus dem Abstand zwischen $|G(-\sigma)|$ und dessen Asymptote abgelesen werden (Bild 4.5c).

Damit das geregelte System den Sollwert erreicht, kann man natürlich den kommandierten Wert w mit dem Reziprokwert der statischen Verstärkung des geregelten Systems, hier also $V = 1 + a/(k_R\kappa)$, vormultiplizieren. V hat für das Zahlenbeispiel den Wert 1,6. Das Ergebnis für u(t) und y(t) ist ebenfalls in Bild 4.6 dargestellt. Man erkennt das gegenüber der Stufensteuerung schnellere Einlaufen der Ausgangsgröße auf den Sollwert 1 und den Mehraufwand in der Steuerung vor allem zu Beginn (schraffierte Flächen). Wenn allerdings die Streckenparameter a und κ in Abhängigkeit von Betriebsbedingungen (z. B. Temperatur) schwanken, wird der Istwert y nicht genau 1 sein.

4.1.2.2 Proportional-Integral-Regler. In Abschn. 3.2.3 hatten wir gesehen, daß der stationäre Fehler des geschlossenen Regelkreises stets 0 ist, wenn der offene Kreis ein freies s im Nenner, also ein Integrationsglied, hat. Deshalb wird als nächstes ein sogenannter Proportional-Integral-(PI-)Regler gewählt (Bild 4.7a), bei dem das Fehlersignal e einmal proportional mit dem Faktor k_p und einmal aufintegriert mit dem Faktor k_I die Steuergröße u bildet. Damit ergibt sich die PI-Reglerübertragungsfunktion im Bildbereich

$$u = (k_p + k_I/s)e \to G_R = \frac{u}{e} = k_p(s + k_I/k_p)/s = k_I(sT_I + 1)/s. \qquad (4.7)$$

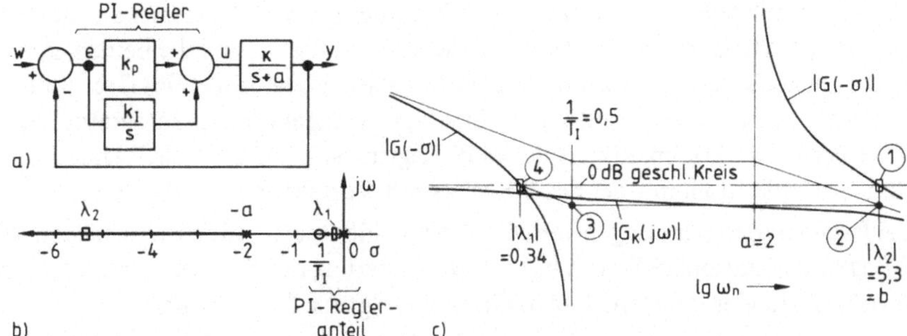

Bild 4.7 Kreisschließung um Glied 1. Ordnung mit PI-Regler 1; Systemübersicht
a) Blockschaltbild
b) Wurzelort
c) verallgemeinerte Bode-Diagramme mit Frequenzgang des geschlossenen Kreises $|G_K(j\omega)|$

Im Wurzelort (Bild 4.7b) der Kreisübertragungsfunktion erscheint nun zusätzlich ein Pol im Ursprung und eine Nullstelle $1/T_I = k_I/k_p$, deren Lage durch das Verhältnis der beiden Verstärkungen im Regler festgelegt werden kann. Im Bild wurde $1/T_I = 0{,}5$ zunächst willkürlich gewählt. Die zugehörigen Bode-Diagramme zeigt Bild 4.7c: Das Integrationsglied des Reglers liefert die mit -20 dB/Dekade geneigte linke Asymptote, die bei $1/T_I$ in das horizontale Mittelstück übergeht; bei a ergibt sich dann die hochfrequente Asymptote mit der gleichen Neigung wie links. Da auf der reellen Achse bei negativer Rückkopplung in den Bereichen $-\sigma > a$ und $1/T_I > -\sigma > 0$ die 180°-Phasenbedingung (negatives Vorzeichen) erfüllt ist, werden hier die Kurven $|G(-\sigma)|$ erstellt, die mit 3 oder 4 Punktauswertungen pro Ast schnell eingezeichnet werden können. Soll der größere der beiden Eigenwerte des geschlossenen Kreises $|\lambda_2|$ wie oben bei b liegen, so muß die Kreisschließungsverstärkung $-k_I k|_{dB}$ die Kurve $|G^*(-\sigma)|_{dB}$ mit

$$G^*(s) = (sT_I + 1)/[(s/a + 1)s]$$

bei $|\sigma| = b$ schneiden (Punkt ①). Hiermit liegt gleichzeitig der zweite Eigenwert $|\lambda_1|$ im Schnittpunkt ④ mit dem linken $G(-\sigma)$-Ast und die 0-dB-Bezugslinie des geschlossenen Kreises bei gleicher hochfrequenter Asymptote fest. Mit den bekannten Polen 1. Ordnung und der unveränderten Nullstelle $1/T_I$ kann der Asymptotenverlauf des geschlossenen Kreises eingezeichnet werden: Links von Punkt ②, der genau unter ① auf der hochfrequenten Asymptoten liegt, ist die Asymptote von G_K bis zur Nullstelle $1/T_I$ horizontal; links davon steigt sie wieder mit -20 dB/Dekade, um genau bei $|\lambda_1|$ die 0-dB-Linie zu erreichen. (Dies kann als Genauigkeitstest für die graphische Konstruktion betrachtet werden, da wegen des Integrationsgliedes im Kreis die niederfrequente Asymptote bei 0 dB liegen muß.) Zu diesen Asymptoten kann nun leicht der Frequenzgang des geschlossenen Kreises gezeichnet werden. Man erkennt im Vergleich zu Bild 4.5c, daß zwar bei sehr kleinen Frequenzen $\omega_n \lesssim |\lambda_1|$ der Amplitudengang $|G_K(j\omega)|$ gegen 1 geht, daß er aber für $\omega_n \gtrsim a$ dem früheren sehr ähnlich ist. Im Bereich $\omega_n \approx a$ entspricht das Amplitudenverhältnis etwa der statischen Verstärkung des P-Regelkreises. Soll der Frequenzgang $G_K(j\omega)$ bis zu größeren Frequenzen nahe bei 1 sein, so muß offensichtlich die Reglernullstelle weiter rechts gewählt werden, d. h. die Verstärkung des I-Anteils im Regler k_I sollte größer sein. Damit wandert $1/T_I$ auf a zu und die beiden $G(-\sigma)$-Äste werden von der jeweils anderen Singularität stärker beeinflußt. Im Grenzfall $1/T_I = a$ heben sie sich gegenseitig auf und es bleibt der rückgekoppelte Integrator nach Abschn. 4.1.1 übrig. Die Stufenantwort dieses PI-Reglers ist in Bild 4.6 als Regler 2 mit eingetragen; sie ist identisch mit der des P-Reglers mit Vorfaktor $V = 1/k_K$.

Bei Parameterschwankungen verhalten sich beide Regler jedoch verschieden. Während beim P-Regler der stationäre Wert Vk_K mit der Änderung der Streckenparameter schwankt, ist er beim PI-Regler konstant 1: Aus Gl. (4.4) folgt für den P-Regler

$$\frac{\partial(Vk_K)}{\partial\kappa} = V\frac{\partial}{\partial\kappa}\left(\frac{k_R\kappa}{a + k_R\kappa}\right) = \frac{Vk_R a}{b^2}\left[= 1{,}25 \ \text{für die gewählten Zahlenwerte}\right] \quad (4.8)$$

$$\frac{\partial(Vk_K)}{\partial a} = Vk_R\kappa\frac{\partial}{\partial a}(a + k_R\kappa)^{-1} = \frac{-Vk_R\kappa}{b^2}\left[= -0{,}19 \ \text{für die gewählten Zahlenwerte}\right].$$

Eine Änderung der Streckenverstärkung κ schlägt sich wegen des großen Vorfaktors $V = 1{,}6$ überproportional im stationären Endwert y_∞ nieder (Faktor 1,25). Die Eigenschaft, daß der PI-Regler solche Parameterschwankungen selbsttätig ausregelt, wird als (eine Komponente der) Robustheit bezeichnet und ist natürlich sehr erwünscht.

Für die Stufenantwort des Systems mit PI-Regler erhält man über

$$\frac{y}{w} = \frac{G_R G}{1 + G_R G} = \frac{k_p\kappa(s + 1/T_I)}{s^2 + s(a + k_p\kappa) + k_p\kappa/T_I} = G_K \quad (4.9)$$

und die Eigenwerte

$$\lambda_{1,2} = -0{,}5(a + k_p\kappa) \pm [(a + k_p\kappa)^2/4 - k_p\kappa/T_I]^{1/2} \quad (4.9a)$$

die Partialbruchzerlegung für den Einheitsstufeneingang

$$y(s) = \frac{A}{s} + \frac{B}{s - \lambda_1} + \frac{C}{s - \lambda_2}$$

mit $$A = \frac{k_p\kappa}{T_I\lambda_1\lambda_2} = 1; \quad B = \frac{k_p\kappa(\lambda_1 + 1/T_I)}{\lambda_1(\lambda_1 - \lambda_2)}; \quad C = \frac{k_p\kappa(\lambda_2 + 1/T_I)}{\lambda_2(\lambda_2 - \lambda_1)}. \quad (4.10)$$

Für $t \to \infty$ gehen die beiden letzten Terme gegen 0, da $\lambda_{1,2} < 0$ ist; der 1. Term ist unabhängig von κ und a stets 1 (absolutes Glied im Nenner von G_K ist $k_p\kappa/T_I = \lambda_1\lambda_2$). Wählt man $1/T_I = a$ (Pol-Nullstellen-Kürzung), so wird ein Eigenwert bei $1/T_I$ festgehalten und der entsprechende Partialbruchkoeffizient ist 0; das System antwortet nur mit der zweiten Eigenbewegungsform, die in Bild 4.6 mit der Stufensteuerung $u = 1/k \cdot 1(t)$ verglichen wurde. Bild 4.8 zeigt diesen Verlauf mit veränderter Zeitskala im Vergleich zu einem PI-Regler (1) mit $1/T_I = 0{,}5$ und $|\lambda_2| = b$ wie gehabt (Bild 4.7c). Man sieht, daß der λ_2-Anteil sich ähnlich wie der P-Regler in Bild 4.6 verhält; ihm überlagert ist hier aber der λ_1-Anteil, der mit der Zeitkonstanten $T_1 = 1/|\lambda_1| = 2{,}9$ abklingt und mit dem λ_2-Anteil die Summe -1 ergibt $(B + C = -1)$. Da die Eigenwerte um eine Größenordnung auseinanderliegen, kann man ihre Bewegungsanteile in Bild 4.8b näherungsweise separie-

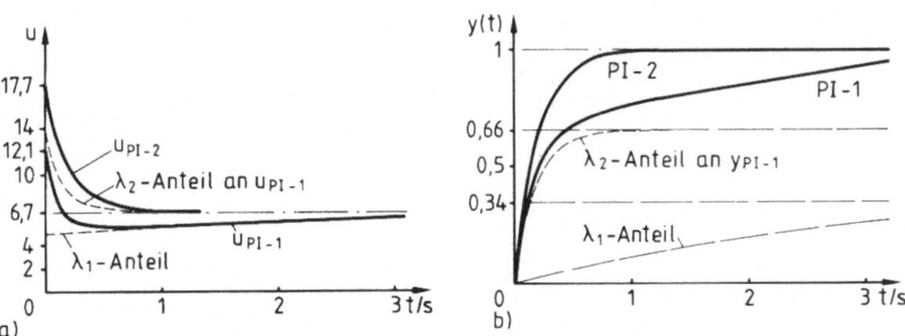

Bild 4.8 Zeitverlauf der Steuer- und Ausgangsgröße des Systems aus Bild 4.7

ren: in der ersten halben Sekunde dominiert der λ_2-Anteil, während ab dann der λ_1-Anteil die verbleibende Regelabweichung gegen 0 führt.

Diesem langsameren Ausgleich entspricht ein kleinerer Steuerausschlag (Bild 4.8a): Ähnlich wie im vorigen Abschnitt ergibt sich

$$\frac{u}{w} = \frac{G_K}{G_{yu}} = \frac{k_p(s + 1/T_I)(s + a)}{(s - \lambda_1)(s - \lambda_2)} \tag{4.11}$$

und mit w = 1/s nach Partialbruchzerlegung

$$u(s) = \frac{a/\kappa}{s} + \frac{C_1}{s - \lambda_1} + \frac{C_2}{s - \lambda_2}; \tag{4.12}$$

mit $$C_1 = \frac{k_p(\lambda_1 + 1/T_I)(\lambda_1 + a)}{\lambda_1(\lambda_1 - \lambda_2)} \qquad C_2 = \frac{k_p(\lambda_2 + 1/T_I)(\lambda_2 + a)}{\lambda_2(\lambda_2 - \lambda_1)}.$$

Für $\lambda_2 = -5{,}3$ ist $C_1 = -1{,}88$, $C_2 = 7{,}25$ und $k_p = 12{,}1$. Der Anfangswertsatz angewandt auf Gl. (4.12) liefert als Einheitssprungantwort bei $t = 0^+$ den Wert $u(0^+) = k_p$; gemäß Gl. (4.12) ist dies gleich der Summe $a/\kappa + C_1 + C_2$. Bild 4.8a zeigt, daß u von diesem gegenüber dem Regler 2 nur knapp 70% so großen Anfangswert mit der Eigenbewegung λ_2 zunächst unter den stationären Wert absinkt und dann mit der Eigenbewegung λ_1 von unten gegen diesen strebt.

Es sei nochmals darauf hingewiesen (vgl. Abschn. 3.2.2), daß die Pol-Nullstellen-Kürzung beim Regler 2 die Eigenbewegungsform nicht generell unterdrückt, sondern nur in dieser Übertragungsfunktion, die für die Anfangsbedingung ≡ 0 definiert ist. Sind die Anfangsbedingungen ≠ 0, so ergibt die vollständige Laplace-Transformation der entsprechenden Differentialgleichung des geschlossenen Kreises

$$y = \frac{k_p\kappa\cancel{(s + 1/T_I)}}{\cancel{(s - \lambda_1)}(s - \lambda_2)} w(s) + \frac{\dot{y}(0) + y(0)[s - (\lambda_1 + \lambda_2)]}{(s - \lambda_1)(s - \lambda_2)}. \tag{4.13}$$

Die Eigenbewegungsform λ_1 kürzt sich im zweiten Term nicht heraus. Frei wählbare Nullstellen sollten deshalb nur dort auf Pole gelegt werden, wo dessen Eigenbewegungsform akzeptabel ist; insbesondere verbietet sich die Positionierung einer Nullstelle auf einen instabilen Pol.

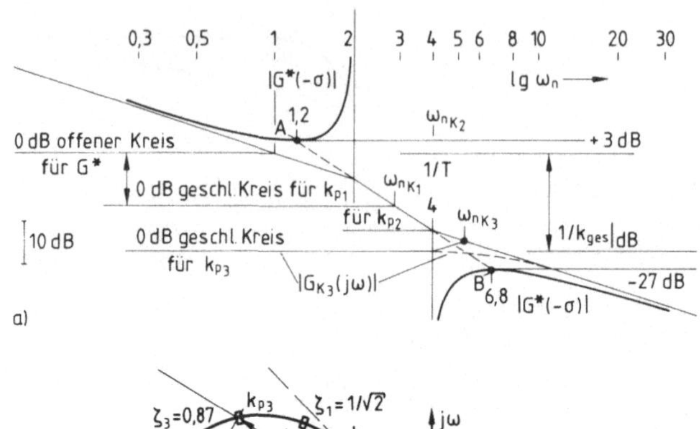

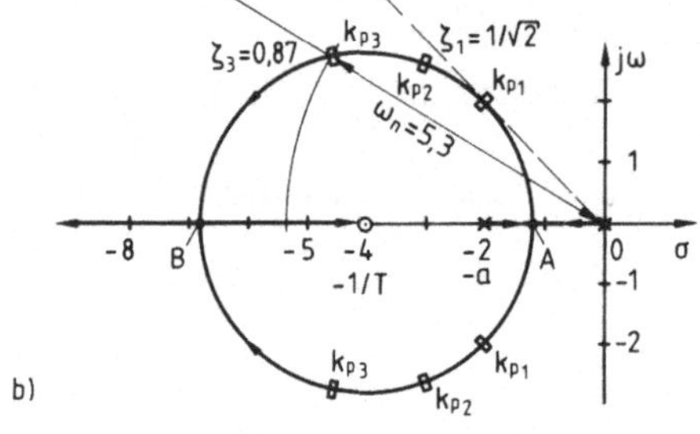

Bild 4.9 Systemübersicht eines Systems 2. Ordnung mit Nullstelle $G = \frac{\kappa(s + 1/T)}{s(s + a)}$; $1/T = 4$, $a = 2$
a) verallgemeinerte Bode-Diagramme, b) Wurzelort

Wählt man die Lage der Nullstelle $1/T_I > a$, so können schwingende Eigenbewegungsformen auftreten. Bild 4.9 zeigt die Verhältnisse für $1/T_I = 4$: die niederfrequente Asymptote des dynamischen Anteils G* schneidet die 0-dB-Linie des offenen Kreises bei $|s| = \omega_n = 1$ (Teilbild a), Bode-Diagramme). Da die kleinste Singularität neben dem Integrator nun ein Pol ist, geht $|G^*(-\sigma)|$ dort gegen $+\infty$ und hat ein Minimum im Punkt A bei $-\sigma = 1{,}2$ [nach Gl. (2.183a) ergibt sich $\sigma_m = -1/T_I \pm \sqrt{(1/T_I)^2 - a/T_I}$, hier $-4 \pm 2\sqrt{2}$] mit dem Wert 3,3 dB. Der zweite $G(-\sigma)$-Ast mit der Phase $-180°$ (negatives Vorzeichen) liegt im Bereich $-\sigma > 1/T_I$ und kommt von $-\infty$. Er hat ein Maximum bei $-\sigma = 6{,}8$ mit $|G^*(-\sigma)| = -27{,}3$ dB. Im Bereich $3{,}3 > -k_{ges}|_{dB} > -27{,}3$ (d. h. $0{,}69 < k_{ges} < 23$) hat der geschlossene Regelkreis ein konjugiert komplexes Eigenwertpaar. Auch dessen Eckfrequenz kann aus den Bode-Asymptoten abgelesen werden, nämlich im Schnittpunkt der Asymptoten, die vom hoch- und niederfrequenten Ende her aufgebaut werden können (vgl. Abschn. 3.3.3). In Bild 4.9a ist dies für 3 Reglerverstärkungen k_{p_1} entsprechend $\omega_{n_{K_1}} = 2\sqrt{2}$, k_{p_2} ($\omega_{n_{K_2}} = 4$), und k_{p_3} ($\omega_{n_{K_3}} = 5{,}3$) durchgeführt; Bild 4.9b zeigt den zugehörigen Wurzelort, aus dem der Dämpfungsgrad ζ abgelesen werden kann: $\zeta_1 = 1/\sqrt{2}$ für schnelles Einschwingverhalten und $\zeta_3 = 0{,}87$ (Schnittpunkt des Kreises um den Ursprung mit dem Radius $\omega_{n_{K_3}}$ mit der Wurzelortskurve). Da die Linie $\zeta_1 = \text{const}$ den Wurzelort bei k_{p_1} tangiert, ist ζ_1 unempfindlich gegenüber Verstärkungsschwankungen, während ω_n damit variiert.

Aus Gl. (4.9a) erhält man für die konjugiert komplexen Eigenwerte

$$\lambda_{1,2} = -0{,}5(a + k_p\kappa) \pm j[k_p\kappa/T_I - (a + k_p\kappa)^2/4]^{1/2} = -\sigma_e \pm j\omega_e. \quad (4.9b)$$

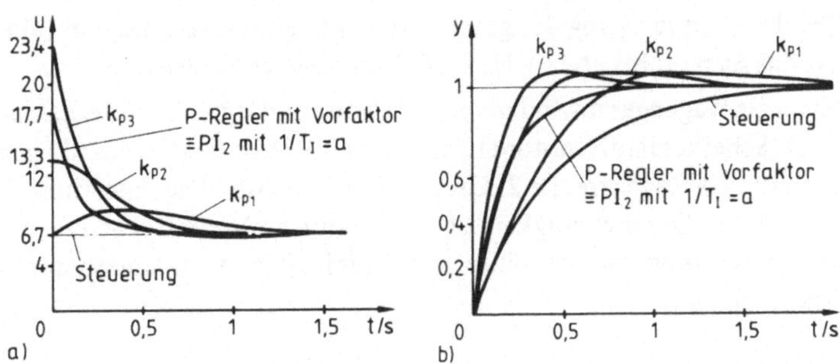

Bild 4.10 Zeitverlauf der Steuer- (a)) und Ausgangsgröße (b)) für verschiedene Reglerauslegungen. $1/T_I = 4$ für k_{pi}

Die Partialbruchzerlegung lautet nun statt (4.10) für w(s) = 1/s (Einheitsstufe)

$$y(s) = \frac{1}{s} - \frac{s + a}{(s + \sigma_e)^2 + \omega_e^2} = \frac{1}{s} - \frac{s + \sigma_e}{(s + \sigma_e)^2 + \omega_e^2} + \frac{(\sigma_e - a)}{\omega_e} \frac{\omega_e}{(s + \sigma_e)^2 + \omega_e^2} \quad (4.14)$$

und mit Tab. 2.2 rücktransformiert

$$y(t) = 1 - e^{-\sigma_e t}\left[\cos \omega_e t - \frac{\sigma_e - a}{\omega_e} \sin \omega_e t\right]. \quad (4.14a)$$

Für die Steueraktivität erhält man aus Gl. (4.11) hierfür

$$U(s) = \frac{a/\kappa}{s} + \frac{(k_p - a/\kappa)s + k_p/T_I - a^2/\kappa}{(s + \sigma_e)^2 + \omega_e^2} \quad (4.15)$$

und mit Koeffizientenumformung für Cosinus- und Sinusterme gemäß Tab. 2.2

$$u(t) = \frac{a}{\kappa} + \left[\left(k_p - \frac{a}{\kappa}\right) \cos \omega_e t + \left(\frac{k_p}{T_I} - \frac{a^2}{2\kappa} - \frac{k_p^2 \kappa}{2}\right)\Big/ \omega_e \cdot \sin \omega_e t\right] e^{-\sigma_e t}. \quad (4.15a)$$

Bild 4.10 zeigt die entsprechenden Zeitverläufe von y und u für die Kreisschließungsverstärkungen k_{p_1} bis k_{p_3} im Vergleich zum Proportionalregler mit Vorfaktor (= PI_2 in Bild 4.8) und zur Steuerung. Bei k_{p_1} = 6,67 ist der Anfangswert von u gleich dem stationären Endwert, bei k_{p_2} gleich dem doppelten dieses Wertes. Für das in der Eckfrequenz nur um 1/3 schnellere System mit k_{p_3} = 23,4 wird der Anfangsausschlag von u nochmals fast verdoppelt. Bei dieser Reglerauslegung würde u schon für w = 1,3 · 1(t) anfangs in die Sättigung gehen. Während u bei k_{p_1} zunächst mit der Zeit noch zunimmt, hat es bei den größeren Verstärkungen anfangs seinen Maximalwert.

Die Ausgangsgröße y (Teilbild b) schwingt etwa 7% über. Der stationäre Endwert wird mit k_{p_2} in weniger als 60% der Zeit wie für k_{p_1} erreicht (fast 0,3 s schneller), während mit k_{p_3} nur ein weiteres Zehntel gewonnen werden kann. Im letzteren Fall erreicht das System jedoch merklich rascher einen kleinen Schwellwertbereich um den stationären Endwert.

Wie der Frequenzgang des geschlossenen Kreises $|G_{K3}(j\omega)|$ in Bild 4.9a erkennen läßt, hat das System bis etwa 1 Hz (~6,3 rad/s) gutes Folgeverhalten.

Mit y als Wagengeschwindigkeit V entspricht das behandelte Zahlenbeispiel dem durch einen Scheibenläufermotor angetriebenen Wagen des Standardbeispiels Stab/Wagen-System. Als Regelstrecke 2. Ordnung soll nun die Wagenposition geregelt werden, die das Integral der Geschwindigkeit ist. Sehr ähnliche Verhältnisse ergeben sich für eine Antennenlageregelung oder ein einfaches Modell einer Auto-Kurssteuerung bei konstanter Geschwindigkeit.

4.1.3 P-, Proportional-Differential-(PD-) und Proportional-Integral-Differential-(PID-) Regler bei Gliedern 2. Ordnung

Mit y sei nun die Position bezeichnet, die sich aus der Integration des bisherigen Ausgangssignals ergibt. Damit erhält man die Übertragungsfunktion

$$G_{yu} = \frac{\kappa}{s(s+a)} \quad \text{und} \quad G_K = \frac{k_R \kappa}{s^2 + as + k_R \kappa}, \tag{4.16}$$

wobei G_K mit einem Proportional-Regelkreis gemäß Bild 4.11a nach Gl. (3.3) gebildet wurde. Aus dem 2. Nennerkoeffizienten a, der gleich der Summe der Eigenwerte ist, erkennt man, daß die Summe der Realteile konstant bleibt. Mit k_R von 0 wachsend wandern die Eigenwerte des geschlossenen Kreises aufeinander zu, wegen der Symmetrie (vgl. Bild 2.72) gleichförmig, treffen sich bei a/2 und ab dann ändern sich nur noch die Imaginärteile (Bild 4.11b), d. h. die Einhüllende der Sprungantwort ist konstant und eine Verstärkungserhöhung führt nur zu häufigeren Schwingungen innerhalb dieses Bereichs (vgl. Bild 2.56). $\zeta = 1/\sqrt{2}$ wird bei $\omega_{np} = a/\sqrt{2}$ und $k_R = 0{,}5a^2/\kappa$ erreicht; über diese Werte hinauszugehen erscheint wenig sinnvoll.

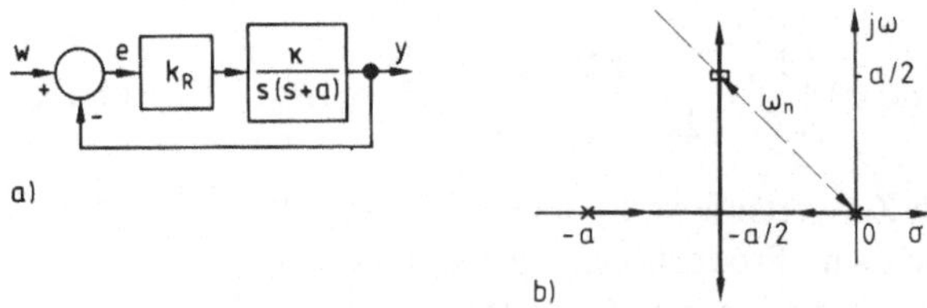

Bild 4.11 Proportionalrückführung um einen verzögerten Integrator

4.1.3.1 PD-Regler. Das ungünstige Dämpfungsverhalten des Proportional-Reglers rührt daher, daß der Steuerausschlag $u = k_R(w - y)$ das System immer aktiv gegen den Sollwert treibt, solange eine Ablage da ist, und zwar unabhängig davon, mit welcher Geschwindigkeit es sich bewegt. Nun weiß aber jeder, der ein Fahrzeug an einer bestimmten Stelle zur Ruhe bringen will (Auto in Parkposition, Schiff am Pier), daß wegen der Trägheit früher als beim Nulldurchgang gegengesteuert werden muß, und zwar in Abhängigkeit von der Geschwindigkeit. Bild 4.12 zeigt den Zeitverlauf von Lage und Geschwindigkeit (für konstantes w). Man sieht, daß ein gemischtes Signal $k_p e + \dot{e}$ früher durch 0 geht (Punkt B)

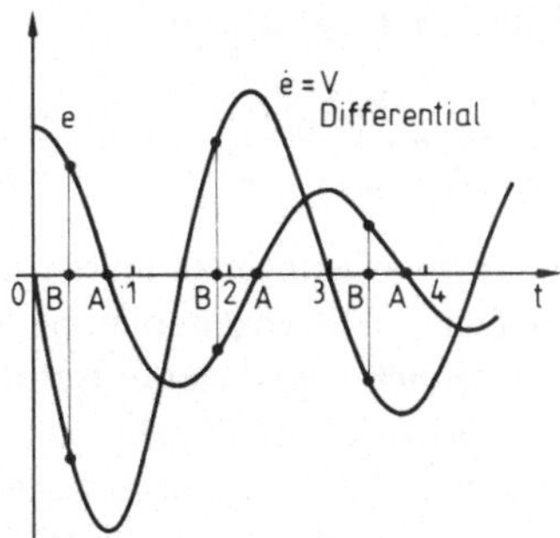

Bild 4.12
Zur Veranschaulichung der PD-Aufschaltung

als das Lagesignal allein (Punkt A), da die Geschwindigkeit der Lage voreilt (Phasenverlust durch die Integration von Geschwindigkeit zu Lage). Man kann also ein besseres Dämpfungsverhalten erwarten, wenn das Regelgesetz lauten würde

$$u = k_R(k_p e + \dot{e}) \mathrel{\hat{=}} G_R = \frac{u(s)}{e(s)} = k_R(k_p + s). \tag{4.17}$$

Dies ist ein sogenannter Proportional-Differential- (kurz PD-) Regler. Man kann ihn in zwei verschiedenen Weisen analysieren.

4.1.3.1.1 Innerer Hilfsregelkreis. Gehen wir zunächst von konstanter Führungsgröße w aus, so ist $\dot{e} \sim \dot{y}$ und man kann das Blockschaltbild formell wie in Bild 4.13 aufspalten. Der innere Regelkreis $G_V = \kappa/(s + a)$ mit der Verstärkung k_R entspricht der Kreisschließung aus Abschn. 4.1.2.1 (Bild 4.5), die die Pollage um $k_R\kappa$ nach links verschob. Hieraus ist unmittelbar die dämpfende Wirkung ersichtlich, wenn man in Bild 4.11b den Eigenwert a durch $b = a + k_R\kappa$ ersetzt. Für $a = 2$, $\kappa = 0{,}3$ und $b = 5{,}3$ ist die Dämpfung bei schwingenden Eigenbewegungsformen nun $-\sigma_e = b/2 = 2{,}65$ (mit $k_R = (b - a)/\kappa = 11$). $\zeta = 1/\sqrt{2}$ wird erreicht für $\omega_{n_D} = 3{,}75$ bei $k_p = \omega_{n_D}^2/(k_R\kappa) = 4{,}26$ (gegenüber $\omega_{n_p} = \sqrt{2}$ bei $k_R = 6{,}67$ für den Proportionalregler). Das geregelte System ist durch den inneren Hilfsregelkreis bei gleichem Dämpfungsgrad 2,65 mal so schnell geworden. Wegen der leichten Überschaubarkeit der beiden ineinander geschachtelten Einzelregelkreise ist diese sogenannte „sequentielle Kreisschließung" (von innen nach außen) hier besonders übersichtlich. Aus ihr ist auch unmittelbar klar, daß bei unbegrenzter Stellgröße die Eigenwerte des geschlossenen Kreises an jeden Punkt der s-Ebene verschoben werden könnten: die reelle Achse ausgenommen bestimmt k_R den Realteil und k_p den Imaginärteil der konjugiert komplexen Eigenwertpaare.

4.1.3.1.2 PD-Reglerübertragungsfunktion. Aus Bild 4.13 kann man folgende Gleichung im Bildbereich (s) ablesen ($G_{yu} = G_V/s$) : $((w - y)k_p - sy)k_R G_{yu} = y$, aus der man die

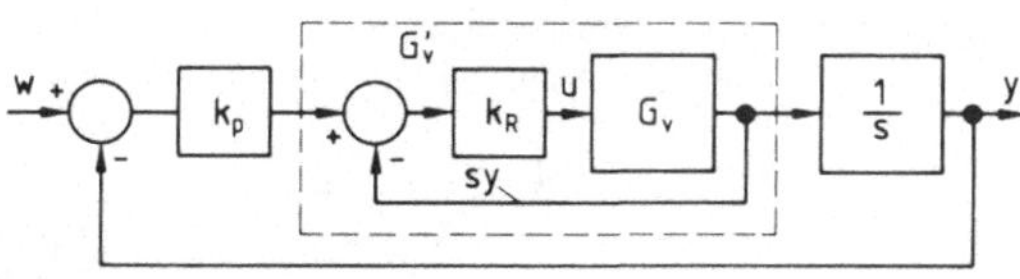

Bild 4.13 Innerer Hilfsregelkreis mit Ableitungsgröße ẏ

Übertragungsfunktion des geschlossenen Kreises erhält zu

$$G_K = \frac{y}{w} = \frac{k_p k_R G_{yu}}{1 + k_R G_{yu}(k_p + s)} = \frac{k_R G_{yu}(k_p + s)}{1 + k_R G_{yu}(k_p + s)} \cdot \frac{k_p}{(k_p + s)}. \tag{4.18}$$

Aus der rechten Form erkennt man links einen um $k_R G_{yu}(k_p + s)$ geschlossenen Einheitsregelkreis, der neben den Streckenpolen bei 0 und $-a$ (in G_{yu}) eine Nullstelle bei k_p hat, die nach der Kreisschließung wieder entfernt werden muß (Division durch $k_p + s$, rechter Term). Damit entspricht dieser Regelkreis der Struktur nach dem aus Abschn. 4.1.2.2, Bild 4.7b und c sowie Bild 4.9 (je nach Lage der Nullstelle, die mit k_p frei wählbar ist). Bild 4.14 zeigt das zugehörige Blockschaltbild. Systemdynamisch sind also die Geschwindigkeits-Regelung mit PI-Regler aus Abschn. 4.1.2.2 und die hier diskutierte Lageregelung mit PD-Regler weitgehend identisch.

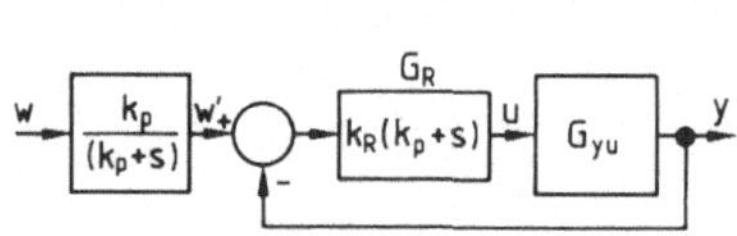

Bild 4.14 PD-Ersatzregelkreis bei Rückkopplung auch des Ableitungssignals

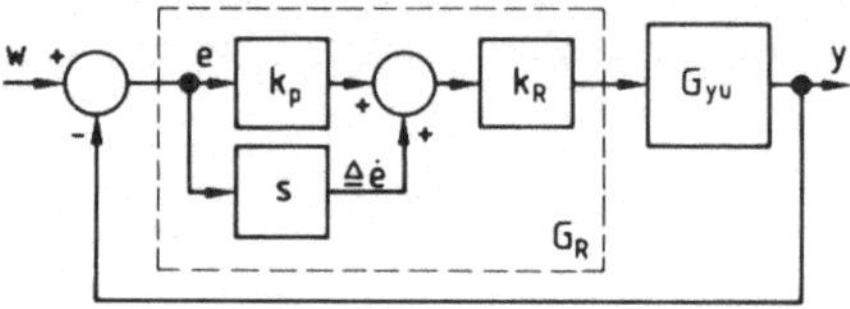

Bild 4.15 Idealer PD-Regler

Wenn die Führungsgröße w zeitvariabel ist, kann das PD-Signal formal gemäß Bild 4.15 erzeugt werden, woraus sich die Übertragungsfunktion

$$G_K = \frac{y}{w} = \frac{k_R(k_p + s)G_{yu}}{1 + k_R(k_p + s)G_{yu}} \tag{4.19}$$

ergibt. Im Vergleich zu (4.18) fällt auf, daß die Reglernullstelle bei k_p nun im geschlossenen Kreis erhalten bleibt; dies rührt daher, daß das differenzierte Signal nicht nur im Rückführzweig auftritt, sondern daß das Fehlersignal $e = w - y$ differenziert wird (Multiplikation mit s). Im Amplitudengang des geschlossenen Kreises äußert sich dies in hochfrequenten Asymptoten, die rechts von der Nullstelle um 20 dB/Dekade weniger stark geneigt sind (Bild 4.16). Höherfrequente Störsignale werden also weniger gut gedämpft, was unerwünscht ist (hierin spiegelt sich die bekannte aufrauhende Wirkung der Signaldifferentiation wieder). Aus diesem Grund setzt man häufig lieber einen zusätzlichen Sensor für das Ableitungssignal ein (z. B. Tachogenerator, Wendekreisel), als das Fehlersignal zu differenzieren. Letzteres wird in der Praxis meist nur näherungsweise durch ein passives elektrisches „Vorhaltglied" (lead-Glied) gemäß Tab. 4.1,1) gemacht, wobei die Polstelle

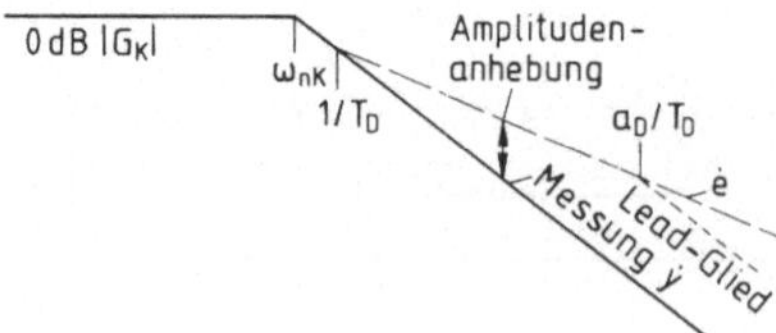

Bild 4.16
Einfluß der Art der Ableitungserfassung auf den Frequenzgang des geschlossenen Kreises

a_D/T_D im Bode-Diagramm größenordnungsmäßig eine Zehnerpotenz rechts der Nullstelle $1/T_D$ liegt, im Wurzelort um den entsprechenden Faktor links, bei großen negativen Werten (aus Realisierbarkeitsgründen ist a_D auf die Größenordnung 10 beschränkt); damit wird der Schwerpunkt der Kreisübertragungsfunktion um $(a_D - 1)/(T_D r)$ [r = Polüberschuß der Strecke, hier 2] im Wurzelort nach links verschoben, während der Polüberschuß bleibt. Bei den Kreisschließungen gemäß Bild 4.13 oder 4.15 (Gln. (4.18), (4.19)) wurde der Polüberschuß um 1 reduziert, wodurch sich leichter größere Dämpfungen erzielen ließen. Dieses Vorhaltglied soll im folgenden zusammen mit einem Integrationsglied diskutiert werden.

4.1.3.2 PID-Regler. Die bisher diskutierten Lageregelkreise haben wegen des freien s in der Streckenübertragungsfunktion keinen stationären Lagefehler bei Stufeneingängen (vgl. Abschn. 3.2.3). Allerdings können bei entsprechender Führungsgröße ($w(s) = v/s^2$ $\mathrel{\hat=}$ Rampe $w(t) = v \cdot t$) stationäre Fehler auftreten (vgl. Bild 3.16), die bei bestimmten Anwendungen nicht zugelassen werden können, z. B. Antennennachführung, (xy-)Koordinatenschreiber. Gemäß den Ergebnissen in Abschn. 3.2.3 schafft hier ein weiteres Integrationsglied Abhilfe. Dieses kann wiederum auf verschiedene Weisen eingeführt und analysiert werden: Gemäß Bild 4.7 kann die PI-Aufschaltung als Verbesserung des inneren Geschwindigkeits-Regelkreises analog zu Bild 4.13 vorgenommen werden. Bild 4.17 zeigt das entsprechende Blockschaltbild, das über

$$[(w - y)k_p - sy]\,k_R(s + k_I/k_R)/s \cdot G_v/s = y, \qquad G_v = G_{yu} \cdot s$$

zu der Übertragungsfunktion des geschlossenen Kreises ($1/T_I \equiv k_I/k_R$)

$$\frac{y}{w} = \frac{k_R G_{yu}(s + 1/T_I)/s \cdot (k_p + s)}{1 + k_R G_{yu}(s + 1/T_I)/s \cdot (k_p + s)} \cdot \frac{k_p}{(k_p + s)} \tag{4.20}$$

führt; hierbei wurde mit $(k_p + s)$ erweitert, um die Form der Einheitskreisschließung $G/(1 + G)$ zu erhalten. Bild 4.18 stellt die beiden Kreisschließungsmöglichkeiten zu Bild 4.17 dar: links die sequentielle, die sich aus dem Blockschaltbild direkt ergibt und rechts jene nach Gl. (4.20). Beide führen zu Eigenwerten des geschlossenen Kreises mit $\omega_n = 3\sqrt{2}$ und $\zeta = 1/\sqrt{2}$.

Im Gegensatz dazu führt ein PI-Glied, das auf das Fehlersignal ohne $\dot{y}$-Anteil wirkt (Bild 4.19a) zu der Übertragungsfunktion

$$\frac{y}{w} = \frac{k_R k_p G_v(s + 1/T_I)/s^2}{\underbrace{1 + k_R G_v}_{N} + \underbrace{k_R k_p G_v(s + 1/T_I)/s^2}_{Z}} = \frac{Z/N}{1 + Z/N}. \tag{4.21}$$

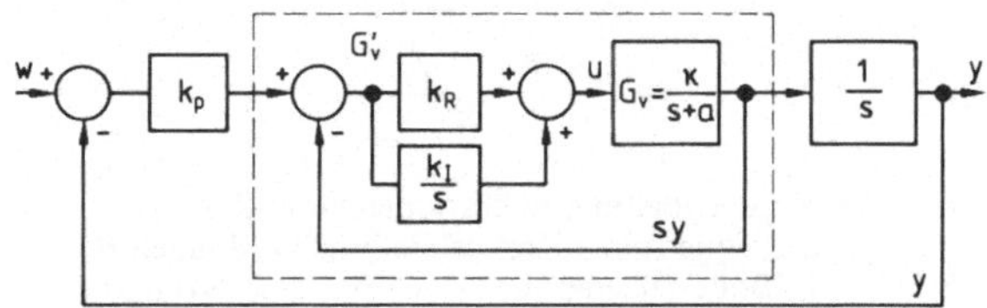

Bild 4.17 Innerer PI-Hilfsregelkreis

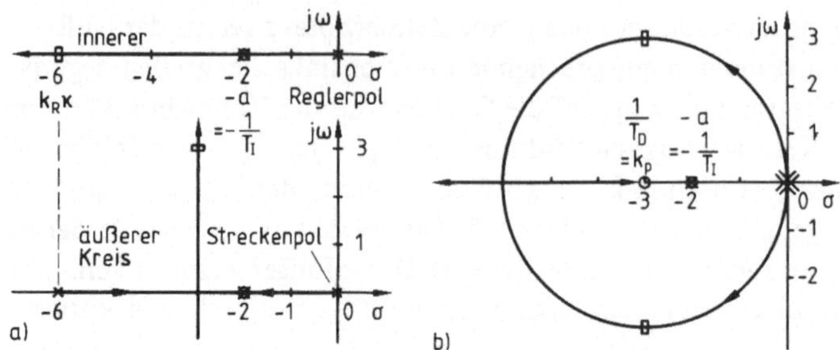

Bild 4.18 Gleichwertige Kreisschließungsoperationen im Wurzelort zu Bild 4.17. $k_p = 3$, $k_R\kappa = 6$, $k_I/k_R = 1/T_I = 2$ (=a)
a) Sequentielle Kreisschließung, b) Kreisschließung gemäß Gl. (4.20)

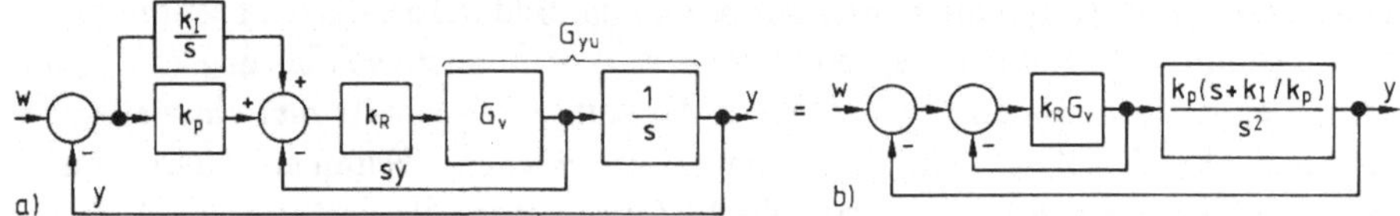

Bild 4.19 a) PI-Glied im äußeren Regelkreis, b) verschachteltes Ersatzblockschaltbild

Dies ist eine Einheitskreisschließung um

$$\frac{Z}{N} = \frac{k_R k_p G_v (s + 1/T_I)}{s^2(1 + k_R G_v)} = \frac{k_R G_v}{1 + k_R G_v} \cdot \frac{k_p(s + 1/T_I)}{s^2}, \tag{4.22}$$

womit sich das Ersatzblockschaltbild 4.19b ergibt. Bild 4.20 zeigt die Kreisschließungsoperationen im Wurzelort (a) und im Bode-Diagramm (b) für zwei unterschiedliche Nullstellenlagen $1/T_I = k_I/k_p$ (2 ausgezogen, 0,5 punktiert). Im Fall $1/T_I = 2$ entsprechen die Koeffizienten k_p, k_I und k_R zahlenmäßig genau dem in den Bildern 4.17, 4.18 dargestellten, dessen Ergebnis in Bild 4.20a als Dreieck ∇ bei $-\sigma = j\omega = 3$ eingetragen ist. Man

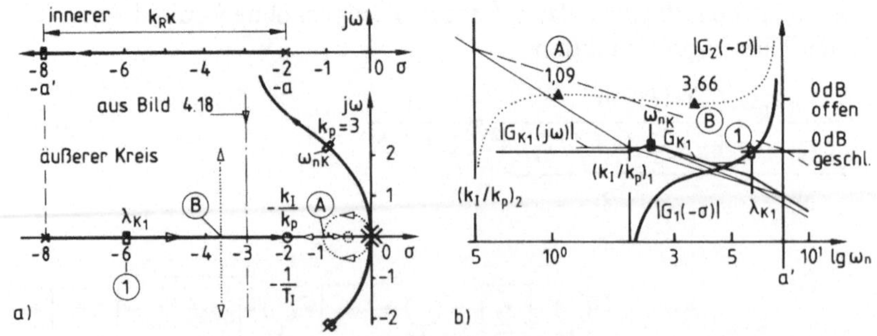

Bild 4.20 Kreisschließungsoperationen zu Bild 4.19; —— $(1/T_I)_1 = 2$; .... $(1/T_I)_2 = 0{,}5$
a) Sequentielle Kreisschließung im Wurzelort
b) Bode-Diagramme $|G_1(-\sigma)|$, $|G_2(-\sigma)|$ und $|G_{K1}(j\omega)|$ des äußeren Kreises

sieht, daß der PI-Regler im äußeren Kreis unvorteilhaft ist, da bei gleicher Verstärkung geringere Frequenz und Dämpfung des geschlossenen Kreises erzielt wird ($-\sigma = 1$ und $j\omega = 2{,}2$ statt 3). Der Polüberschuß ist hierbei 2, gegenüber 1 in Bild 4.17, 4.18; es ist vorteilhaft, die Nullstelle $1/T_I$ näher am Ursprung zu wählen, da damit die Wurzelortsasymptote nach links verschoben wird. Bild 4.20b läßt für $1/T_I = k_I/k_p = 0{,}5$ erkennen, daß über einen kleinen Verstärkungsbereich (zwischen Ⓐ und Ⓑ) drei reelle Wurzeln existieren. Wegen der hohen Empfindlichkeit der Pollage gegenüber kleinen Verstärkungsschwankungen sollte eine Verstärkungswahl in diesem Bereich vermieden werden.

Bei hohen Reglerverstärkungen k_p wandert ein Streckenpol in die Nullstelle $1/T_I$. Dies entspricht zwar einer langsamen Eigenbewegungsform, aber wegen des geringen Pol-Nullstellenabstandes wird sie kaum angeregt (vgl. grafische Partialbruchzerlegung). Für große Werte k_p im Fall $(1/T_I)_1 = 2$ geht das Ergebnis aus Bild 4.20a gegen das aus 4.18a. Höhere absolute Dämpfungen sind in beiden Fällen durch Erhöhung von k_R erzielbar.

Den Einfluß einer näherungsweisen Differentiation mit einem PID_T-Regler (das tiefgestellte T soll die Näherung symbolisieren) zeigt Bild 4.21, das Bild 4.18b entspricht mit $a_D = 10$ (d. h. $a_D/T_D = 30$).

Durch den zusätzlichen Pol bei a_D/T_D wird der Polüberschuß 2 und bei $-13{,}5$ ergibt sich eine senkrechte Asymptote. Gesucht sei der Eigenwert mit $\zeta = 1/\sqrt{2}$ (, der bei Ableitungsrückkopplung bei $3\sqrt{2} = 4{,}2$ lag, Punkt ⊕). Um ihn zu bestimmen, wird von dem Schnitt $\xi = -1/\sqrt{2}$ Gebrauch gemacht, und zwar nur von der Phase im Bereich $-180°$. Wegen des Doppelpols im Ursprung beginnt sie am niederfrequenten Ende bei $-2 * 135°$, hat an der Nullstelle eine Wendetangente bei $(-270 + 67{,}5)°$, die beim 2,65-fachen dieser Eckfrequenz (vgl. Tabelle S. 93) die hochfrequente Teilasymptote bei $-135°$ schneidet. Mit dem Abweichungswert $\Delta\varphi \approx 20°$ in den Eckpunkten kann die Teilphase gezeichnet werden. Gleiches Vorgehen für $a_D/T_D = 30$ liefert nach Überlagerung die Phasenkurve $\varphi(-\sigma = j\omega)$ (unten in Bild 4.21c), die die $-180°$-Linie in den Punkten A und C schneidet. Mit diesen Frequenzen liegen 2 Wurzelortspunkte in Teilbild b) (unter 135°) fest. Die ungedämpfte Eigenfrequenz ω_{nK} liegt bei 5,3 und ist damit um 1/4 höher als in Bild 4.17, 4.18. Die zugehörige Verstärkung ist noch offen. (Wären die Werte ω_{nK} mit dem Programm gemäß Anhang 2 ermittelt worden (Im (G) = 0), so lägen mit $1/\mathrm{Re}\,(G(-\sigma = j\omega))$ auch diese Verstärkungen vor). Wir nutzen hier die Tatsache aus, daß für $r \geqslant 2$ die Summe der Eigenwerte konstant ist. Wegen der einfachen Berechenbarkeit und zur Klärung der Verzweigungspunkte auf der reellen Achse, wird $|G(-\sigma)|$ mittels einiger berechneter Stützpunkte skizziert. Mit ω_{nK} und $\zeta = 1/\sqrt{2}$ sind auch die Realteile $\zeta\omega_{nK}$ bekannt, so daß sich der fehlende reelle Eigenwert ergibt aus

$$\Sigma\,\mathrm{Re}_{\mathrm{off.}} = \Sigma\,\mathrm{Re}_{\mathrm{geschl.}} \rightarrow 30 = \lambda_1 + 2 \cdot \zeta\omega_{nK}$$

$$\text{hier:}\quad 30 - 7{,}5 = 22{,}5 = \lambda_1 .$$

In diesem Punkt B muß die Kreisschließungsverstärkung $1/k$ die Kurve $|G(-\sigma)|$ schneiden, womit k festliegt. Zur Beibehaltung der hochfrequenten Asymptote ist dies gleichzeitig die 0-dB-Linie des geschlossenen Kreises (vgl. Abschn. 3.3.2). Wegen der freien s im Nenner ist die statische Verstärkung 1, so daß diese Linie auch gleichzeitig die niederfrequente Asymptote ist. Nun können von rechts und links aufbauend die Asymptoten des geschlos-

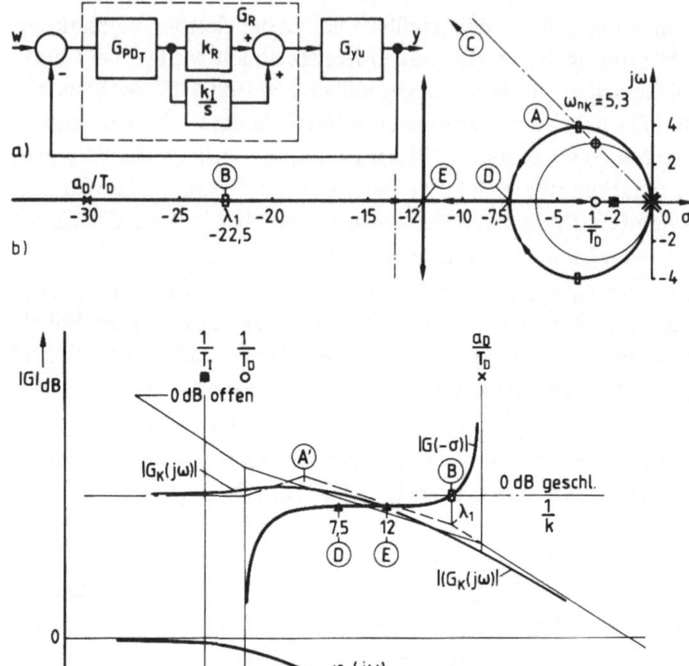

Bild 4.21 Systemübersicht Wagenposition mit PID_T-Regler
a) Blockschaltbild
b) Wurzelort
c) verallgemeinertes Bode-Diagramm mit Frequenzgang $G_K(j\omega)$ des geschlossenen Kreises

senen Kreises gezeichnet werden, die im Schnittpunkt (A') eine Kontrolle der Zeichengenauigkeit erlauben. Wegen der Vorgabe von ζ ist die Amplituden- und Phasenabweichungskurve des Gliedes 2. Ordnung bekannt, so daß der Frequenzgang des geschlossenen Kreises mit Betrag $|G_K(j\omega)|$ und Phase $\varphi_K(j\omega)$ gezeichnet werden kann. Er hat eine leichte Überhöhung im Bereich 1/2 bis 1 Hz und eine Eckfrequenz (definiert als $-90°$-Phase φ_K) von etwa 1,5 Hz.

4.1.3.3 Allgemeine Bemerkungen zum System 2. Ordnung. Wegen des Polüberschusses von maximal 2, der im Wurzelort zu senkrechten Asymptoten führt, ist ein System 2. Ordnung stabilitätsmäßig meist unkritisch. Kann die Ableitungsgröße – durch Messung oder näherungsweise durch ein Vorhaltglied – mit zur Ermittlung der Steuerung heran-

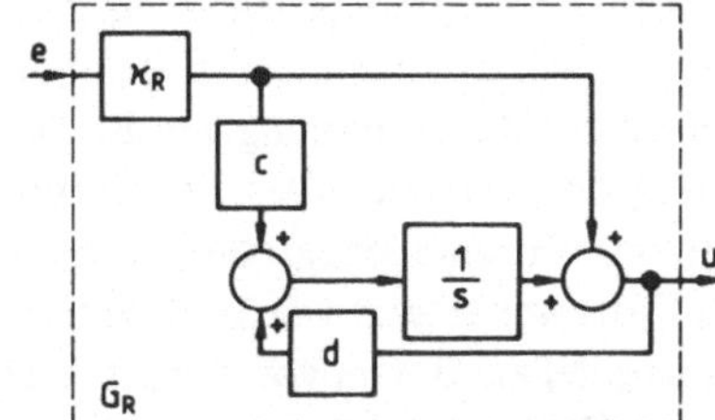

Bild 4.22
Schaltbild zur Erzeugung einer instabilen Reglerübertragungsfunktion G

gezogen werden, oder hat die Übertragungsfunktion eine Nullstelle in der linken Halbebene, so läßt sich meist relativ einfach ein gutes Systemverhalten erzielen. Die statische Genauigkeit kann nötigenfalls über einen Integralanteil verbessert werden. Mit einem PID-Regler sind diese Systeme gut beherrschbar.

In Bild 3.23 war gezeigt worden, wie ein instabiles System mit einem Regler der Form

$$G_R = \kappa_R (s + c)/(s - d) = u(s)/e(s) \tag{4.23}$$

stabilisiert werden kann. Durch Rücktransformation in den Zeitbereich erhält man

$$\dot{u}(t) - du(t) = \kappa_R(\dot{e}(t) + ce(t))$$

oder $$u(t) = \kappa_R e(t) + d \int_0^t u(\tau) d\tau + \kappa_R c \int_0^t e(\tau) d\tau. \tag{4.24}$$

Bild 4.22 zeigt ein Schaltbild zur Erzeugung dieser Reglerübertragungsfunktion. Man erkennt aus Gl. (4.23), daß für d = 0 (keine Ausgangsrückkopplung) ein PI-Regler vorliegt. Durch die u-Rückkopplung wird der Integratorpol in die rechte Halbebene geschoben. Würde man in Bild 3.23 einen PI-Regler verwenden, dann hätte der geschlossene Regelkreis einen verdeckten Pol bei 0; das System wäre zwar auch stabilisierbar, aber in der Ortskoordinate leichter störbar (s. Abschn. 4.1.4.2). Mit einem näherungsweisen Integrationsglied (vgl. Tab. 4.1 (weiter unten), Zeile 2) könnte allerdings keine Stabilisierung erzielt werden, da die Nullstelle im Ursprung dies verhindert.

4.1.4 Systeme höherer Ordnung

Die Möglichkeiten der Pol-Nullstellen-Konfiguration sind sehr vielgestaltig. Hier soll nur die allgemeine Vorgehensweise anhand einiger Beispiele dargestellt werden. Ist der Polüberschuß größer 2, so laufen beim Einheitsregelkreis für hohe Verstärkungen stets Wurzelortsasymptoten in die rechte Halbebene. Andererseits ergeben hohe Verstärkungen gutes Folgeverhalten ($G_K = 1$), so daß die konventionelle Regelkreissynthese häufig eine Gratwanderung zwischen Stabilität und Leistung ist.

Könnte man bei einer Übertragungsfunktion n-ter Ordnung, die ja immer als Differentialgleichung n-ter Ordnung geschrieben werden kann (vgl. Abschn. 2.5) alle n − 1 Ableitungen erfassen und zur Berechnung der Steuerung heranziehen, so wären auf diese Weise n − 1 Reglernullstellen zu erzeugen und der Polüberschuß auf 1 reduzierbar. Damit wäre das Stabilitätsproblem lösbar, wenn genügend große Steuerwirksamkeit gegeben ist.

Aus der sogenannten „modernen“ Regeltheorie, die sich mit Zustandsraumbeschreibungen befaßt [3, 17, 36], ist bekannt, daß sich bei Messung des gesamten Zustandsvektors und dessen geeigneter Rückkopplung auf die Steuerung ein optimales Gesamtverhalten des geregelten Systems erzielen läßt. Ferner wurde über die Beobachtertheorie [43] ein Weg aufgezeigt, wie einzelne Meßgrößen durch Wissen über die physikalischen Gesetze des zu regelnden Prozesses ersetzt werden können: Hierzu wird ein mathematisches Modell des Prozesses parallel zu diesem von der im Regler berechneten Steuerung angetrieben. Es ermittelt den Zustandsgrößen entsprechende Größen. Die Differenz zwischen gemessenen und berechneten Zustandsgrößen wird herangezogen, um diesen Fehler gegen 0 zu treiben; die nicht gemessenen Zustandsgrößen können nun zur Steuerungsberechnung durch die entsprechenden Größen des Modells ersetzt werden. Dieses Vorgehen hat weite Verbreitung und Bewährung gefunden. Zu seiner Anwendung sind die Zustandsraummethoden gut geeignet; sie waren es auch, mit denen die zugehörige Theorie entwickelt wurde. Im Nachhinein wurde dann festgestellt, daß das gleiche Ergebnis auch mit Übertragungsfunktionsmethoden erzielt werden kann. Wegen seiner allgemeinen Bedeutung wird dies in Abschn. 4.2 abgehandelt.

In vielen Fällen haben auch Übertragungsfunktionen höherer Ordnung einen so geringen Polüberschuß, daß ein Einfachregelkreis (evtl. mit einer Ableitungsaufschaltung, wodurch der Polüberschuß mit Regler um 1 reduziert wird,) gute oder zumindest brauchbare Ergebnisse liefert. Der vorliegende Abschnitt befaßt sich mit solchen Fällen.

4.1.4.1 Kompensation mit Vorhalt-/Verzögerungsglied im verallgemeinerten Bode-Diagramm. Das System 3. Ordnung

$$G_s(s) = 22/[(s+1)(s+2)(s+10)] = 1{,}1/[(s+1)(s/2+1)(s/10+1)]$$

soll durch ein möglichst einfaches Regelsystem so geregelt werden, daß das geregelte System schnell und ohne großes Überschwingen in eine neue Soll-Lage überführt werden kann. Die gestrichelte Kurve in Bild 4.23 zeigt den Wurzelort des mit Einheitsrückführung und Proportionalregler geregelten Systems. Der Regelkreis wird bei $j\omega = \sqrt{32}$ instabil (Anwendung von Gl. (2.189) für $s = j\omega$) mit $k_{ges} = k_s k_R = 19{,}8 \mathrel{\hat{=}} 25{,}9$ dB (Punkt Ⓘ). Bild 4.24 enthält in dem Polygonzug Ⓐ – Ⓑ die zugehörigen Bode-Asymptoten, die für

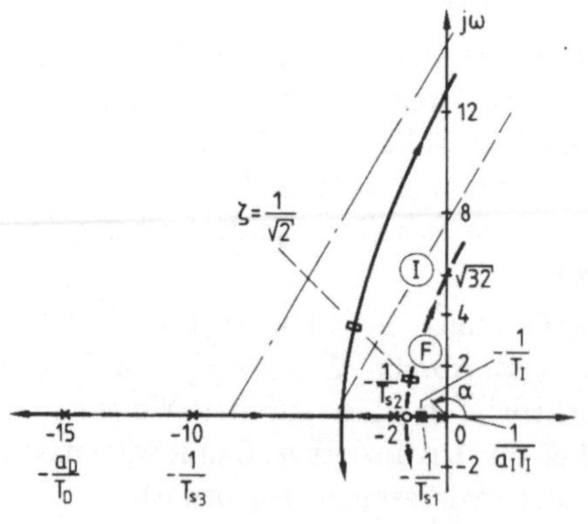

Bild 4.23
Wurzelort zum System $G_s = k_s/[(sT_{s1}+1)(sT_{s2}+1)(sT_{s3}+1)]$
mit P-Regler – – –
mit PID_T-Regler ——

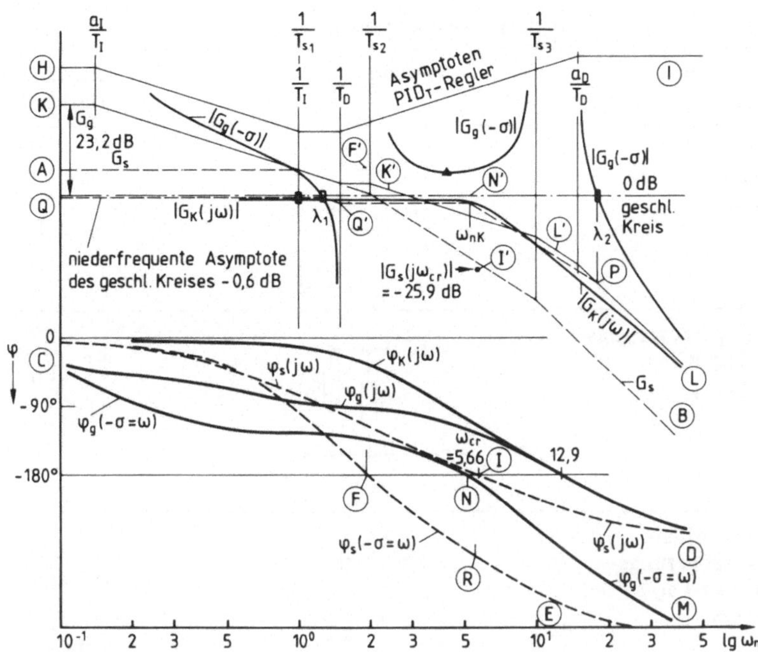

Bild 4.24 Verallgemeinerte Bode-Diagramme zum System $G_s = k_s/[(s + 1)(s/2 + 1)(s/10 + 1)]$ ohne und mit PID_T-Regler

alle Schnittrichtungen gelten. Die Kurve Ⓒ Ⓓ gibt den Phasengang $\varphi_s(j\omega)$ an, der bei $\omega_{cr} = \sqrt{32} = 5{,}66$ die $-180°$-Linie schneidet (Punkt Ⓘ). Der zugehörige Wert des dynamischen Teils der Übertragungsfunktion ist $|G_s^*(j\omega_{cr})| = -25{,}9$ dB (Punkt Ⓘ').

Soll wegen der Forderung nach geringem Überschwingen der Dämpfungsgrad $\zeta = 1/\sqrt{2}$ vorgeschrieben werden (d. h. $\alpha = 135°$ in Bild 4.23), so ist ein verallgemeinertes Bode-Diagramm mit $\xi = -1/\sqrt{2}$ von Nutzen: Die Kurve Ⓒ Ⓔ zeigt den zugehörigen Argument-(Phasen-)Verlauf, der die $-180°$-Linie bei F schneidet. Damit liegt die erzielbare Frequenz $\omega_{nP} = 1{,}9$ fest; der zugehörige Betrag ist $|G_s^*(\sigma = j\omega)| = 0{,}5$ dB $\hat{=}$ 1,06 (Punkt Ⓕ'). Die statische Verstärkung des so geschlossenen Regelkreises wäre 0,514 und damit unzureichend. An der Stabilitätsgrenze bei ω_{cr} wäre sie immerhin 0,95.

Durch ein Verzögerungsglied (angenäherter PI-Regler) läßt sich die niederfrequente Asymptote anheben, ohne bei höheren Frequenzen größere Phasenverluste hervorzurufen, wenn $1/T_I$ entsprechend klein gewählt wird. Damit läßt sich die statische Genauigkeit verbessern.

Durch ein Vorhaltglied läßt sich im kritischen Bereich die Phase anheben, wodurch die Durchtrittsfrequenz erhöht wird; dies liefert ein schnelleres System bei geschlossenem Regelkreis. Beide Glieder kombiniert liefern eine Reglerübertragungsfunktion der Form

$$G_R = \frac{(sT_I + 1)(sT_D + 1)}{(sT_I/a_I + 1)(sT_D/a_D + 1)}. \tag{4.25}$$

Tab. 4.1 Passive Reglernetzwerke und ihre Charakteristik

Bezeichnung	Netzwerk	Reglerübertragungsfunktion G_R
1. Vorhalt-(Lead-)Glied (PD_{T_1})	C_1, R_1, R_2, u_e, u_a	$k_R \frac{sT_D + 1}{sT_D/a_D + 1}$ $a_D > 1$
2. Verzögerungs-(Lag-)Glied (PI_{T_1})	R_1, R_3, R_2, C_2, u_e, u_a	$k_R \frac{sT_I + 1}{sT_I/a_I + 1}$ $a_I < 1$
3. Vorhalt-Verzögerungs-(Lead-Lag-)Glied (PID_T)	a) R_3, C_1, R_1, R_2, C_2, u_e, u_a	$\frac{(sT_D + 1)(sT_I + 1)}{(sT_D/a_D + 1)(sT_I/a_I + 1)}$ $a_D > 1;\ a_I < 1$ $1/T_D > 1/T_I$ $k_R = 1$
	b) C_1, R_1, R_3, R_2, C_2, u_e, u_a	wie oben aber $k_R < 1$

In Tab. 4.1 sind diese Glieder mit Realisierungen durch passive elektrische Netzwerke dargestellt. In Bild 4.25 sind die für alle Schnittrichtungen gleichen Betragsasymptoten (Teilbild a)) und für die Schnittrichtungen $\alpha = 90°$ (b)), $\alpha = 110°$ (c)) und $\alpha = 135°$ (d)) die Phasenverläufe $\varphi(\omega_n)$ der verallgemeinerten Bode-Diagramme für $a_I = 7$ und $a_D = 10$ dargestellt. Die Teilphasenverläufe für das PI_T-Glied sind symmetrisch zur Frequenz $(\sqrt{a_I}/T_I)$ bzw. die für das PD_T-Glied symmetrisch zu $\sqrt{a_D}/T_D$; die Phase ist dort extremal mit dem Wert

$$\varphi_M = \arctan\left[\frac{\sqrt{1-\xi^2}\,(a-1)}{\xi(a+1) + 2\sqrt{a}}\right], \qquad (4.26)$$

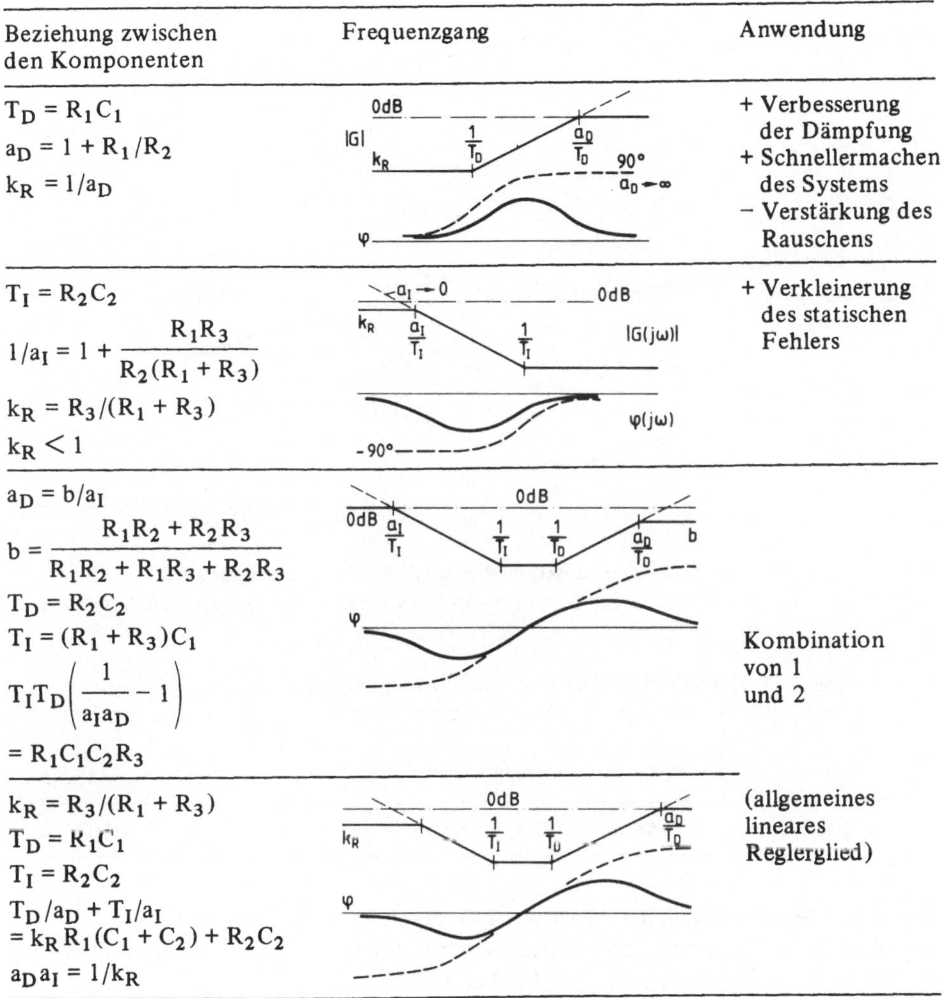

Beziehung zwischen den Komponenten	Frequenzgang	Anwendung
$T_D = R_1C_1$ $a_D = 1 + R_1/R_2$ $k_R = 1/a_D$		+ Verbesserung der Dämpfung + Schnellermachen des Systems − Verstärkung des Rauschens
$T_I = R_2C_2$ $1/a_I = 1 + \frac{R_1R_3}{R_2(R_1 + R_3)}$ $k_R = R_3/(R_1 + R_3)$ $k_R < 1$		+ Verkleinerung des statischen Fehlers
$a_D = b/a_I$ $b = \frac{R_1R_2 + R_2R_3}{R_1R_2 + R_1R_3 + R_2R_3}$ $T_D = R_2C_2$ $T_I = (R_1 + R_3)C_1$ $T_IT_D\left(\frac{1}{a_Ia_D} - 1\right)$ $= R_1C_1C_2R_3$		Kombination von 1 und 2
$k_R = R_3/(R_1 + R_3)$ $T_D = R_1C_1$ $T_I = R_2C_2$ $T_D/a_D + T_I/a_I$ $= k_R R_1(C_1 + C_2) + R_2C_2$ $a_Da_I = 1/k_R$		(allgemeines lineares Reglerglied)

wobei $a = a_D$ für Vorhalt und $a = a_I$ für Verzögerung gilt. Für den Frequenzgang reduziert sich das auf

$$\varphi_M(j\omega) = \arctan\left[(a-1)/(2\sqrt{a})\right]. \tag{4.26a}$$

Tab. 4.2 zeigt einige Werte hierzu.

Mit $a_D = 10$ kann im Schnitt $\xi = -1/\sqrt{2}$ die Phase also maximal um 103° angehoben werden. Legt man deshalb das PD_T-Regler-Glied so, daß $\sqrt{a_D}/T_D$ im Punkt Ⓡ in Bild 4.24 bei $-(180 + 103)°$ liegt, dann erhält man die maximale Frequenz, bei der $\zeta = 1/\sqrt{2}$ für ein Eigenwertpaar des geschlossenen Kreises erzielt werden kann. Dies ergäbe $1/T_D = 1{,}7$.

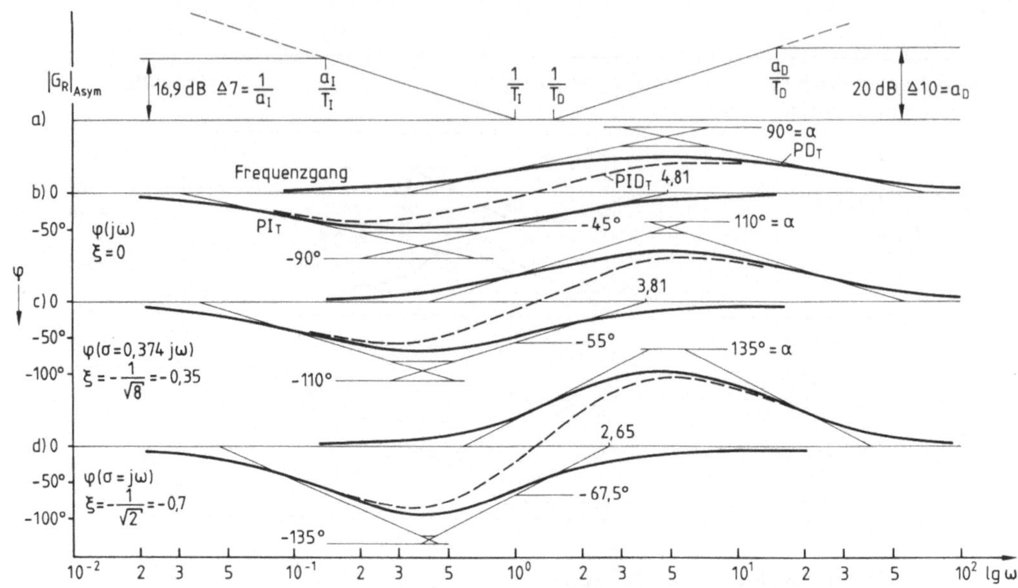

Bild 4.25 PI_T-, PD_T- und PID_T-Kompensationsglieder mit Phasenverläufen für $\xi = 0$ ($\alpha = 90°$), $\xi = -1/\sqrt{8} \approx 0{,}35$ ($\alpha \approx 110°$) und $\xi = -1/\sqrt{2}$ ($\alpha = 135°$); $a_I = 1/7$, $a_D = 10$, $T_I/T_D = 1{,}5$

Tab. 4.2 Extreme Phasenwerte von Vorhalt- und Verzögerungsgliedern

	a = 7			a = 10		
$\xi =$	0	$-1/\sqrt{8}$	$-1/\sqrt{2}$	0	$-1/\sqrt{8}$	$-1/\sqrt{2}$
$\lvert\varphi_M\rvert/°$	48,6	66,3	95	55	74	103

Wegen der kleinen zusätzlichen Phasenverluste durch das PI-Glied wird $1/T_D = 1{,}5$ gewählt. Um die Zeichnung zu vereinfachen wird $1/T_I$ auf $1/T_{s1}$ bei 1 gelegt. Mit $a_I = 1/7$ erhält man den („Pseudointegrator-") Pol bei 0,143.

Bild 4.25 zeigt dieses Glied mit $T_I/T_D = 1{,}5$; die gestrichelten Phasenkurven sind die Überlagerung von den PD_T- und PI_T-Gliedern. Überlagert man diese Reglerübertragungsfunktion Gl. (4.25) der Regelstrecke in Bild 4.24, so erhält man als Asymptoten-Polygonzug den Verlauf $G_g = G_s G_R$ von Ⓚ über Ⓚ' Ⓛ' nach Ⓛ, als Phasengang $\varphi_g(j\omega)$ die Kurve, die bei $\omega = 12{,}9$ die $-180°$-Linie schneidet, und als Argumentverlauf $\varphi_g(-\sigma = \omega)$ die Kurve ⒸⓂ, die bei Ⓝ die $-180°$-Linie schneidet. Hiermit liegt das Eigenwertpaar mit $\zeta = 1/\sqrt{2}$ bei $\omega_{nK} \approx 5{,}2$ fest. Aus dem Betrag = Realteil von $G_g^*(\omega_{nK} = -\sigma)$ erhält man $k_R k_s = 23{,}2$ dB (Punkt Ⓝ'), womit die 0-dB-Linie des geschlossenen Kreises festliegt. Diese Werte liefern auch die niederfrequente Asymptote mit $k_R k_s/(1 + k_R k_s) = 0{,}935 \triangleq -0{,}6$ dB.

Der Schnittpunkt der neuen 0-dB-Linie mit den $|G_g(-\sigma)|$-Kurven ergibt die Teilsysteme 1. Ordnung des geschlossenen Kreises zu $\lambda_1 \approx 1{,}25$ und $\lambda_2 \approx 18$. Der fünfte Eigenwert liegt bei $1/T_s$ nach wie vor unter der Nullstelle. Damit kann der Asymptotenverlauf für $|G_K|$ gezeichnet werden: Von links Ⓠ über λ_1 Ⓠ' und von dort horizontal; von rechts Ⓛ über Ⓟ und ab dort mit −40 dB/Dekade nach links. Bei korrekter Zeichnung schneiden sich beide Äste bei $\omega_{nK}(\varphi_g(\omega_{nK}|_{(\sigma=\omega)}) = -180°)$. Da $\zeta = 1/\sqrt{2}$ bekannt ist, kann der Frequenzgang des geschlossenen Kreises $|G_K(j\omega)|$ und $\varphi_K(j\omega)$ mit den Ergebnissen aus Kapitel 2 gezeichnet werden.

Die ausgezogene Kurve in Bild 4.23 zeigt den zugehörigen Wurzelort. Der geschlossene Regelkreis wurde durch das Kompensationsglied um den Faktor 2,7 schneller; der statische Fehler ging von 48,6% auf 6,5% zurück. Dieser Restbetrag kann durch einen Vorfaktor in der Sollwertaufschaltung nahe 1 (1,07) kompensiert werden.

Wollte man größere statische Genauigkeit nur über die Rückkopplung erzielen, dann könnte man a) einen aktiven PI-Regler mit echtem Integrator ($a_I/T_I \to 0$) anstelle des PI_T-Netzwerkteiles wählen, oder man müßte b) ein größeres Überschwingen in Kauf nehmen und könnte dann die Reglerverstärkung erhöhen. In diesem Fall wäre statt des $\xi = -1/\sqrt{2}$-Schnittes der $\xi = -\zeta_g$-Schnitt, mit ζ_g = gewünschter Dämpfungsgrad, zu verwenden (z. B. $\zeta_g = 0{,}35$); ansonsten wird alles analog zu oben berechnet.

Üblicherweise wird nur mit dem Frequenzgang und einer Phasenreserve gearbeitet, um Dämpfung relativ vage aus früheren Erfahrungen zu spezifizieren. Bei Verfügbarkeit von Digitalrechnern mit schneller Graphikausgabe und Einsatz des verallgemeinerten Bode-Diagramm-Berechnungsverfahrens in Anhang 2 sind die gezielten Schritte wirkungsvoller. Für den geschlossenen Kreis kann man daraus immer in der gleichen Weise den Frequenzgang ermitteln, der ja als einziger Schnitt eine physikalische Bedeutung hat.

4.1.4.2 Regelung einer instabilen Strecke. Für das Stab/Wagen-System gibt Gl. (2.34) die Differentialgleichung in φ an, die nach Laplace-Transformation mit Gl. (2.94) zu der Übertragungsfunktion

$$G_{\varphi u} = \frac{\kappa s}{(s+a)(s^2-\gamma)}, \qquad \gamma = g/\ell_T, \qquad \kappa = -\frac{ak_M}{\ell_T} \tag{4.27}$$

führt. Die Pol/Nullstellen-Konfiguration in Bild 4.26a läßt erkennen, daß ein Einheitsregelkreis mit Proportionalaufschaltung kein brauchbares System liefern kann. Hingegen scheint ein PI-Regler (Bild 4.26b) akzeptable Eigenwerte des geregelten Systems ergeben zu können, wenn $0 < 1/T_I < a$ gewählt wird, da dann die Wurzelortsasymptote und die Nullstelle in der linken Halbebene liegen. Ein günstiger Fall könnte sein, wenn bei höheren Verstärkungen alle 3 Eigenwerte den gleichen negativen Realteil haben. Dies liefert $1/T_I = a/3$. Um diesen Realteil groß zu machen, muß a groß sein, was durch den inneren

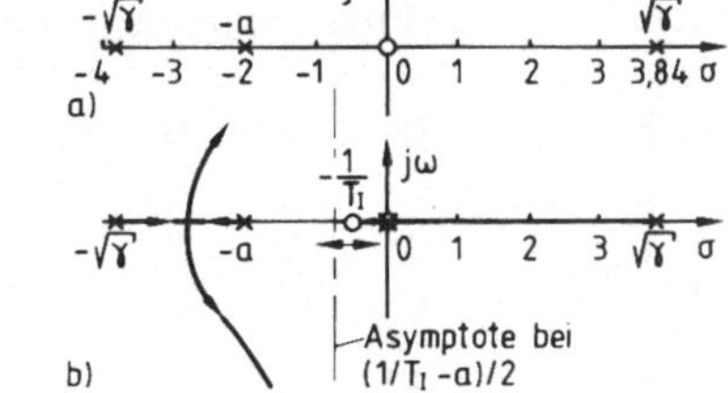

Bild 4.26
Einfachregelkreis Stab/Wagen-System
a) Pol-/Nullstellenverteilung
b) Wurzelort mit PI-Regler

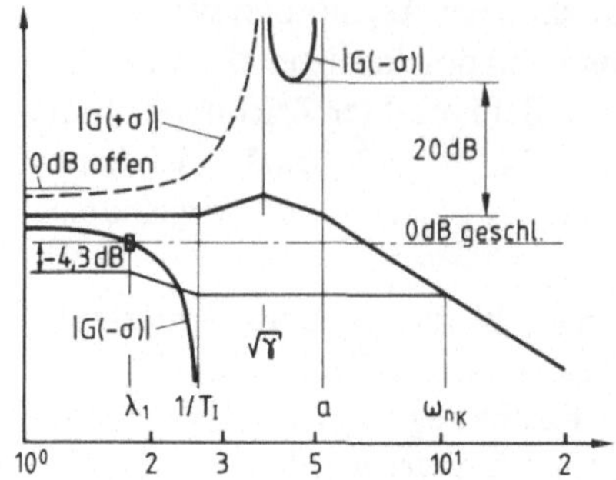

Bild 4.27
Kreisschließung mit PI-Regler, $1/T_I = a/2 = 2{,}65$ (innere Geschwindigkeits-Rückkopplung)

Geschwindigkeitsregelkreis nach Abschn. 4.1.2.1 erreicht wird. Deshalb sei diese innere Rückkopplung von hier an als gegeben vorausgesetzt und der modifizierte Wert von a sei 5,3. Damit wird $1/T_I = 1{,}8$ gewählt. Eine Bode-Skizze ähnlich Bild 4.27 läßt erkennen, daß der reelle Eigenwert λ_1 hierbei erst dann größere negative Werte annimmt, wenn ω_{nK} schon sehr groß ist ($\omega_{nK} \approx 15$ für $\lambda_1 \approx 1$). Deshalb wurde $1/T_I$ mit $2{,}65 = a/2$ weiter in der linken Halbebene gewählt und im $|G(-\sigma)|$-Diagramm die Kreisschließungsverstärkung so bestimmt, daß alle Realteile etwa gleich groß sind ($\approx -1{,}8$). Bild 4.27 ergibt dafür die Gesamtverstärkung $k_R k_s = -4$ dB; hieraus berechnet sich die niederfrequente Asymptote zu $-4{,}25$ dB gegenüber der neuen 0-dB-Linie des geschlossenen Kreises. Mit den beiden bekannten Singularitäten bei λ_1 und $1/T_I$ und der zugehörigen Asymptotenneigungsänderung um − und +20 dB/Dekade erhält man die Frequenz der schwingenden Eigenbewegungsform zu $\omega_{nK} \approx 10$. ζ ist damit 0,17 $(-\sigma/\omega_{nK})$. Der Dämpfungsgrad ist zwar relativ gering, aber die Zeitantwort schwingt mit etwa $e^{-1{,}8t}$ ein.

Viel gravierender ist die Tatsache der verdeckten Pole im Ursprung. Wie Gl. (2.100) zeigt, hat bei der Ableitung der hier zugrunde gelegten Gl. (2.34) bereits eine Pol-Nullstellen-Kürzung stattgefunden, so daß mit dem Reglerintegrationsglied im Ursprung 2 verdeckte Pole liegen. Dies sei mit einer Behandlung der vollständigen Systemgleichungen demonstriert.

Statt der einfachen PI-Reglergleichung nehmen wir die verallgemeinerte Form Gln. (4.23), (4.24) an, die für d = 0 den einfachen Fall enthält. Die Reglergleichung kann so als zusätzliche Differentialgleichung geschrieben werden. Mit $e = \varphi_s - \varphi$ im vorliegenden Fall und $\varphi_s = 0$ (Regulatorproblem), erhält man aus (4.24)

$$\dot{u} = -\kappa_R c\varphi - \kappa_R \omega + du.$$

Dies läßt sich mit Gl. (2.37) zu einem System von Differentialgleichungen 5. Ordnung für den geschlossenen Regelkreis zusammenfassen:

$$\dot{\vec{x}} = \begin{pmatrix} \dot{\varphi} \\ \dot{\omega} \\ \dot{x}_W \\ \dot{V} \\ \dot{u} \end{pmatrix} = \begin{pmatrix} 0 & 1 & 0 & 0 & 0 \\ g/\ell_r & 0 & 0 & a/\ell_r & -b/\ell_r \\ 0 & 0 & 0 & 1 & 0 \\ 0 & 0 & 0 & -a & b \\ -\kappa_R c & -\kappa_R & 0 & 0 & d \end{pmatrix} \begin{pmatrix} \varphi \\ \omega \\ x_W \\ V \\ u \end{pmatrix}.$$

Laplace-Transformation mit Berücksichtigung der Anfangsbedingungen liefert das lineare Gleichungssystem

$$\begin{pmatrix} s & -1 & 0 & 0 & 0 \\ -g/\ell_r & s & 0 & -a/\ell_r & b/\ell_r \\ 0 & 0 & s & -1 & 0 \\ 0 & 0 & 0 & s+a & -b \\ \kappa_R c & \kappa_R & 0 & 0 & s-d \end{pmatrix} \begin{pmatrix} \varphi \\ \omega \\ x_W \\ V \\ u \end{pmatrix} = \begin{pmatrix} \varphi_0 \\ \omega_0 \\ x_{W0} \\ V_0 \\ 0 \end{pmatrix}.$$

Hieraus erhält man für die Wagenposition $x_W(s)$ die Beziehung

$$x_W(s) = \frac{x_{W0}}{s} - \frac{b\kappa_R[\varphi_0(sc + g/\ell_r) - \omega_0(s+c)] - V_0[(s^2 - g/\ell_r)(s-d) - b\kappa_R(s+c)/\ell_r)]}{s\{(s^2 - g/\ell_r)[s^2 + (a-d)s - ad] - sb\kappa_R(s+c)/\ell_r\}}$$

und für d = 0 (reiner PI-Regler), $\omega_0 = V_0 = 0$

$$x_W(s) = \frac{x_{W0}}{s} - \frac{b\kappa_R(sc + g/\ell_r)}{s^2[(s^2 - g/\ell_r)(s+a) - b\kappa_R(s+c)/\ell_r]} \cdot \varphi_0.$$

Ein Partialbruchansatz lautet

$$x_W(s) = \frac{x_{W0} + c_1}{s} + \frac{c_2}{s^2} + \frac{c_3}{s - \lambda_1} + \frac{c_4 s + c_5}{s^2 + 2\zeta_K \omega_{nK} s + \omega_{nK}^2}.$$

Er läßt erkennen, daß für den PI-Regler ein Rampenfunktionsanteil c_2/s^2 auftritt, der einer konstanten Geschwindigkeit c_2 entspricht. Der Wagen würde also nach Aufrichten des Stabes aus seiner Anfangslage (z. B. 10° durch mechanischen Anschlag) und Abklingen der Übergangsbewegungen (mit λ_1 und ζ_K, ω_{nK}) ständig weiter fahren.

Im Gegensatz dazu bringt der instabile Regler mit $d > 0$ wegen nur eines Pols im Ursprung den Wagen nach endlicher Entfernung zum Stehen, wenn alle anderen Pole des geschlossenen Kreises in die linke Halbebene gebracht werden können. Durch den Reglerpol in der rechten Halbebene wandert auch die Asymptote in Richtung der Stabilitätsgrenze. Bild 4.28 zeigt 3 Wurzelortskurven für d = 1, $\sqrt{\gamma} = 3{,}84$ (1m-Stab) und 3 verschiedene Nullpunktslagen c = 2,5, 2,4 und 2,3 in einem Bereich, in dem beide konjugiert komplexen Eigenbewegungsformen bei etwa gleich großer Frequenz gleich gute (oder besser gleich schlechte) Dämpfung haben können.

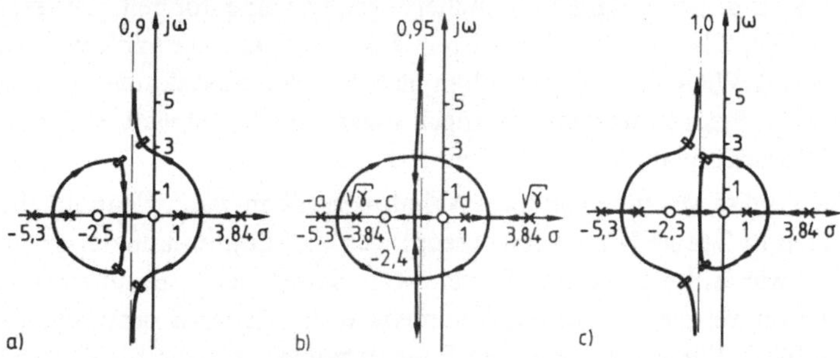

Bild 4.28 Wurzelorte für verschiedene Nullstellenlagen des verallgemeinerten PI-Reglers zum Stab/Wagen-System: a) c = 2,5, b) c ≈ 2,4, c) c = 2,3

Durch ein Vorhaltglied kann die Wurzelortsasymptote nach links verschoben werden. Für $c \lessapprox \sqrt{\gamma}$ und $1/T_D = a$ ergeben sich ähnliche Verhältnisse wie in Bild 3.23 für den Stab allein. Die Wagenposition ist dabei ungeregelt. Trotzdem kann das System als stabil bezeichnet werden, da bei endlichen Anfangswerten nur endliche Ablagen auftreten, während bei verdecktem Doppelpol im Ursprung die Ablage unbegrenzt wächst. Ein solches System wird deshalb zu den nicht stabilen gezählt.

Soll die Wagenposition auch geregelt werden, so muß sie zunächst meßtechnisch erfaßt und ebenfalls auf die Steuerung rückgekoppelt werden. Dieser Fall der Mehrgrößenregelung, oder genauer der mehrschleifigen Eingrößenregelung wird in Kapitel 6 behandelt.

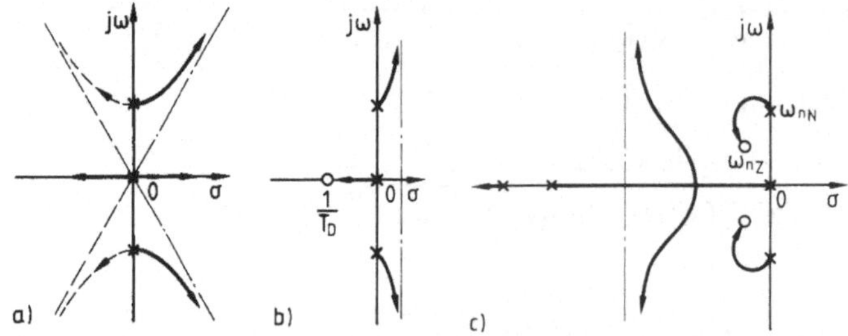

Bild 4.29 Kritische Regelstrecke $G = \kappa[s(s^2 + \omega^2)]^{-1}$
a) Proportional-Regler, b) PD-Regler, c) Vorhaltglied 2. Ordnung

4.1.4.3 Kompensationsglieder höherer Ordnung. Mit den bisher besprochenen Reglern der Typen P, PD, PI und PID lassen sich weite Anwendungsbereiche befriedigend abdecken. Es gibt jedoch Fälle, für die sie nicht ausreichen. Das System in Bild 4.29 mit einem Integrationsglied und einer ungedämpften Eigenbewegungsform 2. Ordnung ist ein Beispiel dafür. Der Proportionalregler Teilbild a) treibt entweder das Glied 2. Ordnung ($k > 0$ bei negativer Rückkopplung) oder das Glied 1. Ordnung ($k < 0$) in die rechte Halbebene. Der PD-Regler führt wegen der Reduktion des Polüberschusses zwar zu einer senkrechten Wurzelortsasymptote, diese liegt aber in der rechten Halbebene (Bild 4.29b). Für den Grenzfall $1/T_D \to 0$, der nur ein Dämpfungsregelkreis ist, wird die Frequenz der schwingenden Eigenbewegungsform, nicht aber deren Dämpfung erhöht. Abhilfe bringt ein Kompensationsglied, das näherungsweise eine doppelte Differentiation durchführt: es liefert 2 Nullstellen, deren Frequenz $\omega_{nZ} \lesssim \omega_{nN}$ gewählt werden muß und die in der linken Halbebene so liegen sollen, daß die Wurzelortskurven von ω_{nN} aus in den stabilen Bereich gezogen werden; die zugehörigen Pole liegen weit in der linken Halbebene. Bild 4.29c zeigt qualitativ die Verhältnisse.

Die direkte Messung von zwei Ableitungsgrößen wäre, wenn möglich, die bessere Lösung, da damit 2 reine Nullstellen erzeugt werden könnten und der Polüberschuß auf 1 reduziert würde. Im geregelten System wäre damit die Amplitudenanhebung bei höheren Frequenzen vermieden, die bei dem meist vorhandenen Störrauschen zu unruhigem Verhalten führt. Für anspruchsvollere Regelungen sei auf Abschn. 4.2 und Kapitel 6 verwiesen.

4.1.5 Einstellregeln für Standardregler

Wegen der großen praktischen Bedeutung der bisher beschriebenen Eingrößenregler wurden in weiten Bereichen zufriedenstellende Einstellregeln entwickelt, die für viele Routinefälle speziell der Verfahrenstechnik hinreichend sind und nur geringen Analyseaufwand erfordern. Hier seien 2 davon vorgestellt, die auf unterschiedlichen Vorgehensweisen beruhen. Es müssen stabile Regelstrecken ohne freies s in der Übertragungsfunktion vorliegen.

4.1.5.1 Auswertung der kritischen Verstärkung. Dieses Verfahren nach Ziegler-Nichols [81] baut auf der Frequenz und Verstärkung auf, bei der das mit einem Proportionalregler $G_R = k_R$ geschlossene System instabil wird (ω_{cr}, k_{cr}). Tab. 4.3 zeigt die empfohlenen Einstellwerte. Der P-Kreis ist bei der halben kritischen Verstärkung zu schließen. Beim PI-Regler wird die Verstärkung gegenüber dem P-Regler um 10% zurückgenommen, da der Integralteil eine Phasennacheilung hervorruft, die destabilisierend wirkt. Beim PID-Regler sorgt der Vorhalt-(D-)Anteil mit der Nullstelle bei 33% oberhalb von ω_{cr} für eine Phasenanhebung, weshalb sowohl die Nullstelle $1/T_I$ als auch die Verstärkung bei größeren Werten liegen können. Tab. 4.5 in Abschn. 4.1.5.3 zeigt ein Beispiel im Vergleich.

Tab. 4.3 Einstellwerte nach Ziegler-Nichols

Reglertyp	k_R	$1/T_I$	$1/T_D$
P	$0{,}5\ k_{cr} \mathrel{\hat{=}} -6$ dB	–	–
PI	$0{,}45\ k_{cr} \mathrel{\hat{=}} -7$ dB	$0{,}19\ \omega_{cr}$	–
PID	$0{,}6\ k_{cr} \mathrel{\hat{=}} -4{,}4$ dB	$0{,}32\ \omega_{cr}$	$1{,}33\ \omega_{cr}$

4.1.5.2 Auswertung der Stufenantwort. Bei diesem Verfahren nach Oppelt et al. [56] wird der Zeitschrieb der Stufenantwort der Strecke ausgewertet. Das System wird mit der Eingangsfunktion $x_{e_0} \cdot 1(t)$ beaufschlagt und zeige den in Bild 4.30 gegebenen Verlauf der Regelgröße. Die Werte T_u (Schnittpunkt der Wendetangente mit der Zeitachse) und $K = K'/x_{e_0}$ (hier gehen statische und dynamische Momente ein) dienen zur Festlegung der Parameter der jeweiligen Regler anhand von Tab. 4.4. Für das Beispiel in Bild 4.24 $G_s = 1{,}1/[(s+1)(s/2+1)(s/10+1)]$ erhält man die Zahlenwerte $T_u = 0{,}285$ [s], $K = 0{,}155$. ω_{cr} war $5{,}66$ [s^{-1}] und $k_{cr} = 17{,}9$.

Hiermit lassen sich Reglerauslegungen vergleichen.

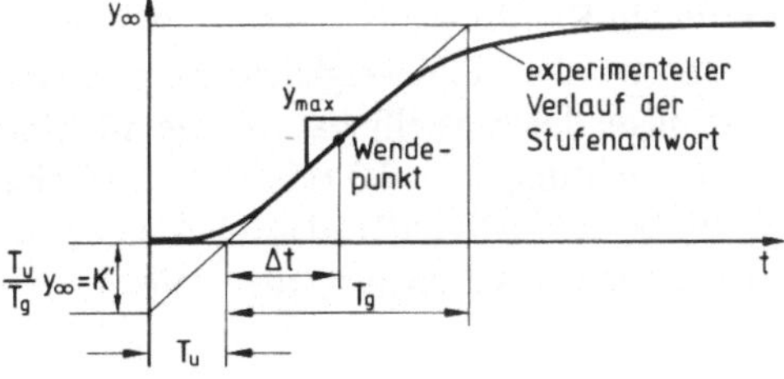

Bild 4.30
Ermittlung der Kenngrößen für die Einstellregel nach Oppelt et al.

Tab. 4.4 Einstellwerte nach Oppelt et. al. anhand der Stufenantwort

Reglertyp	k_R	$1/T_I$	$1/T_D$
P	1/K	–	–
PI	0,8/K	$\frac{1}{3T_u}$	–
PID	1,2/K	$\frac{1}{2T_u}$	$\frac{1}{0{,}42T_u}$

Tab. 4.5 Vergleich verschiedener Reglerauslegungen zur Strecke $G_s = 1{,}1/[(s+1)(s/2+1)(s/10+1)]$ mit $a_I = 1/7$

Auslegung	Einstellwerte			erzielte Leistungsparameter			
	k_R	$1/T_I$	$1/T_D$	$\frac{1}{1+k_{ges}}$	$\omega_{nK}/[s^{-1}]$	ζ_K	Q
Ziegler-Nichols	10,7	1,8	7,5	0,013	4,8	0,3	1,7
Oppelt et. al.	7,74	1,75	8,35	0,017	4,2	0,33	1,65
ω_{nK} = max für $\zeta = 1/\sqrt{2}$	2,1	1	1,5	0,064	5,2	0,707	1,0

4.1.5.3 Vergleich an einem Beispiel. Die Einstellregeln angewandt auf das Beispiel in Bild 4.24 ergeben mit obigen Zahlenwerten die Tab. 4.5.

Die Kennwerte des geregelten Systems wurden überschlagsmäßig graphisch bestimmt. Am auffallendsten ist die unterschiedliche Positionierung der Vorhalt-Nullstelle $1/T_D$, die nach den Einstellregeln bei 5- bis 6fach höheren Frequenzen liegt. Diese zielen offensichtlich auf einen geringeren Dämpfungsgrad des geschlossenen Regelkreises ζ_K zugunsten hoher Gesamtverstärkung und damit kleiner statischer Fehler $1/(1 + k_{ges})$ sowie gute Störunterdrückung (s. u.). Die Amplitudenüberhöhung Q bei der Resonanzfrequenz ist 60 bis 70%. Wenn das geregelte System nur niederfrequent außerhalb des Resonanzbereichs angeregt wird, ist dies nicht wichtig. Die Einstellregeln zielen mehr auf Regulatorprobleme. Ein dreimaliges Überschwingen der Stufenantwort wird in Kauf genommen. Für Servosysteme ist so starkes Überschwingen wohl meist unerwünscht. Die Auslegung in Bild 4.24 war für maximale Eigenfrequenz bei einem Dämpfungsgrad von $1/\sqrt{2}$, also speziell in Richtung auf gutes Folgeverhalten bei schnellen Sollwertänderungen durchgeführt worden. Eine vergleichbare spezifische Reglerauslegung für ζ im Bereich der Ergebnisse der Einstellregeln würde mit einem verallgemeinerten Bode-Diagramm der Schnittrichtung $\xi = -0{,}3$ oder $-0{,}35$ arbeiten. Man erkennt aus den Phasenverläufen Ⓒ Ⓕ Ⓔ und Ⓒ Ⓘ Ⓓ, daß für kleinere Dämpfungsgrade das Vorhaltglied zu höheren Frequenzen verschoben werden sollte.

4.2 „Moderne“ Regelungskonzepte

Kompensationsglieder höherer Ordnung im Vorwärts- und Rückführzweig sind seit langem in der sogenannten klassischen Regelungstheorie bekannt. Aus Gründen der aufwendigeren technischen Realisierung und wegen der unerwünschten Verstärkung höherfrequenter Rausch-Signalanteile haben sie sich in der Praxis jedoch nicht durchgesetzt. Die im folgenden beschriebene spezielle Regelungsstruktur wurde erst über die Zustandsraumverfahren und die dort entwickelte Beobachtertheorie entdeckt, obwohl sie unabhängig davon auch ausschließlich im Frequenzbereich hätte entwickelt werden können. Die Geschichte ist den anderen Weg gegangen (was in Abschn. 5.4 verständlicher wird).

Die Zustandsraumverfahren gestatten tiefere Einblicke in die Struktur von Systemen als Übertragungsfunktionsmethoden und sind vor allem für Mehrgrößensysteme mit mehr als 2 Ein- und Ausgängen vorteilhaft.

Das Wort „moderne“ in der Überschrift hat mit dieser Herkunft von den Zustandsraumverfahren, die als „moderne Regeltheorie“ bezeichnet wurden, zu tun und ist ansonsten obsolet. Wegen der besonderen Bedeutung des Beobachterkonzeptes, das auf dem rückgeführten Proportionalsignal aufbaut, sei dieser Reglertyp im folgenden als PO-Regler bezeichnet (in Verallgemeinerung des PD-Reglers, der auf der Differentiation des P-Signals basiert).

Zur Hinführung zu diesem Regler seien zunächst folgende Betrachtungen angestellt:

4.2.1 Polfestlegung mit Kompensationsgliedern

Ein Ziel der Regelung ist es, das Übertragungsverhalten von der Steuerung zum Ausgang der ungeregelten Strecke $G_s(s)$ mit möglicherweise unbefriedigenden Eigenbewegungsformen (zu schwach gedämpft, zu langsam) durch Regleraufschaltungen $G_R(s)$ so zu beeinflussen, daß das neue Übertragungsverhalten $G_K(s)$ von der Führungsgröße w zum Systemausgang den Anforderungen genügt. Diese Anforderungen können bezüglich der Eigenbewegungsformen durch die Eigenwerte (Pole) von G_K festgelegt werden (z. B. $\zeta \approx 1/\sqrt{2}$ für gut gedämpftes Einschwingen, $|\lambda|$, ω_n für die Schnelligkeit des Einschwingens). Aus der Beziehung Gl. (3.35) für den Einheitsregelkreis folgt mit $G_i = k_i Z_i/N_i$ und $Z_K = Z_s Z_R$

$$G_R = \frac{1}{G_s}\frac{G_K}{1-G_K} = \frac{k_K Z_R N_s}{k_s[N_K - k_K Z_R Z_s]} = \frac{k_K N_s}{k_s[N_K/Z_R - k_K Z_s]}. \tag{4.28}$$

Hiermit können theoretisch erforderliche Reglerübertragungsfunktionen G_R bestimmt werden, um die gewünschte Übertragungsfunktion G_K mit der gegebenen Strecke G_s zu erhalten. Aus dem ersten und dritten Term folgt nach Kürzung von Z_R als Synthesegleichung für das Nennerpolynom des Reglers mit $K = k_K/(k_R k_s)$

$$K N_R(s) N_s(s) = N_K(s) - k_K Z_R(s) Z_s(s); \tag{4.29}$$

diese Gleichung legt N_R, k_R und Z_R als Funktion von k_s, Z_s, N_s, k_K und N_K fest. Der

Regler habe die Ordnung ν. Mit

$$\left.\begin{array}{l} N_R(s) = \sum\limits_{i=0}^{\nu} \alpha_i s^i; \quad N_s = \sum\limits_{i=0}^{n} a_i s^i; \quad N_K(s) = \sum\limits_{i=0}^{n+\nu} d_i s^i \\ Z_R(s) = \sum\limits_{i=0}^{\nu'} \rho_i s^i, \quad \nu' \leqslant \nu \quad \text{und} \quad Z_s(s) = \sum\limits_{i=0}^{m} b_i s^i \end{array}\right\} \tag{4.30}$$

erkennt man, daß die unbekannten Reglerparameter α_i, ρ_i linear als Koeffizienten zu Potenzen s^ℓ in Gl. (4.29) eingehen; sie treten dabei als Faktoren zu den bekannten Streckenparametern a_i und b_i auf. Da zur Gleichheit die Koeffizienten zu den einzelnen Potenzen s^ℓ links und rechts des Gleichheitszeichens identisch sein müssen, ergeben sich $n + \nu + 1$ Bedingungsgleichungen. Dem stehen (in Bode-Normalform) ν Nennerkoeffizienten α_i, $i = 1, 2, \ldots, \nu$ sowie ν' Zählerkoeffizienten ρ_i und die statische Verstärkung k_R gegenüber. Als notwendige Bedingung zur Lösbarkeit von Gl. (4.29) folgt deshalb

$$\nu' = n \quad \text{und mithin} \quad \nu \geqslant n;$$

letztere Bedingung ergibt sich aus der Realisierbarkeitsforderung für G_R (Zählergrad $\leqslant$ Nennergrad). Berücksichtigt man die statische Verstärkung $k_K = k_R k_s/(1 + k_R k_s)$ separat und beachtet, daß $\alpha_0 = \rho_0 = a_0 = b_0 = d_0 = 1$ (für Systeme mit freien s ist die erforderliche Anpassung leicht ersichtlich), so kann man Gl. (4.29) mit (4.30) als lineares Gleichungssystem mit 2n Spalten und Zeilen schreiben, wobei die ρ_i als zweiter Satz von n Komponenten an die n Vektorkomponenten α_i, $i = 1, 2, \ldots, n$, angehängt wurden ($a_i' = Ka_i$; $b_i' = k_K b_i$). Die i-te Zeile entspricht im folgenden Schema dem Koeffizienten zu s^i:

$$\underbrace{\left[\begin{array}{cccc|cccc} a_0' & 0 & 0 & & b_0' & 0 & 0 & \\ a_1' & a_0' & 0 & 0 & b_1' & b_0' & 0 & 0 \\ a_2' & a_1' & a_0' & & b_2' & b_1' & b_0' & \\ & & \ddots & & \vdots & \vdots & \vdots \ \ddots & \\ \vdots & \vdots & & 0 & b_m' & b_{m-1}' & & \\ & & & a_0' & 0 & b_m' & & b_0' \\ \hline a_n' & a_{n-1}' & & a_1' & 0 & 0 & & b_1' \\ 0 & a_n' & & a_2' & & & & \\ 0 & 0 & & a_3' & & & \ddots & \vdots \\ & \ddots & & \vdots & & & & b_m' \\ & 0 & & & & 0 & & 0 \\ & & & a_n' & & & & 0 \end{array}\right]}_{Q_N \ | \ Q_Z} \underbrace{\left[\begin{array}{c} \alpha_1 \\ \alpha_2 \\ \alpha_3 \\ \vdots \\ \\ \alpha_n \\ \hline \rho_1 \\ \rho_2 \\ \rho_3 \\ \vdots \\ \\ \rho_n \end{array}\right]}_{\vec{\xi}} = \underbrace{\left[\begin{array}{c} d_1 - a_1' - b_1' \\ d_2 - a_2' - b_2' \\ d_3 - a_3' - b_3' \\ \vdots \\ d_m - a_m' - b_m' \\ d_{m+1} - a_{m+1}' \\ d_n - a_n' \\ \hline d_{n+1} \\ d_{n+2} \\ \vdots \\ \\ d_{2n} \end{array}\right]}_{\vec{\delta}} \tag{4.31}$$

(Beschriftung: n Spalten über Q_N, n Spalten über Q_Z; 2n Zeilen)

Nach Berechnung von k_R aus der vorzugebenden statischen Verstärkung des geschlossenen Kreises k_K (Koeffizientenvergleich zu s^0) kann hieraus der Koeffizientenvektor $\vec{\xi}$ mit numerischen Standardverfahren berechnet werden ($\vec{\xi} = [Q_N \,|\, Q_Z]^{-1} \vec{\delta}$).

Will man also alle Pole des geschlossenen Kreises frei vorgeben können, so ist im allgemeinen eine sprungfähige Reglerübertragungsfunktion n-ter Ordnung vorzusehen und der geschlos-

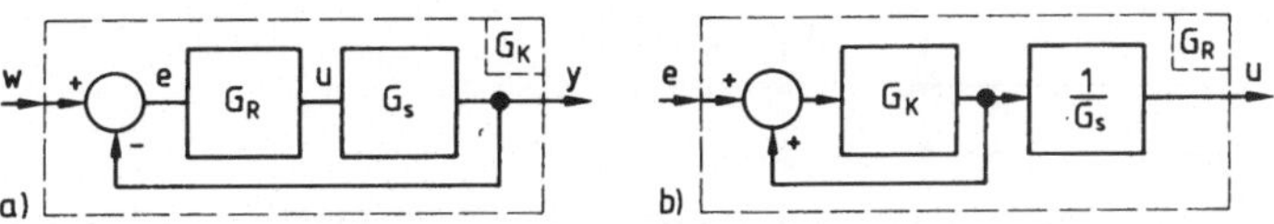

Bild 4.31 Komplementäre Blockschaltbilder zum Einheitsregelkreis (Kompensation im Vorwärtszweig)

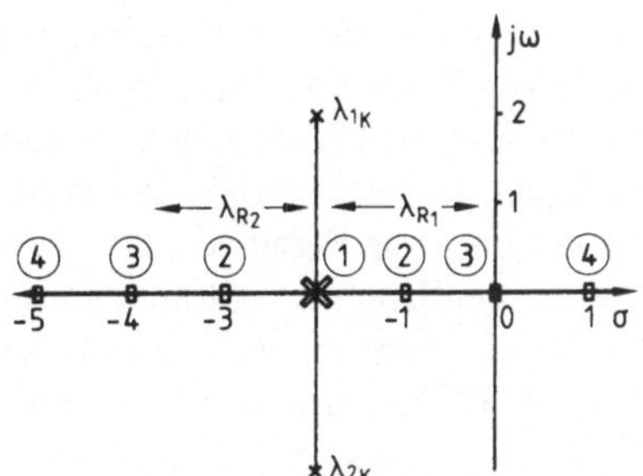

Bild 4.32
Wurzelort zur Rückführschleife in Bild 4.31b

sene Regelkreis hat 2n Pole. Eine andere Betrachtungsweise geht von dem zweiten Term in Gl. (4.28) aus: Der Faktor $G_K/(1 - G_K)$ wird als mit dem 0°-Kriterium geschlossener Einheitsregelkreis um G_K erkannt; mithin gelten die beiden Blockschaltbilder 4.31a und b komplementär. Bild 4.32 zeigt z. B. für ein Glied 2. Ordnung die gewünschten Pollagen λ_{1K} und λ_{2K} von G_K und den daraus entstehenden Wurzelort. Bei diesem Ansatz soll die Zahl der nicht verdeckten Pole des geschlossenen Kreises gleich n sein. [Für jede zusätzliche Reglernullstelle, die aus Realisierbarkeitsgründen einen weiteren Pol in G_R und damit auch im geschlossenen Kreis nach sich zieht, erhöht sich die Auslegungsvielfalt für den Regler. Es gibt also unendlich viele Regler G_R zur Erzeugung von G_K bei gegebenem G_s.] Für das Elektrokarren-Beispiel des Stab/Wagen-Systems mit $G_s = 0{,}3/[s(s + 2)]$ seien die diskreten Fälle ① bis ④ diskutiert. Nach Gl. (4.28) folgt mit λ_{Ri} als Wurzeln des Polynoms $k_s[N_K/Z_R - k_K Z_s]$ und λ_{si} als Pole der Strecke

$$G_R = \frac{k_K \prod^{n} (s/\lambda_{si} + 1)}{k' \prod^{n} (s/\lambda_{Ri} + 1)}. \tag{4.32}$$

Die Reglerübertragungsfunktion hat gleichen Zähler- wie Nennergrad, d. h. den Polüberschuß $r_R = 0$. Für Punkt ① ergibt sich der Regler $G_{R_1} = \kappa_{R_1} s/(s + 2)$, d. h. ein Hochpaßglied $\kappa_{R_1}[1 - 2/(s + 2)]$. Für Punkt ② erhält man

$$G_{R_2} = \kappa_{R_2} \frac{(s + 2)s}{(s + 1)(s + 3)} = \kappa_{R_2} \left[1 - \frac{2s + 3}{(s + 1)(s + 3)}\right]$$

und für Punkt ③

$$G_{R_3} = \kappa_{R_3} \frac{s + 2}{s + 4} = \kappa_{R_3}[1 - 2/(s + 4)].$$

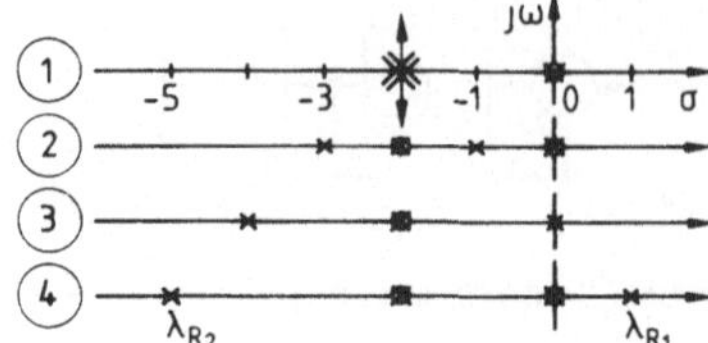

Bild 4.33
Pol-/Nullstellenlage von $G_R G_s$ zu den Fällen in Bild 4.32

Jenseits dieses Punktes wird ein Reglerpol instabil. Mit Ausnahme von Fall ③ hat der geschlossene Regelkreis im Ursprung einen verdeckten Pol (vgl. Bild 4.33); nur dieser Regler, ein Vorhaltglied (PD_T), liefert einen geschlossenen Regelkreis, der auch Anfangsstörungen ausregelt. Für instabile Strecken wird durch die Reglernullstelle in der rechten Halbebene der instabile Eigenwert dort festgehalten, was nicht akzeptabel ist. Als einziger Regler ist bei Strecken mit unerwünschten Eigenwerten aus der hier betrachteten Klasse nur der annehmbar, bei dem sich diese Eigenwerte in der Regler übertragungsfunktion Gl. (4.32) herausheben (entsprechend Fall ③).

Mit einer zusätzlichen Reglernullstelle (und damit 3 Polen des geschlossenen Kreises im Beispiel) erhält man i. allg. einen Regler vom Grad n + 1; wählt man eine Verstärkung, bei der ein Pol des um G_K geschlossenen Kreises auf einem Pol von G_s liegt, verringert sich die Reglerordnung auf n. Gelingt es, die Reglernullstelle so zu legen, daß gleichzeitig zwei Pole des um G_K geschlossenen Kreises auf zwei Polen von G_s zu liegen kommen, so wird die Reglerordnung n − 1. Im Beispiel wären dies alle PD_T-Regler, die Wurzelorte durch den Zielpunkt $(\lambda_{1K}, \lambda_{2K})$ liefern. Man erkennt, daß für Systeme höherer Ordnung dieses Vorgehen zur Reglersynthese nicht sonderlich hilfreich ist.

Bringt man die Reglerübertragungsfunktion G_R in den Rückführzweig, so erhält man aus $G_K = G_s/(1 + G_s G_R)$

$$G_R = \frac{G_s - G_K}{G_s G_K} = \frac{N_K - Z_R N_s k_K/k_s}{k_K Z_s Z_R}. \tag{4.33}$$

Hieraus folgt die Synthesegleichung für den Regler

$$\left[N_K - \frac{k_K}{k_s} Z_R N_s\right] N_R = k_R k_K Z_s Z_R^2. \tag{4.34}$$

Dieser Regler ist nur realisierbar, falls die Strecke sprungfähig, d. h. Zählergrad = Nennergrad ist, was meist nicht vorliegt. Beliebige Eigenwerte des geregelten Systems G_K sind deshalb mit dieser Reglerstruktur meist nicht zu erreichen.

4.2.2. Zustandsregler mit Beobachter (PO-Regler)

Aus der Beobachtertheorie [35] ist die Reglerstruktur gemäß Bild 4.34a bekannt. Hierbei wurde im y-Rückführzweig die statische Verstärkung 1 ($\rightarrow G_R^*$) gewählt; die Reglerverstärkung V liegt im Vorwärtszweig. Nur auf der Basis dieser Strukturkenntnis sollen im folgenden die Bedingungen für einen Zustandsregler mit reduziertem Beobachter bei Polvorgabe für den geschlossenen Regelkreis abgeleitet werden.

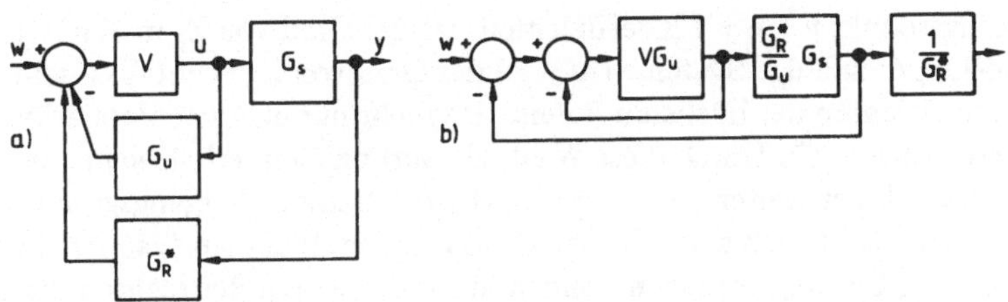

Bild 4.34 PO-Reglerstruktur (a) und Ersatzblockschaltbild (b)

4.2.2.1 Ableitung der Bedingungsgleichungen. Aus Bild 4.34a erkennt man die Beziehungen

$$(w - yG_R^* - uG_u)V = u, \qquad u = \frac{w - yG_R^*}{1 + VG_u} V \tag{4.35a}$$

und $$y = G_s u = \frac{G_s V}{1 + VG_u} w - \frac{VG_s G_R^*}{1 + VG_u} y. \tag{4.35b}$$

Hieraus wird die Übertragungsfunktion des geschlossenen Kreises

$$G_K = \frac{y}{w} = \frac{VG_s}{\underbrace{1 + VG_u}_{N} + \underbrace{VG_R^* G_s}_{Z}} = \frac{Z/N}{1 + Z/N} \cdot \frac{1}{G_R^*}$$

mit $$\frac{Z}{N} = \frac{VG_R^* G_s}{1 + VG_u} = \frac{VG_u}{1 + VG_u} \cdot \frac{G_R^*}{G_u} G_s. \tag{4.36}$$

Das Ergebnis wurde jeweils so umgeschrieben, daß man eine Einheitsrückführung daraus erkennt; es ergibt sich das Ersatzblockschaltbild 4.34b. Führt man für jede Übertragungsfunktion die Schreibweise mit statischer Verstärkung k sowie Zähler- und Nennerpolynom in Bode-Normalform ein, so folgt

$$\frac{k_K Z_K}{N_K} = \frac{Vk_s Z_s}{N_s \left[1 + \frac{V_{ku} Z_u}{N_u} + \frac{VZ_R k_s Z_s}{N_R N_s}\right]} = \frac{Vk_s Z_s N_u N_R}{N_s N_u N_R + Vk_u Z_u N_R N_s + VZ_R k_s Z_s N_u}. \tag{4.37}$$

Wählt man nun $N_u = N_R$ und die Reglerkoeffizienten genau so, daß sich in G_K die durch den Regler eingeführten ν Nullstellen gerade mit ν Polen des geschlossenen Kreises kürzen, d. h. daß $G_K = k_K Z_s / N_{K_s}$ ist, $N_{K_s} \mathrel{\hat=}$ unverdeckten Polen des geschlossenen Kreises, so folgt mit $v = Vk_s/k_K$

$$(vN_{K_s} - N_s)N_R = Vk_u Z_u N_s + Vk_s Z_R Z_s. \tag{4.38}$$

Dies ist die Bedingung zur Synthese eines „Beobachter-Reglers", der wie die Zustandsvektorrückkopplung in der Übertragungsfunktion keine zusätzliche Nullstelle einführt und die Übertragungsfunktion bei dem Grad n beläßt.

Die Frage ist, wie man Z_u, Z_R und $N_R(s)$ wählen muß, um $N_{K_s}(s)$ beliebig vorgeben zu können. Der Grad von N_R sei ν. Da der Grad von N_s und N_{K_s} n ist, enthält das linke Polynomprodukt $\nu + n + 1$ Koeffizienten. Da der Grad von Z_s $m \leqslant n$ ist, muß zumindest für nichtsprungfähige Systeme ($m < n$) der Grad von Z_u ebenfalls ν sein, wenn man den Koeffizienten der höchsten Potenz in s nicht nur über das Verstärkungsverhältnis v anpassen können will. Durch diese Wahl (G_u sprungfähig) erhält man einen zusätzlichen Freiheitsgrad, der weiter unten diskutiert wird. Soll die Ausgangsgröße y direkt zurückgeführt werden, dann muß auch Z_R den Grad ν haben. Will man sich das („Beobachter-") Polynom N_R beliebig vorgeben können, dann dürfen auf der rechten Seite nur soviele Unbekannte vorkommen wie links Koeffizienten vorhanden sind. $k_u Z_u$ und VZ_R enthalten $2(\nu + 1)$ Unbekannte; daraus folgt

$$\nu = n - 1. \tag{4.39}$$

Dies deckt sich mit den Ergebnissen zum reduzierten Beobachter bei einer Meßgröße.

Die Wahl $N_u = N_R$ gestattet die gemeinsame Realisierung von G_u und G_R mit Hilfe von $n - 1$ Integratoren: Aus Gl. (4.35a) folgt mit $G = kZ/N$

$$u = \frac{VN_R}{Vk_u Z_u + N_R} w - \frac{VZ_R}{Vk_u Z_u + N_R} y. \tag{4.35c}$$

Da mit obigen Ergebnissen beide Übertragungsfunktionen sprungfähig sind, kann man mit

$$\begin{aligned} N_R &= \alpha_\nu s^\nu + \ldots + \alpha_1 s + 1; \qquad & N'_R &= Vk_u Z_u + N_R = \sum_{i=0}^{\nu} \gamma_i s^i \\ Z_R &= \rho_\nu s^\nu + \ldots + \rho_1 s + 1, & \gamma_i &= Vk_u \beta_i + \alpha_i \\ Z_u &= \beta_\nu s^\nu + \ldots + \beta_1 s + 1 \end{aligned} \tag{4.40}$$

nach Hochmultiplikation des Nenners schreiben

$$u\gamma_\nu s^\nu + u \sum_{i=0}^{\nu-1} \gamma_i s^i = \left[(w\alpha_\nu - y\rho_\nu) s^\nu + \sum_{i=0}^{\nu-1} (\alpha_i w - \rho_i y) s^i\right] V.$$

Nach ν-facher Integration (Division durch s^ν) folgt daraus

$$u = \left\{ V(\alpha_\nu w - \rho_\nu y) + \sum_{i=0}^{\nu-1} [V(\alpha_i w - \rho_i y) - \gamma_i u] s^{(i-\nu)} \right\} / \gamma_\nu . \tag{4.41}$$

Schreibt man die Gleichungen in Bode-Normalform, wie in Gl. (4.40) geschehen, dann ist $\alpha_0 = \rho_0 = 1$ und das zu Gl. (4.41) gehörende Blockschaltbild 4.35 beginnt links mit dem Regelfehler $w - y$.

Hiermit ist es nun möglich, sowohl die Pole des geschlossenen Regelkreises als auch der Reglerübertragungsfunktion beliebig zu wählen (natürlich nur im Rahmen der Gültigkeit der Linearitätsbedingungen, hier insbesondere der Sättigung der Steuergröße u). Aus Gl. (4.37) rechts erkennt man, daß der geschlossene Regelkreis noch ν zusätzliche Pole hat, die in dieser Übertragungsfunktion durch die Nullstellen von N_u verdeckt werden. Die Partialbruchkoeffizienten dieser Eigenbewegungsformen sind für Steuerungsanregungen 0, nicht jedoch für Störanregungen oder Anfangsbedingungen. Die beiden Rückführungen wurden so geschickt gewählt, daß ν Pole des Regelkreises nach der 2. Kreis-

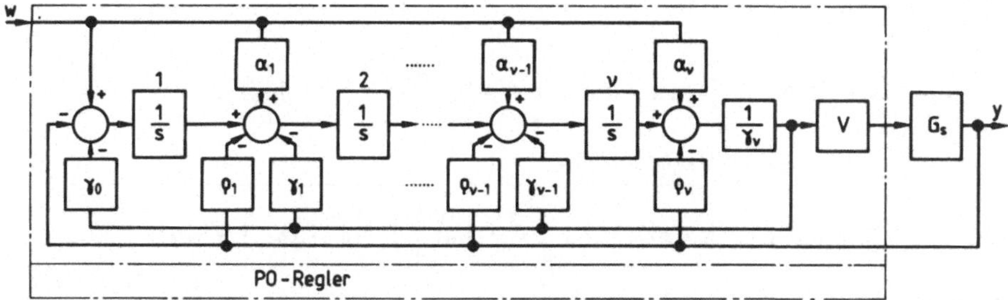

Bild 4.35 Realisierung des PO-Reglers mit $\nu = n - 1$ Integratoren

schließung in Bild 4.34b genau auf die Stellen zu liegen kommen, wo sie durch den Faktor $1/G_R^*$ kompensiert werden. Diese Eigenbewegungsformen sind deshalb nicht beobachtbar. Um gutes Einschwingverhalten z. B. von Anfangswerten $\neq 0$ sicherzustellen, sollten diese Pole genügend weit in der linken Halbebene gewählt werden. Ein Berechnungsschema ähnlich Gl. (4.31) kann aus Gl. (4.38) mit (4.40) angegeben werden (s. Anhang A3).
Es sei darauf hingewiesen, daß der Grad der Rückführpolynome niedriger als $n - 1$ gewählt werden kann, wobei die Eigenwerte des geschlossenen Kreises noch beliebig positionierbar bleiben; nur hat man dann nicht mehr die Freiheit, die Lage der Beobachterpole beliebig vorzugeben, so daß ihre Werte im Nachhinein überprüft werden müssen.
Auch kann man $N_u \neq N_R$ wählen und das Ergebnis gemäß Bild 4.34b analysieren; hierzu sind dann Wurzelort und verallgemeinertes Bode-Diagramm wieder gute Hilfsmittel.
Hat schon die zu regelnde Strecke Nullstellen, die auf Polen liegen und sich herauskürzen, so können diese Pole (vgl. Bild 3.11) nicht durch Regelkreisschließungen verschoben werden. Liegen Nullstellen dicht bei Polen, so sind die Partialbruchkoeffizienten der zugehörigen Eigenbewegungsform klein, der Bewegungsanteil ist schlecht beobachtbar und der Pol durch Regelkreisschließung nicht wesentlich verschiebbar. Möglicherweise gibt es andere Ausgangsgrößen, in deren Übertragungsfunktion keine Nullstellen in der Nähe dieser Pole auftreten und mit deren Rückkopplung diese Pole dann verschoben werden können. Die Pol-Nullstellenkonfiguration der ungekürzten Übertragungsfunktion ist bei Anwendung des PO-Reglers zu beachten, um nicht unerfüllbare Forderungen realisieren zu wollen. Die zu verschiebenden Eigenwerte müssen im gemessenen Ausgangssignal mit genügend großen Amplitudenanteilen vertreten sein.

4.2.2.2 Beispiel mit Realisierungen. Strecke $G_s = k_s/[s(s/a + 1)]$. $Z_s = 1$; $N_s = s^2/a + s$; gewünschte Pollage für geschlossenen Regelkreis ($d = 2\zeta/\omega_n$) $N_{K_s} = s^2/\omega_n^2 + ds + 1$; Beobachterpol ($\nu = n - 1 = 1$) bei $N_R = \alpha s + 1$; Ansatz für die Zählerterme des Reglers $Vk_uZ_u = k_u'(\beta s + 1)$; $VZ_R = V(\rho s + 1)$. Gl. (4.38) links:

$$\begin{aligned}(vN_{K_s} - N_s)N_R &= \left[\left(\frac{v}{\omega_n^2} - \frac{1}{a}\right)s^2 + (vd - 1)s + v\right](\alpha s + 1)\\ &= \alpha\left(\frac{v}{\omega_n^2} - \frac{1}{a}\right)s^3 + \left[\frac{v}{\omega_n^2} - \frac{1}{a} + \alpha(vd - 1)\right]s^2 + (vd - 1 + v\alpha)s + v\\ &= c_3s^3 + c_2s^2 + c_1s + c_0. \end{aligned} \tag{4.42}$$

Gl. (4.38) rechts:

$$k'_u Z_u N_s = k'_u(\beta s + 1)(s^2/a + s) = k'_u \left[\frac{\beta}{a} s^3 + \left(\frac{1}{a} + \beta\right) s^2 + s\right]$$

$$V k_s Z_R Z_s = V k_s(\rho s + 1) \tag{4.43}$$

$$\Sigma = k'_u Z_u N_s + V k_s Z_R Z_s = k'_u \frac{\beta}{a} s^3 + k'_u \left(\frac{1}{a} + \beta\right) s^2 + (k'_u + V k_s \rho) s + V k_s.$$

Koeffizientenvergleich zwischen (4.42) und (4.43) liefert für die Unbekannten α, k_u, β, V und ρ:

$$k_K = 1 \text{ hier unabhängig von V wegen des freien s in } N_s \text{ [aus } (s^0)]$$

$$k'_u = (c_2 - ac_3)a \text{ und } \beta = ac_3/k'_u \text{ [aus } (s^3) \text{ und } (s^2)]$$

$$\rho = (c_1 - k'_u)/(k_s V) \text{ [aus } (s^1)]. \tag{4.44}$$

Für das Wagen-Beispiel mit $a = 2$, $k_s = 0{,}15$ und die gewünschten Eigenwerte $\omega_n = 3\sqrt{2}$, $\zeta = 1/\sqrt{2}$, d. h. $d = 1/3$ (vgl. Bild 4.18), folgt für verschiedene Werte von V und den Beobachterpol $1/\alpha$ Tab. 4.6.

Für die Einheitsverstärkung im Vorwärtskreis (Zeile 1*), V = 1) liegt die G_u-Nullstelle $1/\beta$ 0,07 rechts des Beobachterpols $1/\alpha$ bei negativer Verstärkung k'_u nahe -1. Wie Bild 4.36a in diesem Fall zeigt, ist die Neigung der Kurve $|G_u(-\sigma)|$ im Bereich der Kreisschließungsverstärkung k'_u sehr flach (beachte Maßstab); eine Vergrößerung von k'_u um 10% würde den Eigenwert des geschlossenen inneren Kreises von -10 auf -15 verschieben. Für $-0{,}9887 > k'_u > -1$ läge der Pol des geschlossenen Kreises in der rechten Halbebene und für $k'_u < -1$ wandert er von 0 gegen die Nullstelle bei $-5{,}93$. Diese Reglerauslegung

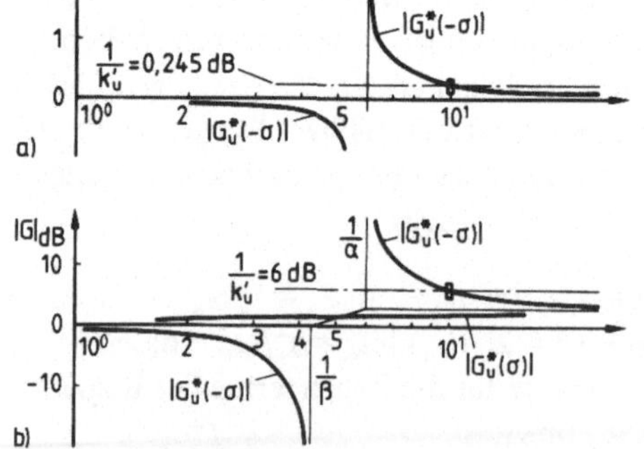

Bild 4.36 Innere G_u-Kreisschließung des PO-Reglers im $|G(\sigma)|$-Diagramm
a) V = 1
b) V = 18 (beachte Maßstabsunter-unterschied 1 : 10)

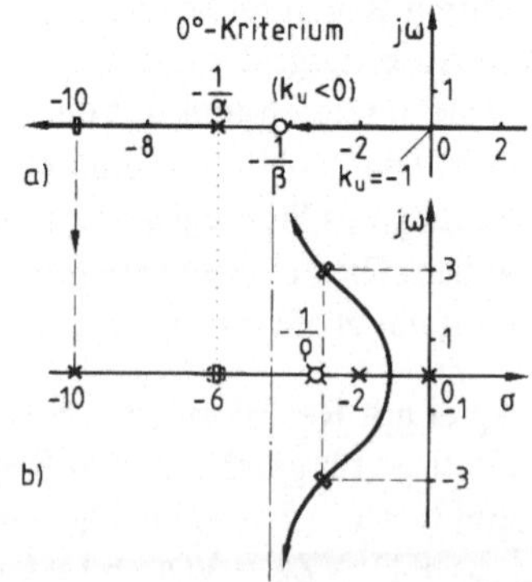

Bild 4.37 Sequentielle Kreisschließung zum Regler aus Bild 4.36b; Zeile 3, Tab. 4.6

*) Die Zahl gibt im folgenden die Zeilen-Nr. in Tab. 4.6 an.

Tab. 4.6 Einfluß einer Variation der Verstärkung V und des Beobachterpols auf die PO-Reglerparameter

Nr.	$v = Vk_s/k_K$	$1/\alpha$	$1/\beta$	$k_u' = k_u V$	V	$1/\rho$	k_u
0	0,01	6	5,996	−0,998	$0{,}0\overline{6}$	3,176	$-6{,}\overline{6}$
1	0,15	6	5,93	−0,972	1	3,176	−0,972
2	1	6	5,5	−0,8148	$6{,}6\overline{6}$	3,176	$-0{,}1\overline{2}$
3	2,7	6	4,29	−0,5	18	3,176	−0,0278
4	5,4	6	0	$0(\kappa_u = -0{,}4)$	36	3,176	0
5	7,5	6	−14	$0{,}3\overline{8}$	50	3,176	$0{,}00\overline{7}$
6	9	6	$\to \infty$	$0{,}6\overline{6}$	60	3,176	$0{,}01\overline{1}$
7	100	6	10,4	17,5	667	3,176	0,02625
8	2,7	0,001	−1,713	1199	18	0,0018	66,6
9	2,7	1	−0,714	0,5	18	1,286	$0{,}02\overline{7}$
10	2,7	1,7145	≈ 0	$0(\kappa_u = -0{,}7)$	18	1,83	0
11	2,7	2	0,286	−0,1	18	2	−0,005
12	2,7	3	1,286	−0,3	18	$2{,}\overline{45}$	$-0{,}01\overline{6}$
13	2,7	$4{,}24(\omega_n)$	2,53	−0,417	18	2,83	−0,023
14	2,7	12,73	11	−0,606	18	3,76	−0,0337
15	2,7	100	98,28	−0,688	18	4,39	−0,0382
16	2,7	1000	998,3	−0,699	18	4,49	−0,0388
17	1	12,73	12,23	−0,854	$6{,}6\overline{6}$	3,761	−0,128
18	5,4	$\hat{=} 3\,\omega_n$	6,73	−0,2115	36	3,761	−0,00588
19	6,85	$\hat{=} 3\,\omega_n$	≈ 0	$\approx 0(\kappa_u = -0{,}238)$	45,7	3,761	0
20	7,778	$\hat{=} 3\,\omega_n$	−12,73	0,1358	51,85	3,761	0,00262
21	9	$\hat{=} 3\,\omega_n$	∞	0,314	60	3,761	$0{,}0052\overline{3}$
22	11	$\hat{=} 3\,\omega_n$	34,7	0,606	$73{,}\overline{3}$	3,761	0,0083

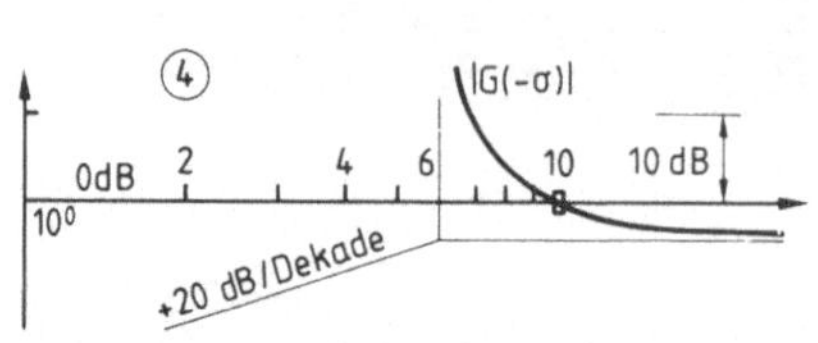

Bild 4.38 Washout-Glied als innerer Kreis bei G_u-Nullstelle im Ursprung

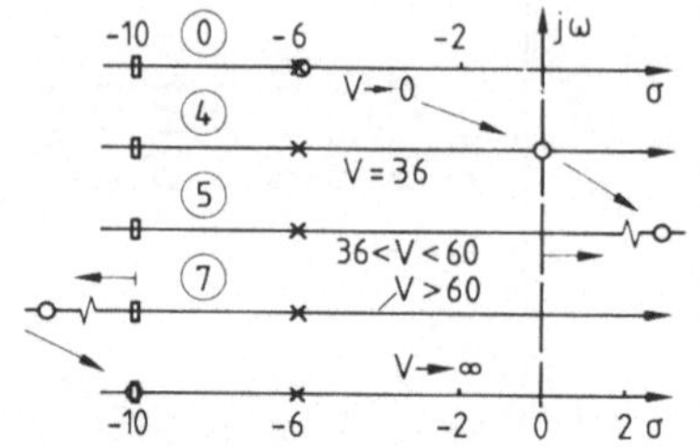

Bild 4.39 G_u-Nullstellenwanderung bei Verstärkungsvariation V

wäre sehr empfindlich gegen kleine Verstärkungsschwankungen k_u. Wählt man dagegen V = 18 (Zeile 3 in Tab. 4.6), so ergeben sich wesentlich unempfindlichere Verhältnisse, wie Bild 4.36b zeigt. Bild 4.37 gibt die sequentielle Kreisschließung entsprechend Bild 4.34b im Wurzelort wieder. Da die beiden Streckenpole bei 0 und -2 im äußeren Kreis zum Realteil -3 verschoben werden sollen (Σ Re ändert sich um -4), muß der dritte vom Regler herrührende Pol um +4 nach rechts wandern (wegen Polüberschuß >1 ist die Summe aller Realteile konst). Damit sich der Beobachterpol nach der Kreisschließung heraushebt, muß der innere VG_u-Regelkreis diesen also zunächst um 4 nach links (auf -10) schieben. Abschließend heben sich die Beobachter-Pole und -Nullstellen wieder durch die Nachmultiplikation mit $1/G_R^*$ in Bild 4.34b in der Übertragungsfunktion G_K heraus (nicht jedoch bezüglich Anfangswerten und Störungen).

Wählt man V = 36 (Zeile 4), dann wird $k_u = 0$, $c_2 = ac_3$ und β wächst über alle Grenzen. Die G_u-Nullstelle $1/\beta$ bei 0 ergibt aber (Gl. (4.44)) eine endliche Wurzelortsverstärkung $\kappa_u' = k_u'\beta/\alpha = c_2/\alpha = -0{,}4$, wodurch wiederum im inneren Kreis der Pol auf -10 verschoben wird (Bild 4.38). Die innere Rückkopplung lautet $\kappa_u s/(s+6) = 0{,}4(1 - 1/(s/6+1))$ und ist in der letztgegebenen Form realisierbar (sog. „Washout"-Glied, da niederfrequente Signalteile „weggewaschen" werden). Der äußere Kreis ist identisch zu Bild 4.37b.

Im Grenzfall $1/\beta \to \infty$, Zeile 6, ist der innere Kreis ein nichtsprungfähiges Glied 1. Ordnung ($Z_u = 1$). Für $V \to \infty$ wandert die Nullstelle von $-\infty$ gegen -10. Bild 4.39 zeigt die Nullstellenverschiebung in Abhängigkeit von V.

In den Zeilen 8 bis 16, Tab. 4.6, wird bei konstantem $V = \omega_n^2 = 18$ die Lage des Beobachterpols variiert. Zeile 8 zeigt den Grenzfall zum Integrator ($1/\alpha \to 0$). Bild 4.40a stellt die Kreisschließungen im Wurzelort dar. Am Ende bleibt ein verdeckter Pol im Ursprung, der das System gegenüber Störungen empfindlich macht. In Zeile 10 tritt analog zu 4 ein Washout-Glied, nun mit $\kappa_u = -0{,}7$ und $1/\alpha = 1{,}7145$, auf. Bild 4.40b zeigt die zugehörigen Wurzelorte.

In Zeile 11 wurde der Beobachterpol auf dem Streckenpol bei -2 gewählt (vgl. Bild 4.40c); dies entspricht Bild 4.18, wobei jedoch hier $k_u \neq 0$ ist. Ein einfaches Vorhaltglied $(s+2)/(s+6)$ hatte die gleiche Wirkung.

Der Grenzwert $1/\alpha \to \infty$ ($1/\beta$ ist für V = 18 stets um die Konstante $\approx 1{,}7$ kleiner) entspricht einer Differentiation des Meßsignals mit idealer PD-Rückkopplung (Bild 4.40d), wobei k_u' gegen $-0{,}7$ geht.

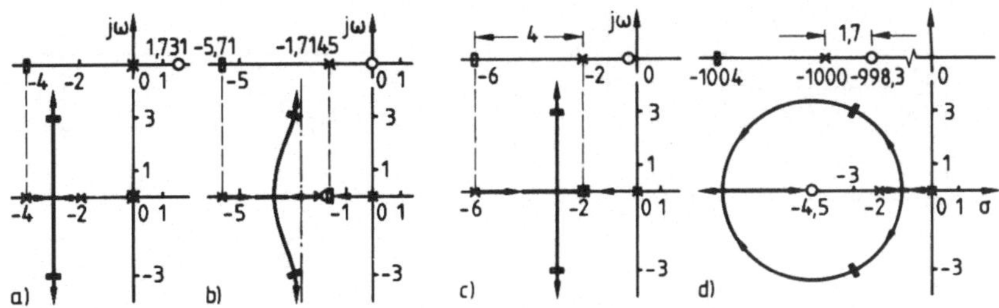

Bild 4.40 Variation des Beobachterpols bei fester Verstärkung V = 18
a) $1/\alpha \to 0$; verdeckter Pol im Ursprung problematisch
b) $1/\alpha = 1{,}7145$; in G_u Washout-Glied
c) $1/\alpha = 2$; als einfacher PD_T-Regler realisierbar
d) $1/\alpha$ und $1/\beta \to \infty$; $1/\rho \to 4{,}5 \mathrel{\hat=}$ PD-Regler (Differentiation problematisch!)

Man kann durch Variation der beiden Parameter V und $1/\alpha$ („Beobachterpol“) sämtliche PD-Reglertypen realisieren, jedoch ist die Menge der PO-Regler viel reichhaltiger. Welche Reglerparameter sollten gewählt werden? Aus Bild 4.36 wird klar, daß zur Reduktion der Parameterempfindlichkeit im G_u-Kreis der Pol $1/\alpha$ und die Nullstelle $1/\beta$ genügend weit auseinanderliegen müssen (und zwar prozentual für große Werte $1/\alpha$, wie $|G(\sigma)|$-Skizzen für die Zeilen 13 bis 16 in Tab. 4.6 lehren). Dies wird durch entsprechend große Reglerverstärkungen V erreicht. Bei Vorhaltgliedern im u-Kreis ($V < 60$) sind die Verstärkungen V kleiner als bei Verzögerungsgliedern ($1/\beta > 1/\alpha$). k_u kann positives und negatives Vorzeichen haben; für $k_u > 0$ liegt die Nullstelle $1/\beta$ entweder in der rechten Halbebene oder bildet mit $1/\alpha$ ein Verzögerungsglied.

Zu große Werte $1/\alpha$ bedingen wegen ihrer differenzierenden Gesamtwirkung eine Verstärkung des Rauschens und sind deshalb zu vermeiden. Werte im Bereich bis zu kleineren Vielfachen der gewünschten Systempole (~ Faktor 3) werden empfohlen (Zeilen 13/14, im letzteren Fall mit etwas erhöhter Verstärkung V). Soll das System einer Rampenfunktion folgen, so ergibt die Anwendung des Endwertsatzes auf den Fehler (vgl. Gl. (3.31))

$$e = w - y = \frac{1 + VG_u + VG_s(G_R^* - 1)}{1 + VG_u + VG_R^* G_s}\, w \quad \text{mit } G_s = k_s G_s^*/s \ \text{(Typ 1)} \tag{4.45}$$

$$e_{1,R\infty} = \lim_{t\to\infty} e(t) = \lim_{s\to 0}\left[s\, \frac{1 + VG_u + Vk_s G_s^*(G_R^* - 1)/s}{1 + VG_u + Vk_s G_R^* G_s^*/s} \cdot \frac{A}{s^2}\right]$$

$$= \left[\frac{1 + Vk_u}{Vk_s} + \rho - \alpha\right] A = dA. \tag{4.46}$$

In der letzten Zeile wurde zunächst Gl. (4.40) und dann das Ergebnis aus Gl. (4.44) eingesetzt. Es ergibt sich, daß der stationäre Rampenfehler von der Regelkreisauslegung völlig unabhängig ist und nur von dem Dämpfungsteil d der vorgegebenen Dynamik des geschlossenen Kreises abhängt ($d = 2\zeta_K/\omega_{nK}$, hier $d = 1/3$).

Erhöht man ausgehend vom Fall Zeile 16 mit dem Beobachterpol $|1/\alpha| = 1000$ ($\to \infty$) ähnlich wie in den Fällen 0 bis 7 die Verstärkung V, so wandert die Z_u-Nullstelle $1/\beta$ von

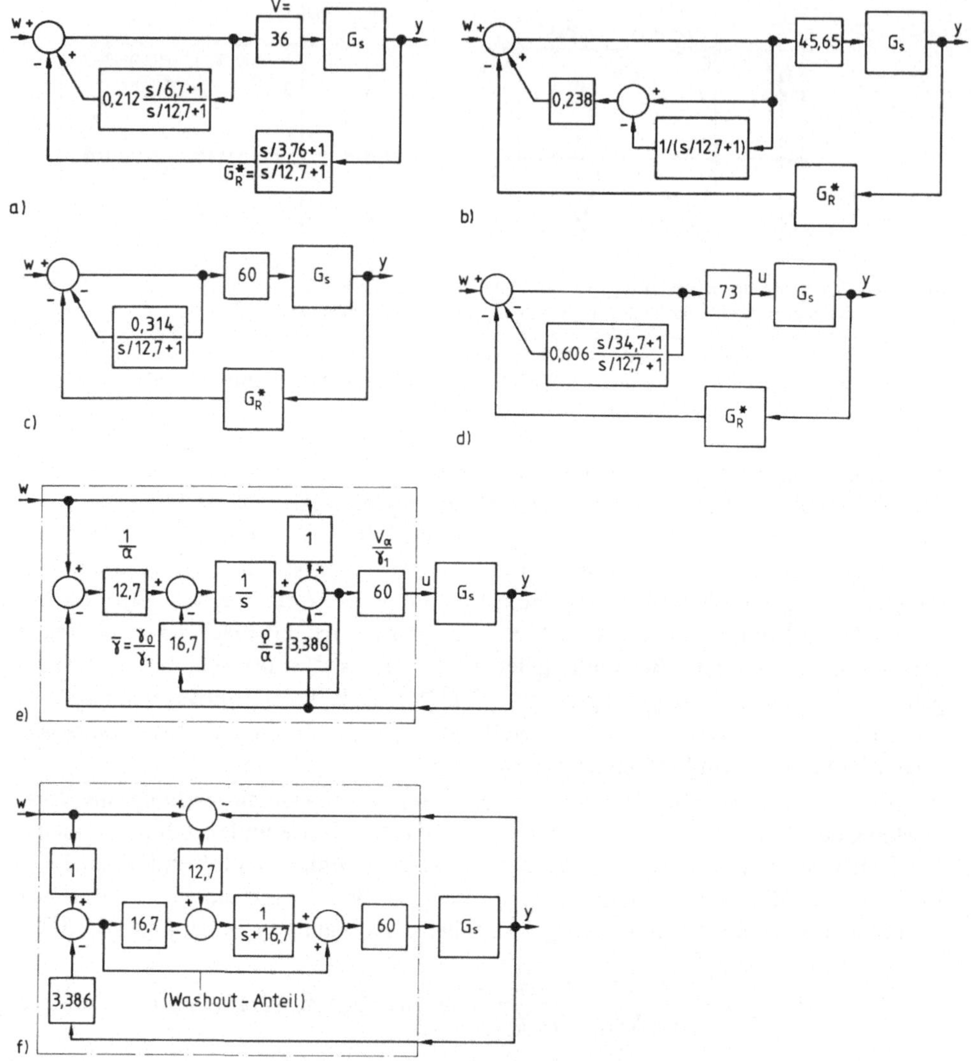

Bild 4.41 Verschiedene Realisierungen des PO-Reglers Tab. 4.6, Zeilen 18 bis 22
a) Vorhaltglied und Mitkopplung Zeile 18
b) Washout-Glied (Hochpaß) und Mitkopplung Zeile 19
c) Tiefpaß 1. Ordnung und Gegenkopplung Zeile 21
d) Verzögerungsglied und Gegenkopplung Zeile 22
e) aktive Schaltung mit 1 Integrator; Koeffizient für alle Fälle gleich
f) Schaltung mit Glied 1. Ordnung und Washout

−998,3 zu größeren Werten nach rechts auf der reellen Achse und erreicht bei $V \approx 60$ den Ursprung $1/\beta = 0$. Damit tritt im inneren u-Kreis (bei $1/\alpha \to \infty$) ein reines Differenzierglied auf (als theoretischer Grenzfall), und der äußere R-Kreis entspricht einem reinen

PD-Glied (s + 4,5), das durch vollständige Zustandsmessung realisierbar wäre mit der Rückführgröße $x + \dot{x}/4{,}5$.

Wegen der Meßrausch-Probleme beschränkt man $|1/\alpha|$ auf $3\omega_{nK} = 12{,}73$. Bild 4.41 gibt für diesen Fall einige unterschiedliche Realisierungsmöglichkeiten an. Bei den passiven Kompensationen der Teilbilder a bis d ist der äußere Kreis stets gleich: $G_R = (s/3{,}76 + 1)/(s/12{,}7 + 1)$, ein Vorhaltglied mit $a_D = 3{,}4$. Im inneren Kreis und der Verstärkung V liegen die Unterschiede: bei kleiner Verstärkung V = 36 muß zur Erfüllung der Beobachterbedingung ein Vorhaltglied und Mitkopplung (positives Vorzeichen an der Vergleichsstelle) Bild 4.41a), gewählt werden. Bei V = 45,7 (Zeile 19, Tab. 4.6; Bild b)) erfüllt ein Washout-Glied gerade die Bedingung. Für V = 51,85 erhält man ein reines Allpaßglied (Zeile 20); bei V = 60 kann man sie mit einem einfachen Tiefpaß befriedigen (Zeile 21, Bild c)) und für größere Verstärkungen muß ein Verzögerungsglied und Gegenkopplung gewählt werden (Bild d, siehe hierzu jedoch Abschn. 5.4).

Die Teilbilder 4.41e und f zeigen andersartige Realisierungen, die von Gl. (4.41) ausgehen. e) ist eine direkte Umsetzung dieser Gleichung, wobei der gemeinsame Faktor $V/(1 + k_u') = 60$ isoliert wurde, so daß $12{,}7 = 1/\alpha$ und $16{,}7 = \gamma_0/\gamma_1$ (Pollage nach der inneren Kreisschließung in a bis d) als explizite Faktoren erscheinen. Sie gelten bei festgelegtem Beobachterpol $1/\alpha$ für alle V.

Isoliert man in Gl. (4.41) u(s), so erhält man mit $\bar{\gamma} = \gamma_0/\gamma_1$ über $u(s + \bar{\gamma})/s = [\alpha w - \rho y + (w - y)/s] V/\gamma_1$ die Beziehung

$$u = \left[\frac{s}{s + \bar{\gamma}}[\alpha w - \rho y] + \frac{1}{s + \bar{\gamma}}(w - y)\right] V/\gamma_1, \tag{4.47}$$

die mit $s/(s + \bar{\gamma}) = 1 - \bar{\gamma}/(s + \bar{\gamma})$ wie in Bild 4.41f gezeigt realisiert werden kann. Das Glied 1. Ordnung braucht nur einmal aufzutreten, wenn man die Signale geschickt zusammenfaßt. Auf die Realisierungsaspekte kommen wir in Abschn. 5.4 zurück.

4.2.2.3 Stationäre Fehler bei PO-Reglern. Aus Gl. (4.45) folgt als Stellungsfehler bei Typ-0-Systemen (vgl. Abschn. 3.2.3, kein freies s im Zähler oder Nenner von G_s) und Stufeneingang A/s

$$e_{0,s\infty} = \lim_{s \to 0}\left[s\,\frac{1 + VG_u + VG_s(G_R^* - 1)}{1 + VG_u + VG_sG_R^*}\cdot\frac{A}{s}\right]$$
$$= \frac{(1 + Vk_u)A}{1 + Vk_u + Vk_s} = A/[1 + Vk_s/(1 + Vk_u)]. \tag{4.48}$$

Bei einer Washout-Realisierung geht k_u gegen 0 und man erhält das Ergebnis Gl. (3.28) mit $Vk_s = k_0$. Man sieht, daß der Ausdruck $Vk_s/(1 + Vk_u)$ groß gemacht werden muß, damit der statische Fehler klein bleibt; zumindest bei $k_u = 0$ ist V also groß zu wählen. Der Geschwindigkeitsfehler bei Typ-0-Systemen

$$e_{0,R\infty} = \lim_{s \to 0}\left[s\,\frac{1 + VG_u}{1 + VG_u + VG_R^*G_s}\cdot\frac{v}{s^2}\right]$$

wächst über alle Grenzen. Bei Typ-1-Systemen ist der Stellungsfehler

$$e_{1,s\infty} = \lim_{s \to 0} \left[s \frac{1 + VG_u + Vk_s G_s^*(G_R^* - 1)/s}{1 + VG_u + Vk_s G_s^* G_R^*/s} \cdot \frac{A}{s} \right] = 0 \tag{4.49}$$

und der Geschwindigkeitsfehler gemäß Gl. (4.46) im allgemeinen Fall

$$e_{1,R\infty} = v[(1 + Vk_u)/Vk_s + \rho_1 - \alpha_1].$$

Hat die Strecke eine additive Störung am Ausgang, so erhält man analog zu Gln. (4.35) bis (4.37)

$$y = \frac{VG_s}{1 + VG_u + VG_R^* G_s} w + \frac{1 + VG_u}{1 + VG_u + VG_R^* G_s} z. \tag{4.50}$$

Um den Störeinfluß klein zu halten, muß $\frac{Vk_s}{1 + Vk_u}$ und damit V groß gewählt werden, genau so wie es von den konventionellen Reglern her bekannt ist; Vk_u muß jedoch klein bleiben. Nun haben hohe Verstärkungen aber auch Nachteile wie z. B. Stellenergiebedarf, schnelles Erreichen der meist vorhandenen Sättigungsgrenze (max. Steuerspannung, Ruderanschlag etc.). Aus diesem Grund soll im folgenden die Einführung eines Integrators im Regelkreis als Alternative zur Erzielung guter statischer Genauigkeiten betrachtet werden. Das Stab/Wagen-Beispiel als Eingrößensystem mit n = 3 (ν = 2) wird in Abschn. 6.1 gemeinsam mit der Mehrgrößenrückkopplung behandelt.

4.2.3 Proportional-Integral-Beobachter- (PIO-) Regler

Es wird von dem Beobachterschaltbild 4.34a erweitert um die Fehlerintegration gemäß Bild 4.42 ausgegangen. Dabei ist es zweckmäßig, in der G_R-Übertragungsfunktion die statische Verstärkung $k_R \neq 1$ zu wählen, um eine weitere Variationsmöglichkeit zu haben. Man liest folgende Beziehung ab

$$(w - y)\frac{k_i}{s} + w - G_R y - G_u u/V = u/V,$$

woraus sich u ergibt zu

$$u = \frac{V}{1 + G_u}\left(1 + \frac{k_i}{s}\right) w - \left(G_R + \frac{k_i}{s}\right) y. \tag{4.51}$$

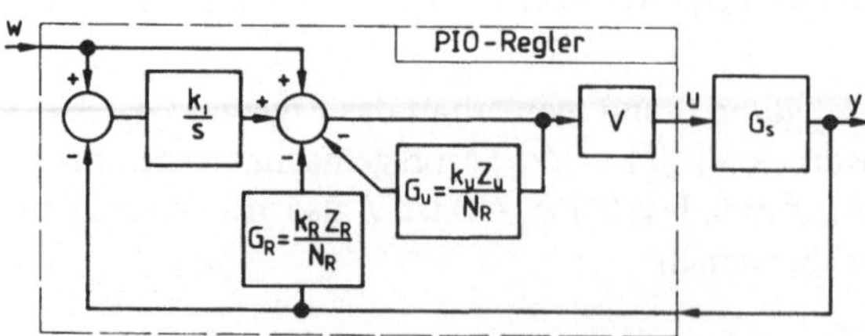

Bild 4.42 Blockschaltbild des PIO-Reglers

Mit $y = G_s u$ erhält man die Übertragungsfunktion des geschlossenen Kreises

$$G_K = \frac{y}{w} = \frac{k_i V G_s (s/k_i + 1)/s}{1 + G_u + k_i V G_s (G_R s/k_i + 1)/s} \tag{4.52}$$

und mit $G'_R = k'_R Z'_R / N_R = G_R s/k_i + 1$

$$G_K = \frac{k_i V G_s G'_R/s}{\underbrace{1 + G_u}_{N} + \underbrace{k_i V G_s G'_R/s}_{Z}} \cdot \frac{s/k_i + 1}{G'_R} \tag{4.52a}$$

$$= \frac{Z/N}{1 + Z/N} \cdot \frac{(s/k_i + 1)}{G'_R}.$$

Der erste Term ist eine Einheitsrückführung um

$$\frac{Z}{N} = \frac{G_u}{1 + G_u} \cdot \frac{k_i V G'_R}{s G_u} \cdot G_s, \tag{4.53}$$

womit sich das Ersatzblockschaltbild 4.43 mit zwei sequentiellen Kreisschließungen ergibt. Die ersten zwei Faktoren in Gl. (4.53) können folgendermaßen geschrieben werden: $G_u/(1 + G_u) = k_u Z_u/(N_u + k_u Z_u)$, und mit Gl. (4.40 links) sowie $G_R = k_R Z_R / N_R$ und $k_{Ri} = k_R / k_i$ wird

$$\begin{array}{l} k_{Ri} Z_R s = k_{Ri} \rho_\nu s^{\nu+1} + k_{Ri} \rho_{\nu-1} s^\nu + \ldots + k_{Ri} \rho_1 s^2 + k_{Ri} s \\ + \\ N_R = \qquad \alpha_\nu s^\nu + \ldots + \alpha_2 s^2 + \alpha_1 s + 1 \\ \hline Z'_R = k_{Ri} Z_R s + N_R = \rho'_{\nu-1} s^{\nu+1} + \rho'_\nu s^\nu + \rho'_{\nu-1} s^{\nu-1} + \ldots + \rho'_2 s^2 + \rho'_1 s + 1, \end{array} \tag{4.54}$$

d. h. $\quad k'_R = 1;$

mit $\rho'_i = k_{Ri} \rho_{i-1} + \alpha_i$, $\rho_0 = 1 = \rho'_0$ und $N_u = N_R$ folgt

$$\frac{G_R s/k_i - 1}{G_u} = \left[\sum_{i=0}^{\nu+1} \rho'_i s^i\right] \Big/ (k_u Z_u) = Z'_R/(k_u Z_u). \tag{4.55}$$

Nach der inneren Kreisschließung um G_u mit der Verstärkung k_u sind also die Nullstellen von Z_u zu ersetzen durch jene von Z'_R (eine mehr als in Z_u), der Integrator und die Singularitäten von G_s sind einzufügen und dann ist die äußere Kreisschließung mit der Verstärkung $k_i V$ durchzuführen. Laut Gl. (4.52a) sind abschließend die Nullstellen von Z'_R wieder zu entfernen und im Zähler sind die Pole von G_R (Nullstellen von N_R) und die PI-Reglernullstelle als Nullstellen einzufügen; diese überdecken, wenn die Beobachterbedingungen analog zu Gl. (4.38) erfüllt werden, genau soviele Pole, wie durch den Beob-

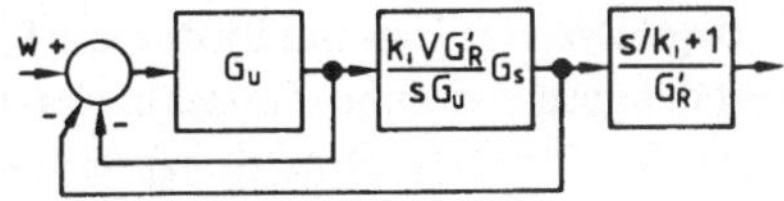

Bild 4.43
Ersatzblockschaltbild für den PIO-Regler zur Analyse mittels sequentieller Kreisschließung

achter-Regler eingeführt wurden. Der Reglerpol im Ursprung wird verschoben, so daß der geschlossene Kreis dort keinen verdeckten Pol hat, der bei Anfangswerten ungleich 0 und bei anderen Störungen endliche Ablagen erzeugen würde.

Aus Gl. (4.52) folgt mit der statischen Verstärkung des geschlossenen Kreises $k_K = 1$ und $G_s = k_s Z_s/N_s$, $G_K = Z_K/N_K$ sowie der Festlegung, daß sich die $\nu + 1$ Reglernullstellen gegen Eigenwerte des geschlossenen Kreises herausheben sollen

$$\frac{Z_K}{N_{K_s}} = \frac{k_i V k_s Z_s(s/k_i + 1)}{sN_s\left[1 + \frac{k_u Z_u}{N_R} + k_i V k_s \frac{Z_s Z'_R}{sN_s N_R}\right]}.$$

Da Einfachregelkreise Nullstellen nicht verschieben ($Z_K = Z_s$), folgt die Bedingungsgleichung für den Beobachter-Regler ($k = k_i V k_s$)

$$[kN_{K_s}(s/k_i + 1) - sN_s]N_R = k_u Z_u s N_s + k Z_s Z'_R. \tag{4.56}$$

Die linke Seite hat die Ordnung $n + 1 + \nu$, mit ν = Ordnung des Beobachter-Reglers (N_R), also $n + \nu + 2$ Koeffizienten. Auf der rechten Seite muß Z_u den Grad von N_R, also ν, haben, um alle Koeffizienten beeinflussen zu können. Damit w mit einem direkten y-Anteil verglichen werden kann, muß auch G_R (Bild 4.42) sprungfähig sein (Grad ν). Folglich enthält die rechte Seite von Gl. (4.56) mit k_u, V, Z_u vom Grad ν und Z'_R vom Grad $\nu + 1$ bei vorgewähltem k_i insgesamt $\nu + 1 + \nu + 2$ unbekannte Parameter. Gl. (4.56) ist somit lösbar für

$$n + \nu + 2 = 2\nu + 3 \rightarrow \nu = n - 1. \tag{4.57}$$

Aus der Umkehrung von Gl. (4.54) erhält man als Größen des ursprünglichen Ansatzes

$$k_R = (\rho'_1 - \alpha_1)k_i; \qquad \rho_i = (\rho'_{i+1} - \alpha_{i+1})k_i/k_R. \tag{4.58}$$

Hiermit kann das Blockschaltbild 4.42 realisiert werden. Den stationären Fehler des PIO-Reglers erhält man aus Gl. (4.52) über

$$e = w - y = \frac{1 + G_u + k_i V G_s[G_R s/k_i + 1) - (s/k_i + 1)]/s}{1 + G_u + k_i V G_s(G_R s/k_i + 1)/s}\, w$$

$$= \frac{1 + \frac{V(G_R - 1)}{1 + G_u} G_s}{1 + \frac{V(G_R + k_i/s)}{1 + G_u} G_s}\, w(s)$$

für eine Rampenfunktion $w(s) = v/s^2$ zu

$$e_{R\infty} = \lim_{s \to 0}\left[\frac{(1 + k_u) + Vk_s(k_R - 1)}{(1 + k_u) + Vk_s k_R + k_i V k_s/s} \cdot \frac{v}{s^2} s\right] = \frac{1 + k_u}{k_s V k_i} + \frac{k_R - 1}{k_i}. \tag{4.59}$$

4.2.3.1 Degenerierter Fall bei Systemen 1. Ordnung. Ist $G_s = k_s/(s/a + 1)$ und soll der Eigenwert des geschlossenen Kreises bei $-b$ liegen, $G_K = 1/(s/b + 1)$, so ist der Beobachter-Regler vom Grad 0, d. h. ohne dynamische Anteile zu wählen: $G_u = k_u$ und $G_R = k_R$.

Aus der Synthesegleichung (4.56) folgt damit

$$[k(s/b + 1)(s/k_i + 1) - s(s/a + 1)] = k_u s(s/a + 1) + k(\rho_1' s + 1)$$

$$s^2\left(\frac{k}{k_i b} - \frac{1}{a}\right) + s\left(\frac{k}{b} + \frac{k}{k_i} - 1\right) + k = s^2\,\frac{k_u}{a} + s(k_u + k\rho_1') + k.$$

Koeffizientenvergleich liefert mit $k = k_i k_s V$

$$k_u = k_s Va/b - 1; \qquad \rho_1' = (k_i + b - a)/(bk_i) \tag{4.60}$$

und nach Gl. (4.58) ist wegen $\alpha_1 = 0$ $k_R = \rho_1' k_i$. Tab. 4.7 zeigt für die Strecke mit a = 2 und b = 5,3 (vgl. Abschn. 4.1.2) den P-, PI- und den PIO-Regler im Vergleich.

Gl. (4.59) liefert mit (4.60) den stationären (Geschwindigkeits-) Fehler bei einer Rampeneingangsfunktion v/s^2

$$e_{R\infty} = (a/b + k_R - 1)/k_i = 1/b. \tag{4.59a}$$

Er hängt nur von der Lage des Eigenwertes des geschlossenen Kreises b ab und ist für $k_i < a$ günstiger als bei dem PI-Regler (Zeilen 2 bis 5). Der verdeckte Pol des PIO-Reglers liegt in diesem Bereich bei betragsmäßig größeren Werten als der 2. Pol des PI-Reglers und der Rückkopplungsfaktor für die Ausgangsgröße ist $k_R < 1$. Für $k_i > a$ sind die Verhältnisse umgekehrt, jedoch kann die Nullstelle beim PI-Regler nicht bei Werten sehr nahe oder größer b liegen, was beim PIO-Regler möglich, aber meist wohl nicht sinnvoll ist. Die Verstärkung im Vorwärtskreis $V' = V/(1 + k_u)$ ist beim PIO-Regler unabhängig von der Reglernullstelle und proportional dem Verhältnis der Eigenwerte von geschlossenem zu offenem Kreis. Für $k_i = a$ sind PI- und PIO-Regler identisch. Mit PIO-Regler ist der geschlossene Kreis wieder ein Glied 1. Ordnung, während mit PI-Regler auch Glieder 2. Ordnung erzeugt werden können (vgl. Bild 4.9).

Die Beobachterbedingung (4.60) kann im vorliegenden einfachen Fall auch leicht direkt aus einem Blockschaltbild mit $k_R \neq 1$ ohne die innere u-Schleife hergeleitet werden.

4.2.3.2 Beispiele zum allgemeinen Fall. Zunächst sei das System 2. Ordnung aus Abschn. 4.2.2.2 aufgegriffen, um den Geschwindigkeitsfehler mit einem PIO-Regler zu 0 zu machen. Die Beziehungen werden von dort übernommen. Berechnung der linken Seite der Synthesegleichung (4.56) ($T_i = 1/k_i$) mit $\nu = 1$:

$$\begin{aligned} kN_K(s/k_i + 1) &= [k/\omega_n^2 s^2 + kds + k](sT_i + 1) \\ &= kT_i/\omega_n^2 \cdot s^3 + (k/\omega_n^2 + kT_i d)s^2 + k(d + T_i)s + k \\ -sN_s \quad &= \quad -1/as^3 - \quad s^2 \end{aligned}$$

$$kN_K(sT_i + 1) - sN_s = \left(\frac{kT_i}{\omega_n^2} - \frac{1}{a}\right)s^3 + \left(\frac{k}{\omega_n^2} + kT_i d - 1\right)s^2 + k(d + T_i)s + k = \sum_{i=0}^{3} r_i s^i$$

$$\underbrace{(kN_K(sT_i + 1) - sN_s)(\alpha s + 1)}_{N_R} = \underbrace{r_3\alpha}_{C_4} s^4 + \underbrace{(r_3 + r_2\alpha)}_{C_3} s^3 + \underbrace{(r_2 + r_1\alpha)}_{C_2} s^2 + \underbrace{(r_1 + r_0\alpha)}_{C_1} s + k. \tag{4.61}$$

Tab. 4.7 Vergleich von P-, PI- und PIO-Regler an einem Beispiel 1. Ordnung (a = 2, b = 5,3)

Nr.	Regler-typ	Verstärkungen k_i	$k_s V$	k_R	stat. Fehler Sprung $e_{s\infty}/\%$	Rampe $e_{R\infty}/\%$	Lage des 2. Pols	Formeln
1	P		3,3		37,7	$\to\infty$		
2	PI	0,5	1,82	1	0	110	0,34	$e_{R\infty} = 1/(k_i k_s k_v) = 1/k$ $k_s k_v = b(b-a)/[(b-k_i)a]$
3	PI	0,767	1,93	1	0	67	0,56	
4	PI	1	2,04	1	0	49	0,77	
5	PI	2	2,65	1	0	18,9	2	
6	PI	4	6,73	1	0	4	10,15	
7	PI	5,3	$\to\infty$	1	0	$\to 0$	$\to\infty$	
8	PI	$>5,3$	<0	1	0	instabil	$\sigma_e > 0$	
			$k_s V'$	$k = \rho_1' k_i$				
9	PIO	0,5	2,65	0,72	0	18,9	0,5	$e_{R\infty} = 1/b$ $k_s k_v/(1+k_u) = b/a = k_s k_v'$
10	PIO	0,767	2,65	0,767	0	18,9	0,767	
11	PIO	1	2,65	0,81	0	18,9	1	
12	PIO	2	2,65	1	0	18,9	2	
13	PIO	4	2,65	1,377	0	18,9	4	
14	PIO	5,3	2,65	1,62	0	18,9	5,3	
15	PIO	10	2,65	2,5	0	18,9	10	

Berechnung der rechten Seite Gl. (4.56):

$$k_u Z_u s N_s = k_u(\beta s + 1)(s^3/a + s^2) = \frac{k_u\beta}{a} s^4 + \left(k_u\beta + \frac{k_u}{a}\right) s^3 + k_u s^2$$

$$k Z_s Z_R' = k(Z_R s + N_R) = k\rho_2' s^2 + k\rho_1' s + k$$

$$\left.\begin{matrix}\text{rechte}\\ \text{Seite}\end{matrix}\right\} = \frac{k_u\beta}{a} s^4 + \left(k_u\beta + \frac{k_u}{a}\right) s^3 + (k_u + k\rho_2') s^2 + k\rho_1' s + k. \quad (4.62)$$

Koeffizientenvergleich zwischen (4.61) und (4.62) liefert

$$\begin{aligned} &\rho_1' = d + T_i + \alpha \quad \text{mit (4.58)} \quad k_R = k_i d + 1 \\ &k_u = a(C_3 - aC_4); \qquad \beta = aC_4/k_u; \qquad \rho_2' = (C_2 - k_u)/k \\ &\rho_1 = \rho_2' k_i/k_R = (C_2 - k_u)/(k_R k_s V). \end{aligned} \quad (4.63)$$

Die beiden Nullstellen von Z_R' zur sequentiellen Kreisschließung ergeben sich hieraus zu

$$z_{\rho\,1,2} = -\frac{\rho_1'}{2\rho_2'} \pm \sqrt{\left(\frac{\rho_1'}{2\rho_2'}\right)^2 - \frac{1}{\rho_2'}}. \quad (4.64)$$

In Tab. 4.8 sind einige Reglerparameterkonfigurationen für $a = 2$ gegeben, die alle die gleichen Pole des geschlossenen Kreises bei $N_K = (s + 3)^2 + 3^2$ erzeugen. Drei PI-Nullstellenlagen von 1,5; 2 und 3 wurden betrachtet. Die Beobachterpole $1/\alpha$ schwanken zwischen 3 und 15; in den Zeilen 14 bis 18 sind einige theoretische Grenzsituationen aufgeführt, um den Zusammenhang mit PID-Reglern zu verdeutlichen.

Wenn der Beobachterpol zu nahe am Ursprung liegt, werden die Verstärkungen k_u zu groß; allein aus diesem Grund sollte $1/\alpha \gtrsim 3$ gewählt werden. Andererseits darf k_u nicht in der Nähe von 1 oder β/α liegen, da hier die Lage der Singularitäten des inneren Kreises sehr empfindlich auf kleine Verstärkungsschwankungen reagiert, wie $G(\sigma)$-Bode-Diagramme erkennen lassen (nieder-, bzw. hochfrequente Asymptote). Sollen auch k_i und V in praktisch leicht realisierbaren Grenzen bleiben, dann ergeben sich wieder 4 Klassen von Realisierungen des inneren Kreises.

1. *Vorhaltglieder und Mitkopplung bei kleinen Verstärkungen* V (Zeilen 5 und 6).
2. *Hochpaß* 1. *Ordnung* (Washout-Glied mit $k_u = 0$ aber $k_u\beta \neq 0$, Zeilen 1, 7 und 12).
3. *Tiefpaß* 1. *Ordnung bei* V *entsprechend* $C_4 = 0$ *und Gegenkopplung* (Zeilen 2, 8, 9 und 11) sowie
4. *Verzögerungsglieder und Gegenkopplung bei größeren Verstärkungen* V (Zeilen 3, 4, 10 und 13 in Tab. 4.8).

Da sie ähnlich zu Bild 4.41 sind, werden sie hier nicht nochmals gezeigt. Die Tabelle gibt alle erforderlichen Zahlenwerte an. Bild 4.44 zeigt einige der sequentiellen Kreisschließungen im Wurzelort.

Für $15 \gtrsim 1/\alpha \geqslant 3$ schaut der Wurzelort der äußeren Kreisschließung um den Ursprung stets sehr ähnlich aus. Die Asymptote für hohe Kreisschließungsverstärkung –, die wegen der Polfestlegung bei $\lambda = -3(1 \pm j)$ kaum interessiert – wandert mit kleiner werdendem

Tab. 4.8 Parameterwerte für gut realisierbare (1 bis 13) und idealisierte (14 bis 18) Fälle des PIO-Reglers mit der Strecke $G(s) = k_s/[s(s/2 + 1)]$ für die Polfestlegung $N_{K_s} = [(s + 3)^2 + 3^2]$; PI-Nullstelle = k_i, Beobachterpol = $1/\alpha$

Nr.	k_i	$k_s V$	$1/\alpha$	$k_u(k_u\beta)$	$1/\beta$	$z_{\rho 1}$	$z_{\rho 2}$	ρ_2'	$1/\rho$	k_R
1	1,5	4,7	6	$\approx 0(-0{,}08)$	≈ 0	−1,29	−2,57	0,302	3,3	1,5
2	1,5	9	9	$0{,}6\overline{1}$	$\to\infty$	−1,33	−2,8	0,27	3,7	1,5
3	1,5	11	15	0,67	45,3	−1,36	−3,03	0,243	4,1	1,5
4	1,5	15	6	2,19	19,8	−1,29	−2,57	0,302	3,3	1,5
5	1,5	4,5	9	−0,194	3,5	−1,32	−2,79	0,269	3,71	1,5
6	2	4,5	9	$-0{,}1\overline{6}$	3	−2	−2,25	$0{,}\overline{2}$	3,75	$1{,}\overline{6}$
7	2	4,5	6	$0(-0{,}08\overline{3})$	0	−2	−2	0,25	3,3	$1{,}\overline{6}$
8	2	9	3	2	$\to\infty$	−2	−1,5	1/3	2,5	$1{,}\overline{6}$
9	2	9	12,73	0,471	$\to\infty$	−2	−2,43	0,206	4,05	$1{,}\overline{6}$
10	2	11	12,73	0,8	45,7	−2	−2,43	0,206	4,05	$1{,}\overline{6}$
11	3	9	12,73	0,55	$\to\infty$	−2,3	$\pm j\,0{,}934$	0,162	6,2	2
12	3	5,81	12,73	$0(-0{,}028)$	≈ 0	−2,3	$\pm j\,0{,}934$	0,162	4,13	2
13	3	11	6	1,648	44,5	−2,11	$\pm j\,0{,}78$	0,198	3,38	2
14	3	4,5	$\to\infty$	−0,5	$1/\alpha - 7$	−2,57	$\pm j\,1{,}05$	0,13	5,1	2
15	1,5	4,5	$\to\infty$	−0,5	$1/\alpha - 5{,}5$	−1,398	−3,51	0,204	4,9	1,5
16	2	4,5	$\to\infty$	−0,5	$1/\alpha - 6$	−2	−3	0,167	5	$1{,}\overline{6}$
17	2	9	$\to\infty$	0,0006	$\to\infty$	−2	−3	0,167	5	$1{,}\overline{6}$
18	1,5	1000	6	211,96	11,55	−1,285	−2,57	0,302	3,3	1,5
		$\to\infty$	6		$\to 1/\alpha + 5{,}5$					

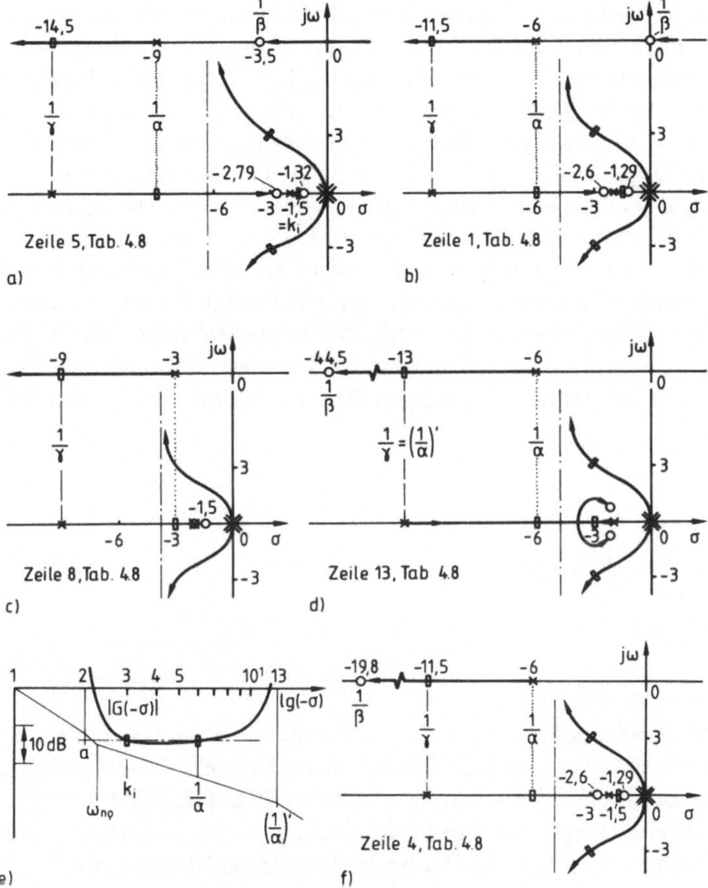

Bild 4.44 Sequentielle Kreisschließungen zum PIO-Regler; Strecke $G_s = \kappa_s/[s(s+2)]$
a) innerer Kreis als Vorhaltglied: $1/\alpha = 9$; $k_i = 1{,}5$; $k_sV = 4{,}5$; $k_u = -0{,}19$
b) innerer Kreis als Hochpaßglied: $1/\alpha = 6$; $k_i = 1{,}5$; $k_sV = 4{,}7$; $k_u = 0$
c) innerer Kreis als Glied 1. Ordnung: $1/\alpha = 3$; $k_i = 2$; $k_sV = 9$; $k_u = 2$
d) innerer Kreis als Verzögerungsglied: $1/\alpha = 6$; $k_i = 3$; $k_sV = 11$; $k_u = 1{,}65$
e) $|G(-\sigma)|$-Diagramm des äußeren Kreises von d); $k_i > a$
f) innerer Kreis als Verzögerungsglied: $1/\alpha = 6$; $k_i = 1{,}5$; $k_sV = 15$; $k_u = 2{,}19$

Beobachterpol $1/\alpha$ gegen die imaginäre Achse (Bilder 4.44a bis c). Für noch größere $1/\alpha$ können zwei Verzweigungspunkte auf der reellen Achse auftreten. Für $1/\alpha < a$ liegen beide Nullstellen $z_{\rho_{1,2}}$ zwischen 0 und a; die Streckenpole des geschlossenen Kreises entstehen dann aus Wurzelortskurven-Ästen von a und $(1/\alpha)'$, nicht mehr aus s^2 im Ursprung. Teilbild 4.44d für $k_i = 3$ zeigt im äußeren Kreis zwei konjugiert komplexe Nullstellen; aus dem $|G(-\sigma)|$-Diagramm hierzu (Bild 4.44e) erkennt man, daß wegen der starken Empfindlichkeit der Pollage gegenüber kleinen Verstärkungsschwankungen die Beobachterbedingung leicht in größerem Maß verletzt wird. Für $k_i \lessapprox a$ sind die Verhältnisse wesentlich günstiger (Bild 4.44f). Wählt man $k_i = a$, so sind die Verhältnisse besonders einfach, da dann immer eine Nullstelle $z_{\rho i}$ auf a liegt; dies bedeutet jedoch nicht, daß bei der Realisierung mit passiven Bauteilen auch die Nullstelle der Ausgangs-(P-) Rückkopplung $1/\rho$ bei a liegt (s. vorletzte Spalte, Zeilen 6 bis 10). Für $k_i = 2$ und $1/\alpha = 6$ liegen beide Nullstellen $z_{\rho i}$ bei -2 (Zeile 7) und zwar für alle Verstärkungen V. Die Nullstelle $1/\beta$ der u-Rückführung wandert bei konstantem k_i und $1/\alpha$ in Abhängigkeit von V ähnlich wie in Bild 4.39 für den PO-Regler. Für $1/\alpha \to \infty$ (Zeilen 14 bis 17) geht bei gegebenem V auch $1/\beta \to \infty$. Wegen des Polüberschusses > 1 gilt im äußeren Kreis, daß die Summe der Realteile der Pole konstant ist; deshalb muß gelten: $1/\gamma = 1/\alpha + 6 - (a - k_i)$, wobei die 6 von der Verschiebung der Pole im Ursprung herrührt. Aus dem Verhältnis α/ρ erkennt man, daß größere Beobachterpole $1/\alpha$ im y-Kreis Vorhaltgliedern mit zunehmendem Faktor a_D entsprechen. Bode-Asymptotenskizzen zeigen, daß hierdurch die Amplituden bei höheren Frequenzen stark angehoben werden, die bekannte aufrauhende Wirkung der (näherungsweisen) Differentiation. Für $k_i = 1/T_i = a$ erhält man den idealen PID-Regler (vgl. Bild 4.18b).

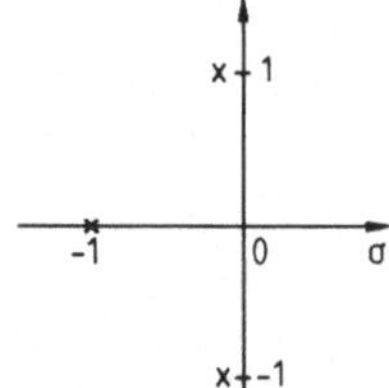

Bild 4.45
Polverteilung eines schwach gedämpften Systems 3. Ordnung

Im folgenden soll ein Beispiel 3. Ordnung gezeigt werden, zu dem in [27] sowohl die Zustandsraum- als auch die Frequenzbereichsbeschreibung gegeben ist. Die Ausgangsstrecke hat die Polverteilung gemäß Bild 4.45 mit $N_s = (s + 1)((s + 0{,}2)^2 + 1)$ und keine Nullstelle. Der geschlossene Kreis soll der einfacheren Rechnung halber alle Pole bei -4 haben: $N_K = (s + 4)^3$. Der Beobachter-Regler ist damit von der Ordnung $\nu = 2$ zu wählen. Mit einem konventionellen PID-Regler können bei dieser Strecke nur wesentlich schlechtere Ergebnisse erzielt werden als mit Beobachter-Reglern. Bild 4.46 zeigt die Sprungantwort der Strecke (a)) und des geregelten Systems mit einem optimierten PID-Regler (b)) sowie das Abklingverhalten nach einer Störung am Streckeneingang (c)). Der PID-Regler hatte zur besseren Anpaßbarkeit getrennte I- und D-Kanäle und war so ausgelegt, daß das Gütekriterium

$$J = \int_0^\infty t\,|y - w|\,dt \tag{4.65}$$

für das Führungsverhalten minimal war. Bei Verbesserung des unbefriedigenden Störverhaltens durch Änderung von Reglerparametern würde das Führungsverhalten verschlechtert. Bild 4.47 zeigt zum Vergleich das Führungs- und Störverhalten mit Beobachter-Reglern. Durch die Wahl der kritischen Dämpfung $\zeta = 1$ tritt kein Überschwingen auf; allerdings könnte durch $1 > \zeta \gtrsim 0{,}7$ bei gleichem ω_n noch etwas schnelleres Einschwingen ohne merkliches Überschwingen erreicht werden. Bei einem PO-Regler mit Vorfaktor zur Erzielung von $y_\infty = w$ ergibt sich bei einer sprungförmigen Eingangsstörung der Verlauf d der Ausgangsgröße mit einem endlichen stationären Fehler. Der PIO-Regler,

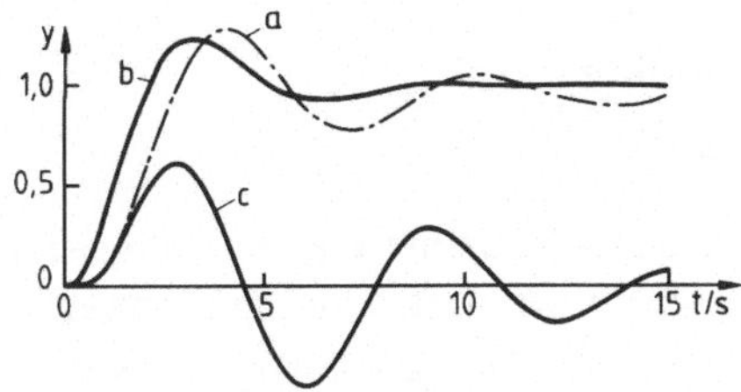

Bild 4.46 Sprungantworten des PID-Regelkreises (nach [27])
a) offene Strecke, b) Führungsverhalten, c) Störverhalten

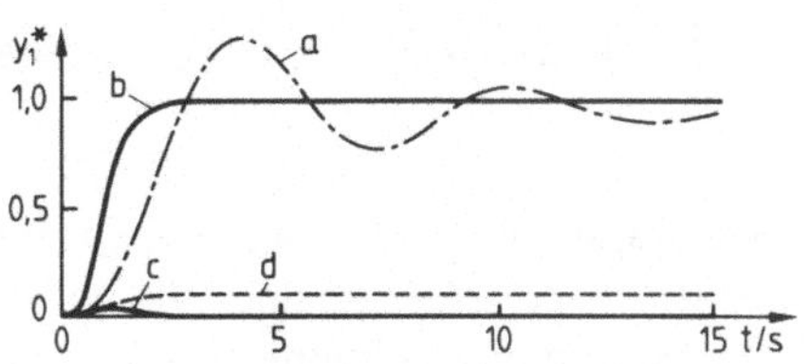

Bild 4.47 Sprungantworten des Beobachterregelkreises (nach [27])
a) offene Strecke, b) Führungsverhalten, c) Störverhalten, d) Störverhalten ohne I-Rückführung

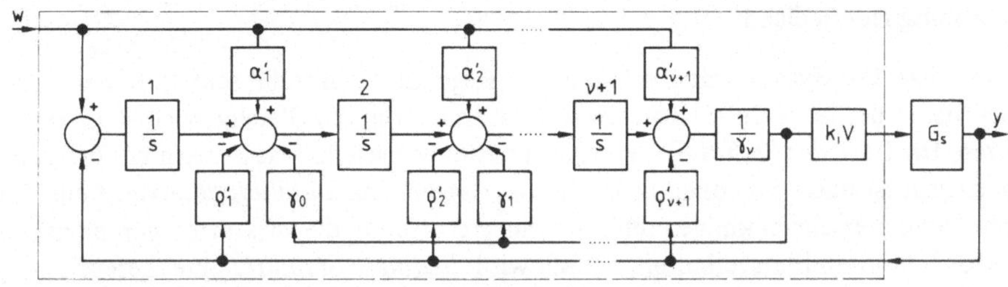

Bild 4.48 Allgemeines Schaltbild zur Realisierung des PIO-Reglers

Verlauf c, regelt diesen Fehler wie der PID-Regler völlig aus, allerdings mit deutlich besserem Abklingverhalten, was in der höheren Ordnung des PIO-Reglers begründet ist (vgl. Abschn. 5.4). Weitere Informationen zu diesem Gesichtspunkt findet der interessierte Leser in [28, 29]. Die Berücksichtigung von Störgrößenkompensationen sowie Stör- und Führungsmodellen behandeln die Berichte [30, 31].

Bild 4.48 zeigt das allgemeine Schaltbild für den PIO-Regler. Aus Gl. (4.51) erhält man mit (4.54) und der Definition

$$N_R s/k_i + N_R = \sum_{\ell=0}^{\nu+1} \alpha'_\ell s^\ell$$

mit $\alpha'_\ell = \alpha_{\ell-1}/k_i + \alpha_\ell, \quad \alpha'_0 = 1, \quad \gamma_i = k_u\beta_i + \alpha_i$ (4.66)

$$\frac{u}{V}\sum_{i=0}^{\nu} \gamma_i s^i = \frac{k_i}{s}\left[\sum_{i=0}^{\nu+1} \alpha'_i s^i w - \sum_{i=0}^{\nu+1} \rho'_i s^i y\right]$$

und nach ν-facher Integration

$$\frac{u}{k_i V} = \frac{1}{\gamma_\nu}\left\{(\alpha'_{\nu+1} w - \rho'_{\nu+1} y) + \sum_{\ell=1}^{\nu}\left[\alpha'_\ell w - \rho'_\ell y - \frac{\gamma_{\ell-1}}{k_i}\frac{u}{V}\right]\frac{1}{s^{\nu-\ell+1}} + \frac{(w-y)}{s^{\nu+1}}\right\}. \quad (4.67)$$

Diese Gleichung ergibt unmittelbar Bild 4.48. Die Synthesegleichung (4.56) kann auch mit einem Verfahren ähnlich Anhang 3 numerisch gelöst werden.

5 Entwurfs- und Realisierungsgesichtspunkte

In diesem Kapitel werden einige Gesichtspunkte systematisch zusammengestellt, die beim Systementwurf zu beachten sind. Die Bedeutung dieser Forderungen ist je nach Anwendung verschieden und es können noch zusätzliche spezifische Auflagen hinzukommen; diese können so unterschiedlicher Art sein, daß es schwierig ist, sie allgemein zu fassen. Zunächst werden die Gesichtspunkte in mehr qualitativer Art aufgelistet; einzelnen wichtigen Punkten sind dann Unterkapitel gewidmet: Abschn. 5.1 der Stabilität, Abschn. 5.2 dem Führungs- und Störverhalten sowie Abschn. 5.3 der Parameterempfindlichkeit, die beiden letzteren speziell bei Beobachterreglern. Im Abschn. 5.4 werden zusammenfassend die Beziehungen zwischen Beobachterreglern und klassischen Kompensationsgliedern diskutiert.

1. Stabilität. Das System mit geschlossenem Regelkreis soll stabil sein, d. h. bei Störungen möglichst in der Nähe des Sollzustandes bleiben oder in die Gleichgewichtslage zurückkehren. Die *Güte der Stabilität* äußert sich darin, wie schwer das System aus der Ruhelage störbar ist und wie schnell Störungen abklingen. Die *Stabilitätsreserve* ist ein Vorhalt gegen Parameterschwankungen und nichtlineare Effekte, die verkraftet werden müssen, ohne daß das Stabilitätsverhalten kritisch wird. *Bedingte Stabilität* eines geregelten Systems liegt vor, wenn der geschlossene Regelkreis nur für einen gewissen Verstärkungsbereich stabil ist. Die gewählte Kreisschließungsverstärkung muß genügend weit von den Stabilitätsgrenzen entfernt sein, um auch bei Parameterschwankungen niemals in die Nähe der Instabilität zu kommen (Verstärkungsreserve). Gelegentlich spricht man von *schöner Stabilität*, wenn alle Eigenwerte in einem Bereich der s-Ebene entsprechend Bild 2.57 liegen und zusätzlich ihre Beträge einen Maximalwert nicht übersteigen. (Ein Kreisbogen mit dem Radius $\omega_{n,max}$ zwischen den beiden Halbgeraden ζ_{gr} schließt das Polgebiet ab. Die hohen Frequenzen bedingen hohe dynamische Lasten und regen u. U. Strukturschwingungen an, die die Lebensdauer des Systems beeinflussen.)

2. Führungsverhalten. Dieses steht bei Folgeregelsystemen (Servosystemen) im Vordergrund und hat mehrere Komponenten:

a) *Überschwingweite.* Nach einem Stufeneingang wird die Ausgangsgröße häufig zunächst über den stationären Endwert hinausschießen (vgl. System 2. Ordnung, Bild 2.51) und sich diesem dann schwingend annähern, je nach Dämpfung und Frequenz schneller oder langsamer. Bei einigen Anwendungen kann Überschwingen nicht gestattet werden: z. B. Fräsmaschinensteuerung.

b) *Abklingverhalten.* Zu langsame Bewegungskomponenten sind häufig unerwünscht (Kriechverhalten, vgl. σ_{gr} in Bild 2.57).

c) *Schnelligkeit.* Die Zeit, bis ein System nach einem Stufeneingang einen Schwellwertbereich um die stationäre Endlage nicht mehr verläßt, ist ein gutes Maß für das Leistungsvermögen des Systems, dynamischen Führungssignalen zu folgen und Störungen schnell auszuregeln. Sie hängt von der Lage der dominanten Pole ab, die nicht zu nahe am Ursprung liegen dürfen und Dämpfungsgrade $\zeta = 1/\sqrt{2}$ haben sollten (vgl. Bild 2.52). Verwandt damit ist die

d) *Bandbreite.* Die Ausgangsgröße folgt langsamen sinusförmigen Führungsgrößen meist gut (Amplitudenverhältnis nahe 1, Phasenänderung nahe 0), nicht jedoch schnelleren. Die Bandbreite ist der Frequenzbereich, über den der Ausgang des Systems der Führungsgröße hinreichend gut folgen kann. Der Frequenzgang des geschlossenen Kreises läßt dies unmittelbar erkennen; er soll bis zur Grenzfrequenz möglichst nahe bei 1 sein und von dort zu größeren Frequenzen steil abfallen, um höherfrequente Störsignale zu unterdrücken.

e) *Statische Fehler.* Für verschiedene stationäre Führungssignalniveaus kann die Ausgangsgröße vom Sollwert abweichen. Diese Fehler sind oft nicht tragbar oder sollen möglichst klein gehalten werden.

3. **Störverhalten.** Dieses ist zu einem großen Teil durch die Parameterwahl zu 2. festgelegt. Durch spezielle Vorfilter im Führungssignal kann man den Entwurf teilweise entkoppeln. Kann die Störgröße meßtechnisch erfaßt oder auf der Basis spezieller Prozeßkenntnisse über andere Größen beobachtet werden, so hilft eine entsprechende Gegensteuerung, ihre Auswirkung auf das Regelverhalten zu reduzieren [30, 31]. Reale Systeme haben häufig hochfrequente Rauschsignalanteile, die irgendwo im Regelkreis aufgefangen werden (z. B. Strukturschwingungen). Diese können zur Verletzung der Linearitätsbedingung oder zu nicht tragbarem vorzeitigem Verschleiß führen. Letzteres begrenzt den nutzbaren Bereich von Regelkreisverstärkung und Bandbreite, wenn diese Signalanteile nicht durch entsprechende Filter unterdrückt werden können.

4. **Empfindlichkeit.** Neben den Störungen sollen auch Änderungen in den Systemparametern die Ausgangsgröße möglichst wenig beeinflussen. Dies sind zwei Gesichtspunkte der Empfindlichkeit. Sie erfordern bei unverrauschten Signalen gewöhnlich hohe Kreisverstärkungen.

5. **Erforderliche Signalgröße.** Die behandelten Untersuchungsmethoden gelten für lineare Systeme; wenn Signale zu groß werden, trifft die Linearitätsannahme häufig nicht mehr zu. Werden sie zu klein, gehen sie möglicherweise im Rauschen unter; der Signal- zu Rauschabstand muß genügend groß sein. Diese Gesichtspunkte können die praktisch brauchbaren Verstärkungsfaktoren beschränken.

6. **Ausnutzung der Stelleistung.** Im Gegensatz zu 5. ist es manchmal angebracht, zur Erzielung guter Leistungen Verstärkungsfaktoren zu wählen, die das Stellglied schnell an seine Leistungsgrenze bringen und dort betreiben (z. B. bei Servosystemen). Das System wird dadurch nichtlinear und die hier besprochenen Methoden reichen zur Behandlung nicht aus, aber gegenüber dem linearen Fall wird das Gesamtverhalten verbessert. Das System hat dann einen linearen und einen nichtlinearen Operationsbereich, wobei letzterer i. allg. durch Simulationen untersucht wird.

7. **Robustheit.** Dem Bestreben, für anspruchsvollere Regelaufgaben hochgezüchtete, aufwendige Regelsysteme zu entwickeln, die dann häufig empfindlich gegen Störungen und Parameterschwankungen sind, wird in neuerer Zeit mit dem Ruf nach Robustheit begegnet, wobei hierunter Forderungen aus 1. bis 4. zusammengefaßt werden. Ferner fließen hier Redundanzüberlegungen ein, wie das Gesamtsystem bei Ausfall einzelner Komponenten mit möglichst wenig Gesamtaufwand am besten arbeitsfähig gehalten werden kann.

8. Auswahl der Meßgrößen und Sensoren. Bei Eingrößensystemen (Kapitel 4) stellt sich die Frage, ob neben der Regelgröße auch noch deren Ableitung(en) gemessen werden soll, oder ob a) ein konventionelles Kompensationsglied oder b) ein Beobachter-Regler eingesetzt werden soll. Die Messung der Ableitung bietet den Vorteil, Fehler höherer Ordnung (z. B. den Geschwindigkeitsfehler) bei sonst gleicher Reglerauslegung kleiner zu halten. Meßgeräte sind jedoch gegenüber elektronischen Bauelementen heute unvergleichlich teurer, so daß eine Kosten-Nutzen Analyse zweckmäßig ist.

Aus dem gleichen Grund sollte bei Mehrgrößenregelungen sorgfältig abgewägt werden, welche Größen meßtechnisch zu erfassen und welche durch Beobachter günstig zu rekonstruieren sind.

Die Meßglieddynamik ist so zu wählen, daß im Frequenzbereich der Regelstrecke ihre Übertragungsfunktion mit guter Näherung 1 ist (Eckfrequenz um 1 bis 2 Größenordnungen oberhalb der der Strecke). Bei Systemen höherer Ordnung sollte nicht versucht werden, aus einer Messung zu viele Zustandsgrößen zu rekonstruieren. Es ist zweckmäßig, in verschiedenen Bewegungsfreiheitsgraden eigene Sensoren einzusetzen.

9. Stellglieder. Diese sind meist durch die Art der Regelstrecke in relativ engen Grenzen festgelegt. Sie werden vom jeweiligen Stand der Technik bestimmt und sind vom Regelungstechniker kaum beeinflußbar, zumindest nicht kurzfristig. Wichtig ist deshalb vor allem, die vermessenen systemdynamischen Leistungsdaten zu prüfen und zu entscheiden, ob die Stellglieddynamik zur Vereinfachung des Entwurfs mit guter Näherung $G_{st}^*(s) = 1$ gesetzt werden kann oder ob ihre Übertragungsfunktion beim Regelkreisentwurf von Anfang an mitberücksichtigt werden muß. Besonders ist der Linearitätsbereich zu beachten (Sättigung), um aus der Analyse mit dem linearen Modell keine falschen Schlüsse bezüglich des realen Systems zu ziehen (s. 5. und 6.).

Einige der oben genannten Forderungen können im Entwurfsverfahren direkt verwirklicht werden, zumindest als erträglicher Kompromiß; andere müssen nachträglich, meist durch Simulation oder Tests am realen System, überprüft werden. Nachiterationen sind dann häufig unvermeidlich.

5.1 Stabilität

Die Forderung nach Stabilität ist ein M u ß bei selbsttätig arbeitenden Systemen, bei denen der Mensch nicht stabilisierend eingreift. Viele Systeme sind von Natur aus instabil: rollendes Zweirad, Hubschrauber, viele Flugzeuge, ja der aufrecht stehende Mensch selbst (eine idealisierte Form hiervon ist der unten unterstützte Stab).

Wie wir in Kapitel 2 gesehen hatten, werden die hier interessierenden Systeme meist durch nichtlineare Differentialgleichungssysteme $\dot{X} = f_1(X, u, t)$ beschrieben. Das Regelgesetz verknüpft u mit X, so daß für das geregelte System geschrieben werden kann

$$\dot{X} = f(X, t). \tag{5.1}$$

Wenn f keine zeitvariablen Parameter und auch nicht die Zeit selbst explizit enthält, spricht man von einem stationären System; auf solche wollen wir uns hier beschränken.

Die linearen Differentialgleichungen in x, mit denen wir bisher gearbeitet haben, entstanden aus einer Taylor-Reihenentwicklung um Gleichgewichtslagen $X_N (U_N)$, vgl. Kapitel 2, wobei hier X_N „ungestörte Bewegung“ und x „Störbewegung“ heißen sollen. Für letztere gelte die Differentialgleichung

$$\dot{x} = F(X_N, x), \tag{5.2}$$

in der X_N nur als konstanter Parametersatz auftritt, der die Beziehung $\dot{X}_N = f(X_N, U_N) = 0$ erfüllt. Die Gleichgewichtslage X_N heißt stabil bezüglich der Größen x, wenn zu jeder beliebig vorgegebenen Zahl ϵ, wie klein sie auch sei, eine andere positive Zahl $\eta(\epsilon)$ existiert, so daß für alle Anfangsstörungen x_0, die den Bedingungen $|x_{k_0}| \leqslant \eta, k = 1, 2, \ldots, n$ genügen, die zugehörige gestörte Bewegung x(t) für alle t den Ungleichungen $|x_k(t)| < \epsilon$, $k = 1, 2, \ldots, n$ genügt. Diese Stabilitätsdefinition nach Lyapunow unterscheidet 4 verschiedene Arten:

– *asymptotische Stabilität:* $x(t) \to 0$ für $t \to \infty$

– *einfache Stabilität:* x(t) bleibt endlich

– *Stabilität im Großen:* X_N ist stabil, ganz gleich wie groß die Anfangsstörung auch war

– *Stabilität im Kleinen:* X_N ist nur für einen (mehr oder weniger großen) Bereich von Anfangsstörungen stabil; bei größeren Störungen ist es instabil: z. B. wird ein senkrecht auf einer kleinen ebenen Grundplatte fixierter Stab solange in die Vertikale zurückkehren. wie die Anfangsstörung den Schwerpunkt des Systems nicht über den Plattenrand, mit dem sich das System auf eine horizontale Ebene abstützt, hinausbewegt; bei größeren Auslenkungen, auch wenn sie dynamisch für $t > 0$ erreicht werden, kippt das Gebilde um.

Im allgemeinen Fall ist Gl. (5.2) noch nichtlinear wegen der Glieder höherer Ordnung $(x^2, x^3, \ldots)$,

$$\dot{x}_k = a_{k_1} x_1 + a_{k_2} x_2 + \ldots + a_{k_n} x_n + \text{Glieder höherer Ordnung.} \tag{5.3}$$

Je nachdem, ob diese Glieder nun für die Stabilitätsaussage von Bedeutung sind oder nicht, kann man zwei Systemkategorien unterscheiden: kritische und unkritische Fälle [47]. Zur letzteren zählen die Fälle, die anhand der Untersuchung der Gleichungen 1. Ordnung eindeutig entschieden werden können.

Lyapunow bewies die beiden grundlegenden Sätze:

1. *Sind die Realteile aller Wurzeln λ_k der charakteristischen Gleichung der ersten Näherung negativ, dann ist die ungestörte Bewegung* asymptotisch stabil, *unabhängig von den Entwicklungsgliedern von höherer als erster Ordnung.*

(Stabilität im Kleinen, wobei über den Stabilitätsbereich nur mit Hilfe der Glieder höherer Ordnung eine Aussage gemacht werden kann; in der Praxis ist dies oft nur über Simulationen zu untersuchen).

2. *Hat* wenigstens ein λ_k *einen positiven Realteil, dann ist die ungestörte Bewegung instabil, unabhängig von den Gliedern höherer Ordnung.*

Die kritischen Fälle treten auf, wenn sich unter den Wurzeln λ_k eine Gruppe befindet, deren Realteile 0 sind, und wenn die restlichen Wurzeln negative Realteile haben.

Diese kritischen Fälle sind in der Praxis nicht selten: ungedämpfte Schwinger, Integrationsglieder. Nach dieser Definition ist ein Einzelintegrator einfach stabil (endliche Ablage bei Anfangsstörung), ein Doppelintegrator aber instabil ($1/s^2 \hat{=}$ Rampenfunktion).
Die oben gegebene Stabilitätsdefinition geht von Anfangswerten für das Differentialgleichungssystem (5.2) aus. Impulsartige Störungen haben die Wirkung eines Δx_0 und werden von dieser Stabilitätsdefinition auch gut erfaßt; anders ist es mit längerdauernden Störungen. Hier wirkt das System als Übertragungsglied und man definiert eine sogenannte „BIBO-Stabilität" (bounded input-bounded output). Ein System heißt BIBO-stabil, wenn es auf jede beschränkte Eingangsgröße mit einer beschränkten Ausgangsgröße antwortet. Für lineare zeitinvariante Systeme gilt, daß sie BIBO-stabil sind, wenn alle Eigenwerte in der linken Halbebene liegen (Willems, Kap. 3) [77].
Mit diesen Sätzen ist sichergestellt, daß auch das in Wirklichkeit nichtlineare System stabil ist, wenn das nach dem linearen Modell ausgelegte geregelte System nur Eigenwerte in der linken Halbebene hat.

5.2 Führungs- und Störverhalten

Es wird von dem in Bild 5.1 gezeigten relativ allgemeinen Blockschaltbild ausgegangen. Man erhält für die Ausgangsgröße y die Beziehung

$$y = \underbrace{\frac{G_v G_{R_1} G_s}{1 + G_{R_1} G_u + G_{R_1} G_R G_s}}_{\substack{\text{Führungsübertragungs-} \\ \text{funktion } G_K(s)}} w + \underbrace{\frac{G_z(1 + G_{R_1} G_u)}{1 + G_{R_1} G_u + G_{R_1} G_R G_s}}_{\substack{\text{Störübertragungs-} \\ \text{funktion } D(s)}} z. \tag{5.4}$$

Wie aus dem Blockschaltbild zu erwarten, tritt G_{R_1} nirgends isoliert auf, sondern stets als Produkt mit einer der anderen Reglerübertragungsfunktionen G_v, G_R und G_u; G_{R_1} kann deshalb ohne Verlust an Allgemeinheit gleich 1 gesetzt werden, da durch Modifikation der anderen Übertragungsfunktionen das gleiche Verhalten des geschlossenen Kreises erzielt werden kann. Wir wollen $G_{R_1} = V$ und in G_R die statische Verstärkung 1 wählen ($\rightarrow G_R^*$), um die wirkliche Ausgangsgröße als Referenz deutlich zu machen. Gl. (5.4) ist damit bis auf den Faktor $G_v(s)$ in der Führungsübertragungsfunktion und $G_z(s)$ in

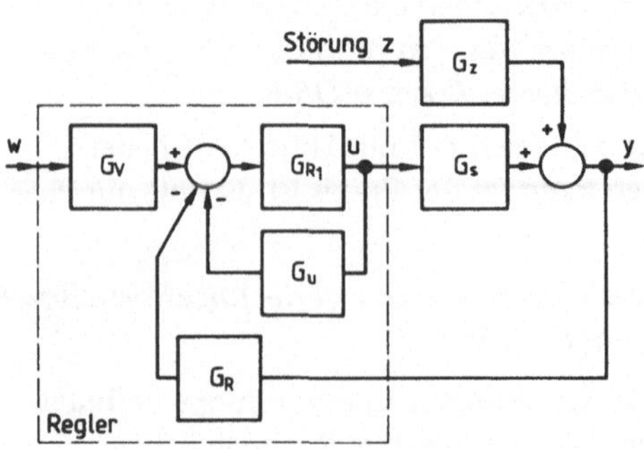

Bild 5.1
Allgemeines Blockschaltbild

der Störübertragungsfunktion identisch mit Gl. (4.50). Für den Regelfehler $e = w - y$ ergibt sich

$$e = \frac{1 + VG_u + VG_s(G_R^* - G_v)}{1 + VG_u + VG_R^* G_s} w - \frac{(1 + VG_u)G_z}{1 + VG_u + VG_R^* G_s} z, \tag{5.5}$$

und für $t \to \infty$ kann man mit dem Endwertsatz den statischen Verstärkungsfaktor k_v ausrechnen, für den der Stellungsfehler für $z = 0$ gegen 0 geht. Aus $1 + Vk_u + Vk_s(1 - k_v) = 0$ folgt

$$k_v = 1 + k_u/k_s + 1/(Vk_s). \tag{5.6}$$

Der Stellungsfehler bezüglich der Störung z kann nur klein gemacht werden, wenn der Faktor $k_z/[1 + Vk_s/(1 + Vk_u)]$ klein gestaltet werden kann. Für $k_u = 0$ muß also V groß gewählt werden. Dann weicht auch der Vorfaktor nach Gl. (5.6) nur wenig von 1 ab. Dieser Fall ist bei den konventionellen Reglern ohne G_u-Kreis gegeben. Für PO-Regler tritt er bei Hochpaßrealisierungen (Washout) auf, die aber bei gegebenen Beobachterpolen auch die Verstärkung V fixieren. Wie Tab. 4.6, Zeilen 4 und 19 zeigen, nimmt V mit zunehmenden Werten für den Beobachterpol $1/\alpha$ zu.

PO-Regler mit großen Verstärkungen V führen für kleine Beobachtereigenwerte zu großen Werten k_u, so daß der Stellungsfehler trotzdem groß bleibt; nur große V in Verbindung mit genügend großen Beobachtereigenwerten liefern kleine Werte k_u, und kleine statische Fehler.

Eine Betrachtung von Gl. (5.4) im Hinblick auf das allgemeine (dynamische) Führungs- und Störverhalten liefert Forderungen in die gleiche Richtung: Es wird gewünscht: daß

$$G_K(j\omega) \approx 1 \quad \text{für } \omega < \omega_B \tag{5.7a}$$

$$D(j\omega) \approx 0 \quad \text{für alle } \omega \tag{5.7b}$$

gilt. Letztere Forderung ist erreichbar, wenn $G_u G_z \ll G_R^* G_s$ ist, was bei gegebenem G_s und G_z nur über große VG_R^* bei kleinen Werten VG_u erzielbar ist. Da bei diesen dynamischen Anteilen die Hochpaß-Beziehung keine herausgehobene Stellung mehr hat (Bode-Asymptoten-Skizzen zeigen dies schnell), lauten die Forderungen aufgrund der umgeschriebenen Gl. (5.5)

$$e = \frac{1 + VG_s(G_R^* - G_v)/(1 + VG_u)}{1 + VG_R^* G_s/(1 + VG_u)} w - \frac{G_z z}{1 + VG_R^* G_s/(1 + VG_u)}, \tag{5.8}$$

daß

1. die dynamischen Anteile $G_R^* - G_v$ bei größeren ω rasch abklingen und auch zwischendurch keine großen Werte annehmen sollen (ihr stationärer Beitrag ist 0 bei Erfüllung von Gl. (5.6)),
2. der Faktor $VG_R^* G_s/(1 + VG_u)$ möglichst groß sein soll.

Nun geht aber für große $|s|$ bei realen Systemen $G_s \to 0$, woraus man unmittelbar erkennt, daß die 2. Forderung nur in einem begrenzten Frequenzbereich erfüllt werden kann.

Für die konventionellen Kompensationsglieder geringer Ordnung und mit $G_u = 0$ besteht für Systeme mit dem Polüberschuß $r > 2$ die Gefahr, daß Wurzelortskurvenäste bei hohen Verstärkungen in die rechte Halbebene laufen. Bei den PO-Reglern hat man mehr Auslegungsspielraum, obwohl auch hier zu große Werte V wegen der näherungsweisen Differentiation zu Unruhe führen können, wenn die Beobachterpole zu groß gewählt werden.

Mit der Reglerstruktur nach Bild 5.1 kann man über G_R^* und G_u die Störübertragungsfunktion in die gewünschte Richtung beeinflussen und hat mit G_v einen zusätzlichen Freiheitsgrad, die Führungsübertragungsfunktion noch unabhängig davon zu formen. Man spricht deshalb von einer Reglerstruktur mit zwei Freiheitsgraden. Ohne das „Vorfilter“ G_v kann man nur eine der beiden Übertragungsfunktionen G_K oder D unabhängig optimieren.

Läßt man in Gl. (5.4) $|s|$ sehr groß werden, dann geht wegen $G_s \to 0$ auch $G_K \to 0$, während $D \to G_z$ geht. Die Führungsübertragungsfunktion hat also Tiefpaßverhalten, während die Störübertragungsfunktion Hochpaßcharakter hat (Bild 5.2). Enthält G_s oder G_R ein Integrationsglied, dann geht für $|s| \to 0$ $G_K \to 1$ und $D \to 0$, ersteres auch für $k_v = 1$ (kein korrigierender Vorfaktor).

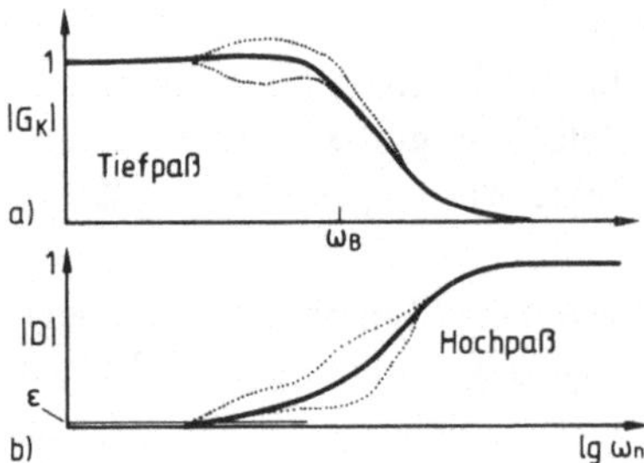

Bild 5.2
Charakter der Führungs- (G_K) und Störübertragungsfunktion (D)

Kann man die Störung messen, dann empfiehlt sich zum schnelleren Gegenwirken eine direkte Störungsaufschaltung Δu_z. Diese soll im Idealfall bewirken, daß $\Delta u_z G_s + G_z z = 0$ ist, d. h. es muß gelten

$$\Delta u_z = -G_z/G_s \cdot z. \tag{5.9}$$

Hat G_s einen höheren Polüberschuß als G_z, dann ist diese Übertragungsfunktion G_z/G_s nicht realisierbar und muß durch eine solche angenähert werden.

5.3 Empfindlichkeit gegen Parameterschwankungen

Die Analyse der Kreisschließungen in den verallgemeinerten Bode-Diagrammen läßt besonders empfindliche Parameterbereiche des Reglers leicht erkennen. Sie sind bei Parameterfestlegung zu vermeiden. Außerdem werden die Reglerkomponenten üblicherweise so ausgesucht, daß sie langzeit- und umweltstabil sind. Deshalb wollen wir uns hier auf Schwankungen von Streckenparametern beschränken.

Es interessiert die relative Änderung der Übertragungsfunktion des geschlossenen Kreises $(G_{K0} - G_K)/G_{K0}$, mit 0 als Referenzzustand bei der Streckenübertragungsfunktion G_{s0}. Gesucht ist die Abhängigkeit dieser Funktion von Schwankungen der Streckenübertragungsfunktion, wie sie z. B. bei Verschiebungen des Arbeitspunktes für die linearisierten Modelle entstehen (vgl. Abschn. 2.1). Wir betrachten hier nur die Führungsübertragungsfunktion ohne Störsignale. Aus

$$G_{K0} = \frac{VG_vG_{s0}}{1 + VG_u + VG_R^*G_{s0}} \quad \text{und} \quad G_K = \frac{VG_vG_s}{1 + VG_u + VG_R^*G_s}$$

folgt

$$\frac{G_{K0} - G_K}{G_{K0}} = \frac{(1 + VG_u)(G_{s0} - G_s)}{(1 + VG_u + VG_R^*G_s)G_{s0}} = \frac{1}{1 + \dfrac{VG_R^*G_s}{1 + VG_u}} \cdot \frac{G_{s0} - G_s}{G_{s0}}. \tag{5.10}$$

Bildet man die Empfindlichkeitsfunktion als Quotient der relativen Abweichungen, so erhält man

$$S = \frac{(G_{K0} - G_K)/G_{K0}}{(G_{s0} - G_s)/G_{s0}} = \left[1 + \frac{VG_R^*G_s}{1 + VG_u}\right]^{-1} \approx D/G_z. \tag{5.11}$$

Sie ist nicht genau gleich dem Regelfaktor zur Störübertragungsfunktion D/G_z, weil in S die gestörte Streckenübertragungsfunktion auftritt und nicht G_{s0}. Würde man die Schwankungen $G_{K0} - G_K$ bzw. $G_{s0} - G_s$ auf den gestörten Zustand beziehen, dann ergäbe sich genau $S' = D/G_z$. Im vorliegenden Fall erscheint dies nicht angebracht, da der Faktor $V/(1 + VG_u + VG_R^*G_s)$ bei Beobachterreglern eine fein austarierte Balance enthält: Die Reglernullstellen in G_R und G_u sind so mit den Reglerpolen und Streckensingularitäten abgestimmt (vgl. Abschn. 4.2), daß sie in der Übertragungsfunktion G_{K0} nach außen nicht erscheinen. Schwankt aber G_s, während G_R und G_u konstant bleiben, wird diese genaue Überlagerung nicht erreicht. Es entstehen ν Dipolpaare, die wegen des kleinen Pol-Nullstellenabstandes zwar nur kleine, aber immerhin sonst nicht vorhandene Signalteile im Frequenzbereich der Beobachtereigenwerte bei Sollwertänderungen hervorrufen. Ansonsten ersieht man aus Bild 5.2b), daß sich die Parameterschwankungen vor allem bei hochfrequenten Signalanteilen auswirken, während der Regler sie bei kleinen Frequenzen unterdrückt. Bei konventionellen Reglern vom Grade ν treten immer

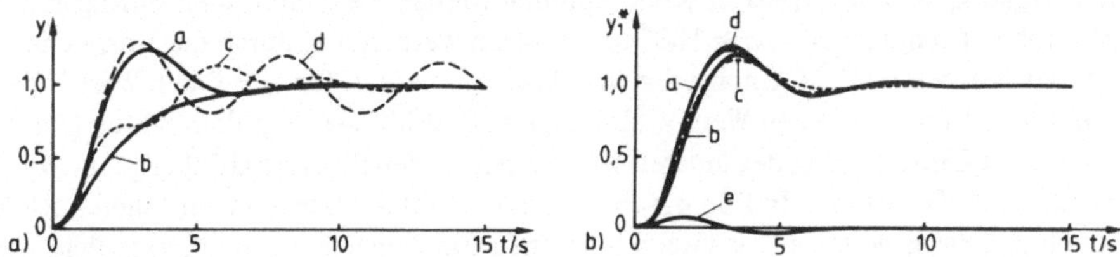

Bild 5.3 Einfluß von Parameteränderungen auf Stufenantworten bei einem System 3. Ordnung (nach [26])
a) Parameteränderungen im PID-Regelkreis
a Führungsübergang für Nominalwerte der Streckenparameter,
b Führungsübergang bei Vergrößerung von a_0 um 200%,
c Führungsübergang bei Vergrößerung von b_0 um 100%,
d Führungsübergang bei Verkleinerung von b_1 um 50%
b) Parameteränderungen im Zustandsregelkreis (PIO)
a bis d wie in Bild a), e Störübergang für Nominalwerte der Streckenparameter

n + ν Bewegungskomponenten auf, während bei den Beobachter-Reglern normalerweise ν von der Führungsgröße nicht angeregt werden, sondern höchstens von Anfangswerten und Störungen. Soll die Beobachterbedingung stets erfüllt werden, so müßten die Strecken-Parameteränderungen erfaßt und die Reglerparameter nachjustiert werden, was einen merklichen Mehraufwand bedeutet. Bild 5.3 zeigt den Einfluß der Änderung von Streckenparametern bei einem konventionellen PID-Regler und einem PIO-Regler am Beispiel der Strecke aus den Bildern 4.45 bis 4.47: $G_s = [(s + a_0)(s^2 + b_1 s + b_0)]^{-1}$ mit $a_0 = 1$, $b_0 = 1{,}04$ und $b_1 = 0{,}4$ (nach [27]). Der PIO-Regelkreis erweist sich hier als wesentlich unempfindlicher gegen die Parameteränderungen.

In [8] wird ein Verfahren zur parameterunempfindlichen Auslegung von Zustandsbeobachtern angegeben. [18] gibt einen Überblick über die Gesamtproblematik der Empfindlichkeitsanalyse bei dynamischen Systemen.

5.4 Zusammenhang Beobachterregler – klassische Kompensationsglieder: Realisierungen

In Abschn. 4.2.2.2 hatten wir an einem einfachen Beispiel sechs verschiedene Realisierungen des gleichen PO-Reglers (gegeben durch den Beobachterpol $1/\alpha$ und die Dynamik des geschlossenen Kreises N_{Ks}) kennengelernt (Bild 4.41). Die ersten vier davon (Teilbilder a) bis d)) unterscheiden sich nur durch den inneren G_u-Kreis; der äußere G_R-Kreis ist bei allen ein Vorhaltglied (PD_T). Die Regler a und d sind jeweils Vertreter einer Gruppe, Vorhaltglied (a)) und Verzögerungsglied (d)), während b und c ausgezeichnete Einzelregler sind: b hat gerade die statische Verstärkung 0 im inneren Kreis und ist als Washout-Glied mit einem Glied 1. Ordnung (rückgekoppelter Integrator) realisierbar. c ist ohne den direkten bypass des Washout-Gliedes mit einem rückgekoppelten Integrator zur verwirklichen. Zwischen b und c liegen allgemeine Allpaßglieder (Nullstelle in der rechten Halbebene) mit dem speziellen Fall $1/\beta = -1/\alpha$ entsprechend Zeile 20, Tab. 4.6. Dieses Glied läßt als reiner Phasendreher den unterschiedlichen Einfluß auf Signale verschiedener Frequenzen leicht erkennen: bei niedrigen Frequenzen ist $\varphi \approx 0$ und wegen $k_u' > 0$ bei negativer Rückkopplung werden die Amplituden verringert; bei sehr hohen Frequenzen ist $\varphi \approx 180^\circ$ und folglich werden hier durch die Vorzeichenumkehr ($\cos \pi = -1$) die Amplituden verstärkt. Man erhält für $\omega \to 0$ den Wert $V/(1 + G_u) = 45{,}65$ und für $\omega \to \infty$ den Wert $V/(1 + G_u) = 60$. Bild 5.4a zeigt den Faktor $1/(1 + G_u)$, der aus der Umwandlung des inneren Kreises gemäß der Blockschaltbildalgebra (vgl. Abschn. 2.1.7) entsteht. In Bild 4.41b wird bei $\omega \to 0$ das Signal in der inneren Rückkopplung „weggewaschen", während bei hohen Frequenzen nur der direkte Pfad wirkt und wegen $k_u' = -0{,}238$ den Wert $V/(1 + G_u) = 45{,}65/(1 - 0{,}238) = 60$ liefert. In c bringt der innere Kreis bei $\omega \to \infty$ keinen Beitrag, so daß die hochfrequente Verstärkung wieder 60 ist; bei $\omega \to 0$ folgt hier $V/(1 + G_u) = 60/1{,}314 = 45{,}65$, d. h. die gleiche niederfrequente Verstärkung wie in den anderen Fällen.

Man erhält stets die Übertragungsfunktion

$$G_{R_1} = 1/(1 + G_u) = k_{R_1} Z_{R_1}(s)/N_{R_1}(s) \tag{5.12}$$

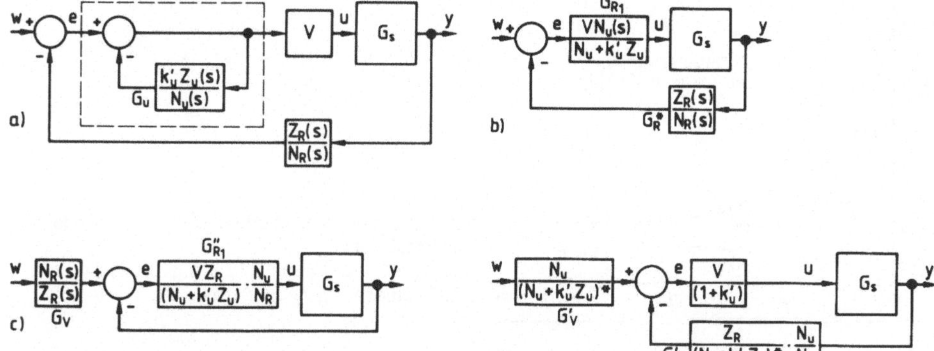

Bild 5.4 Blockschaltbildumwandlungen vom PO- zum klassischen Kompensationsregler
a) PO-Regler-Struktur
b) innerer Kreis umgewandelt
c) Einheitsrückführung und Vorfilter
d) Regler in Rückführung mit Vorfilter

mit $k_{R_1}V$ = konst, im Beispiel 45,65. Der Zähler Z_{R_1} ist gleich dem Nennerpolynom des Beobachterreglers $N_R(s) = N_u(s)$; der Nenner ist das in Bode-Normalform gebrachte Polynom N'_R nach Gl. (4.40) ($N_{R_1} = N'_R/\gamma_0$ mit $\gamma_0 = 1 + Vk_u$). In Wurzelortsnormalform (Koeffizienten der höchsten Potenzen von s gleich 1) ist $\kappa_{R_1}V$ dann auch konstant, im Beispiel 60. Die Washout-Realisierung des inneren Kreises erfordert also als Verstärkung V den Wert der niederfrequenten Asymptote, die Realisierung von G_u mit einem um 1 niedrigeren Zähler- ($Z_u(s)$) als Nennergrad den Wert V der hochfrequenten Asymptote von $V/(1 + G_u) = G'_{R_1}$, wobei diese Übertragungsfunktion G'_{R_1} für alle Realisierungen gleich ist; im Beispiel:

$$G'_{R_1} = 60\,\frac{s + 12{,}73}{s + 16{,}73} = 45{,}65\,\frac{s/12{,}73 + 1}{s/16{,}73 + 1}\,. \tag{5.13}$$

Man kann also über Allpaß- (mit der Nullstellenwanderung von $-\infty \to 0$ vom Tief- zum Hochpaß variierend), Hochpaß- und Vorhalteglieder im inneren Kreis den Verstärkungsfaktor V verkleinern, ohne die Systemleistung zu verschlechtern (s. Gln. (4.48) bis (4.50), (5.5) (5.8) und (5.10), die alle den Faktor $V/(1 + k'_u)$ enthalten). Verzögerungsglieder im inneren Kreis erscheinen nicht sinnvoll, da hierbei G_u und V gegeneinander arbeiten.

Gl. (5.13) läßt bei Anwendung des Anfangs- und Endwertsatzes erkennen, daß dieses Glied als Stufenantwort stets für $t = 0^+$ den Anfangswert 60 und für $t \to \infty$ den Wert 45,65 liefert. Bild 5.4b zeigt das zugehörige Blockschaltbild, das die verschiedenen Realisierungsmöglichkeiten nicht mehr erkennen läßt, sie aber alle beschreibt.

In Bild 5.4c wurde die Übertragungsfunktion G^*_R aus der Rückführschleife über die Vergleichsstelle verschoben, weshalb nun das Vorfilter $G_v = 1/G^*_R$ auftritt, das bei Typ-0-Systemen mit dem Vorfaktor k_v entsprechend Gl. (5.6) ergänzt werden kann, um den statischen Stellungsfehler zu kompensieren. Im Vorwärtszweig tritt nun, da N_R und N_u sich herauskürzen, ein Vorhaltglied $G''_{R_1} = VZ_R/(N_u + k'_uZ_u)$ auf, dessen Vorhaltfaktor

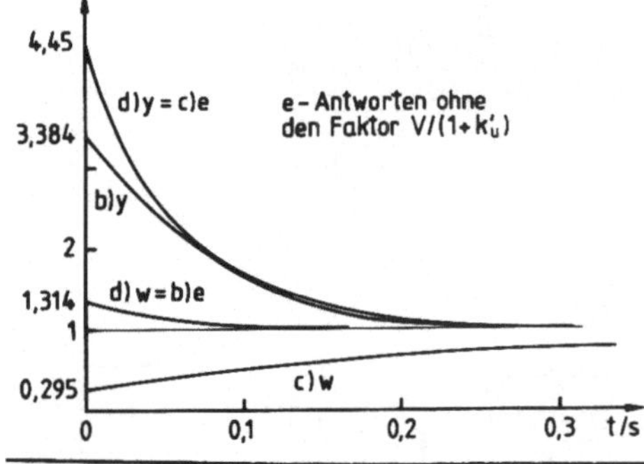

Bild 5.5
Stufenantworten einzelner Übertragungsglieder aus Bild 5.4
1. Buchstabe: Fall in Bild 5.4, z. B. d)
2. Buchstabe: Eingangssignal

das Produkt derjenigen aus G_R^* und G'_{R_1} ist [im Beispiel ist $G''_{R_1} = 203(s + 3{,}76)/(s + 16{,}73) = 45{,}7(s/3{,}76 + 1)/(s/16{,}73 + 1)$]; hierbei kann man gelegentlich auf Realisierungsschwierigkeiten stoßen. Die Beobachterbedingung wird dadurch erfüllt, daß das Vorfilter Pole bei den Nullstellen des Reglers einführt und Nullstellen genau dort hat, wo die Kreisschließung die Reglerpole hinschiebt. War G_R^* ein Vorhaltglied, ist G_v ein Verzögerungsglied und umgekehrt. Bei Bild 5.4d wurde der Verstärkungsfaktor $V/(1 + k'_u)$ abgespalten und der dynamische Anteil der Übertragungsfunktion $G'_{R_1} = N_u/(N_u + k'_u Z_u)^*$ aus Bild b) über die Vergleichsstelle in beide einmündenden Äste (von w und y) verschoben. Hier hat das Vorfilter G'_v die Übertragungsfunktion G'_{R_1} und die Übertragungsfunktion im Rückführzweig G'_R ist gleich G''_{R_1} im Vorwärtszweig von Bild c), beides mit Ausnahme des Verstärkungsfaktors. Bild 5.5 zeigt einige Stufenantworten der einzelnen Übertragungsglieder zum behandelten Beispiel. Im Fall d) ist G'_v ein Vorhaltglied, das das Führungssignal für kleine t vergrößert (Kurve d) w bei 1,314 beginnend) und es dann rasch mit der Zeitkonstanten 1/16,7 gegen 1 gehen läßt; im Fall c) wird ein Führungssprung nur mit einem kleinen Amplitudenanteil (0,295) direkt durchgeschaltet, während der Anstieg auf 1 mit der Zeitkonstanten $\rho = 1/3{,}76$ der Zählernullstelle aus Z_R relativ langsam erfolgt (Kurve c) w). Bezüglich der Bilder a), b) und d) sei daran erinnert, daß Nullstellen im Rückführzweig nicht in der Übertragungsfunktion des geschlossenen Kreises auftreten. Alle Realisierungen in Bild 5.4 haben näherungsweise Differenzierglieder im Kreis (Vorhaltbildung).

Mit Gl. (4.41) und dem zugehörigen Schaltbild 4.35 war eine Möglichkeit aufgezeigt worden, das Steuersignal nur über Verstärkung der Führungs- und Meßsignale und deren Integration zu ermitteln (vgl. Bild 4.41e für das Beispiel). Die Verstärkungsfaktoren sind von V unabhängig, da $V\gamma_0/\gamma_\nu$ konstant sind. Sie hängen allerdings von den Beobachtereigenwerten, den Streckenparametern sowie der gewünschten Dynamik $N_{K_s}(s)$ ab. Tab. 5.1 zeigt zum Vergleich die Zahlenwerte für die drei Beobachter-Pollagen $1/\alpha = 12{,}73$ (entsprechend Bild 4.41), $1/\alpha = 6$ und $1/\alpha = 4{,}24$ (= Betrag der Eigenwerte von $N_{K_s}(s)$).

Man erkennt, daß der Faktor 60 zur direkten Durchschaltung der Führungsgröße (Bild 4.41e und f) erhalten bleibt. Die übrigen Verstärkungsfaktoren reduzieren sich: γ_0/γ_ν ist immer um 4 größer als $1/\alpha$. Dies rührt aus der Forderung her, die Realteile der beiden Streckenpole um 4 nach links zu verschieben (Polüberschuß 2). Der direkte Aufschaltfaktor für die Meßgröße y geht auf über die Hälfte zurück.

Tab. 5.1 Einfluß des Beobachterpols auf die Verstärkungsfaktoren gemäß Bild 4.35

$1/\alpha$	γ_0/γ_ν	$V\alpha/60\gamma_\nu$	$V\rho/60\gamma_\nu$	$V/60\gamma_\nu$
$3\omega_{nK} \hat{=} 12{,}73$	16,73	1	3,38	12,73
6	10	1	1,89	6
$\omega_{nK} \hat{=} 4{,}24$	8,24	1	1,49	4,24

Tab. 5.2 Einfluß der geforderten Streckendynamik auf die PO-Reglerfaktoren, $1/\alpha = 6$; $G_s = 0{,}15/[s(s/2 + 1)]$

Nr.	ω_{nK}	$V\alpha/\gamma_1$	$V\rho/\gamma_1$	ρ/α	γ_0/γ_1	V/γ_1	Bemerkung
1	$3\sqrt{2}$	60	113	1,89	10	360	bisheriger Standardfall
2	$2\sqrt{2}$	$26{,}\overline{6}$	53,3	2	8	160	$\frac{1}{3}$ Reduktion
3	$1\sqrt{2}$	$6{,}\overline{6}$	$6{,}\overline{6}$	1	6	$1{,}\overline{1}$	P-Regler

Sind diese Verstärkungsfaktoren zu groß, so hilft nur, die Forderungen an die Streckendynamik zu verringern. Tabelle 5.2 zeigt einige Ergebnisse für das Beispiel bei festgehaltenem Beobachterpol $1/\alpha = 6$. Der Dämpfungsgrad ist stets $\zeta = 1/\sqrt{2}$.

Man erkennt, wie drastisch die Verstärkungen zurückgehen, wenn man in der geforderten Eckfrequenz ω_{nK} nur wenig nachläßt. Eine Verringerung um 33% läßt die Hauptverstärkung $V\alpha/\gamma_1$ auf weniger als die Hälfte sinken; die u-Rückkopplungsverstärkung γ_0/γ_1 nimmt weniger rasch ab. Die letzte Zeile zeigt als Grenzwert den Fall, daß zur Erreichung der vorgeschriebenen Dynamik kein Vorhalt nötig ist; während die Eckfrequenz relativ zu Zeile 2 halbiert wird, geht die erforderliche Verstärkung $V\alpha/\gamma_1$ auf 1/4 zurück. Diese Verstärkung geht mit $1/\omega_{nK}^2$. Der Grenzfall des Proportionalreglers ergibt sich zu $\alpha = \rho = \beta$ und $k_s V = 1$; letzteres kann am Asymptotenschnittpunkt $\sqrt{2}$ im Bode-Diagramm schnell verifiziert werden.

Die Erfahrung aus diesem Beispiel gilt allgemein: Das beste Mittel die Verstärkungsfaktoren in vernünftigen Grenzen zu halten ist, die Dynamik des geschlossenen Kreises nicht wesentlich höher als die der Ausgangsstrecke zu fordern.

Um den Zusammenhang zwischen Beobachterreglern und Übertragungsfunktionsdarstellungen weiter zu durchleuchten, wollen wir uns dem Vorgehen zu Gl. (4.47) und Bild 4.41f zuwenden und dessen Verallgemeinerungsmöglichkeit untersuchen. Aus Bild 4.41e liest man folgende Beziehung ab (mit $u' = u\gamma_\nu/(V\alpha)$)

$$(w - y)\frac{1}{\alpha s} + (w - \rho/\alpha y) = u'(1 + \bar{\gamma}/s) = u'\frac{s + \bar{\gamma}}{s}. \tag{5.14}$$

Man sieht, daß für $\rho/\alpha \to 1$ und $\bar{\gamma} \to 1/\alpha$ die Proportionalbeziehung $w - y = u' = u/k_p$ durch Kürzen von $1 + 1/(\alpha s)$ entsteht. $\bar{\gamma}$ ist die Pollage nach der inneren G_u-Kreisschließung (in Bild 4.44d mit $(1/\alpha)'$ gekennzeichnet). In Gl. (5.14) wie auch in der allgemeinen Form Gl. (4.41) werden Signale nur integriert, wobei wichtig ist zu bemerken, daß die Integration bezüglich hochfrequenter Rauschanteile eine glättende Operation ist. Allerdings wird (das meist am stärksten verrauschte Signal) y mit dem Verstärkungsfaktor $V\rho/\gamma_1$ (allgemeiner $V\rho_\nu/\gamma_\nu$) direkt auf die Steuerung durchgeschaltet. Dieser Faktor wird klein, wenn das Verhältnis der Wurzelortsverstärkungen

$$\frac{\kappa_R}{1+\kappa_u} = \frac{V\rho_\nu}{\gamma_\nu} \quad \text{mit} \quad \kappa_R = V\rho_\nu/\alpha_\nu \quad \text{und} \quad \kappa_u = Vk_u\beta_\nu/\alpha_\nu \tag{5.15}$$

klein gewählt werden kann. Dies widerspricht aber meist der Forderung, daß zur Erzielung hoher statischer Genauigkeit $V/(1+k_uV)$ groß sein soll. Der beste Kompromiß ist, einen Integralteil im Regler vorzusehen und sich mit den Dynamikforderungen zu beschränken. Die erforderliche Dämpfung kann bei PIO-Reglern dann mit akzeptablen Verstärkungen realisiert werden; hierbei sollte auch die Beobachterdynamik nicht wesentlich höher als die geforderte Streckendynamik gewählt werden.

Dividiert man Gl. (5.14) durch den Bruch $(s+\bar{\gamma})/s$ bei u' rechts, so ergibt sich die in Bild 4.41f gezeigte Washout-Realisierung. Im allgemeinen Fall mit $\nu > 1$ kann man die Gl. (4.35c) mit Gl. (4.40) folgendermaßen schreiben

$$\begin{aligned}\frac{u}{V} &= \left[\sum_{\ell=0}^{\nu} \alpha_\ell s^\ell w - \sum_{\ell=0}^{\nu} \rho_\ell s^\ell y\right] \Big/ N_R' = \sum_{\ell=0}^{\nu} (\alpha_\ell w - \rho_\ell y) s^\ell \Big/ N_R'(s) \\ &= \sum_{\ell=0}^{\nu} \frac{1}{s^{\nu-\ell}} \frac{\delta_\ell s^\nu}{N_R'(s)} \quad \text{mit} \quad \delta_\ell = \alpha_\ell w - \rho_\ell y.\end{aligned} \tag{5.16}$$

Für $s^\nu/N_R'(s)$ erhält man durch Ausdivision

$$s^\nu/N_R' = (1 - N_R''/N_R')/\gamma_\nu \quad \text{mit} \quad N_R'' = \sum_{i=0}^{\nu-1} \gamma_i s^i.$$

Dies in Gl. (5.16) ergibt

$$u\gamma_\nu/V = \sum_{\ell=0}^{\nu} \frac{1}{s^{\nu-\ell}} \cdot \delta_\ell (1 - N_R''/N_R'). \tag{5.17}$$

Bild 5.6 zeigt das zugehörige Blockschaltbild, wobei u nicht zurückgekoppelt wird. Das allgemeine Washout-Glied $1 - N_R''(s)/N_R'(s)$ hat den Nennergrad ν und den Zählergrad $\nu - 1$, wobei alle Koeffizienten gleich sind; im Zähler fehlt lediglich die höchste Potenz. Wird die Übertragungsfunktion N_R''/N_R' nicht mit passiven Bauelementen realisiert, dann erfordert die Gesamtschaltung 2ν Integratoren. Wählt man zur Realisierung für N_R''/N_R' die Beobachternormalform (vgl. Abschn. 2.5.2), dann tritt dort wegen der Gleichheit der Koeffizienten γ_i das Signal $\sigma - \Delta$ auf, das proportional u ist, und man erhält die Realisierung gemäß Bild 4.35 mit ν Integratoren, denen auch u zugeführt werden muß.

Es sind aber auch gemischte Realisierungen möglich, wie abschließend an einem PO-Regler 2. Ordnung gezeigt werden soll. Aus der allgemeinen Reglergleichung gemäß

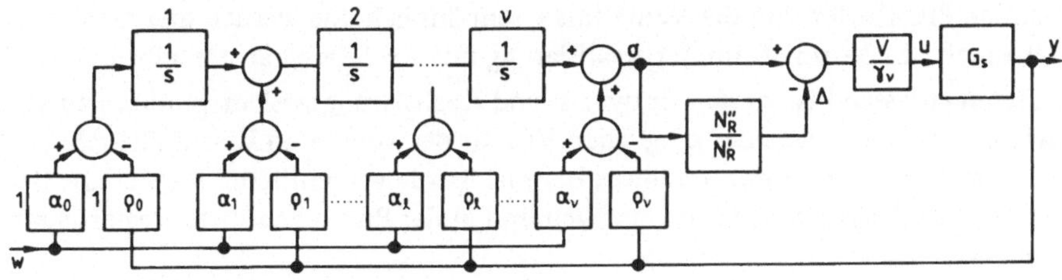

Bild 5.6 Allgemeine Washout-Realisierung des PO-Reglers

(4.35a) folgt

$$\frac{u}{V} = \frac{\alpha_2 s^2 + \alpha_1 s + 1}{\gamma_2 s^2 + \gamma_1 s + \gamma_0} w - \frac{\rho_2 s^2 + \rho_1 s + 1}{\gamma_2 s^2 + \gamma_1 s + \gamma_0} y; \qquad \Sigma \gamma_i s^i = N'_R(s)$$

$$= \underbrace{(\alpha_2 w - \rho_2 y)}_{\delta_2} \left[1 - \frac{(\gamma_1 s + \gamma_0)}{N'_R}\right] \Big/ \gamma_2 + \underbrace{(\alpha_1 w - \rho_1 y)}_{\delta_1} \frac{s}{N'_R} + \underbrace{(w-y)}_{\delta_0}/N'_R$$

$$= \delta_2/\gamma_2 + \underbrace{(\delta_1 - (\gamma_1/\gamma_2)\delta_2)}_{\delta'_1} s/N'_R + \underbrace{(\delta_0 - (\gamma_0/\gamma_2)\delta_2)}_{\delta'_0}/N'_R$$

$$= \delta_2/\gamma_2 + \frac{\delta'_1}{s}\left[1 - \frac{(\gamma_1 s + \gamma_0)}{N'_R}\right] \Big/ \gamma_2 + \delta'_0/N'_R$$

$$= \delta_2/\gamma_2 + \frac{\delta'_1}{\gamma_2 s}\left[1 - \frac{\gamma_0}{N'_R}\right] + (\delta'_0 - (\gamma_1/\gamma_2)\delta'_1)/N'_R. \qquad (5.18)$$

Bild 5.7 zeigt das entsprechende Schaltbild, das nur einen Integrierer enthält und ein Glied 2. Ordnung ohne Nullstellen ($1/N'_R$).

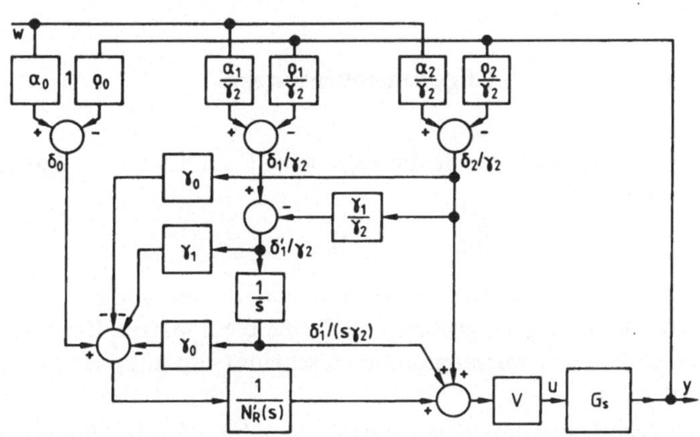

Bild 5.7 Realisierung eines PO-Reglers 2. Ordnung mit 1 Integrator und 2 Washout-Komponenten

Für den PIO-Regler sind die Verhältnisse sehr ähnlich. Sie werden hier nicht explizit behandelt; die Normalform der Realisierung mit $\nu + 1$ Integratoren gibt Bild 4.48.

Zusammenfassend ist zu den Entwurfs- und Realisierungsgesichtspunkten zu sagen, daß die Darlegungen wegen der möglichen Vielfalt der konkreten Einzelfälle relativ allgemein gehalten werden mußten. An einem Beispiel wurde verdeutlicht, wie sich die Beobachterregler in die klassische Theorie einfügen und in der Praxis bewährte Reglerschaltungen ergeben.

6 Mehrgrößenregelungen

Für umfangreichere Mehrgrößensysteme sind die Zustandsraumverfahren das angemessene Untersuchungsinstrumentarium [3, 17, 35, 39, 64, 70, 79], wobei auch hier der Bildbereich mit den Verallgemeinerungen der Übertragungsfunktion auf Übertragungsvektoren und -matrizen gute Dienste leisten kann und kompakte Beschreibungen ermöglicht. Die Reglerauslegung geschieht dann meist mit Matrixmethoden auf Digitalrechnern. Kailath [35] behandelt das Gesamtgebiet linearer Systeme in einer vereinheitlichten Schau im Zeit- und Frequenzbereich.

Der Umfang dieses Bandes läßt eine eingehendere Behandlung von Mehrgrößensystemen nicht zu. In der Praxis wird ein weiter Bereich von Anwendungen abgedeckt, wenn man die Zahl der Rückkopplungen auf 2 bis 3 und die der verkoppelt eingesetzten Steuerungen auf 2 begrenzt. Für diese Fälle können die bisher besprochenen Verfahren mit erträglichem Aufwand angepaßt werden. Die mehrfach parallelen Kreisschließungen werden dazu in sequentielle umgewandelt.

In Abschn. 6.1 geschieht dies für mehrschleifige Systeme mit einer, und in Abschn. 6.2 für solche mit zwei Steuergrößen. Erstere seien zur deutlicheren Abgrenzung mehrschleifige Eingrößensysteme genannt; letztere heißen auch multivariable Systeme.

6.1 Mehrschleifige Eingrößensysteme

In Abschn. 2.1.6 wurde die allgemeine Form für solche linearen zeitinvarianten Systeme angegeben zu

$$\dot{\vec{x}} = A\vec{x} + \vec{b}u, \qquad \vec{y} = C\vec{x}, \tag{6.1}$$

mit A als n $*$ n-Matrix der Systemkoeffizienten und $\vec{b}$ als n-Vektor der Steuerkoeffizienten. Bei p Ausgangsgrößen y ist C eine p $*$ n-Matrix. Der Fall, daß die Steuerfunktion u anteilig in den Ausgangsgrößen erscheint ($+\vec{d}u$ mit $\vec{d}$ als p-Vektor) wird hier nicht betrachtet.

Laplace-Transformation liefert für verschwindende Anfangswerte die Lösung (vgl. Abschn. 2.2.3.3, E = Einheitsmatrix)

$$\vec{x}(s) = (sE - A)^{-1}\vec{b}u(s) \tag{6.2a}$$

$$\vec{y}(s) = C(sE - A)^{-1}\vec{b}u(s), \tag{6.2b}$$

woraus man den Vektor der Übertragungsfunktionen $\vec{G}_y = \vec{y}/u$ bzw. die Zustandsübertragungsfunktionen $\vec{G}_x = \vec{x}/u$ ablesen kann. Diese haben alle das gleiche Nennerpolynom

$$N_s(s) = \det |sE - A|, \tag{6.3}$$

aber verschiedene Zählerpolynome $Z_{s_i}(s)$. Die x-Zählerpolynome erhält man z. B. dadurch, daß für Z_{x_i} die i-te Spalte der Systemmatrix $sE - A$ durch den Koeffizientenvektor $\vec{b}$ ersetzt ($\rightarrow$ Matrix S_i) und von dieser Matrix die Determinante berechnet wird

$$Z_{x_i} = \det S_i. \tag{6.4}$$

Diese Zählerpolynome, die die statischen Verstärkungen k_{s_i} und die dynamischen Anteile mit dem niedrigsten Koeffizienten auf 1 normiert enthalten sollen (d. h. die Ausdrücke sind in Bode-Normalform), können ebenfalls als Vektor zusammengefaßt werden: $\vec{Z}_x(s)$. Wählt man nun das Rückkopplungsgesetz

$$u = (\vec{g}^T\vec{y}_s - \vec{R}^T(s) \cdot \vec{y})V, \tag{6.5}$$

$\vec{R}(s)$ = p-Vektor von Rückkopplungskompensationsgliedern,

so folgt mit Einführung in die Laplace-transformierte Gl. (6.1)

$$(sE - A + V\vec{b}\vec{R}^TC)\vec{x} = V\vec{b}\vec{g}^T\vec{y}_s \tag{6.6a}$$

und $$\vec{y} = C(sE - A + V\vec{b}\vec{R}^TC)^{-1}V\vec{b}\vec{g}^T\vec{y}_s. \tag{6.6b}$$

Wie in Kapitel 3 gezeigt, kann bei 1 Steuerfunktion nur 1 Sollwert, evtl. als mit $\vec{g}^T$ gewichtete Summe mehrerer Komponenten, unabhängig vorgegeben werden; deshalb ist in Gl. (6.6a) die rechte Seite ein Vektor. Um das Verhalten des geschlossenen Kreises mit Übertragungsfunktionsmethoden zu analysieren, gehen wir von Gl. (6.6a) aus und schreiben die linke Matrix spaltenweise als Summe aus der Systemmatrix

$$[sE - A] = [\vec{1} \;\; \vec{3} \;\; \ldots \vec{i} \;\; \ldots \overrightarrow{2n-1}], \tag{6.7a}$$

i ungerade, n Spalten

und der Matrix der Regelaufschaltung

$$V[\vec{b}\vec{R}^TC] = [\vec{2} \;\; \vec{4} \;\; \ldots \vec{i} \;\; \ldots 2\vec{n}], \tag{6.7b}$$

i gerade, ebenfalls n Spalten:

$$(sE - A) + V\vec{b}\vec{R}^TC = [\vec{1} + \vec{2} \;\; \vec{3} + \vec{4} \;\; \ldots \vec{i} + (\overrightarrow{i+1}) \;\; \ldots (\overrightarrow{2n-1}) + \overrightarrow{2n}] = M. \tag{6.8}$$

Je nach der Besetzung von C fallen einige der geraden Spaltenvektoren fort. Zur Berechnung der Determinante von (6.8) kann man einen Entwicklungssatz ausnutzen, der besagt:

Die Determinante D *einer* n * n-*Matrix* M, *deren Spalten* μ_i *aus additiv überlagerten Unterspalten* μ_{ij} *bestehen, ist die Summe aller Einzeldeterminanten* D_E, *die als verschiedene Kombinationen mit jeweils einer Unterspalte* μ_{ij} *aus jeder Spalte* i *gebildet werden können:* $D = \Sigma D_E$. (6.9)

Dies sei an einer 2 * 2-Matrix, bei der beide Spalten $\vec{\mu}_1$ und $\vec{\mu}_2$ aus zwei additiven Vektoren bestehen ($\vec{\mu}_i = \vec{\mu}_{i1} + \vec{\mu}_{i2}$), demonstriert:

$$\begin{aligned} \text{Det } M = D &= |\vec{\mu}_{11} + \vec{\mu}_{12} \quad \vec{\mu}_{21} + \vec{\mu}_{22}| \\ & |\vec{\mu}_{11} \quad \vec{\mu}_{21} + \vec{\mu}_{22}| + |\vec{\mu}_{12} \quad \vec{\mu}_{21} + \vec{\mu}_{22}| \\ & \underbrace{|\vec{\mu}_{11} \quad \vec{\mu}_{21}|}_{D_{E1}} + \underbrace{|\vec{\mu}_{11} \quad \vec{\mu}_{22}|}_{D_{E2}} + \underbrace{|\vec{\mu}_{12} \quad \vec{\mu}_{21}|}_{D_{E3}} + \underbrace{|\vec{\mu}_{12} \quad \vec{\mu}_{22}|}_{D_{E4}}. \end{aligned} \tag{6.9a}$$

Im vorliegenden Fall führt dies zu einem besonders einfachen Ergebnis, da die geraden Spalten linear abhängig voneinander sind und deshalb alle Determinanten D_E, die zwei oder mehr gerade Spaltenindizes nach Gl. (6.8) haben, Null sind. Als Ergebnis bleibt deshalb

$$\begin{aligned} |M| = |sE - A| &+ |\underline{\vec{2}} \quad \vec{3} \quad \vec{5} \quad \ldots \overrightarrow{2n-1}| + \\ &+ |\vec{1} \quad \underline{\vec{4}} \quad \vec{5} \quad \ldots \overrightarrow{2n-1}| + \ldots + |\vec{1} \quad \vec{3} \quad \ldots \overrightarrow{2n-3} \quad \underline{\overrightarrow{2n}}|. \end{aligned}$$

Der Vektor $V\vec{R}^T C$ (Dimension 1 * n), der in den Spalten von (6.7b) auftritt (gerader Index), habe die Komponenten γ_ℓ, für die man bei p Rückkopplungen erhält ($C_{i\ell}$ sind die Elemente der Ausgangsmatrix C in Gl. (6.1))

$$\gamma_\ell(s) = \sum_{i=1}^{p} C_{i\ell} R_i(s) V, \qquad \ell = 1, 2, \ldots, n. \tag{6.10}$$

Er läßt sich in jeder der verbleibenden n Determinanten D_E ausklammern, so daß diese Determinanten nichts anderes sind als die üblichen Zählerpolynome der Zustandsübertragungsfunktionen $Z_{x\ell}(s)$, woraus folgt

$$|M| = N_K(s) = N_s(s) + \sum_{\ell=1}^{n} \gamma_\ell(s) \cdot Z_{x\ell}(s). \tag{6.11}$$

Faßt man $\vec{g}^T \vec{y}_s$ als vorgeschriebenen Sollverlauf w (Skalar) auf, dann erhält man aus Gl. (6.6a) als Zählerdeterminante D_K des geschlossenen Kreises für die Zustandsgröße x_k analog zu Gl. (6.8)

$$D_K = |\vec{1} + \vec{2} \ldots \overrightarrow{(2k-3)} + \overrightarrow{(2k-2)} \quad V\vec{b} \quad \overrightarrow{(2k+1)} + \overrightarrow{(2k+2)} \ldots \overrightarrow{(2n-1)} + \overrightarrow{2n}|. \tag{6.12}$$

Da hier der Steuerkoeffizientenvektor $\vec{b}$ allein in einer Hauptspalte auftritt (der Faktor V kann ausgeklammert werden), ist mit dem oben Gesagten als einzige jene Determinante ungleich 0, die überall ungerade Spaltenindizes hat, außer an der Stelle k selbst; alle anderen verschwinden wegen linearer Abhängigkeiten. Diese Determinante ist gerade das Zählerpolynom $Z_{xk}(s)$, so daß daraus der allgemein gültige Satz folgt:

Bei mehrschleifigen Eingrößenregelungen werden die Nullstellen der Einzelübertragungsfunktionen nicht verändert. (6.13)

Für die Zustandsübertragungsfunktion x_k/w des geregelten Systems erhält man damit

$$G_{Kk} = \frac{x_k}{w} = VZ_{xk}(s)/N_K(s), \tag{6.14}$$

N_K nach Gln. (6.11) und (6.10).

Die der Sollgröße w entsprechende Funktion ist dann $\vec{g}^T C\vec{x}$.

6.1.1 Klassische Rückkopplungen und Kompensationsglieder

6.1.1.1 Umwandlung in sequentielle Kreisschließungen. Gl. (6.14) legt folgendes Vorgehen nahe, wobei der Einfachheit halber $y_s = x_1$, d. h. $\gamma_1 = R_1 V$ gewählt wurde.

$$G_K = \frac{VZ_{x1}}{\underbrace{N_s + \gamma_2 Z_{x_2} + \ldots + \gamma_n Z_{x_n}}_{N_a(s)} + \underbrace{\gamma_1 Z_{x_1}}_{Z_a(s)}} \cdot \frac{\gamma_1(s)}{\gamma_1(s)}. \tag{6.15}$$

Begrenzt man die Zahl der Rückführungen so, daß die 3 Zustandsgrößen x_α, x_β und x_1 davon betroffen sind, kann man für $Z_a(s)/N_a(s)$ schreiben:

$$\frac{Z_a}{N_a} = \frac{\gamma_\beta Z_{x_\beta}}{\underbrace{N_s + \gamma_\alpha Z_{x_\alpha}}_{N_m} + \underbrace{\gamma_\beta Z_{x_\beta}}_{Z_m}} \cdot \frac{\gamma_1 Z_{x_1}}{\gamma_\beta Z_{x_\beta}} = \frac{Z_m/N_m}{1 + Z_m/N_m} \cdot \frac{\gamma_1 Z_{x_1}}{\gamma_\beta Z_{x_\beta}} \tag{6.15a}$$

$$\frac{Z_m}{N_m} = \frac{\gamma_\alpha Z_{x_\alpha}}{N_s + \underbrace{\gamma_\alpha Z_{x_\alpha}}_{Z_i}} \cdot \frac{\gamma_\beta Z_{x_\beta}}{\gamma_\alpha Z_{x_\alpha}} = \frac{Z_i/N_s}{1 + Z_i/N_s} \cdot \frac{\gamma_\beta Z_{x_\beta}}{\gamma_\alpha Z_{x_\alpha}}. \tag{6.15b}$$

Das Verfahren ist auf beliebig große Zahlen von Rückführungen ausdehnbar, doch verliert es rasch die Überschaubarkeit. Wir wollen uns ab hier auf 2 Zustandsrückführungen beschränken. Man beachte, daß auch bei 1 Ausgangsrückführung, wenn in C zwei Koeffizienten ungleich null sind, dieser Fall vorliegt. Stimmt z. B. die Einbaurichtung eines Wendekreisels zur Erfassung von Drehgeschwindigkeiten nicht mit einer Koordinatenrichtung, die zum Aufstellen der Differentialgleichungen gewählt wurde, überein, dann erfaßt der Kreisel mehrere Drehgeschwindigkeitskomponenten und liefert eine Mehrgrößenrückführung. Dies wird gelegentlich mit Vorteil ausgenutzt und ist bei Redundanzkonzepten häufig ein kostengünstiger Weg.

Bild 6.1 zeigt die Umwandlung von zwei parallelen Kreisschließungen nach dem oben abgeleiteten Verfahren in zwei sequentielle Kreisschließungen, die von innen nach außen

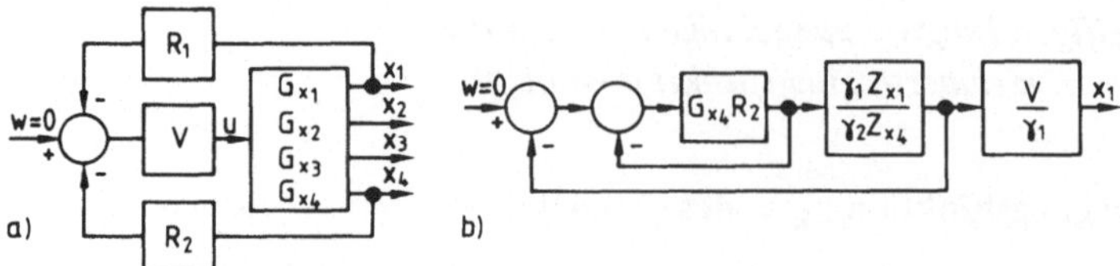

Bild 6.1 Rückkopplung von x_1 und x_4 auf die Steuergröße; Sollwert $x_{1s} + x_{4s} = 0$
a) Ausgangsblockschaltbild, b) sequentielles Ersatzblockschaltbild

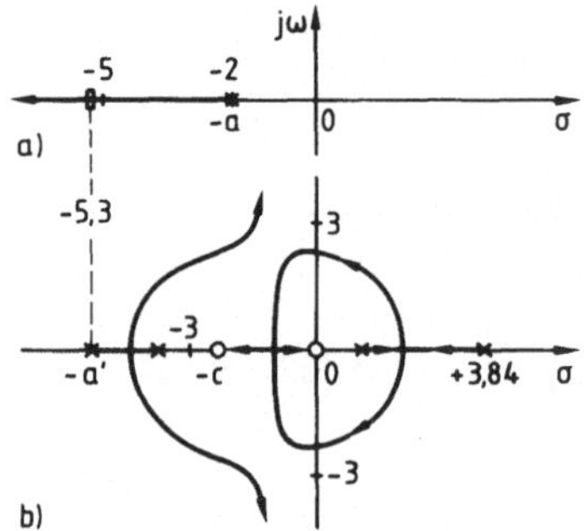

Bild 6.2
SWS mit Wagengeschwindigkeit als Hilfsgröße a) und φ als Regelgröße b)

nacheinander ausgeführt werden. Dies sei am Beispiel des Stab/Wagen-Systems demonstriert. Die Zählerpolynome Z(s) sind in ungekürzter Form, d. h. Grad N(s) = Ordnung des Systems.

6.1.1.2 Beispiel Stab/Wagen-System (SWS). In Abschn. 4.1 hatten wir festgestellt, daß das SWS mit der unveränderten Eigendynamik des Elektromotors (a = 2) nicht befriedigend zu stabilisieren war. Die dort angesprochene innere Geschwindigkeitsrückkopplung sei hier zunächst zusammen mit der φ-Regelung als Mehrgrößenregelung behandelt, bevor wir dann auch die Position des Wagens regeln wollen. Es sei wieder $x_1 = \varphi$, $x_2 = \omega = \dot{\varphi}$, $x_3 = x_W$ und $x_4 = \dot{x}_W$, dann gilt Bild 6.1 mit $\gamma_2 = Vk_v$ und $\gamma_1 = V(s/c + 1)/(1 - s/d)$ unmittelbar für diese Aufgabenstellung. Die Reglernullstelle c wurde in Bild 4.28 um $-c = -2{,}4$ variiert, während der Reglerpol $-d$ bei 1 lag (instabiler Ausgangswert). Bild 6.2 zeigt die beiden Kreisschließungsoperationen entsprechend Gl. (6.15). Das obere Teilbild a) entspricht Bild 4.5 und das untere b) Bild 4.28c. Da hier aber die Reglerübertragungsfunktion R_1 im Rückführzweig liegt, müssen aus der Übertragungsfunktion des geschlossenen Kreises die Nullstellen von R_1 entfernt und am Ort der Pole von R_1 Nullstellen eingefügt werden (Division durch γ_1, Bild 6.1b).

Nun soll die Wagenposition $x_3 = x_W$ neben dem Stabwinkel φ auf 0 geregelt werden. Bild 6.3 zeigt das Blockschaltbild a) in der Ausgangsform und b) umgeformt entsprechend dem Zusammenhang

$$x_4 = \dot{x}_3 \to x_4(s) = s x_3(s), \quad \text{d. h.} \quad Z_{x_4} = s Z_{x_3}. \tag{6.16}$$

Da nun speziell x_3 interessiert, wählen wir diesen Rückkopplungskreis als äußeren und erhalten aus Gl. (6.15)

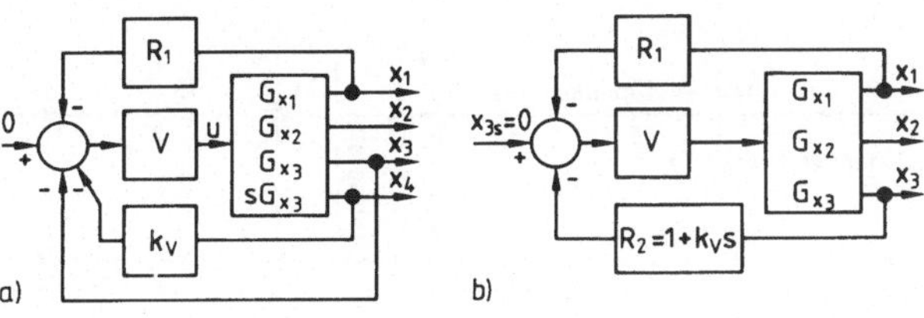

Bild 6.3 SWS mit 3 Rückführgrößen
a) Ausgangsschaltbild
b) Zusammenfassung von x_W- und V-Signal als x_W mit Vorhalt → $R_2(s)$

$$\frac{x_{W_K}}{x_{W_s}} = G_{K_{x3}} = \frac{VZ_{x_3}}{N_s + \gamma_1 Z_{x_1} + \gamma_3 Z_{x_3} + \gamma_4 Z_{x_4}}.$$

Mit $\gamma_1 = R_1 V$, $\gamma_3 = V$, $\gamma_4 = k_v V$ sowie Gl. (6.16) ergibt sich

$$\gamma_3 Z_{x_3} + \gamma_4 Z_{x_4} = V(1 + k_v s) Z_{x_3} \tag{6.17}$$

oder $\gamma_3' = VR_2 = V(1 + k_v s)$

und daraus

$$G_{K_{x3}} = \frac{VZ_{x_3} \cdot R_2}{\underbrace{N_s + VR_1 Z_{x_1}}_{N_a} + \underbrace{VR_2 Z_{x_3}}_{Z_a}} \cdot \frac{1}{R_2}; \quad \frac{Z_a}{N_a} = \frac{VR_1 Z_{x_1}}{N_s + VR_1 Z_{x_1}} \cdot \frac{R_2 Z_{x_3}}{R_1 Z_{x_1}}. \tag{6.18}$$

Aus Abschn. 2.2.3.3 erhält man als vollständige Ausdrücke für N_s und Z_{x_i}

$$N_s = s(s + a)(s^2 - g/\ell_r); \quad a = 2[s^{-1}], \quad k_s = 0{,}15 \left[\frac{m}{s}/V\right]$$

$$Z_{x_1} = Z_\varphi = -\frac{ak_s}{\ell_r} s^2 = -\kappa s^2/\ell_r; \quad Z_{x_2} = sZ_{x_1} \tag{6.19}$$

$$Z_{x_3} = ak_s(s^2 - g/\ell_r); \quad \ell_r = 2\ell/3; \quad g = 9{,}81[m/s^2]; \quad \ell = 1[m].$$

Dies liefert für Gl. (6.18) das sequentielle Ersatzblockschaltbild 6.4. Hierin wurden absichtlich keine Zähler-Nenner-Kürzungen vorgenommen, um alle Singularitäten stets vor Augen zu haben. Bild 6.5 zeigt die zugehörigen beiden Wurzelorte für $R_1 = 1$ (Proportionalrückführung), um einige grundsätzliche Auslegungsfragen zu klären. Der innere Kreis kann wegen der Nullstelle im Ursprung das System nicht stabilisieren, wenn nicht wie oben R_1 speziell (mit Integralrückführung für u und φ) gewählt wird.

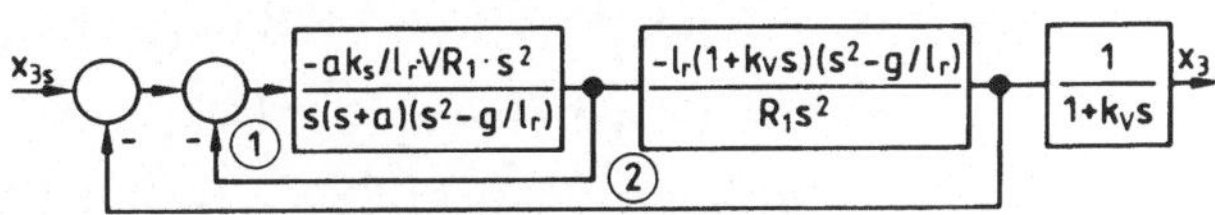

Bild 6.4 Ersatzblockschaltbild zu Bild 6.3 zur sequentiellen Kreisschließung

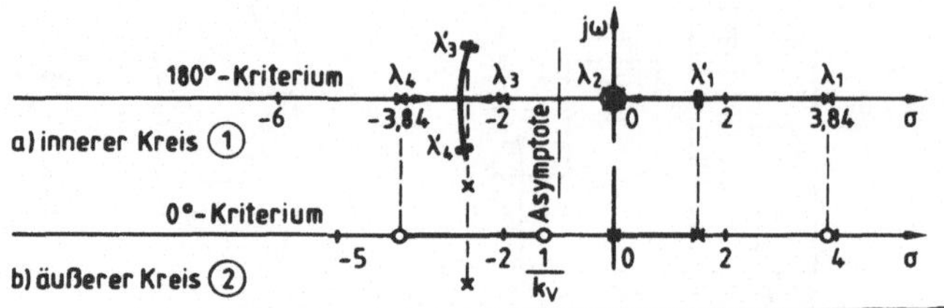

Bild 6.5 Grundsätzliche Überlegungen zu den beiden Kreisschließungen Bild 6.4

Würde man dies jedoch hier tun, dann blieben alle Pole nahe der imaginären Achse, da keine separate innere x_4-Rückkopplung den Wagen-Eigenwert weiter in die linke Halbebene schiebt. Im äußeren Kreis (Teilbild 6.5b) liegt durch den Zähler Z_{x_3} eine Nullstelle in der rechten Halbebene am Ausgangsort λ_1 des Stabpols, was zusammen mit dem instabilen Pol λ_1' zu einer kritischen Situation führt. Nur bei Kreisschließung mit dem 0°-Kriterium (positive Rückkopplung oder negative Verstärkung) in Verbindung mit einer Nullstelle nahe am Ursprung in der linken Halbebene besteht Aussicht auf einen stabilen Arbeitsbereich für den geschlossenen Kreis. Die Reglernullstelle $\delta = 1/k_v$ kann durch hohe Verstärkung relativ zur x_W-Rückführungsverstärkung (hier 1 gesetzt) wie gewünscht positioniert werden. Die Wurzelortskurvenäste werden jedoch nur dann genügend weit in die linke Halbebene gezogen werden können, wenn die beiden Pole λ_3' und λ_4' weit links liegen. Dies ist im inneren Kreis durch einen Vorhalt erreichbar, wenn φ (näherungsweise) differenziert und mit aufgeschaltet wird.

Um die günstigsten Verhältnisse kennenzulernen, gehen wir zunächst davon aus, daß $\dot{\varphi} = \omega$ gebildet werden kann. Dann stehen alle Zustandsvariablen zur Verfügung und man kann mit einer vollständigen Zustandsvektorrückkopplung die Pole des geschlossenen Kreises beliebig vorgeben. Mit Gln. (6.18), (6.19) folgt für das Nennerpolynom des geschlossenen Kreises

$$\begin{aligned} N_K &= N_s + VR_1 Z_{x_1} + VR_2 Z_{x_3} \quad \text{und mit} \quad R_1 = \kappa_1(s + 1/\rho) \\ &= s(s+a)(s^2 - g/\ell_r) - V\kappa_1\kappa/\ell_r(s^3 + 1/\rho s^2) + Vk_v(s+\delta)(s^2 - g/\ell_r)\kappa \\ &= s^4 + (a - V\kappa_1\kappa/\ell_r + Vk_v\kappa)s^3 + (V\kappa - V\kappa_1\kappa/(\rho\ell_r) - g/\ell_r)s^2 - \\ &\quad - g/\ell_r(a + Vk_v\kappa)s - \kappa V g/\ell_r. \end{aligned} \tag{6.20}$$

Der geschlossene Regelkreis soll zwei konjugiert komplexe Polpaare

$$\lambda_{1,2} = -\sigma_1 \pm j\omega_1 = -2{,}5 \pm j3 \tag{6.21}$$

und $\lambda_{3,4} = -\sigma_2 \pm j\omega_2 = -3 \pm j1{,}5$

haben. Daraus folgt für das Soll-Nennerpolynom $N_{Ks}(s)$ mit $\sigma = \zeta\omega_n$ und $\omega_{n_i} = \sqrt{\sigma_i^2 + \omega_i^2}$

$$\begin{aligned} N_{Ks} &= (s^2 + 2\zeta_1\omega_{n_1}s + \omega_{n_1}^2)(s^2 + 2\zeta_2\omega_{n_2}s + \omega_{n_2}^2) \\ &= s^4 + [2\zeta_1\omega_{n_1} + 2\zeta_2\omega_{n_2}]s^3 + [\omega_{n_1}^2 + \omega_{n_2}^2 + (2\zeta_1\omega_{n_1})(2\zeta_2\omega_{n_2})]s^2 \\ &\quad + [(2\zeta_1\omega_{n_1})\omega_{n_2}^2 + (2\zeta_2\omega_{n_2})\omega_{n_1}^2]s + \omega_{n_1}^2\omega_{n_2}^2 \\ &= s^4 + 11s^3 + 56{,}6s^2 + 147{,}75s + 171{,}56. \end{aligned} \tag{6.22}$$

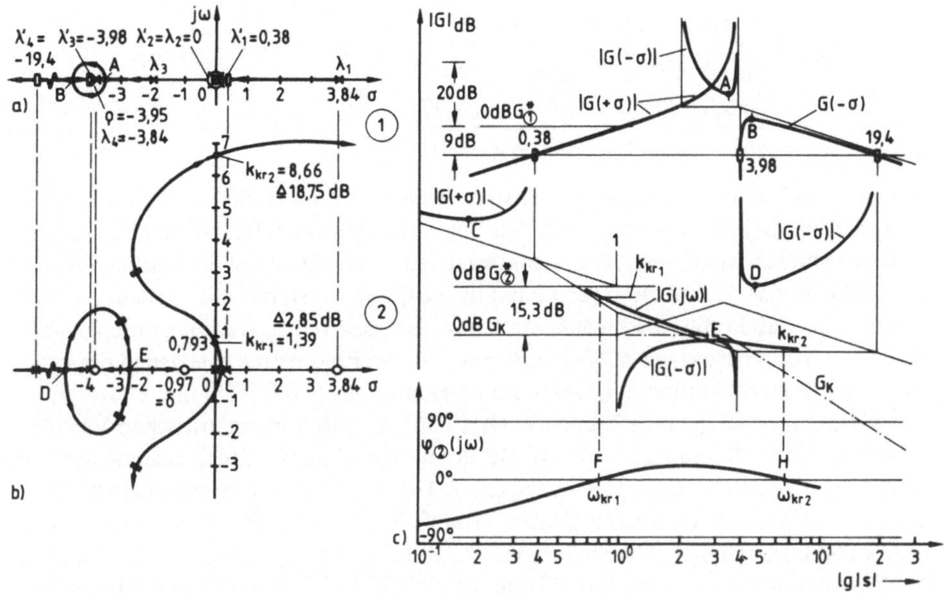

Bild 6.6 Systemübersicht zum Zustandsregler für das SWS; Polfestlegung bei $\lambda_{K1,2} = -2{,}5 \pm 3j$; $\lambda_{K3,4} = -3 \pm 1{,}5j$
links: Wurzelortskurven, rechts: verallgemeinerte Bode-Diagramme
① oben: innerer φ-Kreis } mit Vorhalt $\dot{\varphi}$
② unten: äußerer x_W-Kreis } mit Vorhalt $\dot{x}_W$

Ein Koeffizientenvergleich zwischen (6.20) und (6.22) liefert die Werte

$$V = -38{,}86; \quad k_v = 1{,}03 \quad \text{oder} \quad \delta = 0{,}97$$

$$\kappa_1 = 1{,}2; \quad 1/\rho = 3{,}95 \tag{6.23}$$

oder $\quad R_1 = 1{,}2(s + 3{,}95), \quad R_2 = 1{,}03(s + 0{,}97).$

Bild 6.6 zeigt die zugehörigen beiden Kreisschließungen, wobei im inneren φ-Kreis die Pole $\lambda_1' \approx 0{,}38$, $\lambda_2' = 0$, $\lambda_3' \approx -3{,}98$ und $\lambda_4' = -19{,}4$ entstehen (oberes Teilbild ①). Die äußere Kreisschließung ② führt zu den beiden konjugiert komplexen Polpaaren.

Aus dem G(σ)-Diagramm (rechts oben) können die beiden Verzweigungspunkte A und B auf der reellen Achse und die Eigenwerte nach der φ-Kreisschließung unmittelbar abgelesen werden. Die entsprechenden Diagramme unten lassen die Verzweigungspunkte C, D und E sowie die zugehörigen Verstärkungen erkennen; dabei wurden die 0-dB-Markierungen nur für den dynamischen Teil der Übertragungsfunktionen G* (in Bode-Normalform) angegeben. Nach der inneren Kreisschließung hat man das Nennerpolynom $N'(s) = s^4 + 23s^3 + 68{,}27s^2 - 29{,}4s$, woraus man mit der oben angegebenen Faktorisierung als Übertragungsfunktion für die äußere Kreisschließung erhält (5,836 ≙ 15,3 dB)

$$G_{②} = \frac{-12(s^2-14{,}7)(s+0{,}97)}{s(s-0{,}38)(s+3{,}98)(s+19{,}4)} = \frac{-5{,}836(1-s^2/14{,}7)(1+s/0{,}97)}{s(1-s/0{,}38)(1+s/3{,}98)(1+s/19{,}4)}. \qquad (6.24)$$

Im verallgemeinerten Bode-Diagramm hierzu (Bild 6.6 unten rechts) wurde auch der Frequenzgang $G(j\omega)$ eingetragen, um den Verstärkungsbereich für ein stabiles Gesamtverhalten ablesen zu können. Wegen des negativen Vorzeichens der Verstärkung in Gl. (6.24) gilt das 0°-Kriterium (dies kann bei positiver Verstärkung auch dadurch realisiert werden, daß in Bild 6.4 im äußeren Kreis eine positive Rückführung durchgeführt wird). Aus dem Phasengang $\varphi_{②}(j\omega)$ erkennt man die Frequenzen, bei denen die imaginäre Achse überschritten wird (Punkte F und H mit $\omega_{kr1} \approx 0{,}8\ [s^{-1}]$ und $\omega_{kr_2} = 6{,}7\ [s^{-1}]$). Die Kurve $|G(j\omega)|$ liefert gemäß Gl. (3.36) die zugehörigen kritischen Verstärkungen $k_{kr_1} \approx 3$ dB und $k_{kr_2} \approx 19$ dB. Mit der nachgeschalteten Herausnahme der Nullstelle von $R_2 : \delta = 1/k_v$ (Bild 6.4 rechts, Gl. (6.18)) erhält man als Frequenzgang des geregelten Systems einen nahezu idealen Verlauf: Er ist ≈ 1 bis etwa 0,5 Hz (3,14 rad/s); das vom Stab herrührende Nullstellenpaar (±3,84) liegt betragsmäßig zwischen den beiden Eigenfrequenzen $\omega_{n_1} = 3{,}9\ [s^{-1}]$ und $\omega_{n_2} = 3{,}35\ [s^{-1}]$, so daß die hochfrequente Asymptote des geschlossenen Kreises −40 dB/Dekade beträgt. Der Verlauf $G_K(j\omega)$ ist strichpunktiert eingetragen.

Aus baulichen Gründen ist $\dot{\varphi} = \omega$ nicht meßbar; eine Differentiation des φ-Signals verbietet sich wegen der hohen Verstärkung des Meßrauschens. Deshalb sei hier als nächstes ein Vorhaltglied mit dem Vorhaltfaktor 6,5 gewählt,

$$R_1 = \kappa_1(s+3{,}84)/(s+25), \qquad (6.25)$$

dessen Nullstelle den Stabpol λ_4 bei −3,84 festhält, bevor im nächsten Abschnitt Beobachterregler betrachtet werden. Die Nullstelle im äußeren Kreis sei mit $\delta = 1$ ähnlich wie bei obigem Zustandsregler hier willkürlich fixiert.

Für den inneren Kreis erhält man die Übertragungsfunktion $G_{①}$ nach Bild 6.4 mit den Daten aus Gl. (6.19) zu

$$G_{①} = \frac{-0{,}45s}{(s+2)(s^2-14{,}7)} \cdot \frac{V\kappa_1(s+3{,}84)}{(s+25)} = \frac{0{,}0153 \cdot s}{(1+s/2)(1-s^2/14{,}7)} \cdot \frac{Vk_1(1+s/3{,}84)}{(1+s/25)}. \qquad (6.26)$$

Bild 6.7a zeigt den zugehörigen Wurzelort auf der reellen Achse, der einen instabilen Ast bei $0 < \sigma < 3{,}84$ hat und aus dessen stabilem Ast zwischen $-25 < \sigma < -2$ für größere Verstärkung ein konjugiert komplexes Polpaar entsteht, das sich der vertikalen Asymptote bei $-23{,}16/2 = -11{,}58$ annähert. Der Verzweigungspunkt A ergibt sich aus dem $|G(-\sigma)|$-Diagramm Bild 6.7c bei $\sigma_v \approx -13$. Wählt man die Kreisschließungsverstärkung Vk_1 zu klein (etwa die mit ⓪ gekennzeichnete Linie $1/k_{ges}$), dann wird λ_1 nur nach 1,4 verschoben und der Wurzelort im äußeren Kreis bleibt immer mit einem Ast im instabilen Bereich. Erst für eine Verstärkung entsprechend Linie ① mit $\lambda_1' = 0{,}7$ ergibt

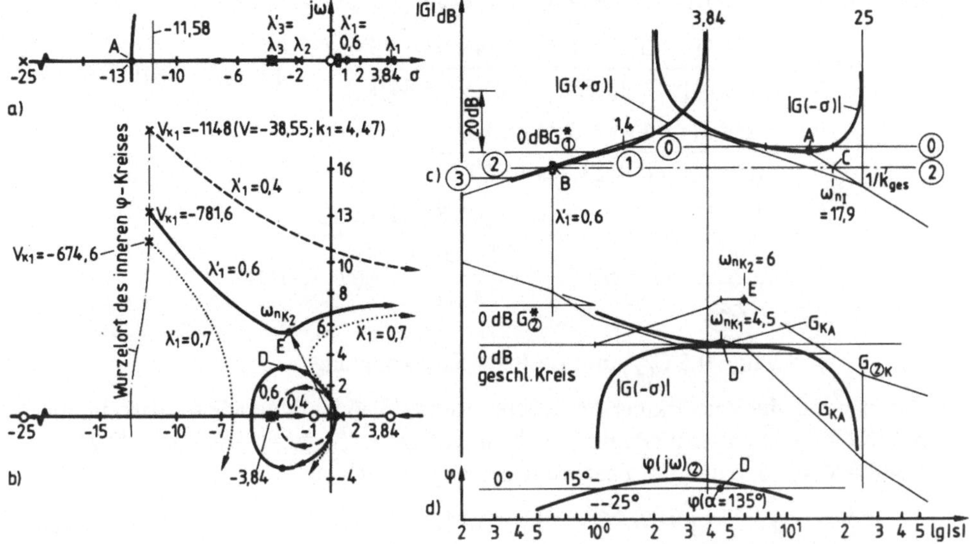

Bild 6.7 Mehrgrößenregelung des SWS mit einem Vorhaltglied in φ: $R_1 \approx 27(s + 3{,}84)/(s + 25)$; $V = -29$; $\delta = 1$

sich ein genügend stabiler Bereich im Wurzelort des äußeren Kreises (punktierte Linie in Bild 6.7b rechts). Bei dieser Verstärkung $V_{K1} = -675$ liegt das konjugiert komplexe Polpaar bereits bei $\lambda_{2,4}' = -11{,}9 \pm j11{,}5$. Erhöht man die Verstärkung des inneren φ-Kreises, um den instabilen Pol näher an den Ursprung zu bringen (z. B. auf $V_{K1} = -1148$, Linie ③ in 6.7c, mit $\lambda_1' = 0{,}4$) und damit das aus ihm und dem Integrationsglied des Wagens entstehende Polpaar besser stabilisieren zu können, dann wird die Frequenz des anderen Polpaares groß. Dies kann zur Anregung der elastischen Freiheitsgrade des Stabes führen (zumindest bei längeren Stäben) und ist deshalb nicht erwünscht. Die gestrichelte Kurve in Bild 6.7b zeigt den zugehörigen Wurzelort, der für den Wagen zu niedrige Eigenwerte zeigt. Ein annehmbarer Kompromiß zwischen diesen beiden Gesichtspunkten liefert die Verstärkung $V_{K1} \approx -782$ (Linie ②), bei der λ_1' auf 0,6 und ω_{nI} auf etwa 17,9 [s^{-1}] zu liegen kommen (Bild 6.7c). Den hierzu gehörenden Wurzelort zeigen die ausgezogenen Linien in Bild 6.7b und die entsprechenden verallgemeinerten Bode-Diagramme Bild 6.7d. Ein Schnitt unter $\alpha = 135°$ ($\xi = -1/\sqrt{2}$) liefert den Wurzelortskurvenpunkt D bei $\omega_n = 4{,}53$ mit einem Wert des dynamischen Teils der Übertragungsfunktion $G^*_{②} = 0{,}23 \mathrel{\hat{=}} -12{,}78$ dB. Gemäß der inneren Kreisschließung erhält man

$$G_{K①} = \frac{351{,}7s}{(s-0{,}6)((s+11{,}88)^2+13{,}37^2)}$$

$$= \frac{-1{,}83s}{(1-s/0{,}6)\left(1+\dfrac{23{,}76}{320}s+s^2/320\right)}$$

und mit Bild 6.4 (Gl. 6.15) sowie obigen Festlegungen für R_1 und δ

$$G_{②} = \frac{351{,}7(-2/3)(s+1)(s^2-14{,}7)(s+25)}{(s-0{,}6)(s^2+23{,}76s+320)(s+3{,}84)\kappa_1 s}; \qquad [351{,}7 = V\kappa_1(-0{,}45)]$$

$$= \frac{-234{,}5(s+1)(s-3{,}84)(s+25)}{\kappa_1(s-0{,}6)(s^2+23{,}76s+320)s}$$

$$= \underbrace{\frac{-117{,}25}{\kappa_1}}_{k_{②}} \cdot \frac{(1+s)(1-s/3{,}84)(1+s/25)}{(1-s/0{,}6)\left(1+\frac{2\cdot 0{,}664}{17{,}9}s+(s/17{,}9)^2\right)s}$$

$$= \overbrace{Vak_s} \cdot 0{,}5\, G^*_{②} \quad \text{mit positiver Rückkopplung.}$$

Wählt man nun die Verstärkung der äußeren Kreisschließung V gerade so, daß ein Polpaar mit $\zeta = 1/\sqrt{2}$ entsteht (Punkt D'), dann muß gelten $|k_{②}| = 1/|G^*_{②}| = 1/0{,}23 = 4{,}348 = Vak_s \cdot 0{,}5$, und mit Beachtung der Vorzeichen folgt

$$V = -29; \quad \kappa_1 = 26{,}96; \quad k_1 = 4{,}14. \tag{6.27}$$

(Bei obigem Zustandsregler war $V_z = -38{,}86$ und $k_{1_z} = 1{,}2 \cdot 3{,}95 = 4{,}74$)

Baut man nun die Asymptoten des geschlossenen Kreises $G_{②K}$ von links (Kreisschließungsverstärkung = neue 0-dB-Linie) und von rechts (hochfrequente Asymptoten sind gleich) auf, dann erhält man im Punkt E bei $\omega_{n_{K2}} \approx 6$ das zweite konjugiert komplexe Polpaar, für das man aus dem Wurzelort einen Dämpfungsgrad von $\zeta \approx 0{,}45$ ermittelt. Um die Übertragungsfunktion des geschlossenen Kreises G_K zu erhalten, muß gemäß Bild 6.4 die Nullstelle bei $\delta = 1/k_v = 1$ entfernt werden, wodurch sich der Asymptoten-Polygonzug G_{K_A} in Bild 6.7d ergibt, der bis 3,84 flach ist (≈ 1) und im Bereich $3{,}84 \lesssim \omega_n \lesssim 5{,}5$ eine leichte Überhöhung hat; für $6 \leqslant \omega \leqslant 25$ fällt er mit -60 dB/Dekade ab, so daß hohe Frequenzen gut unterdrückt werden. Der Frequenzgang dieser Regelkreisschließung hat also einen durchaus zufriedenstellenden Verlauf.

Allerdings zeigt die $G(-\sigma)$-Kurve in Bild 6.7d und auch der Wurzelort 6.7b, daß die Empfindlichkeit gegen Verstärkungsschwankungen relativ groß sein wird. Eine Erhöhung von V um etwa 20% bringt das System an die Stabilitätsgrenze. Eine etwas kleinere Wahl von $V(|G^*_{②}| \approx 0{,}25 \mathrel{\hat{=}} -12$ dB) wäre vorteilhafter ($\to V = 26{,}5$), aber bezüglich der Verstärkungsempfindlichkeit immer noch nicht sehr befriedigend. Zweckmäßigerweise sollte der Vorhaltfaktor a_D vergrößert werden, was aber hochfrequentes Rauschen weiter verstärkt. Aus diesem Grund werden im folgenden Abschnitt Beobachterregler untersucht.

6.1.2 Beobachterregler

Hier sei zunächst das obige Beispiel weiterbehandelt, bevor im nächsten Abschnitt die allgemeine Theorie dargelegt wird. Vor dem Hintergrund dieses Beispiels wird sie leichter verständlich sein.

6.1.2.1 Beispiel Stab/Wagen-System. Bei Mehrgrößensystemen gibt es meist mehrere Möglichkeiten, Zustandsregler mit reduziertem Beobachter zu verwirklichen, da jede

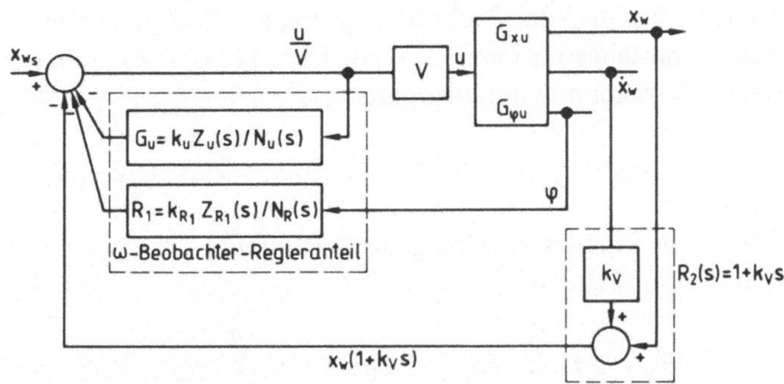

Bild 6.8 Zustandsregelung des SWS mit ω-Beobachtung

Meßgröße in der Regel mehrere andere Zustandsgrößen über die Modellkenntnis zu beobachten gestattet. Hier seien drei Varianten diskutiert.

6.1.2.1.1 Beobachtung der Stabdrehgeschwindigkeit. Bild 6.8 zeigt das Blockschaltbild: die Größen φ, x_w und $\dot{x}_w$ werden gemessen; aus den Meßsignalen x_w und $\dot{x}_w$ wird das Vorhaltsignal $x_w(1 + k_v s) = x_w R_2(s)$ gebildet, das als äußerer Rückführkreis angegeben ist. Für den inneren φ-Kreis wurde eine Beobachterrückkopplung entsprechend Abschn. 4.2 gewählt. Man liest daraus die Beziehungen

$$(x_{w_s} - x_w R_2 - \varphi R_1 - G_u u/V)V = u \tag{6.28}$$

$$x_w = G_{xu} u \quad \text{(a)}; \qquad \varphi = G_{\varphi u} u \quad \text{(b)} \tag{6.29}$$

ab. Einführung von φ in (6.28), Auflösung nach u und Einsetzen in Gl. (6.29a) liefert für den geschlossenen Regelkreis die Beziehung

$$G_{K_x} = \frac{x_w}{x_{w_s}} = \frac{VG_{xu}}{1 + G_u + VR_1 G_{\varphi u} + VR_2 G_{xu}} = k_K \frac{Z_{K_x}(s)}{N_K(s)}. \tag{6.30}$$

Setzt man hierin die ungekürzten Übertragungsfunktionen nach Gl. (6.19) in Bode-Normalform ein, so erhält man mit

$$G_u = k_u Z_u(s)/N_u(s); \qquad R_1 = k_{R_1} Z_{R_1}(s)/N_R(s)$$

$$G_{xu} = k_{s_3} Z_{x_3}/N_s = 0{,}15(1 - s^2/\gamma)/[s(1 + s/a)(1 - s^2/\gamma)]; \qquad \gamma = 14{,}7, a = 2$$

$$G_{\varphi u} = k_{s_1} Z_{x_1}/N_s = 0{,}0153\, s^2/N_s; \qquad R_2 = 1 + k_v s = Z_{R_2} \tag{6.31}$$

die Form

$$k_K \frac{Z_{K_x}(s)}{N_K(s)} = \frac{Vk_{s_3} Z_{x_3}}{N_s + k_u Z_u N_s/N_u + Vk_{R_1} Z_{R_1} k_{s_1} Z_{x_1}/N_R + VZ_{R_2} k_{s_3} Z_{x_3}} \tag{6.30a}$$

und mit $N_R = N_u$

$$= \frac{Vk_{s_3} Z_{x_3} N_R}{N_s N_R + k_u Z_u N_s + Vk_{R_1} k_{s_1} Z_{R_1} Z_{x_1} + Vk_{s_3} Z_{R_2} Z_{x_3} N_R}.$$

Sollen sich gemäß der Beobachterbedingung die Eigenwerte von N_R im geschlossenen Kreis herausheben, so muß mit Satz (6.13) ($Z_{K_x} = Z_{x_3}$) für die Nennerterme gelten (N_{K_s} = Streckenpolynom des geschlossenen Kreises)

$$[N_{K_s} V k_{s_3}/k_K - N_s] N_R = k_u Z_u N_s + V k_{R_1} k_{s_1} Z_{R_1} Z_{x_1} + V k_{s_3} Z_{R_2} Z_{x_3} N_R . \quad (6.32)$$

Dies ist die Synthesegleichung zur Bestimmung der Unbekannten V, k_u, k_{R_1} sowie der Polynomkoeffizienten β_i und ρ_i mit

$$Z_u = 1 + \sum_{i=1}^{\nu_u} \beta_i s^i, \qquad Z_{R_1} = 1 + \sum_{i=1}^{\nu_R} \rho_i s^i, \quad (6.33)$$

und k_v in $R_2(s)$.

Die Beobachterpole (Nullstellen von $N_R(s)$) sollen wieder beliebig vorgegeben werden können und sind mithin wie die gewünschten Streckenpollagen bekannt. Für N_{K_s} sei das Polynom Gl. (6.22) gewählt. Wenn N_R vom Grad ν_R ist, hat die linke Seite von Gl. (6.32) $n + \nu_R + 1$ Koeffizienten; damit die Meßgröße φ auch proportional in u eingehen kann, muß Z_{R_1} ebenfalls den Grad ν_R haben, d. h. $R_1(s)$ muß sprungfähig sein. Z_u habe den Grad ν_u, dann ist die Zahl der unbekannten Koeffizienten rechts in (6.32) (V mitgezählt) $(1 + \nu_u) + (2 + \nu_R) + 1$, so daß sich als notwendige Bedingung für die Lösbarkeit von Gl. (6.32) ergibt

$$n + \nu_R + 1 = \nu_u + \nu_R + 4, \quad \text{d. h.} \quad \nu_u = n - 3 = 1, \quad (6.34)$$

was mit der Beobachtertheorie übereinstimmt. Mit $\nu_u = 1$ muß aus Realisierbarkeitsgründen $\nu_R \geqslant 1$ sein. Für (6.33) folgt daher, wobei für Z_u gleich der Washout-Ansatz gemacht und $\nu_R = 1$ gewählt wird,

$$Z_u = \beta s; \qquad Z_{R_1} = 1 + \rho s; \qquad N_R = 1 + \alpha s. \quad (6.33a)$$

Mit den Abkürzungen

$$v_0 = V k_{s_3}/k_K, \qquad v_1 = V k_{R_1} k_{s_1} \quad \text{und} \quad v_2 = V k_{s_3}$$
$$N_{K_s} = 1 + a_1 s + a_2 s^2 + a_3 s^3 + a_4 s^4; \qquad N_s = s + b_2 s^2 + b_3 s^3 + b_4 s^4 \quad (6.35)$$

folgt für (6.32)

l i n k s :

$$\begin{aligned}&[v_0 + (v_0 a_1 - 1)s + (v_0 a_2 - b_2)s^2 + (v_0 a_3 - b_3)s^3 + (v_0 a_4 - b_4)s^4](s\alpha + 1)\\ &\quad = \alpha(v_0 a_4 - b_4)s^5 + [\alpha(v_0 a_3 - b_3) + (v_0 a_4 - b_4)]s^4\\ &\quad\quad + [\alpha(v_0 a_2 - b_2) + v_0 a_3 - b_3]s^3 + [\alpha(v_0 a_1 - 1) + v_0 a_2 - b_2]s^2\\ &\quad\quad + [v_0 \alpha + v_0 a_1 - 1]s + v_0 = \sum_{i=0}^{5} c_i s^i,\end{aligned} \quad (6.36)$$

r e c h t s :

$$k_u Z_u N_s = k_u \beta s(s + b_2 s^2 + b_3 s^3 + b_4 s^4) = k_u [b_4 \beta s^5 + b_3 \beta s^4 + b_2 \beta s^3 + \beta s^2]$$

$$v_1 Z_{R_1} Z_{x_1} = v_1(1 + \rho s) s^2 = v_1 \rho s^3 + v_1 s^2$$

$$\begin{aligned} v_2 Z_{R_2} Z_{x_3} N_R &= v_2[(1 + k_v s)(1 - s^2/\gamma)(1 + \alpha s)] \\ &= -v_2 k_v \alpha/\gamma s^4 - v_2(k_v + \alpha)/\gamma s^3 + v_2(k_v \alpha - 1/\gamma) s^2 \\ &\quad + v_2(k_v + \alpha) s + v_2 . \end{aligned}$$

$$k_u Z_u N_s + v_1 Z_{R_1} Z_{x_1} + v_2 Z_{R_2} Z_{x_3} N_R = \sum_{i=0}^{5} d_i s^i$$

mit $d_0 = v_2; \quad d_1 = v_2(k_v + \alpha)$

$$d_2 = k_u \beta + v_1 + v_2(k_v \alpha - 1/\gamma); \qquad d_3 = k_u b_2 \beta + v_1 \rho - v_2(k_v + \alpha)/\gamma \tag{6.37}$$

$$d_4 = k_u b_3 \beta - v_2 k_v \alpha/\gamma; \qquad d_5 = k_u b_4 \beta.$$

Über eine Gleichsetzung der Koeffizienten $c_i = d_i$ erhält man

$$s^0: \quad k_K = 1 \text{ unabhängig von V wegen } v_0 = v_2/k_K, \quad \text{d. h. } v_0 = v_2 \tag{6.38}$$

$$s^1: \quad v_2(k_v + \alpha) = v_0(\alpha + a_1) - 1 \quad \rightarrow k_v = a_1 - 1/v_2 \tag{6.39}$$

$$s^2: \quad k_u \beta + v_1 + v_2(k_v \alpha - 1/\gamma) = v_0(\alpha a_1 + a_2) - \alpha - b_2;$$

mit $v_1 = k_{R_1} V k_{s_1}$ folgt

$$k_{R_1} = \frac{1}{V k_{s_1}} [v_0(\alpha(a_1 - k_v) + a_2 + 1/\gamma) - \alpha - b_2 - k_u \beta] \tag{6.40}$$

$$s^3: \quad k_u \beta b_2 + v_1 \rho - v_2(k_v + \alpha)/\gamma = v_0(\alpha a_2 + a_3) - \alpha b_2 - b_3$$

$$v_1 \rho = v_0[\alpha(a_2 + 1/\gamma) + a_3 + k_v/\gamma] - b_2(\alpha + k_u \beta) - b_3 \tag{6.41}$$

$$s^4: \quad k_u \beta b_3 - v_2 k_v \alpha/\gamma = v_0(\alpha a_3 + a_4) - \alpha b_3 - b_4 \tag{6.42}$$

$$s^5: \quad k_u \beta = v_0 \alpha a_4/b_4 - \alpha. \tag{6.43}$$

Aus (6.42) mit (6.39) und (6.43) folgt

$$v_0 = V k_{s_3} = [\alpha/\gamma + b_4]/[\alpha(a_1/\gamma + a_3 - a_4 b_3/b_4) + a_4]. \tag{6.44}$$

Mit dem Beobachterpol $-1/\alpha = -12{,}73$ und den Zahlenwerten des Beispiels ergibt sich $V = -13{,}1$; $v_0 = -1{,}97$; $k_u \beta = -0{,}052 \mathrel{\hat{=}} -25{,}67$ dB; $k_v = 1{,}369$ (d. h. R_2-Nullstelle δ bei 0,73) $k_{R_1} = 6{,}13$; $v_1 = -1{,}23$; $1/\rho = 3{,}89$ und somit

$$G_u = \frac{-0{,}052 s}{1 + s/12{,}73}; \qquad R_1 = 6{,}198 \frac{1 + s/3{,}89}{1 + s/12{,}73};$$
$$R_2 = 1 + s/0{,}73. \tag{6.45}$$

Nach dem Schema der Umformungen in sequentielle Kreisschließungen erhält man aus Gl. (6.30)

$$G_{K_x} = \underbrace{\frac{VR_2G_{xu}}{1 + G_u + VR_1G_{\varphi u}}_{N_a} + \underbrace{VR_2G_{xu}}_{Z_a}} \cdot \frac{1}{R_2} = G_{Ka}/R_2 \tag{6.46a}$$

$$\frac{Z_a}{N_a} = \frac{VR_1G_{\varphi u}}{\underbrace{1 + G_u}_{N_m} + \underbrace{VR_1G_{\varphi u}}_{Z_m}} \cdot \frac{R_2G_{xu}}{R_1G_{\varphi u}} = G_a = G_{Km}\frac{R_2G_{xu}}{R_1G_{\varphi u}} \tag{6.46b}$$

$$\frac{Z_m}{N_m} = \frac{G_u}{1 + G_u} \cdot \frac{VR_1G_{\varphi u}}{G_u} = G_m = G_{Ku} \cdot Vk_{R_1}Z_{R_1}G_{\varphi u}/(k_uZ_u), \tag{6.46c}$$

womit sich das Ersatzblockschaltbild 6.9 ergibt, zu dem Bild 6.10 die Systemübersicht im verallgemeinerten Bode-Diagramm und Wurzelort enthält.

Nach der inneren G_u-Kreisschließung (Bild 6.10a oben rechts) gilt $G_{Ku} = -0{,}05203s/(1 + s/37{,}7)$ und man erhält

$$G_m = \frac{-13{,}13 \cdot 6{,}13(1 + s/3{,}891) \cdot 0{,}0153s}{(1 + s/37{,}7)(1 + s/2)(1 - s^2/14{,}7)}; \qquad k_m = 1{,}81 \text{ dB}.$$

Die mittleren Teilbilder Ⓜ in 6.10a und b zeigen die zugeordneten $G(\sigma)$-Diagramme und Wurzelortsäste. Der instabile Pol wird auf $\lambda_1' \approx 0{,}925$ verschoben (D). Der vom stabilen Stabpol ausgehende WOK-Ast vereint sich mit dem vom Wagenpol bei B zu einem Glied 2. Ordnung; beide wandern um die Reglernullstelle bei −3,89 und brechen bei C wieder in 2 Glieder 1. Ordnung auseinander, von denen eines bei einem Eigenwert von knapp unter 4 mit sehr geringer Verstärkungsabhängigkeit bleibt, während das andere sich auf einem WOK-Ast bewegt, der mit jenem vom $(1 + G_u)$-Eigenwert bei größeren Verstärkungen wieder ein Glied 2. Ordnung liefert (Punkt H). Die Kreisschließungsverstärkung ist so berechnet (Synthesebedingung Gl. (6.32)), daß ein Eigenwert genau auf den Beobachterpol zu liegen kommt. Die Nachdivision in Gl. (6.46b) durch R_1 legt hierauf eine Nullstelle und hält beide im äußeren Kreis fest. Allerdings ist die Neigung von $G(-\sigma)$ um den Sollpunkt F bei $-1/\alpha$ sehr flach, so daß kleine Verstärkungsschwankungen größere Eigenwertverschiebungen und eine Nichterfüllung der Beobachterbedingung zur Folge haben. Der Vorteil der verallgemeinerten Bode-Diagramme ist, daß sie solche empfindlichen Bereiche auf einen Blick zu erkennen gestatten. Hiermit erhält man als Übertragungsfunktion G_a der äußeren Kreisschließung

$$G_a = \frac{-13{,}13(1 + s/0{,}7306)(1 - s^2/14{,}7) \cdot 0{,}15(1 + s/12{,}73)}{(1 - s/0{,}925)(1 + s/3{,}925)(1 + s/24)s(1 + s/12{,}73)};$$

$k_a = 5{,}88$ dB.

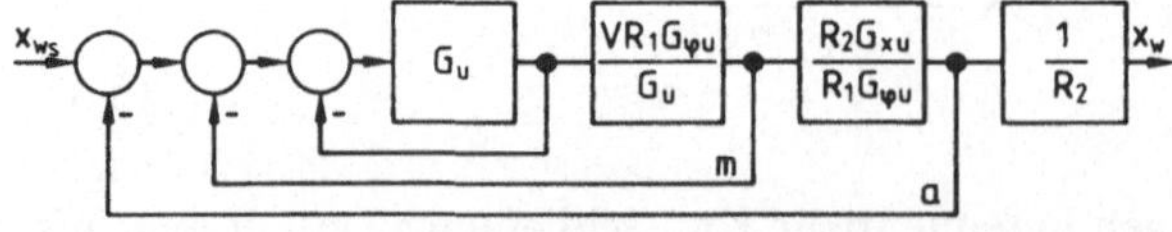

Bild 6.9 Ersatzblockschaltbild zur sequentiellen Kreisschließung zu Bild 6.8

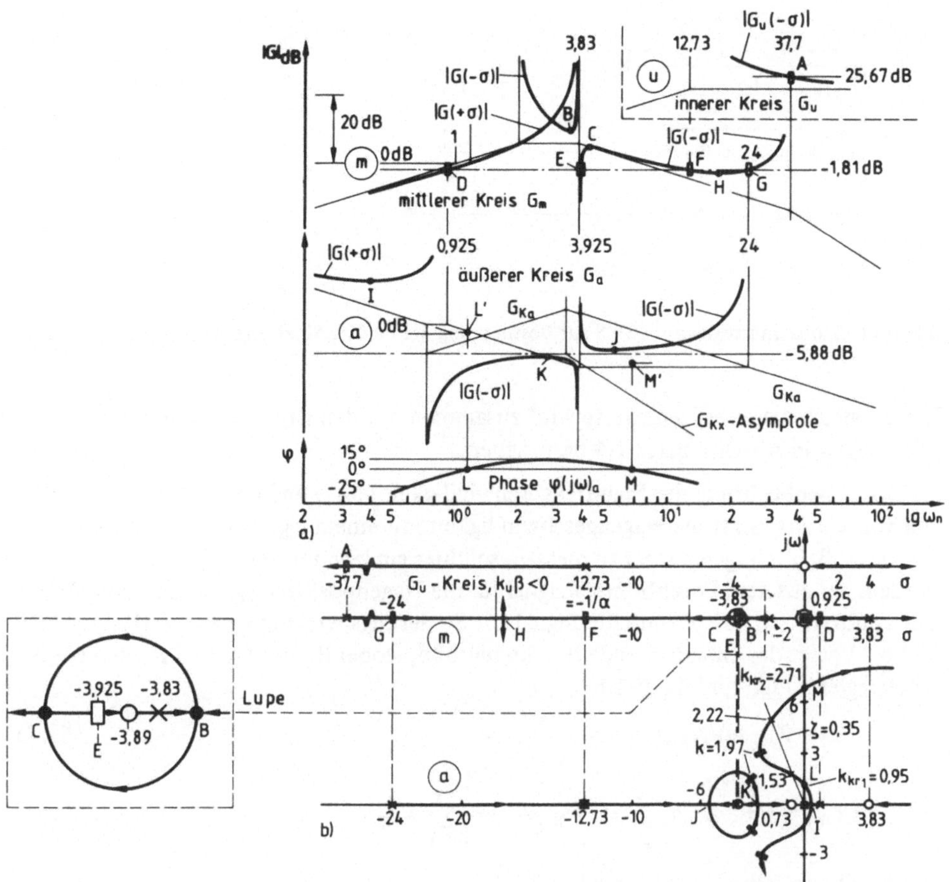

Bild 6.10 Systemübersicht zum Beobachterregler SWS mit Messung von φ, x_W und $\dot{x}_W$
a) G(σ)-Bode-Diagramme und $\varphi(j\omega)$ Phasengang
b) Wurzelorte zur sequentiellen Kreisschließung

Teilbild ⓐ, 6.10a unten, läßt erkennen, daß sich die beiden Eigenwerte in der rechten Halbebene schon bei kleinen Verstärkungen (Punkt I) zu einem Glied 2. Ordnung vereinen, das bei L stabil wird ($k_{kr_1} = 0{,}95 \mathrel{\hat{=}} -0{,}45$ dB bei der Phase $\varphi(j\omega) = 0$). Der Wurzelort 6.10b zeigt den korrespondierenden Ast, der für große Verstärkungen wieder instabil wird (Punkt M, bei $k_{kr_2} = 2{,}71 \mathrel{\hat{=}} 8{,}66$ dB in Bild 6.10a). Der Verstärkungsbereich, in dem zwei konjugiert komplexe Polpaare auftreten, ist relativ gering (Punkte J, K, Abstand ≈ 2 dB $\mathrel{\hat{\approx}}$ 25%); hieraus erkennt man wieder die Empfindlichkeit der Pollage gegenüber kleinen Verstärkungsschwankungen. Dieser Ast ist im Gegensatz zu dem mit den Punkten ILM jedoch unkritisch, da alle Eigenwerte stets genügend stabil bleiben. Der Verstärkungsbereich mit stabilen Eigenwerten $-0{,}45 \leqslant k_a/\text{dB} \leqslant 8{,}66$ ist gegenüber dem Zustandsregler mit $2{,}85 \leqslant k_{Stabil}/\text{dB} \leqslant 18{,}75$ relativ klein und in Richtung kleinerer k-Werte verschoben. Der Dämpfungsgrad ist $\zeta > 0{,}35$ für $1{,}53 < |k| < 2{,}22$ obwohl die Phasenreserve nur maximal 15° beträgt (Bild 6.10a unten).

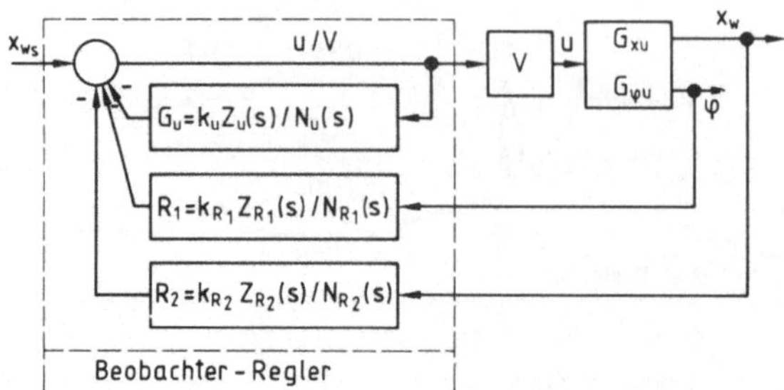

Bild 6.11 Beobachterregler zum SWS zur Bestimmung der beiden Ableitungen $\dot{\varphi}$ und $\dot{x}_W$

Ein Vergleich weiterer Kennwerte wird zusammen mit den Ergebnissen anderer Beobachterregler in Abschn. 6.1.2.1.4 besprochen.

6.1.2.1.2 Beobachtung der Stabdrehgeschwindigkeit von φ und der Wagengeschwindigkeit von x_W aus. Statt die Wagengeschwindigkeit mit einem eigenen (relativ teuren) Sensor (z. B. Tachogenerator) zu messen, soll hier ein zweiter Beobachter untersucht werden, der aus dem Potentiometersignal für die Wagenposition x_W die Geschwindigkeit ermittelt und das gewünschte Signal zur Steuerungsberechnung zur Verfügung stellt. Bild 6.11 zeigt das entsprechende Blockschaltbild, wobei R_2 mit G_u und R_1 den Beobachterregler bilden und die Form

$$R_2 = Z_{R_2}(s)/N_{R_2}(s) \tag{6.47}$$

mit $$Z_{R_2} = 1 + \sum_{i=1}^{\nu_{R_2}} \rho_{2i}s^i, \qquad N_{R_2} = 1 + \sum_{i=1}^{\nu_{R_2}} \alpha_{2i}s^i$$

haben soll (statische Verstärkung $k_{R_2} = 1$).

Die Gleichungen (6.28) bis (6.30) gelten auch hier. Mit (6.47) folgt anstelle von Gl. (6.30a)

$$k_K \frac{Z_{K_x}(s)}{N_{K_s}(s)} = \frac{Vk_{s_3}Z_{x_3}}{N_s + k_uZ_uN_s/N_u + Vk_{R_1}Z_{R_1}k_{s_1}Z_{x_1}/N_{R_1} + VZ_{R_2}k_{s_3}Z_{x_3}/N_{R_2}}$$

und mit $N_u = N_{R_1} \cdot N_{R_2}$

$$= \frac{Vk_{s_3}Z_{x_3}N_{R_1}N_{R_2}}{N_sN_{R_1}N_{R_2} + k_uZ_uN_s + Vk_{R_1}k_{s_1}Z_{R_1}Z_{x_1}N_{R_2} + Vk_{s_3}Z_{R_2}Z_{x_3}N_{R_1}}. \tag{6.48}$$

Mit den Abkürzungen Gl. (6.35) ergibt sich hieraus analog zu oben die Synthesebedingung für den Beobachterregler

$$[v_0N_{K_s} - N_s]N_{R_1}N_{R_2} = k_uZ_uN_s + v_1Z_{R_1}Z_{x_1}N_{R_2} + v_2Z_{R_2}Z_{x_3}N_{R_1}. \tag{6.49}$$

Wenn N_{R_1} und N_{R_2} die Grade ν_{R_1} und ν_{R_2} haben, enthält die linke Seite $n + \nu_{R_1} + \nu_{R_2} + 1$ Koeffizienten, aus denen die Unbekannten V, k_u, k_{R_1}, β_i, ρ_{1i} und ρ_{2i} bestimmt werden können. Sollen wieder alle Reglerübertragungsfunktionen sprungfähig sein, dann hat

Z_{R_1} den Grad ν_{R_1}, Z_{R_2} den Grad ν_{R_2} und Z_u den Grad $\nu_u = \nu_{R_1} + \nu_{R_2}$. Eine notwendige Bedingung zur eindeutigen Lösung von Gl. (6.49) bei gegebenem N_{K_s}, N_s, N_{R_1} und N_{R_2} ist deshalb

$$n + \nu_{R_1} + \nu_{R_2} + 1 = (\nu_{R_1} + \nu_{R_2} + 1) + (\nu_{R_1} + 2) + \nu_{R_2} \tag{6.50}$$

oder $\quad \nu_u = \nu_{R_1} + \nu_{R_2} = n - 2.$

Trifft man jedoch statt $N_u = N_{R_1} \cdot N_{R_2}$ die spezielle Festlegung $N_u = N_{R_1} = N_{R_2}$, so folgt anstelle von (6.49) die Synthesebedingung

$$[v_0 N_{K_s} - N_s] N_u = k_u Z_u N_s + v_1 Z_{R_1} Z_{x_1} + v_2 Z_{R_2} Z_{x_3} \tag{6.51}$$

und statt (6.50)

$$\nu_u = \nu_R = n/2 - 1. \tag{6.52}$$

Während das Ergebnis (6.50) der Beobachtertheorie im Zustandsraum unmittelbar entspricht, besagt Gl. (6.52), daß man bei der Wahl gleicher Beobachterpole G_u auch vom Grad $\nu_R = 1$, also halb so groß wie in Gl. (6.50) wählen kann; die Summe der Teilbeobachtergrade ist mit $2\nu_R = 2$ allerdings so groß wie oben. Die Wahl wird als minimale Realisierung bezeichnet. Mit ihr unterscheidet sich die Synthesebedingung (6.51) nur im letzten Term um den Faktor $N_R = 1 + \alpha s$ von der Bedingung Gl. (6.32). Mit

$$\begin{aligned} v_2 Z_{R_2} Z_{x_3} &= v_2[(1 + \rho_2 s)(1 - s^2/\gamma)] \\ &= [-\rho_2/\gamma s^3 - 1/\gamma s^2 + \rho_2 s + 1] v_2 \end{aligned}$$

folgt anstelle von Gl. (6.37)

$$\begin{aligned} &d_0 = v_2; && d_1 = v_2 \rho_2 \\ &d_2 = k_u\beta + v_1 - v_2/\gamma; && d_3 = k_u\beta b_2 + v_1\rho_1 - v_2\rho_2/\gamma \\ &d_4 = k_u\beta b_3; && d_5 = k_u\beta b_4. \end{aligned} \tag{6.53}$$

Der Koeffizientenvergleich $c_i = d_i$ mit Gl. (6.36) liefert nun

$$\begin{aligned} &s^0: \quad k_K = 1; \qquad v_0 = v_2 \\ &s^1: \quad \rho_2 = \alpha + a_1 - 1/v_0 \\ &s^2: \quad v_1 = v_0[\alpha a_1 + a_2 + 1/\gamma] - \alpha - b_2 - k_u\beta; \qquad k_{R_1} = v_1/(V k_{s_1}) \\ &s^3: \quad \rho_1 = [v_0(\alpha a_2 + a_3 + \rho_2/\gamma) - b_2(\alpha + k_u\beta) - b_3]/v_1 \\ &s^4: \quad k_u\beta = v_0(\alpha a_3 + a_4)/b_3 - \alpha - b_4/b_3 \\ &s^5: \quad k_u\beta = v_0\alpha a_4/b_4 - \alpha. \end{aligned}$$

Über die beiden letzten Gleichungen erhält man

$$v_0 = b_4/[\alpha a_3 + a_4 - \alpha a_4 b_3/b_4]; \qquad V = v_0/k_{s_3}$$

und $\quad k_u\beta = \alpha(v_0 a_4/b_4 - 1).$

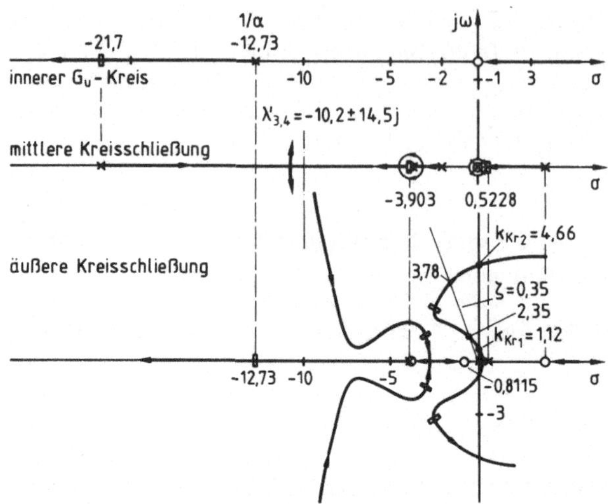

Bild 6.12 Wurzelorte zur sequentiellen Kreisschließung für SWS-Beobachterregler 1. Ordnung bei 2 Meßgrößen entsprechend Bild 6.11

Einführen der Zahlenwerte wie oben liefert

$$v_0 = -3{,}4185; \quad V = -22{,}79; \quad k_u\beta = -0{,}032535 \mathrel{\hat=} 29{,}75 \text{ dB}$$
$$1/\rho_2 = 0{,}8115; \quad k_{R_1} = 6{,}1306; \quad 1/\rho_1 = 3{,}891 \tag{6.54}$$
$$v_1 = -2{,}1377 \mathrel{\hat=} -6{,}6 \text{ dB}.$$

Die Parameter des Kompensationsgliedes R_1 sind identisch mit denen des obigen Falles. Die Verstärkung im inneren G_u-Kreis ist nur knapp 2/3 des Wertes bei $\dot{x}_W$-Messung, die Verstärkung V dagegen gut 70% größer. Wegen dieses größeren V wird der instabile Stabpol im mittleren Kreis auf 0,523, d. h. merklich näher an den Ursprung geschoben, weshalb die Nullstelle im äußeren Kreis nun weiter links (bei −0,8115) liegen kann. Da R_1 und R_2 hier den gleichen Nenner haben, findet die Pol-Nullstellen-Kürzung des Beobachters erst nach der äußeren Kreisschließung statt, während sie im obigen Fall nach der mittleren auftrat. Die mittlere Kreisschließung liefert ein konjugiert komplexes Polpaar mit $\lambda'_{3,4} = -10{,}2 \pm 14{,}5j$. Den Wurzelort zu diesem Teil zeigt Bild 6.12. Der äußere Kreis ist im Verstärkungsbereich $1{,}12 \leqslant |k| \leqslant 4{,}66$ stabil und hat den Dämpfungsgrad $\zeta > 0{,}35$ für $2{,}35 < |k| < 3{,}78$.

6.1.2.1.3 Beobachtung der Stabdreh- und der Wagengeschwindigkeit von φ aus. Das Vorgehen im vorigen Abschnitt, von jeder Meßgröße deren Ableitung zu beobachten, war besonders günstig, da die beiden Teilbeobachter R_1 und R_2 mit G_u durch einen einzigen Integrator realisiert werden können. Da die $G_{\varphi u}$-Übertragungsfunktion nach Kürzung dritter Ordnung ist, kann man aber auch von φ aus zwei Größen, nämlich $\dot{\varphi}$ und $\dot{x}_W$ beobachten. Im Gegensatz zu [1] ist bei dem in unserem Beispiel verwendeten Elektrokarren dessen Beschleunigung von seiner momentanen Geschwindigkeit abhängig (über die Motorkennlinie $M(\omega)$), wodurch sich die Beobachtbarkeit von $\dot{x}_W$ von φ aus ergibt (vgl. Gl. (2.35)). Wählt man in Bild 6.11 $R_2 = 1$ (proportionale Wagenpositionsrückführung), so erhält man anstelle von Gl. (6.48)

$$k_K \frac{Z_{K_x}(s)}{N_{K_s}(s)} = \frac{Vk_{s_3}Z_{x_3}}{N_s + k_uZ_uN_s/N_u + Vk_{R_1}Z_{R_1}k_{s_1}Z_{x_1}/N_R + Vk_{s_3}Z_{x_3}}$$

und mit $N_u = N_R$

$$= \frac{Vk_{s_3}Z_{x_3}N_R}{N_sN_R + k_uZ_uN_s + Vk_{R_1}k_{s_1}Z_{R_1}Z_{x_1} + Vk_{s_3}Z_{x_3}N_R}. \tag{6.55}$$

Mit den Abkürzungen (Gl. 6.35) ergibt sich hieraus die Synthesebedingung für den Beobachterregler

$$[v_0N_{K_s} - N_s]N_R = k_uZ_uN_s + v_1Z_{R_1}Z_{x_1} + v_2Z_{x_3}N_R. \tag{6.56}$$

Wenn N_R den Grad ν_R hat, liefert die linke Seite bei Polfestlegung $n + \nu_R + 1$ Koeffizienten. Die rechte Seite hat $\nu_u + 1 + \nu_R + 2$ Unbekannte, so daß als notwendige Bedingung für die Lösbarkeit mit der gleichen Argumentation wie oben

$$\nu_u = n - 2 \tag{6.57}$$

erhalten wird. Damit ist auch $\nu_R = 2$.

Wenn der äußere x_W-Kreis nicht vorhanden wäre, würde in der Synthesebedingung (6.56) der letzte Term verschwinden; die restliche Gleichung ist identisch mit Gl. (4.38) (das dortige $Vk_u = k_u'$ entspricht hier dem k_u; $v_2 = Vk_s$). Aus diesem Grund sei die Polfestlegung für das SWS als einfachen φ-Regelkreis an dieser Stelle behandelt; im hiesigen Zusammenhang tritt der gleiche Kreis als zweiter der inneren Regelkreise auf, nur daß die Pole indirekt über die gewünschten Bedingungen nach der äußeren Kreisschließung festgelegt werden.

P o l f e s t l e g u n g f ü r d e n φ - R e g e l k r e i s d e s SWS

$$G_{\varphi u} = +0{,}0153s/[(1 + s/a)(1 - s^2/14{,}7)]; \qquad N_s = 1 + b_1s + b_2s^2 + b_3s^3.$$

Polvorgabe $N_{K_s} = ((s + 3)^2 + 3^2)(s + 4)$ oder in Bode-Normalform

$$N_{K_s} = 1 + 0{,}58\overline{3}s + 0{,}13\overline{8}s^2 + 0{,}013\overline{8}s^3 = 1 + \sum_1^3 a_i s^i; \tag{6.58}$$

$$N_R = 1 + \alpha_1 s + \alpha_2 s^2.$$

Für das Nennerpolynom N_s der Strecke werden zwei Fälle untersucht: 1. das Basissystem mit der Motorkonstanten $a = 2$ und 2. das System mit einer inneren $\dot{x}_W$-Rückführung bei dem Wagen (vgl. Abschn. 4.1.2), wodurch dessen Eigenwert auf $a = 5{,}3$ verschoben wird. Die zugehörigen Werte zeigt Tab. 6.1. Aus der Synthesebedingung ($Z_s = s$, s. o. Gl. (6.56))

$$[v_0N_{K_s} - N_s]N_R = k_uZ_uN_s + v_1Z_{R_1}Z_s$$

erhält man nach einigen Zwischenrechnungen mit dem Washout-Ansatz für G_u ($k_uZ_u = \bar{k}_u(1 + \beta s)s$) und der Abkürzung

$$e_i = v_0a_i - b_i \tag{6.59}$$

Tab. 6.1 Koeffizienten der Übertragungsfunktion der Strecke $G_{\varphi u}$ (gekürzt)

a	b_1	b_2	b_3	k_{s1}
2	0,5	−0,06803	−0,034014	0,0153
5,3	0,18868	−0,06803	−0,012835	0,0635

Tab. 6.2 Parameter des PO-Reglers zur Stab/Wagen-System-φ-Regelung mit Washout in G_u

$\lambda_{B_{1,2}}$	a	Vk_{R_1}	$\bar{k}_u$	Regler-Nullstellen von		
				Z_u	$Z_{R_{11}}$	$Z_{R_{22}}$
−9 ± 9j	2	−17	−0,1767	20,32	−1,057	−3,857
−9	2	−28,54	−0,3533	20,32	−1,427	−3,844
−6 ± 6j	2	−23	−0,28	14,32	−1,27	−3,851
−9 ± 9j	5,3	−10,35	−0,2627	20,44	−3,717	−4,808
−9	5,3	−14,49	−0,5255	20,44	−3,804	−5,182
−6 ± 6j	5,3	−12,79	−0,4177	14,44	−3,766	−4,932

die Ergebnisse

$$\begin{aligned}
&v_0 = 1; \quad \bar{k}_u = [\alpha_1 e_3 + \alpha_2(e_2 - e_3 b_2/b_3)]/b_3 \\
&1/\beta = b_3 \bar{k}_u/(\alpha_2 e_3); \quad v_1 = e_1 - \bar{k}_u; \\
&\rho_1 = [e_2 + \alpha_1 e_1 - \bar{k}_u(b_1 + \beta)]/v_1 \\
&\rho_2 = [e_3 + \alpha_1 e_2 + \alpha_2 e_1 - \bar{k}_u(b_2 + b_1\beta)]/v_1 .
\end{aligned} \tag{6.60}$$

Aus ρ_1 und ρ_2 wird mit $\sigma_\rho = -\rho_1/(2\rho_2)$ und $w = \sqrt{\sigma_\rho^2 - 1/\rho_2}$ die Lage der Reglernullstellen zu $z_{R_{1,2}} = \sigma_\rho \pm w$ erhalten.

Tab. 6.2 zeigt die numerischen Werte der Reglerparameter für drei verschiedene Beobachterpollagen λ_B. Der Beobachter mit $\lambda_B = -6 \pm j6$ hat mit $\omega_{n_B} \approx 8{,}5$ den nahezu gleichen Abstand vom Ursprung wie jener mit dem Doppelpol bei −9. Man erkennt im Vergleich, daß kleinere Werte ω_{n_B} und größere Werte ζ_B zu höheren Verstärkungen führen; die innere Rückkopplung der Wagengeschwindigkeit mit dem Verstärkungsfaktor 11 (Abschn. 4.1.2) führt zu Verstärkungen im Beobachterregler die etwa halb so groß sind wie jene ohne den inneren Kreis (dritte Spalte). Die G_u-Nullstellen $1/\beta$ hängen im wesentlichen vom Realteil der Beobachterpole ab. Die Z_R-Nullstellen schwanken nur leicht mit den Beobachterpolen und hängen hauptsächlich von den Streckenpolen (und natürlich von der gewünschten Dynamik, die hier nicht verändert wurde) ab. Bild 6.13 zeigt den Wurzelortsverlauf zur äußeren Kreisschließung für Zeile 1, Tab. 6.2.

Wir kehren nun zur gleichzeitigen φ- und x_W-Regelung zurück. Hier werden in die Synthesegleichung (6.56) die ungekürzten Zähler- und Nennerpolynome nach Gl. (6.35) eingesetzt. Mit der Abkürzung (6.59) liefert der Koeffizientenvergleich die Ergebnisse (wieder Washout-Ansatz für Z_u)

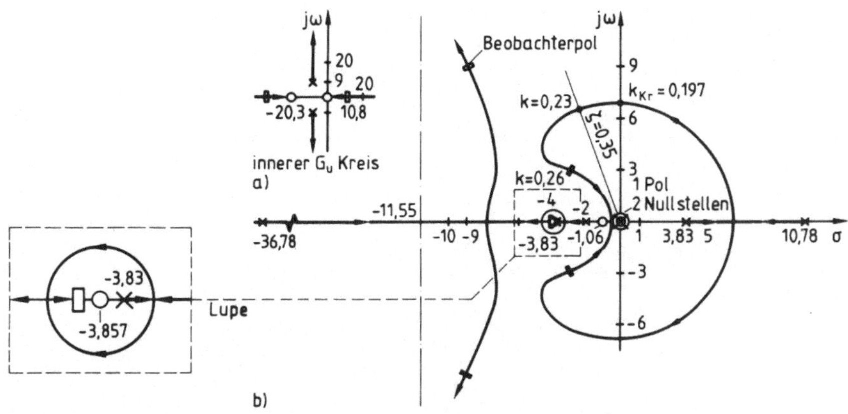

Bild 6.13 Wurzelort des $G_{\varphi u}$-PO-Reglers, SWS-Einfachregelkreis

$$
\begin{aligned}
&k_K = 1; \quad v_0 = b_1/a_1; \quad V = v_0/k_{s_3}\\
&\bar{k}_u = [\alpha_1 e_4 + \alpha_2(e_3 - e_4 b_3/b_4)]/b_4; \quad 1/\beta = b_4\bar{k}_u/(\alpha_2 e_4)\\
&v_1 = v_0(1/\gamma - \alpha_2) - \bar{k}_u\beta + e_2 + \alpha_1 e_1 + \alpha_2 e_0\\
&\rho_1 = [v_0\alpha_1/\gamma + e_3 + \alpha_1 e_2 + \alpha_2 e_1 - \bar{k}_u(b_2 + b_1\beta)]/v_1\\
&\rho_2 = [v_0\alpha_2/\gamma + e_4 + e_4 + \alpha_1 e_3 - \alpha_2 e_2 - \bar{k}_u(b_3 + b_2\beta)]/v_1.
\end{aligned} \tag{6.61}
$$

Für den betrachteten Standardfall erhält man die Werte

$$
\begin{aligned}
&v_0 = 1{,}161; \quad \bar{k}_u = 0{,}14425; \quad 1/\beta = 19{,}49\\
&v_1 = 0{,}1063; \quad \rho_1 = 2{,}0484; \quad \rho_2 = 0{,}4727 \quad \text{und mithin}\\
&V = 7{,}741; \quad k_{R_1} = 0{,}898; \quad z_{R_1} = -0{,}56; \quad z_{R_2} = -3{,}77 \text{ (Reglernullstellen).}
\end{aligned} \tag{6.62}
$$

Bild 6.14 zeigt die innere (a), mittlere (b) und äußere (c) Kreisschließung im Wurzelort. Die innere G_u-Kreisschließung verschiebt die Beobachterpole von $\lambda_B = -9 \pm 9j$ über den „Verzweigungspunkt unendlich" (vertikal nach $\pm j\infty$ und von dort horizontal auf der reellen Achse gegen die Nullstellen) zu den reellen Werten $\lambda'_{B_1} = 11{,}6$ und $\lambda'_{B_2} = -38{,}6$. Der mittlere Kreis Bild 6.14b macht das System bereits stabil (im Gegensatz zu den bisher betrachteten Fällen, wo erst der äußere x_W-Kreis die Stabilisierung herbeiführte); der kritische Gesamtverstärkungswert $k_{Kr} = 0{,}091$ entspricht einer Reglerverstärkung $Vk_{R_1} = 5{,}95$. Bei Erhöhung dieser Verstärkung um 10% wird der Dämpfungsgrad $\zeta = 0{,}35$ erreicht. Der nominelle Kreisschließungswert 0,106 ist nur 15% von der Stabilitätsgrenze entfernt; diese Empfindlichkeit ist unbefriedigend. Auf die Stelle der Beobachterpole kommen bei dieser Kreisschließung Eigenwerte zu liegen, so daß die Beobachterbedingung erfüllt ist: vor der äußeren Kreisschließung ergibt die Division durch R_1 (vgl. Bild 6.9) eine Überdeckung dieser Pole mit Nullstellen, wodurch sie im äußeren Kreis erhalten bleiben. Der äußere Kreis ist weit weniger parameterempfindlich als der mittlere; die Verstärkungsreserve ist mehr als ein Faktor 2 (2,61/1,15 = 2,27 ≙ 7 dB).

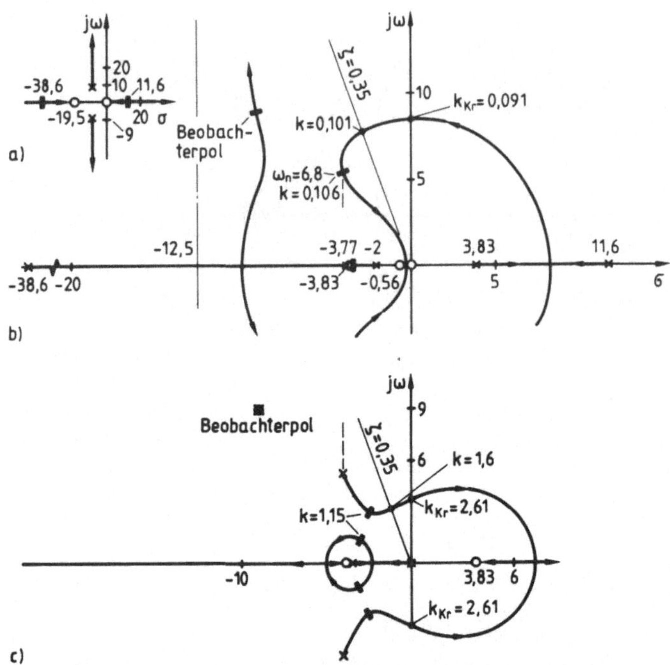

Bild 6.14 Wurzelorte zur sequentiellen Kreisschließung für SWS-Beobachterregler 2. Ordnung: $\dot{\varphi}$ und $\dot{x}_W$ von φ aus beobachtet, x_W proportional als äußerer Kreis rückgekoppelt
a) innerer G_u-Kreis
b) mittlerer $G_{\varphi u}$-Kreis mit Beobachter 2. Ordnung
c) äußerer G_{xu}-Kreis

6.1.2.1.4 Vergleich der Ergebnisse. Der Zustandsregler aus Abschn. 6.1.1.2 ist in Tab. 6.3 den Ergebnissen der Beobachterregler aus diesem Kapitel gegenübergestellt. Alle Regler resultieren in einem geschlossenen Regelkreis mit den Polen entsprechend Gl. (6.21). Die Beobachterregler haben darüber hinaus noch verdeckte Pole bei $\omega_{n_B} = 12{,}73$ (auf der reellen Achse für Spalte 1 und 2 und unter $\pm 135°$ ($\zeta = 1/\sqrt{2}$) für Spalte 3). Die Beobachterregler haben eine kleinere Verstärkung V als der Zustandsregler, wobei die des Beobachters 2. Ordnung besonders niedrig ausfällt; für letzteren ist auch der Wert k_{R_1} extrem klein (beide nur etwa 1/5 der Zustandsreglerwerte). Die Nullstellen liegen in allen Fällen ähnlich. Der Verstärkungsbereich für Stabilität im äußeren Kreis und für einen Dämpfungsgrad $\zeta > 0{,}35$ der am niedrigsten gedämpften Schwingung ist für den Zustandsregler am größten.

Der Beobachterregler 2. Ordnung hat die höchste Parameterempfindlichkeit bei der Verstärkung im (mittleren) φ-Kreis, aber den Vorteil, daß er als einziger auch ohne den äußeren x_W-Kreis ein stabiles Verhalten zeigt. Das Gesamtergebnis kann durch Variation der vorgeschriebenen Pollagen für den geschlossenen Kreis und der Beobachterpole (zu kleineren Werten) verbessert werden, je nachdem auf welchen Aspekt mehr Gewicht gelegt wird: schnelles Übergangsverhalten, größere Stör- oder Parameterunempfindlichkeit. Wegen der trockenen Reibung (vgl. Abschn. 2.1.5.7) und der Instabilität des

Tab. 6.3 Koeffizienten und stabile Arbeitsbereiche verschiedener Zustandsregler für das Stab/Wagen-System; Polfestlegung bei $\lambda_{1,2} = -3 \pm 1{,}5j$ und $\lambda_{3,4} = -2{,}5 \pm 3j$

	Abschn.	6.1.2.1.1	6.1.2.1.2	6.1.2.1.3	6.1.1.2
Beobachtung von		ω über φ	ω über φ $\dot{x}_W$ über x_W	ω und $\dot{x}_W$ über φ	(Zustands- regler)
Hauptverstärkung V		−13,13	−22,79	+ 7,741	−38,36
G_u-Verstärkung $\bar{k}_u$		− 0,052	− 0,0325	− 0,144	–
Verstärkungsfaktor im φ-Zweig k_{R_1}		6,13	6,13	0,898	4,76
Z_u-Nullstellen	$1/\beta$	0	0	0	–
		–	–	−19,49	–
R_1-Nullstellen	$z_{R_{11}}$	− 3,89	− 3,89	− 3,77	− 3,95
	$z_{R_{12}}$	–	–	− 0,56	–
R_2-Nullstelle	$z_{R_{21}}$	− 0,73	− 0,8115	–	− 0,97
äußerer Kreis stabil für $k_{kr_1} < k_a < k_{kr_2}$	k_{kr_1}	0,95	1,116	(mittlerer Kreis $k_m > 0{,}091$)	1,39
	k_{kr_2}	2,71	4,655	2,61	8,66
kritische Frequenzen	$\omega_{kr_1} [s^{-1}]$	1,16	0,87	$(\omega_{m_{kr}} = 8{,}5)$	0,79
	$\omega_{kr_2} [s^{-1}]$	6,87	5,49	3,67	6,73
$\zeta \gtrsim 0{,}35$ für $k_{d_1} \leqslant k_a \leqslant k_{d_2}$	k_{d_1}	1,53	2,35	$(k_{md} = 0{,}101)$	3,71
	k_{d_2}	2,22	3,776	1,60	6,79

Stabes tritt am realen System ein Grenzzyklus um die Ruhelage auf, der bei der Auslegung des linearen Reglers ebenfalls Berücksichtigung finden sollte. Im vorliegenden Rahmen kann hierauf nicht näher eingegangen werden. Diese Feinabstimmung erfolgt in der Praxis durch Simulation mit den nichtlinearen Modellen (einschließlich Sättigung der Steuerspannung) und Versuchen am realen System.

6.1.2.2 Allgemeine Bemerkungen. Anhand des Vorgehens im vorigen Abschnitt dürfte schon klarer geworden sein, wie im allgemeinen Fall die Synthese von Beobachterreglern bei mehrschleifigen Eingrößensystemen durchzuführen ist. Dabei sind die angegebenen graphischen Darstellungen nicht unbedingt erforderlich; sie gestatten jedoch einen schnellen Überblick über empfindliche Parameterbereiche und erlauben einen unabhängigen Test der numerischen Ergebnisse. Zur Erleichterung dieser Tests kann man die Einzelkreisschließungen stufenweise gemäß Gl. (3.36b) durchführen und die Polynome auf dem Rechner faktorisieren lassen. Hierbei erkennt man dann auch die Güte und Empfindlichkeit der Beobachterpolkürzungen. Bei diesem Vorgehen ist auch die Zahl der praktisch handhabbaren Rückführungen nicht mehr auf zwei oder drei beschränkt. Sei x_n die Regelgröße, dann lautet für p rückgekoppelte Meßgrößen die

Übertragungsfunktion des geschlossenen Beobachterregelkreises analog zu den Gln. (6.30) (6.48) (6.55) mit $\gamma_\ell(s)$ nach Gl. (6.10) und G_u, R_i nach Gl. (6.31)

$$G_K(s) = k_K \frac{Z_{Kx_n}(s)}{N_K(s)} = \frac{V \cdot G_{xn}}{1 + G_u + \sum_{\ell=1}^{n} \gamma_\ell(s) G_{x\ell}(s)} \tag{6.63}$$

$$= \frac{V k_{sn} Z_{xn} N_u}{N_s N_u + k_u Z_u N_s + \sum_{\ell=1}^{n} \left(\sum_{i=1}^{p} C_{i\ell} k_{R_i} Z_{R_i} N_u / N_{R_i} \right) k_{s\ell} Z_{x\ell}}. \tag{6.63a}$$

Hieraus ergibt sich die allgemeine Synthesegleichung analog zu Gln. (6.32) (6.49) und (6.56) mit $v_0 = Vk_{s_n}/k_K$ zu

$$[v_0 N_{K_s}(s) - N_s(s)] N_u(s)$$
$$= k_u Z_u(s) N_s(s) + \sum_{\ell=1}^{n} \left(\sum_{i=1}^{p} C_{i\ell} k_{R_i} Z_{R_i}(s) N_u(s)/N_{R_i}(s) \right) k_{s\ell} Z_{x\ell}(s). \tag{6.64}$$

Im letzten Term werden im allgemeinen einige der n Summanden 0 sein, da sonst eine direkte Zustandsregelung möglich wäre; dies hängt von der Besetzung der Meßmatrix C ab. Sind alle Summanden vorhanden, kann als Zustandsregler $G_u = 0$ und $R_i = k_{R_i}$ gewählt werden.

Die Auswahl der Meßgrößen ist ein wesentlicher Entscheidungsfreiheitsgrad des Entwurfsingenieurs. Er legt damit bei Anwendung der modernen Zustandsreglerverfahren fest, welche Größen beobachtet werden sollen. Hierbei spielen die Streckengegebenheiten eine wesentliche Rolle: Verfügbarkeit und Kosten der Meßgeber sowie die Güte des zu erwartenden Signals (Verrauschung). Sollen alle Eigenwerte verschoben werden können, dann müssen die Meßgrößen so ausgewählt werden, daß die Bewegungskomponenten der Eigenwerte in mindestens einer der Meßgrößen erfaßt und über die zugehörige Übertragungsfunktion beeinflußt werden können, d. h. die gleiche Pol-Nullstellen-Kürzung darf nicht in allen Übertragungsfunktionen der Meßgrößen auftreten. Wegen der fast unvermeidlichen Nichtlinearitäten der meisten realen Strecken sowie der ebenso wenig vermeidbaren Störüberlagerungen im Meßsignal und in der Strecke sind Kompensationsglieder höherer als zweiter Ordnung in der Praxis selten akzeptabel; meist beschränkt man sich auf Glieder erster Ordnung. Will man also den Gesamtzustand regeln, sollten etwa ein bis zwei Drittel der Zustandsgrößen meßtechnisch erfaßt werden; dies können auch Linearkombinationen von Einzelsignalen sein. In Abschn. 6.1.2.1.2 hatten wir gesehen, daß man bei Messung von n/2 Zustandsgrößen, falls die andere Hälfte der Eigenwerte des Systems entsprechend verteilt in den Übertragungsfunktionen der Meßgrößen vorkommen, die übrigen n/2 Größen mit einem Beobachterregler 1. Ordnung (und n/2 verschiedenen Nullstellen) erfassen kann. Dadurch wird eine Polfestlegung – natürlich nur im Rahmen der Stell-Leistung und der Gültigkeit der Linearitätsannahme – mit relativ geringem Aufwand möglich.

Man kann auch einzelne Zustandsgrößen mehrfach beobachten. Im obigen Beispiel ist die $G_{\varphi u}$-Übertragungsfunktion 3. Ordnung und in den Differentialgleichungen, aus denen sie gebildet wurde, tritt neben φ und $\dot{\varphi}$ auch $\dot{x}_W$ auf. Die Übertragungsfunktion G_{xu} ist 2. Ordnung; in der zugehörigen Differentialgleichung treten x_W und $\dot{x}_W$ als Zustandsgrößen auf. Über einen Beobachter 2. Ordnung zum φ-Signal und einen 1. Ordnung zum x_W-Signal kann also $\dot{x}_W$ doppelt ermittelt werden. Man erhält dabei in der Synthesegleichung mehr Unbekannte (Verstärkungsfaktoren und Nullstellenkoeffizienten rechts des Gleichheitszeichens) als bekannte (willkürlich festlegbare) Nennerkoeffizienten links des Gleichheitszeichens. Mehrere unterschiedliche Vorgehensweisen sind möglich:

– *Alle drei Beobachterpole sind verschieden* ($\nu_u = \nu_{R_1} + \nu_{R_2}$), *d. h. die Synthesegleichung ist* (n + 3)-*ter und* G_u *dritter Ordnung: den 8 bekannten Nennerkoeffizienten stehen 9 Unbekannte gegenüber, so daß einer davon als Lösungsparameter beliebig vorgegeben werden kann.*

– *Der Beobachterpol* 1. *Ordnung deckt sich mit einem der Pole* 2. *Ordnung* (*d. h. diese sind reell*); *nun ist die Synthesegleichung* (n + 2)-*ter und* G_u *zweiter Ordnung* ($\nu_u = \max(\nu_{R_1}, \nu_{R_2})$). *Den sieben bekannten Nennerkoeffizienten im Beispiel stehen acht Unbekannte gegenüber; wieder kann einer als Lösungsparameter frei festgelegt werden.*

In beiden Fällen kann dies die Lage einer Nullstelle oder der Wert einer Verstärkung sein. Eine allgemeingültige Empfehlung, welcher Wert wie festgelegt werden sollte, ist unabhängig vom Problem wohl kaum zu geben. Hier kann der Anwender seine Erfahrung mit ins Spiel bringen und verschiedene Möglichkeiten erproben.

Es hängt von der Besetzung des Nennerpolynoms N_s der Strecke sowie den verschiedenen Zählerpolynomen $Z_{x_\varrho}(s)$ in Gl. (6.64) ab, mit welchen Zählerpolynomen $Z_{R_i}(s)$ auf der rechten Seite eine vollständige Besetzung aller Koeffizienten der Potenzen s^i erreicht wird. Zur Beobachtung anderer Größen sind nur solche Übertragungskanäle geeignet, in denen der Nenner der Übertragungsfunktion G_{y_i} mindestens 2. Grades ist (hierbei sollten Beinahekürzungen von Polen und Nullstellen als vollständige Kürzungen gezählt werden). Die Meßgrößen sind zweckmäßigerweise so auszuwählen, daß das Ziel der vollen Besetzung aller Koeffizienten auf der rechten Seite von Gl. (6.64), wobei diese voneinander linear unabhängig sein müssen, mit (sprungfähigen) Reglerübertragungsfunktionen R_i vom Grad $\nu_{R_i} = 1$ bis 2 erreicht wird. Dabei können zur Reduzierung des Grades der Synthesegleichung die Beobachterpole soweit möglich gleich gewählt werden. Erreicht man das Ziel max. $\nu_{R_i} = 2$ und legt die Beobachterpole auf die reelle Achse, dann wird die Synthesegleichung (n + 2)-ter Ordnung, da in diesem Fall $\nu_u = 2$ die Beobachterbedingung zu erfüllen gestattet. Hierbei kann man im inneren G_u-Kreis gleich auf eine Washout-Realisierung zusteuern, die das Gleichungssystem etwas reduziert und im allgemeinen gute Resultate liefert, oder man kann v_0 als Lösungsparameter (wie in Abschn. 4.2) beibehalten, was den analytischen Lösungsweg leicht vereinfacht und auch andere Realisierungen ermöglicht.

Bisher wurde nur der Fall betrachtet, daß die Regelgröße w eine der Zustandskomponenten x_i ist. Diese Kreisschließung wurde als äußerste gewählt und liefert die Nullstellen des geschlossenen Kreises. Das Ergebnis hierfür kann wie folgt zusammengefaßt werden:

Bei einem System n*-ter Ordnung können durch einen Beobachterregler mit* p *Kompensationsgliedern* R_i *in den Rückführzweigen der* p *Meßsignale* y_{mi} *alle Eigenwerte des geschlossenen Kreises beliebig positioniert werden, wenn die* p *Übertragungsfunktionen* $G_{y_{mi}}$ *in der reduzierten Form (Pole und Nullstellen gekürzt) alle* n *Eigenwerte enthalten.*

Der Grad ν_{R_i} *der sprungfähigen Kompensationsglieder* $R_i(s)$ *soll höchstens* $n_i - 1$ *sein, mit* n_i = *Nennergrad der Übertragungsfunktion* $G_{y_{mi}}$ *(bei Beinahekürzungen sollte man die betroffenen Pole bei* n_i *nicht mitzählen). Die Meßgrößen sind so auszuwählen, daß die Ordnung der Beobachterregler* 1 *oder* 2 *sein kann. Um den Bau- und Analyseaufwand gering zu halten, können die Beobachterpole gleich gewählt werden; dann ist der Grad* ν_u *der dynamischen* u*-Rückkopplung* $\nu_u = \max_i(\nu_{R_i})$ *und die Synthesegleichung* $(n + \nu_u)$*-ter Ordnung. Wenn* $\sum_{i=1}^{p} \nu_{R_i} + p$ *gleich* n *gewählt wird, sind die Verstärkungen und Zählernullstellen alle durch Koeffizientenvergleich in der Synthesegleichung bestimmbar (s. auch Anhang* A3*); ist die Summe größer* n, *kann man entsprechend viele Reglerparameter frei vorgeben. Zur Lösung der Synthesegleichung müssen im allgemeinen alle Koeffizienten ungleich* 0 *sein; dies ist durch die Wahl der Meßgrößen und den Grad* ν_{R_i} *mit* $\nu_u \leqslant n - p$ *stets erreichbar.*

Ist der Sollverlauf $w_s = \vec{g}^T \vec{y}_s$ gemäß Gln. (6.5) (6.6) eine gewichtete Summe der Ausgangsgrößen $\vec{y}$ und werden diese mit den Kompensationsgliedern $R_i(s)$ (p Komponenten wie $\vec{y}$) zurückgekoppelt, so zeigt Bild 6.15 das zugehörige Blockdiagramm. Daraus folgt in Vektorschreibweise

$$(w_s - \vec{R}^T \vec{y} - G_u u/V)V = u; \qquad w = \vec{g}^T \vec{y} = \vec{g}^T C \vec{G}_x u$$

und mit Gln. (6.4), (6.10) ($\vec{\gamma}$ als n-Zeilenvektor, N_s ungekürzt vom Grad n)

$$G_{K_w} = \frac{w}{w_s} = \frac{V\vec{g}^T C \vec{G}_x}{1 + G_u + V\vec{R}^T C \vec{G}_x} = \frac{V\vec{g}^T C \vec{Z}_x(s)/N_s(s)}{1 + G_u + \vec{\gamma}(s)\vec{G}_x(s)}.$$

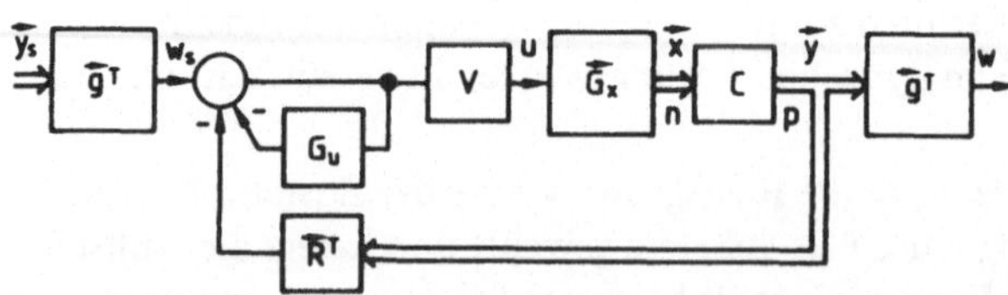

Bild 6.15 Allgemeiner Fall des mehrschleifigen Beobachterreglers

Die Nullstellen dieser Übertragungsfunktion liegen mit $\vec{g}$, C und $\vec{Z}_x$ fest. Als Synthesegleichung für den Beobachterregler erhält man

$$[vN_{K_s} - N_s]N_u = k_u Z_u N_s + \vec{\gamma}(s)\vec{Z}_x. \qquad (6.64a)$$

Die Berechnung der Koeffizienten und die Wahl der Parameter erfolgt analog zu obigem Vorgehen (s. auch Anhang A3).

6.2 Multivariable Systeme

Systeme mit mehreren Steuervariablen können auch in der Form (6.1) geschrieben werden, wobei nun aber die μ Steuerungskomponenten u_1 bis u_μ zu einem Steuervektor $\vec{u}$ zusammengefaßt werden, der über die Steuerkoeffizientenmatrix B, bestehend aus den μ Spaltenvektoren $\vec{b}_i$, auf die Ableitungen $\dot{\vec{x}}$ wirkt. Dies schreibt sich mit B als $n * \mu$-Matrix

$$\dot{\vec{x}} = A\vec{x} + B\vec{u}; \qquad \vec{y} = C\vec{x}. \qquad (6.65)$$

Mit der Laplace-Transformation folgt analog zu Abschn. 6.1 für verschwindende Anfangswerte

$$\vec{X}(s) = (sE - A)^{-1}B\vec{U}(s) = G_x\vec{U}(s) \qquad (6.66a)$$

$$\vec{Y}(s) = C(sE - A)^{-1}B\vec{U}(s) = G_M\vec{U}(s), \qquad (6.66b)$$

wobei G_x eine „Zustandsübertragungsmatrix“ mit n Zeilen und μ Spalten, G_M eine „Übertragungsmatrix“ mit p Zeilen (= Anzahl der Ausgangsgrößen y) und μ Spalten ist. Jedes Element davon ist eine skalare Übertragungsfunktion gemäß Kapitel 2 bis 4, die im ungekürzten Zustand ein Nennerpolynom n-ten Grades besitzt. Alle G_{ij} haben den selben Nenner; sie unterscheiden sich im Zähler $k_{ij}Z_{ij}(s)$, der in seiner Gesamtheit ebenfalls als Matrix Z_M geschrieben werden kann.

Die allgemeine Zustandsregelung ergibt sich mit einer Rückkopplung aller Zustandsgrößen x_i auf alle Steuerungen u_j mit der Aufschaltmatrix K (n Zeilen, μ Spalten)

$$\vec{U} = K^T(\vec{X}_s - \vec{X}). \qquad (6.67)$$

Hiermit erhält man aus Gl. (6.65) für das geregelte System das Ergebnis

$$\vec{X}(s) = (sE - A + BK^T)^{-1}BK^T\vec{X}_s(s). \qquad (6.68)$$

In dieser allgemeinen Form ist das Ergebnis leicht angebbar. Die Durchführung einer konkreten Reglersynthese ist wegen der vielen Variablen und Reglerparameter ($n * \mu$ Koeffizienten K_{ij}) jedoch meist keine einfache Aufgabe. Für ihre eingehendere Diskussion ist hier kein Raum. Nicht einmal die erforderlichen Begriffsbildungen können hinreichend diskutiert werden; so ist z. B. der Begriff der Nullstelle in diesem Zusammenhang genauer zu fassen (vgl. [63, 64]) und es ergeben sich spezielle kanonische Formen der Darstellung und eine Reihe zusätzlicher Entwurfsgesichtspunkte wie z. B. die Entkopplung von Teilsystemen (s. [70]). Der interessierte Leser sei auf die weiteren Literaturstellen [3, 32, 35, 39, 79, 80] verwiesen.

Als Ausblick auf die Vielfalt dieses weiten Gebietes sei der Fall eines Systems mit zwei Steuerungen ($\mu = 2$) erläutert, wobei je eine Zustandskomponente über Kompensationsglieder R_1 und R_2 auf je eine Steuerfunktion rückgekoppelt werden soll. Dies ist der einfachste Fall der Mehrgrößenregelung.

6.2.1 Umwandlung in sequentielle Kreisschließungen

Bild 6.16 zeigt das Blockschaltbild des oben genannten Spezialfalles. Man liest daraus die Gültigkeit folgender Gleichungen ab:

$$\begin{aligned} &(X_{is} - R_1(s)X_i)V_1 = U_1; \qquad X_i = G_{i1}U_1 + G_{i2}U_2 \\ &(X_{ns} - R_2(s)X_n)V_2 = U_2; \qquad X_n = G_{n1}U_1 + G_{n2}U_2. \end{aligned} \tag{6.69}$$

Über die rechten Gleichungen könnte man U_1 und U_2 isolieren und in die linken Gleichungen einsetzen, woraus sich die vier besonders interessierenden Übertragungsfunktionen des geschlossenen Kreises $G_{K_{ii}} = X_i/X_{is}$, $G_{K_{in}} = X_i/X_{ns}$, $G_{K_{ni}} = X_n/X_{is}$ und $G_{K_{nn}} = X_n/X_{ns}$ ermitteln lassen (und natürlich auch die übrigen $G_{K_{\varrho j}}$).
Zur Umwandlung in sequentielle Kreisschließungen sei hier ein anderes Vorgehen gewählt. Mit der ($n * 2$)-Matrix und $i = 1$

$$D = \begin{pmatrix} V_1R_1(s) & 0 \\ 0 & 0 \\ \vdots & \vdots \\ 0 & 0 \\ 0 & V_2R_2(s) \end{pmatrix} = \begin{pmatrix} d_{11} & 0 \\ 0 & 0 \\ \vdots & \\ 0 & 0 \\ 0 & d_{n2} \end{pmatrix} \tag{6.70}$$

schreibt sich Gl. (6.69) links

$$\vec{U}(s) = -D^T\vec{X}(s) + \begin{pmatrix} V_1X_{is} \\ V_2X_{ns} \end{pmatrix}.$$

Kombiniert man dies mit Gl. (6.66a) in der nicht aufgelösten Form, so folgt

$$[sE - A + BD^T]X(s) = B\begin{pmatrix} V_1X_{is} \\ V_2X_{ns} \end{pmatrix}.$$

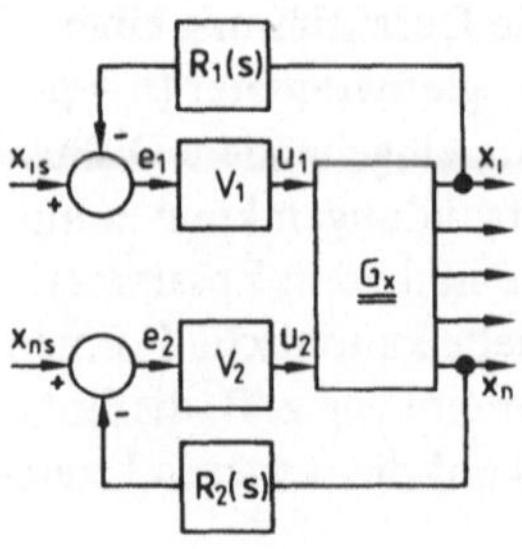

Bild 6.16
Einfachster Fall der Mehrgrößenregelung

Mit der Schreibweise (6.7a) erhält man für den speziellen Fall $X_{ns} = 0$, $i = 1$ die Übertragungsfunktion des geschlossenen Kreises $G_{K_{11}}$ zu

$$G_{K_{11}} = \frac{V_1 \, |\vec{b}_1 \;\; \vec{3} \;\; \vec{5} \ldots \overrightarrow{2n-1} + d_{n2}\vec{b}_2|}{|\vec{1} + d_{11}\vec{b}_1 \;\; \vec{3} \;\; \vec{5} \ldots \overrightarrow{2n-1} + d_{n2}\vec{b}_2|} \tag{6.71}$$

und mit dem Entwicklungssatz (6.9)

$$= \frac{V_1 [Z'_{x_1u_1} + d_{n2}Z'_{KZ}]}{\underbrace{N'_s + d_{n2}Z'_{x_nu_2}}_{N_a} + \underbrace{d_{11}[Z'_{x_1u_1} + d_{n2}Z'_{KZ}]}_{Z_a}} = \frac{Z_a/N_a}{1 + Z_a/N_a} \cdot \frac{1}{R_1(s)}. \tag{6.71a}$$

Hierbei sind N'_s und $Z'_{x_iu_j}$ die nicht normierten Nenner- und Zählerpolynome der Einzelübertragungsfunktionen $G_{x_iu_j}$ und Z'_{KZ} ist ein sogenanntes „Koppelzählerpolynom", das hier dadurch entsteht, daß man in der Determinante der Systemmatrix $sE - A$ die erste Spalte durch $\vec{b}_1$ und die letzte Spalte durch $\vec{b}_2$ ersetzt. Wird (allgemeiner) die i-te Zustandsgröße auf u_1 und die j-te auf u_2 rückgekoppelt, so schreibt man in Bode-Normalform

$$Z'_{KZ} = k_{KZ} \cdot Z^{u_1u_2}_{x_ix_j}, \tag{6.72}$$

wobei der untere Index die Zustandsgröße angibt, die auf die im oberen Index an gleicher Stelle stehende Steuergröße aufgeschaltet wird. Mit der abgekürzten Schreibweise $Z_{x_1} = Z_{x_1u_1}$ und $Z_{x_n} = Z_{x_nu_2}$ erhält man in Bode-Normalform ($Z'_{x_i} = k_{x_i}Z_{x_i}$) mit Gl. (6.70) und $k_{R_1} = k_{R_2} = 1$

$$Z_a = V_1 \cdot \frac{Z_{R_1}}{N_{R_1}} k_{x_1}Z_{x_1} \left(1 + \frac{V_2 k_{KZ} Z_{R_2} Z^{u_1,u_2}_{x_1,x_n}}{k_{x_1} N_{R_2} Z_{x_1}}\right) \tag{6.73a}$$

$$\frac{1}{N_a} = \frac{V_2 k_{x_n} Z_{R_2} Z_{x_n}}{N_{R_2}N_s + V_2 k_{x_n} Z_{R_2} Z_{x_n}} \cdot \frac{N_{R_2}}{V_2 k_{x_n} Z_{R_2} Z_{x_n}}. \tag{6.73b}$$

Den Klammerausdruck in (6.73a) kann man als Nenner einer Einheitskreisschließung um die Übertragungsfunktion

$$\text{Kreis ① } \quad \frac{d_{n2}Z'_{KZ}}{Z'_{x_1}} = V_2 \frac{k_{KZ}}{k_{x_1}} \frac{Z_{R_2} Z^{u_1,u_2}_{x_1,x_n}}{N_{R_2} Z_{x_1}} \tag{6.74}$$

auffassen, in der das Produkt aus Koppelzählerpolynom und Kompensationsgliedzähler als Zählerpolynom und das Produkt aus x_i-Übertragungsfunktions- Z ä h l e r und Kompensationsgliednenner als Nennerpolynom auftreten. Der erste Term rechts in Gl. (6.73b) kann als geschlossener Einheitsregelkreis um die Übertragungsfunktion

$$\text{Kreis ② } \quad d_{n2}G_{x_n} = V_2R_2G_{x_n} = V_2 k_{x_n} \frac{Z_{R_2}Z_{x_n}}{N_{R_2}N_s} \tag{6.75}$$

interpretiert werden (vgl. Gl. (3.35)), wobei der zweite Faktor in Gl. (6.73b) besagt, daß hiervon für $1/N_a$ nur der Nenner zu übernehmen ist. Man beachte, daß in beiden Kreisschließungen dasselbe Kompensationsglied $V_2R_2(s)$ auftritt. N_{R_2} hebt sich im Produkt Z_a/N_a heraus.

Als Übertragungsfunktion für die äußere Kreisschließung gemäß Gl. (6.71a) erhält man daher

$$\begin{aligned} \frac{Z_a}{N_a} &= V_1 \frac{Z_{R_1}}{N_{R_1}} \left[\frac{k_{x_1} Z_{x_1} N_{R_2} + V_2 k_{KZ} Z_{R_2} Z^{u_1, u_2}_{x_1, x_n}}{N_{R_2} N_s + V_2 k_{x_n} Z_{R_2} Z_{x_n}} \right] \\ &= \frac{V_1 Z_{R_1}}{N_{R_1}} \left[\frac{\text{Nennerpolynom aus Kreis ①}}{\text{Nennerpolynom aus Kreis ②}} \right]; \end{aligned} \tag{6.76}$$

bei dieser äußeren Kreisschließung bleibt das Zählerpolynom erhalten. Aus Gl. (6.76) erkennt man, daß durch das Auftreten des Koppelzählerpolynoms, d. h. durch die Beteiligung von zwei Steuergrößen an der Regelung, die Nullstellen von $G_{Kx_1, x_{1s}}$ (Gl. (6.71)) nicht mehr mit denen von $G_{x_1u_1}(Z_{x_1u_1})$ identisch sind, sondern auch verschoben wurden. Dies läßt sich in dem allgemein gültigen Satz ausdrücken:

Bei Regelungen mit mehreren Steuergrößen können auch die Nullstellen der Einzelübertragungsfunktionen verschoben werden. Hierin kommen die zusätzlichen Freiheitsgrade gegenüber den mehrschleifigen Eingrößenregelkreisen zum Ausdruck. (6.77)

Aus der Vorgehensweise für den hier behandelten einfachsten Mehrgrößenfall wird klar, wie schnell sich die Problematik aufweitet, wenn man die gleichen Meßgrößen auf beide Steuerungen rückkoppelt, mehr Meßgrößen verwendet oder gar weitere Steuerungen genutzt werden sollen. Das gezeigte Vorgehen ist prinzipiell anwendbar, aber nicht sehr handlich.

Viele praktische Fälle halten sich jedoch in dem behandelten Rahmen; dies sei abschließend an einem Beispiel aus der Flugregelung demonstriert.

6.2.2 Beispiel Flugzeugseitenbewegung

Die Bewegung eines Flugzeugs um einen stationären Arbeitspunkt, z. B. horizontaler Geradeausflug mit Schub = Widerstand, läßt sich mit zwei entkoppelten Teilsystemen beschreiben, von denen die „Längsbewegung" die drei Freiheitsgrade in der Vertikalebene (horizontale und vertikale Translation, Rotation in der Vertikalebene) umfaßt und die „Seitenbewegung" die übrigen drei: die seitliche Versetzung y_f mit der Geschwindigkeit v, die Drehung um die Körperlängs- und um die -hochachse. Bild 6.17 zeigt die geometrischen Verhältnisse und das Koordinatensystem. Da die Kräfte und Momente in den Freiheitsgraden der Seitenbewegung, aus der unser Beispiel entstammt, nicht von der Flugrichtung ($\triangleq \psi_0$) und der seitlichen Lage y_f abhängen, in jedem Freiheitsgrad aber eine Newtonsche Gleichung 2. Grades gilt, ergibt sich ein Differentialgleichungssystem 4. Ordnung. Die beiden Steuergrößen der Seitenbewegung sind das Querruder (Winkelausschlag ξ), das „Rollmomente L" um die x_f-Achse erzeugen soll, aber auch

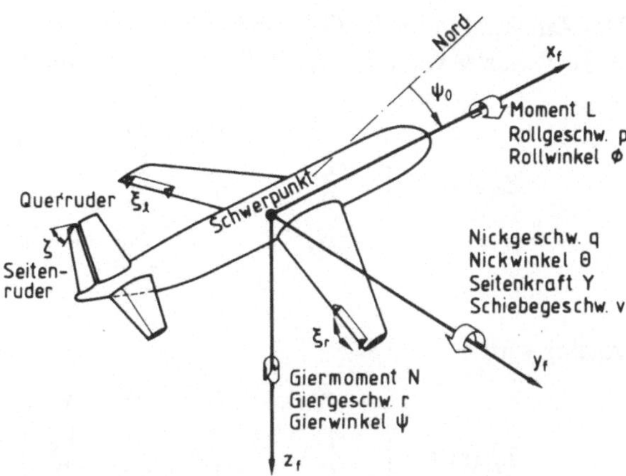

Bild 6.17 Achsenkreuz und Bezeichnungen der Seitenbewegung

Störmomente um die Hochachse (N_{st}) bewirkt, und das Seitenruder (Winkelausschlag ζ), das zur Erzeugung von „Giermomenten N" um die Hochachse z_f vorgesehen ist, aber auch Rollstörmomente L_{st} generiert. Mit den Kraft- und Momenten-„Derivativen"

$$Y_v \equiv \frac{\partial Y}{\partial v} \cdot \frac{1}{m}; \qquad L_p \equiv \frac{\partial L}{\partial p} \cdot \frac{1}{I_x} \ldots N_\zeta \equiv \frac{\partial N}{\partial \zeta} \cdot \frac{1}{I_z}, \tag{6.78}$$

einer in der Flugmechanik weit verbreiteten Schreibweise zur Kurzbezeichnung der linearisierten Einzelterme der rechten Seiten der Differentialgleichungen, erhält man als Differentialgleichungssystem (6.65) in körperfesten Koordinaten (in vereinfachter Form, für genauere Beschreibungen siehe [9, 51])

$$\dot{\vec{x}} \quad = \quad A\vec{x} \quad + \quad (\vec{b}_1 \quad \vec{b}_2) \quad \vec{u}$$

$$\begin{pmatrix} \dot{v} \\ \dot{p} \\ \dot{\Phi} \\ \dot{r} \end{pmatrix} = \begin{pmatrix} Y_v & 0 & g & -U_0 \\ L_v & L_p & 0 & L_r \\ 0 & 1 & 0 & 0 \\ N_v & N_p & 0 & N_r \end{pmatrix} \begin{pmatrix} v \\ p \\ \Phi \\ r \end{pmatrix} + \begin{pmatrix} 0 & Y_\zeta \\ L_\xi & L_\zeta \\ 0 & 0 \\ N_\xi & N_\zeta \end{pmatrix} \begin{pmatrix} \xi \\ \zeta \end{pmatrix} \tag{6.79}$$

Dies führt zur Systemmatrix

$$(sE - A) = \begin{pmatrix} s - Y_v & 0 & -g & U_0 \\ -L_v & s - L_p & 0 & -L_r \\ 0 & -1 & s & 0 \\ -N_v & -N_p & 0 & s - N_r \end{pmatrix} \tag{6.80}$$

mit der Determinante

$$N'(s) = \sum_{i=0}^{4} C_i s^i = \det(sE - A). \tag{6.81}$$

Das Zählerpolynom der $G_{\Phi\xi}$-Übertragungsfunktion wird hieraus durch Einsetzen von $\vec{b}_1$ in die Φ-Spalte von (sE − A) (s. Spalte 3) und Determinantenbildung erhalten

$$Z'_{\Phi\xi}(s) = \begin{vmatrix} s-Y_v & 0 & 0 & U_0 \\ -L_v & s-L_p & L_\xi & -L_r \\ 0 & -1 & 0 & 0 \\ -N_v & -N_p & \underbrace{N_\xi}_{\vec{b}_1} & s-N_r \end{vmatrix} . \tag{6.82a}$$

Analog wird

$$Z'_{r\zeta}(s) = \begin{vmatrix} s-Y_v & 0 & -g & Y_\zeta \\ -L_v & s-L_p & 0 & L_\zeta \\ 0 & -1 & s & 0 \\ -N_v & -N_p & 0 & \underbrace{N_\zeta}_{\vec{b}_2} \end{vmatrix} \tag{6.82b}$$

und
$$Z'_{KZ}(s) = \begin{vmatrix} s-Y_v & 0 & 0 & Y_\zeta \\ -L_v & s-L_p & L_\xi & L_\zeta \\ 0 & -1 & 0 & 0 \\ -N_v & -N_p & \underbrace{N_\xi}_{\vec{b}_1} & \underbrace{N_\zeta}_{\vec{b}_2} \end{vmatrix} = Z^{\xi\zeta}_{\Phi r} . \tag{6.82c}$$

Mit den Zahlenwerten g = 9,81 [m/s²]; U_0 = 200 [m/s] (Machzahl 0,63 in 6 [km] Höhe); $Y_v = -0{,}083$; $Y_\zeta = 0{,}0116$; $L_v = -0{,}0227$; $L_p = -1{,}7$; $L_r = 0{,}172$; $L_\xi = 27{,}3$; $L_\zeta = 0{,}576$; $N_v = 0{,}0169$; $N_p = -0{,}0654$; $N_r = -0{,}0893$; $N_\xi = 5{,}11$ und $N_\zeta = -1{,}36$ (Winkel in Radian, Beschleunigung in [m/s²]; Geschwindigkeit in [m/s]; Drehgeschwindigkeit in [rad/s]) folgt hieraus in faktorisierter Form [51]

$$\begin{aligned} N(s) &= (s-0{,}00135)(s+1{,}78)[s^2 + 2(0{,}0243)\,1{,}88s + 1{,}88^2] \\ \kappa_{\Phi\xi} Z_{\Phi\xi} &= 27{,}3[s^2 + 2(0{,}05)\,2{,}06s + 2{,}06^2] \\ \kappa_{r\zeta} Z_{r\zeta} &= -1{,}36(s+1{,}78)[s^2 + 2(0{,}006)\,0{,}29s + 0{,}29^2] \\ \kappa_{KZ} Z^{\xi\zeta}_{\Phi r} &= -40(s+0{,}05). \end{aligned} \tag{6.83}$$

Bild 6.18 zeigt die Polnullstellenkonfiguration für die Übertragungsfunktion $G_{\Phi\xi}$. Eine Eigenbewegungsform ist schwach instabil. Die schwingende Eigenbewegungsform ist zu schwach gedämpft ($\zeta_D = 0{,}0243$). Koppelt man ein gemischtes Signal $-V_\Phi(\Phi + k_D\dot{\Phi})$ aus Winkelabweichung Φ und Drehgeschwindigkeit $\dot{\Phi} = p$ (zur Vorhaltbildung) auf das Querruder zurück, d. h. $R_1 = V_\Phi(1 + sT_{D\Phi})$, um automatisch die Flügel des Flugzeugs waagrecht zu halten, so erkennt man am Wurzelort, daß der instabile Eigenwert in die linke Halbebene wandert, aber die schwingende, schwach gedämpfte Bewegungsform zunächst instabil wird und auch für große Verstärkungen wegen des kleinen Dämpfungsgrades ζ_Φ der Nullstellen nicht wesentlich besser gedämpft werden kann als im ungeregelten Fall.

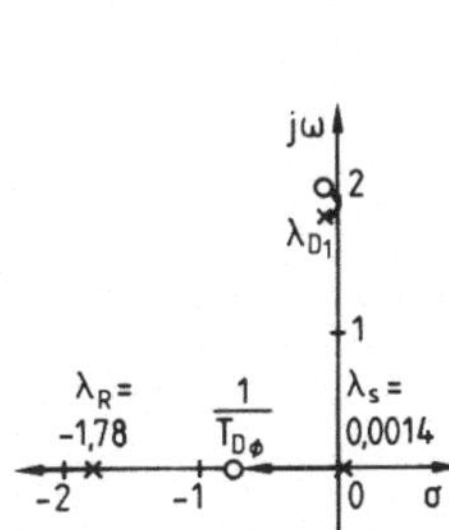

Bild 6.18 Rückkopplung von Rollwinkel Φ und -geschwindigkeit p auf das Querruder ξ

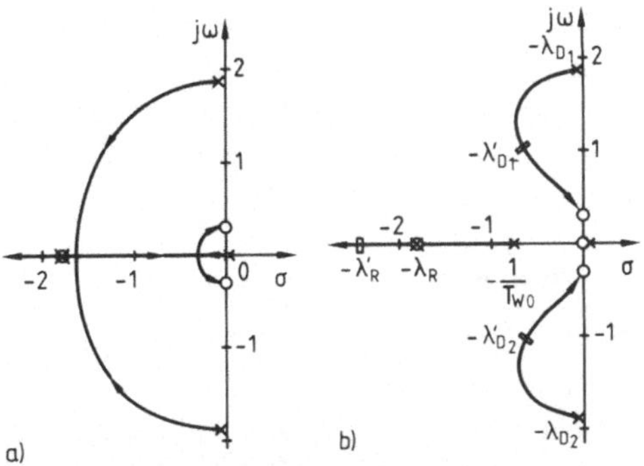

Bild 6.19 Gierdämpfer-Regelkreis: a) ohne, b) mit Washout-Filter

Die $G_{r\zeta}$-Übertragungsfunktion hat eine Nullstelle genau auf dem Pol λ_R liegen, so daß diese Bewegungsform durch eine Aufschaltung der Giergeschwindigkeit r auf das Seitenruder ζ nicht beeinflußt werden kann. Wie der Wurzelort Bild 6.19a zeigt, kann durch diesen Regelkreis die schwingende Bewegungsform gedämpft und der Eigenwert λ_s in die linke Halbebene geschoben werden. Dieser „Gierdämpfer"-Regelkreis hat eine so wohltuende Wirkung, daß er heute in fast keinem geregelten Flugzeug fehlt. Er bleibt zur Stabilitätsverbesserung des Flugzeugs auch eingeschaltet, wenn der Pilot selbst das Flugzeug steuert und die höheren Autopilotenfunktionen wie z. B. die Kurssteuerung ausschaltet. Damit dann bei gewollten stationären Kurven der Gierdämpfer nicht gegen den Piloten arbeitet, wird in diesen Regelkreis als Kompensationsglied ein „Washout-Filter" der Form

$$R_2 = s/(s + 1/T_{W_0}) \tag{6.84}$$

eingebaut. Wählt man T_{W_0} zu klein, wird die Dämpfungsfunktion zu stark reduziert; wählt man es zu groß, arbeiten Regler und Pilot zu sehr gegeneinander. Als brauchbarer Kompromiß haben sich Werte der Größenordnung 1[s] erwiesen. Mit diesem Washout-Glied kann nun aber wegen der Nullstelle im Ursprung der instabile Eigenwert λ_s nicht mehr stabilisiert werden (Bild 6.19b); auch die Dämpfungsmöglichkeit für die schwingende Bewegungsform ist reduziert, aber noch hinreichend. Zum automatischen Flug mit genügender Dämpfung müssen also beide Regelkreise gemeinsam geschlossen werden. Bild 6.20 zeigt die drei Kreisschließungen gemäß Abschn. 6.2.1 im Wurzelort: Die beiden Teilbilder 6.20a und c werden gleichzeitig betrachtet, da in ihnen dasselbe Kompensationsglied R_2 vorkommt. Die Verstärkung V_2 wird im Gierdämpferregelkreis 6.20c so gewählt, daß die schwingende Bewegungsform ω_{n_D} im Bereich maximaler Dämpfung (σ_{min}, vertikale Tangente) bis maximalen Dämpfungsgrades (ζ_{max}, Strahl vom Ursprung als Tangente an die Wurzelortskurve) liegt. Im Koppelzählerwurzelort 6.20a wandert damit das Polpaar ω_{n_Φ} ähnlich Bild 6.20c (hier nur spiegelsymmetrisch gezeichnet). Der Pol des Washout-Gliedes $1/T_{W_0} = 0{,}75$ wird in beiden Fällen auf etwas über $-2{,}3$ geschoben.

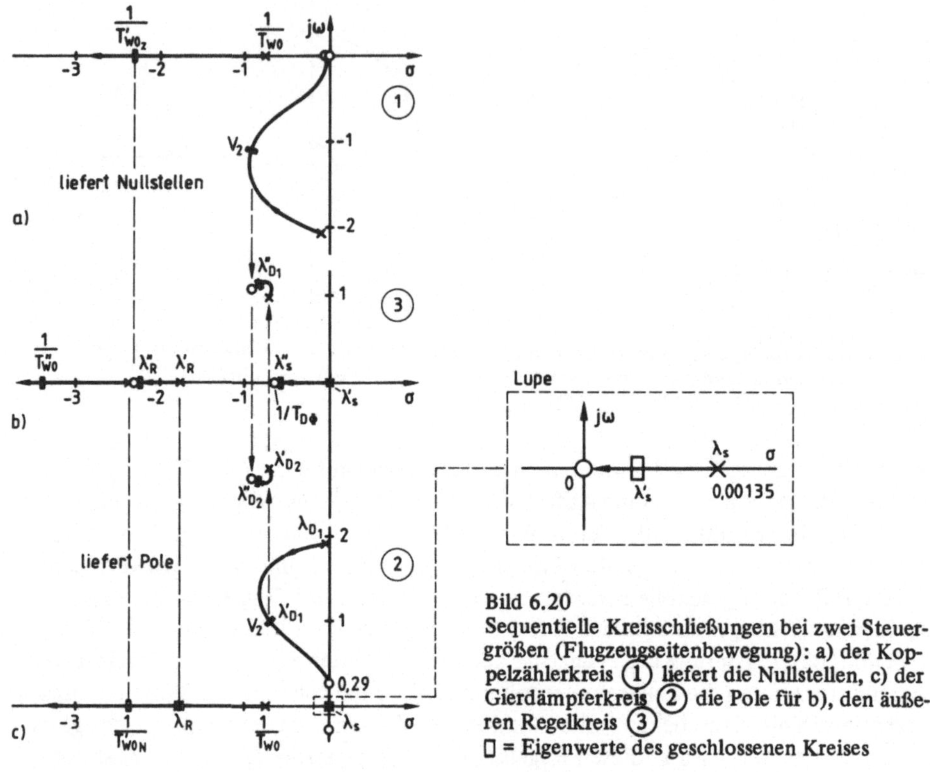

Bild 6.20
Sequentielle Kreisschließungen bei zwei Steuergrößen (Flugzeugseitenbewegung): a) der Koppelzählerkreis ① liefert die Nullstellen, c) der Gierdämpferkreis ② die Pole für b), den äußeren Regelkreis ③
□ = Eigenwerte des geschlossenen Kreises

Gemäß Gl. (6.76) werden die Pole des geschlossenen Kreises ① die Nullstellen für die Kreisschließung ③ und die Pole des geschlossenen Kreises ② die Pole dieser Kreisschließung ③; beide sind zu ergänzen um die Anteile aus dem Kompensationsglied V_1R_1, im vorliegenden Fall die Nullstelle $1/T_{D\Phi} = 0{,}8$. Die hieraus resultierende Kreisschließung zeigt Bild 6.20b. Das schwingende Eigenwertpaar ändert seine Lage kaum und der instabile Eigenwert wird stabilisiert (λ_s''), so daß sich insgesamt ein zufriedenstellendes geregeltes System ergibt.

Anhang

A1 Ableitungen zum Glied 2. Ordnung

Für das konjugiert komplexe Polpaar erhält man

$$G_2(s) = \frac{b}{(s-\sigma_p - j\omega_p)(s-\sigma_p + j\omega_p)} = \frac{b}{(s-\sigma_p)^2 + \omega_p^2}$$

$$= \frac{b}{s^2 - 2\sigma_p s + \underbrace{\sigma_p^2 + \omega_p^2}_{\omega_{np}^2}} = \frac{b/\omega_{np}^2}{\left(\frac{s}{\omega_{np}}\right)^2 - 2\frac{\sigma_p}{\omega_{np}}\frac{s}{\omega_{np}} + 1}$$

und mit $\omega_{np}^2 = a_0$; $\bar{s} = s/\omega_{np}$; $\zeta = -\sigma_p/\omega_{np} = a_1/(2\sqrt{a_0})$; $k = b/a_0$ folgt die „Bode-Normalform" des Gliedes 2. Ordnung (absoluter Nennerkoeffizient = 1 und polare Beschreibung der mit $\omega_{np} = \sqrt{a_0}$ normierten Variablen $\bar{s}$)

$$G_{2B}(\bar{s}) = k/(\bar{s}^2 + 2\zeta\bar{s} + 1). \tag{A1.1}$$

In Abschn. 2.3.1.5 wurde dargelegt, daß das gewünschte Ausgangssignalverhalten (schnelles Einschwingen in Schwellwertbereich um neue Ruhelage, maximales Überschwingen bei Stufen- und Sinuseingang) als Funktion von ζ definiert werden kann; deshalb wird im folgenden auch s (neben G) in Polarkoordinaten dargestellt (vgl. Bild 2.74), um ähnlich wie bei den bisher besprochenen Gliedern für $\xi = 0$ und $\xi = -1$ nun zusätzlich Schnitte durch das 3D-Relief von G(s) für $\xi = -\zeta_s$ (beliebig) einfach durchführen zu können, was Regelkreissynthese-Aufgaben erleichtern wird.
Der Einfluß von $\bar{s}$ bei vorgegebenem polaren Winkel α ($\bar{s} = \bar{\omega}_n e^{j\alpha}$, $\cos\alpha = \xi$) auf Betrag und Argument von G_{2B} wird im folgenden untersucht. Gegenüber dem Glied 1. Ordnung ist hier der weitere Parameter ζ noch im Spiel. Für $\zeta = 1$ hat man den Doppelpol 1. Ordnung als Grenzfall, der oben bereits besprochen wurde. Bild 2.75 zeigt den Betrag und Argumentverlauf entlang den σ- und ω-Achsen. Hieraus ist zu hoffen, daß auch die Fälle $\zeta < 1$ entsprechend symmetrische Verläufe ergeben.

Betragsverlauf. Schreibt man wie oben für $\bar{s} = \bar{\sigma} + j\bar{\omega} = \bar{\omega}_n\xi + j\bar{\omega}_n\sqrt{1-\xi^2}$ in polaren Koordinaten, so wird $\bar{s}^2 = \bar{\sigma}^2 + j2\bar{\sigma}\bar{\omega} - \bar{\omega}^2 = \bar{\omega}_n^2[(2\xi - 1) + j2\xi\sqrt{1-\xi^2}]$ und aus (A1.1)

$$G_{2B} = \frac{k}{[\bar{\omega}_n^2(2\xi^2 - 1) + 2\bar{\omega}_n\zeta\xi + 1] + j[2\bar{\omega}_n\sqrt{1-\xi^2}(\bar{\omega}_n\xi + \zeta)]} =$$

$$= \frac{k}{R_N + jI_N}. \tag{A1.1a}$$

Hieraus erhält man nach einigen Zwischenrechnungen in logarithmierter Form:

$$\lg|G_{2B}| = \lg k - \frac{1}{2}\lg\{\bar{\omega}_n^4 + 1 + 4\bar{\omega}_n\zeta\xi(\bar{\omega}_n^2 + 1) + 2\bar{\omega}^2[2(\xi^2 + \zeta^2) - 1]\} \tag{A1.2a}$$

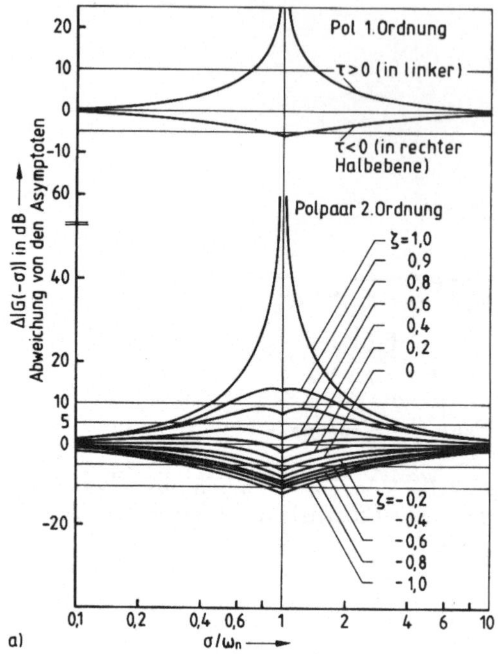

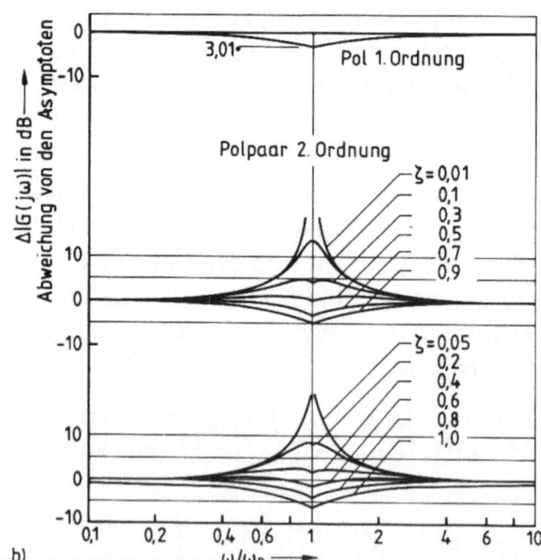

Bild A1.1 a) Abweichungskurven für den Verlauf $|G(-\sigma)|$ von den Asymptoten bei logarithmischer Auftragung
b) Abweichungskurven für den Amplitudengang von den Asympoten bei logarithmischer Auftragung (konventionelles Bode-Diagramm)
Kurven zur besseren Übersichtlichkeit in zwei Scharen gezeichnet:
oben: ungerade Zehntel in ζ, unten: gerade Zehntel in ζ

$$= \lg k - 2 \lg \bar{\omega}_n - \frac{1}{2} \lg \left\{ 1 + \frac{1}{\bar{\omega}_n^4} + \frac{4}{\bar{\omega}_n} \zeta\xi \left(1 + \frac{1}{\bar{\omega}_n^2} \right) + \frac{2}{\bar{\omega}_n^2} [2(\xi^2 + \zeta^2) - 1] \right\}. \tag{A1.2b}$$

Man erkennt wieder, daß der letzte Term in den beiden Gleichungen identisch ist, falls $\bar{\omega}_n$ durch $1/\bar{\omega}_n$ ersetzt wird, d. h. daß bei logarithmischer Auftragung über log $\bar{\omega}_n$ diese Teilfunktion (die Asymptotenabweichung) spiegelsymmetrisch zu $\bar{\omega}_n = 1$ ist. Für $\bar{\omega}_n$ (bzw. $1/\bar{\omega}_n) \ll 1$ geht sie gegen 0. Für $\bar{\omega}_n < 1$ ist die Asymptote lg k (gleich der statischen Verstärkung; für $\bar{\omega}_n > 1$ ist sie lg k − lg $\bar{\omega}_n^2$ ($\hat{=} k/\bar{\omega}_n^2$), d. h. gleich der eines Doppelintegrators mit −40 dB/Dekade. Beide schneiden sich bei $\bar{\omega}_n = 1$. Abweichungskurven für $\xi = 0$ (Amplitudengang) und $\xi = -1$ (auf der negativen reellen Achse) zeigt Bild A1.1.
Für den Schnitt entlang der ω-Achse ($\xi = 0$, $\omega = \omega_n$) gilt speziell (mit $|G|_{dB} = 20 \lg |G|$)

$$|G_{2B}(\bar{\omega})|_{dB} = k_{dB} - 10 \lg \{\bar{\omega}^4 + 1 + 2\bar{\omega}^2(2\zeta^2 - 1)\}; \tag{A1.2c}$$

diese Funktion heißt Amplitudengang (vgl. Gl. (2.148)) und reduziert sich für $\zeta = 1$ auf den Doppelpol 1. Ordnung, während sie für $\zeta = 0$ (d. h. 2 konjugierte rein imaginäre Pole) den Verlauf

$$|G_{2Bs}(\bar{\omega})|_{dB} = k_{dB} - 20 \lg [\bar{\omega}^2 - 1] \tag{A1.2d}$$

hat (Bilder 2.53 und 2.76).
Der Schnitt entlang der negativen reellen Achse ($\xi = -1$, $\bar{\omega}_n = |\bar{\sigma}| = -\bar{\sigma}$) ergibt

$$|G_{2B}(-\bar{\sigma})|_{dB} = k_{dB} - 10 \lg \{\bar{\sigma}^4 + 1 + 4\bar{\sigma}\zeta(\bar{\sigma}^2 + 1) + 2\bar{\sigma}^2[1 + 2\zeta^2]\}, \tag{A1.2e}$$

mit folgenden Spezialfällen: Für den Doppelpol 1. Ordnung ($\zeta = 1$) erhält man das bekannte Ergebnis (Bild 2.75 oben), während für das rein imaginäre Polpaar ($\zeta = 0$) folgt:

$$|G_{2Bs}(-\bar{\sigma})|_{dB} = k_{dB} - 20 \lg [\bar{\sigma}^2 + 1]; \tag{A1.2f}$$

dieses Ergebnis entspricht dem Amplitudengang Gl. (A1.2c) für $\zeta = 1$.

Argumentverlauf. Aus Gl. (A1.1a) ergibt sich der Argumentverlauf als Funktion von $\bar{\omega}_n$, ξ und ζ zu

$$\sphericalangle G_2 = \varphi = \arctan \left[\frac{-I_N}{R_N} \right] = \arctan \left[\frac{-2\bar{\omega}_n \sqrt{1 - \xi^2}\,(\bar{\omega}_n \xi + \zeta)}{\bar{\omega}_n^2(2\xi^2 - 1) + 2\bar{\omega}_n \zeta\xi + 1} \right]. \tag{A1.3}$$

Entsprechend dem Vorgehen für das Glied 1. Ordnung erhält man für die Neigung von $\varphi(\lg \bar{\omega}_n)$ nach einigen Zwischenrechnungen

$$\frac{d\varphi}{d[\lg(\bar{\omega}_n)]} = -\frac{2\bar{\omega}_n}{c} \frac{\sqrt{1 - \xi^2}\,[2\xi\bar{\omega}_n + \zeta(\bar{\omega}_n^2 + 1)]}{\bar{\omega}_n^4 + 1 + 4\bar{\omega}_n \xi\zeta(\bar{\omega}_n^2 + 1) + 2\bar{\omega}_n^2[2(\xi^2 + \zeta^2) - 1]}. \tag{A1.4}$$

Dieser Funktionsverlauf hat ein Extremum bei $\bar{\omega}_n = 1$ mit

$$\left. \frac{d\varphi}{d[\lg(\bar{\omega}_n)]} \right|_{\bar{\omega}_n = 1} = -\frac{\sqrt{1 - \xi^2}}{c(\xi + \zeta)}; \quad c = \lg e = 0{,}4343, \tag{A1.4a}$$

bei $\quad \varphi(\bar{\omega}_n = 1) = \arctan(-\sqrt{1 - \xi^2}/\xi) = -\alpha.$ (A1.3a)

Bei diesem Wert $\bar{\omega}_n = 1$ ist also das Argument $\sphericalangle G_2$ gleich dem negativen Polarwinkel unabhängig von dem Dämpfungsgrad ζ des Polstellenpaares. Die Tangente im Wechselpunkt $\bar{\omega}_n = 1$ nach Gl. (A1.4a) schneidet die $\varphi = 0$-Asymptote bei $\bar{\omega}_{nt0}$ (s. Bild 2.75). Hiermit folgt aus

$$\left.\frac{d\varphi}{d[\lg \bar{\omega}_n]}\right|_{\bar{\omega}_n=1} (\lg 1 - \lg \bar{\omega}_{nt0}) = \varphi(\bar{\omega}_n = 1)$$

über (A1.3a) und (A1.4a)

$$\lg (\bar{\omega}_{nt0}) = -\alpha c(\xi + \zeta)/\sqrt{1 - \xi^2} \quad \text{(A1.5)}$$

und für den speziellen Fall $\xi = \sigma = 0$ (Phasengang, s. Bild 2.77)

$$\bar{\omega}_{nt0} = e^{-\zeta\pi/2}. \quad \text{(A1.5a)}$$

Für das Doppelglied ($\zeta = 1$) folgt wie gehabt $\bar{\omega}_{nt0} = 0{,}208 = 1/4{,}81$. Man sieht, daß für $\zeta < 1$ die Wendetangenten bei $\bar{\omega}_n = 1$ steiler sind und für $\zeta \to 0$ über alle Grenzen wachsen. Bei $\zeta = 0$ findet bei $\bar{\omega}_n = 1$ ein Phasensprung von $-180°$ statt.

Um allgemeine Symmetrieeigenschaften zu erkennen, bilden wir wieder $\varphi(\bar{\omega}_n) = \varphi(\bar{\omega}_n = 1) + \Delta\varphi(\bar{\omega}_n)$ und erhalten für die Abweichung von $\Delta\varphi(\bar{\omega}_n)$ von $\varphi(\bar{\omega}_n = 1)$ nach einem Vorgehen wie beim Glied 1. Ordnung

$$\tan \Delta\varphi(\bar{\omega}_n) = \frac{\sqrt{1-\xi^2}(1-\bar{\omega}_n^2)}{\xi(1+\bar{\omega}_n^2) + 2\bar{\omega}_n\zeta} = \frac{-\sqrt{1-\xi^2}(1-1/\bar{\omega}_n^2)}{\xi(1+1/\bar{\omega}_n^2) + 2\zeta/\bar{\omega}_n}. \quad \text{(A1.6)}$$

Speziell ist für $\xi = 0$

$$\tan \Delta\varphi(\bar{\omega}_n)|_{\xi=0} = \frac{1-\bar{\omega}_n^2}{2\bar{\omega}_n\zeta} = \frac{-(1-1/\bar{\omega}_n^2)}{2\zeta/\bar{\omega}_n}. \quad \text{(A1.6a)}$$

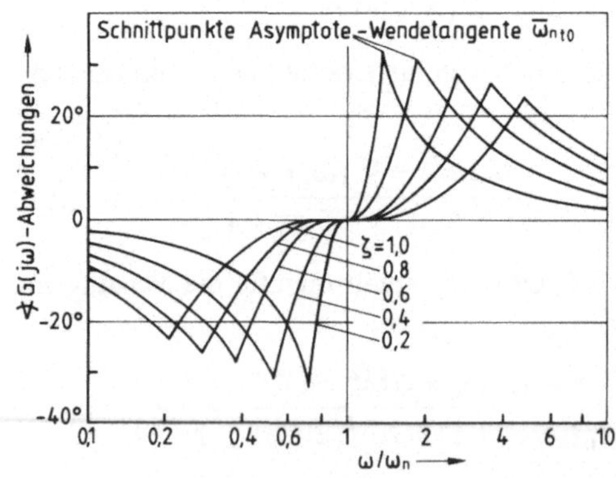

Bild A1.2 Abweichung des Phasenganges von den Hilfsgeraden $\Delta\varphi_H$ (Frequenzgang $G(j\omega)$)
– bei ω/ω_n entsprechend den Spitzen schneidet die (Wende-) Tangente die nieder- und hochfrequente Asymptote von $\varphi = 0°$ und $\varphi = -180°$
– die Abweichung dort ist leicht übertragbar
– mit zwei weiteren Punkten (etwa bei $\omega/\omega_n = 0{,}1$ bzw. 10) ist der Phasenverlauf meist gut skizzierbar

Wegen des Faktors $1-\bar{\omega}_n^2$ ist für $\bar{\omega}_n = 1$, unabhängig von ξ und ζ, $\Delta\varphi = 0$. Der Verlauf $\Delta\varphi(\bar{\omega}_n)$ ist bei Auftragung über $\lg \bar{\omega}_n$ wieder punktsymmetrisch zu $\Delta\varphi = 0$. Insbesondere ist $\Delta\varphi(\bar{\omega}_n \to \infty) = -\Delta\varphi(\bar{\omega}_n \to 0)$ d. h.

$$\varphi(\bar{\omega}_n \to \infty) = 2\varphi(\bar{\omega}_n = 1); \qquad \text{(A1.7)}$$

für $\xi = 0$ (Phasengang) ist $\varphi(\bar{\omega}_n = 1) = -90°$ (Gl. (A1.3a)) und

$$\varphi(\bar{\omega}_n \to \infty) = -180°. \qquad \text{(A1.7a)}$$

Bild A1.2 zeigt die Phasenabweichung von den 3 Asymptoten. Die Spitze an den Kurven markiert den Wert $\bar{\omega}_{n_{t0}}$. Damit ergeben sich für doppeltlogarithmische Auftragungen über der Gaußschen s-Zahlenebene ($\bar{s} = \bar{\omega}_n e^{j\alpha}$, $\alpha = \arccos \xi$) in jedem radialen Schnitt α, der den Ursprung enthält, symmetrische (Teil-) Funktionsverläufe.

A2 Algorithmus zur Berechnung verallgemeinerter Bode-Diagramme

A2.1 Theoretische Grundlage

Eine komplexe Zahl $s = \sigma + j\omega$ kann in Polarkoordinaten α und ω_n dargestellt werden durch

$$s = \omega_n e^{j\alpha} = \omega_n(\cos\alpha + j\sin\alpha). \qquad \text{(A2.1)}$$

Für ihre Potenzen erhält man über

$$s^2 = \omega_n^2(\underbrace{\cos^2\alpha - \sin^2\alpha}_{R(2)} + j\,\underbrace{2\cos\alpha\sin\alpha}_{E(2)})$$

$$s^3 = \omega_n^3[\underbrace{(R(2)\cos\alpha - E(2)\sin\alpha)}_{R(3)} + j\underbrace{(R(2)\sin\alpha + E(2)\cos\alpha)}_{E(3)}]$$

die rekursive Formel für die jeweiligen Real- (Re) und Imaginärteile (Im)

$$\begin{aligned} \mathrm{Re}\,(s^{k+1}) &= \omega_n^{k+1}\underbrace{[\mathrm{Re}\,(s^k)\cos\alpha - \mathrm{Im}\,(s^k)\sin\alpha]}_{R(k+1)} \\ \mathrm{Im}\,(s^{k+1}) &= \omega_n^{k+1}\underbrace{[\mathrm{Re}\,(s^k)\sin\alpha + \mathrm{Im}\,(s^k)\cos\alpha]}_{E(k+1)}. \end{aligned} \qquad \text{(A2.2)}$$

Dabei sind die eckigen Klammern unabhängig von ω_n und können für gegebenes α einmal vorab berechnet werden, wenn man das verallgemeinerte Bode-Diagramm $G(\omega_n|_\alpha)$ für festliegendes α ermitteln will.

Ein Polynom $N(s) = \sum_{k=0}^{n} a_{k+1} s^k$ läßt sich mit (A2.2) folgendermaßen schreiben

$$N(s) = \sum_{k=0}^{n} a_{k+1}\,\mathrm{Re}\,(s^k) + j\sum_{k=0}^{n} a_{k+1}\,\mathrm{Im}\,(s^k) = \overline{RN} + j\overline{EN},$$

wobei die Bezeichnungen der FORTRAN-Schreibweise angepaßt sind (Feldindizes beginnen bei 1; Variablennamen aus mehreren Buchstaben sind durch einen sie überdeckenden Strich gekennzeichnet und entsprechen den Bezeichnungen im Programm). Mit (A2.2) schreibt sich dies nach dem Horner-Schema

$$N(s) = \left\{(\ldots((\underbrace{\omega_n R(n) \cdot a_{n+1}}_{\overline{RA}(n)} + \underbrace{R(n-1)a_n}_{\overline{RA}(n-1)})\omega_n + \underbrace{R(n-2)a_{n-1}}_{\overline{RA}(n-2)})\omega_n + \ldots + \underbrace{R(1)a_2}_{\overline{RA}(1)})\omega_n + a_1\right\}$$
$$+ j\left\{(\ldots((\underbrace{\omega_n E(n)a_{n+1}}_{\overline{EA}(n)} + \underbrace{E(n-1)a_n}_{\overline{EA}(n-1)})\omega_n + \underbrace{E(n-2)a_{n-1}}_{\overline{EA}(n-2)})\omega_n + \ldots + \underbrace{E(1)a_2}_{\overline{EA}(1)})\omega_n + a_1\right\}. \quad \text{(A2.3)}$$

Die hier auftretenden Koeffizienten $\overline{RA}(k)$ und $\overline{EA}(k)$, $k = 1, \ldots, n$, sind nur von α und den Polynomkoeffizienten a_i abhängig und lassen sich deshalb unabhängig von ω_n berechnen.

Baut man die Koeffizientenfelder $\overline{RA}$ und $\overline{EA}$ von unten her auf, so kann man auf die Felder R(I) und E(I) verzichten und die Skalare R und E rekursiv berechnen und mit diesen für beliebig viele verschiedene Polynome die Koeffizientenfelder RI und EI (in unserem speziellen Fall mit $N(s) = \sum_{k=0}^{n} a_{k+1}s^k$ und $Z(s) = \sum_{k=0}^{m} b_{k+1}s^k$ die Felder RA, RB und EA, EB) direkt aufbauen.

Somit erhält man für einen gegebenen Wert ω_n in einer inneren Programmschleife mit dem Horner-Schema (A2.3)

aus N(s): RN und EN als Real- und Imaginärteil des Nenners

aus Z(s): RZ und EZ als Real- und Imaginärteil des Zählers.

Den Wert der Übertragungsfunktion (dynamischer Anteil)

$$G(s) = \mathrm{Re}\,(G(s)) + j\,\mathrm{Im}\,(G(s)) = \frac{RZ + jEZ}{RN + jEN} \quad \text{(A2.4)}$$

erhält man daraus als

$$\left.\begin{aligned} \mathrm{Re}\,(G(s)) &= (RZ * RN + EZ * EN)/B \\ \mathrm{Im}\,(G(s)) &= (RN * EZ - RZ * EN)/B \end{aligned}\right\} \text{mit } B = (RN)^2 + (EN)^2 \quad \text{(A2.5)}$$

$$|G(s)| = \sqrt{\mathrm{Re}\,(G(s))^2 + \mathrm{Im}\,(G(s))^2} \quad \text{(A2.6)}$$

$$\mathrm{Arg}\,(G(s)) = \arctan\,\{\mathrm{Im}\,(G(s))/\mathrm{Re}\,(G(s))\} = \varphi \quad \text{(A2.7)}$$

Werte im 2. und 3. Quadranten erhält man aus einer Abfrage des Vorzeichens von Re (G(s)):

falls $\mathrm{Re}\,(G(s)) < 0$ setze $\varphi = \varphi - \pi$. (A2.7a)

Hieraus folgt $-270° \leqslant \varphi \leqslant 90°$.

Punkte auf der Wurzelortskurve erhält man an den Stellen Im (G(s)) = 0. Der Betrag ist dort |G(s)| = |Re (G(s))|; die Phase (das Argument) ist 0 bei Re (G(s)) > 0 und 180° bei Re (G(s)) < 0.

Schreitet man für konstantes α um einen Betrag $\Delta\omega_n$ oder bei logarithmischer Auftragung besser um einen Faktor ω_{i+1}/ω_i in Richtung der Variablen ω_n fort, so erkennt man die Überquerung eines Wurzelortskurvenastes daran, daß

$$\text{Im}\,(G(\omega_{n_i})) \cdot \text{Im}\,(G(\omega_{n_{i+1}})) < 0 \text{ ist.} \tag{A2.8}$$

In einem solchen Fall kann – gesteuert durch eine logische Variable – gegebenenfalls der Wert ω_{nw} für Im $(G(\omega_{nw}|_\alpha)) = 0$ isoliert werden, womit ein Punkt der Wurzelortskurve gefunden ist. Zusammen mit den Skizzierungsregeln für die Wurzelortskurven können diese aus einigen wenigen Läufen mit Schnittrichtungen α, die dem speziellen Problem angepaßt sind, schnell genau gezeichnet werden.

Ist ein konventioneller Regelkreisentwurf mit gezielter Festlegung des Dämpfungsgrades ζ geplant, läßt man sich den Verlauf von Betrag und Phase für $\xi = -\zeta$ ($\cos\alpha = \xi$) sowohl der Kreisübertragungsfunktion (Produkt der Teilsysteme im Kreis) als auch des beabsichtigten Kompensationsgliedes über lg ω_n auftragen und kann damit wie beim Frequenzkennlinienverfahren arbeiten (allerdings ohne Phasenreserve, sondern direkt). Es ist zweckmäßig, sich stets das $G(-\sigma)$-Diagramm mitzeichnen zu lassen ($\alpha = \pi$), da es alle Pole 1. Ordnung unmittelbar verstärkungsabhängig liefert. Natürlich erhält man für $\alpha = \pi/2$ den Frequenzgang.

Für die Koeffizientenfelder in Gl. (A2.3) braucht man für ein Zählerpolynom vom Grad m und ein Nennerpolynom vom Grad n zusammen 2(n + m + 2) Speicherplätze. Das Horner-Schema benötigt (n + m) Additionen und Multiplikationen für jeden Wert ω_n. Abgesehen von der Initialisierung für ein spezielles α ist der Algorithmus kaum aufwendiger als der zur ausschließlichen Berechnung des Frequenzgangs.

A2.2 FORTRAN-Programm

Bedeutung der Übergabegrößen

OMEGO	obere Grenze für ω_n, bis zu der die Übertragungsfunktion berechnet werden soll
OMEGU	untere Grenze für ω_n, ab der die Übertragungsfunktion berechnet werden soll
OF	Faktor, mit dem der nächste Wert $\omega_{n,i}$ berechnet wird: $\omega_{n,i+1} = \text{OF} \cdot \omega_{n,i}$ (dieses Fortschreiten ergibt gleiche Abstände bei logarithmischer Auftragung)
N1	n + 1, Zahl der Koeffizienten des Nennerpolynoms (a_0 in A(1) bis a_n in A(N1))
M1	m + 1, Zahl der Koeffizienten des Zählerpolynoms (b_0 in B(1) bis b_m in B(M1))
SK	Verstärkungsfaktor zu den übergebenen Polynomen

A(1:N1) Koeffizientenvektor zum Nenner
B(1:M1) Koeffizientenvektor zum Zähler

Bei Verlassen der Subroutine sind SK, A und B in Bode-Normalform, d. h. SK ist die statische Verstärkung.

ALPHA Schnittrichtung α, in der $G(\omega_n|_\alpha)$ berechnet wird; $\xi = \cos\alpha$. (In Grad eingeben: $\alpha = 90 \rightarrow$ Frequenzgang)
LWUO logische Variable; falls .true., werden Wurzelortspunkte bestimmt
WOM(1:NW) ω_n-Werte von geschnittenen WUO-Ästen
WOB(1:NW) zu WOM gehörende Werte von $G(\omega_n|_\alpha)$ [= Realteil]
NW Zahl der gefundenen Wurzelortspunkte
OMAR(1: . . .) ω_n-Werte, für die $G(\omega_n)$ berechnet wurde
GB(1: . . .) Betrag von $G(\omega_n)$
AG(1: . . .) Argument von $G(\omega_n)$ in Grad: $-270 < \varphi \leqslant 90$
IT normalerweise 0; wird $\neq 0$, falls das Programm wegen einer zu großen Zahl von Iterationen bei der Wurzelortssuche abgebrochen wird. (Grenze steht bei 30)

```
C*****************************************************
C*                                                   *
C*                   SUBROUTINE                      *
C*                                                   *
C*                   V A B O D E                     *
C*                   - - - - - -                     *
C*                                                   *
C* DIESE SUBROUTINE BERECHNET DEN VERLAUF VON        *
C* BETRAG UND PHASE FUER EINEN SCHNITT MIT           *
C* KONSTANTEM WINKEL DURCH EINE UEBERTRAGUNGS-       *
C* FUNKTION, UND SUCHT PUNKTE IM(G) = O              *
C*                                                   *
C*****************************************************
C
      SUBROUTINE VABODE(OMEGO,OMEGU,OF,N1,M1,
     1              SK,A,B,ALPHA,LWUO,WOM,WOB,NW,
     2              GB,AG,OMAR,IT)
C
      DIMENSION RA(30),EA(30),RB(30),EB(30),
     1              WOM(1),WOB(1)
      DIMENSION GB(1),AG(1),OMAR(1),A(1),B(1)
      DOUBLE PRECISION PI,ABC
      LOGICAL  LREIT,LWUO,LREIT1
C
C
C      SETZEN DER ANFANGSWERTE
C
      PI=3.141592654
      WF=180./PI
      WFI=1./WF
      IF((ALPHA.EQ.O.).OR.(ABS(ALPHA-180.)
     1  .LT.1.E-6))LWUO=.FALSE.
      LREIT=.FALSE.
      LREIT1=.FALSE.
```

```
      IWUO=0
      ITERAT=0
      BNMIN = 10.E-10
      M=M1-1
      N=N1-1
C
C      NORMIERUNG DES NIEDRIGSTEN KOEFFIZIENTEN
C      UNGLEICH 0 AUF 1
C
      I=0
   10 I=I+1
      IF(ABS(A(I)).LE.1.E-6) GOTO 10
      AI=1./A(I)
      SK=SK*AI
      DO 20 K=1, N1
   20 A(K) = A(K)*AI
      I=0
   30 I=I+1
      IF(ABS(B(I)) .LE. 1.E-6) GOTO 30
      BI=1./B(I)
      SK=SK*B(I)
      DO 40 K=1,M1
   40 B(K) = B(K)*BI
C
C      KOEFFIZIENTEN DER SCHNITTRICHTUNG
C
      AL= WFI*ALPHA
      C=COS(AL)
      S=SIN(AL)
C
C      INITIALISIERUNG ZUR KOEFFIZIENTENBERECHNUNG
C
      RA(1)=C*A(2)
      EA(1)=S*A(2)
      RB(1)=0.
      EB(1)=0.
      IF(M .EQ. 0) GOTO 50
      RB(1)=C*B(2)
      EB(1)=S*B(2)
   50 R=C*C-S*S
      E=2.*(C*S)
C
C      BERECHNUNG DER KOEFFIZIENTEN FUER DAS
C      HORNER-SCHEMA(RI,EI)
C
      DO 70 I=2,N
      R1 = R
      E1=E
      II=I+1
      RA(I)=R*A(II)
      EA(I)=E*A(II)
      IF(I.GT.M) GOTO 60
      RB(I)=R*B(II)
      EB(I)=E*B(II)
   60 R=C*R1-S*E1
      E=C*E1+S*R1
   70 CONTINUE
C
C      BEGINN DER OMEGA-N-SCHLEIFE
C
```

```
C        BERECHNUNG VON REAL- UND IMAGINAERTEIL
C        DES ZAEHLERS MIT DEM HORNER-SCHEMA
         IS=1
  100    CONTINUE
         OMA=OMEGU/OF
         OM=OMEGU
  105    IF(M .EQ. 0) GOTO 120
         RZ=OM*RB(M)
         EZ=OM*EB(M)
         L=M-1
         IF(L .EQ. 0) GOTO 130
         DO 110 J=L, 1, -1
            RZ=(RZ+RB(J))*OM
            EZ=(EZ+EB(J))*OM
  110    CONTINUE
         GOTO 130
  120    RZ=B(1)
         EZ=0.
         GOTO 140
  130    RZ=RZ+B(1)
C
C        BERECHNUNG VON REAL- UND IMAGINAERTEIL
C        DES NENNERS MIT DEM HORNER-SCHEMA
C
  140    RN=OM*RA(N)
         EN=OM*EA(N)
         K=N-1
         IF(K .EQ. 0) GOTO 155
         DO 150 J=K, 1,-1
            RN=(RN+RA(J))*OM
            EN=(EN+EA(J))*OM
  150    CONTINUE
  155    IF(LREIT)GOTO 170
         IF(LREIT1) GOTO 160
         IF(IS.NE.1)EGA=EG
  160    LREIT1=.FALSE.
  170    RN=RN+A(1)
C
C        BERECHNUNG DES BETRAGS G(S)
C
         BN2=RN*RN+EN*EN
         IF(BN2 .LT. BNMIN) BN2 = BNMIN
         RG=(RZ*RN+EZ*EN)/BN2
         EG=(RN*EZ-RZ*EN)/BN2
         IF(IS .EQ. 1)EGA=EG
         GB(IS)=SQRT(RG*RG+EG*EG)
C
C        BERECHNUNG DER PHASE
C
         IF(ABS(RG) .GT. 1.E-10) GOTO 180
         IF(EG.LT.BNMIN)EG=BNMIN
         ABC=RG*EG
         P=0.5*DSIGN(PI,ABC)
         GOTO 200
  180    P=ATAN(EG/RG)
  200    IF(RG .LT. 0) P=P-PI
         AG(IS)=P*WF
         OMAR(IS)=OM
C
```

```
C        FALLS ITERATION ZUR WUO - BESTIMMUNG,
C        SPRINGE DORTHIN
C
        IF(LREIT)GOTO 350
C        HAT SICH DAS VORZEICHEN DES IMAGINAER -
C        TEILS GEAENDERT?
C        FALLS JA UND LWUO = .TRUE., BESTIMME WUR-
C        ZELORTSPUNKT.
C
        IF(LWUO .AND. (EG*EGA .LT. O))GOTO 300
        IF(OM .GT. OMEGO) GOTO 1000
C
C        VORBEREITUNG FUER NAECHSTEN  OMEGA - WERT
C
        OMA=OM
        OM = OM*OF
        IS=IS+1
        GOTO 105
C
C              WURZELORTSKURVENSUCHE
C
300     OMAA=OMA
        IF(ABS(EG).LT.1.E-6)GOTO 400
        LREIT=.TRUE.
        LREIT1=.TRUE.
C
C        ITERATION ZUR BESTIMMUNG VON EG = O
C         EGC UND OMC LINKS DER NULLSTELLE
C         EGE UND OME RECHTS DER NULLSTELLE
C
        EGC=EGA
        OMC=OMA
        EGE=EG
        OME=OM
330     DOM=OME-OMC
        DE=EGE-EGC
        DEDO=DE/DOM
        DDO=-EGC/DEDO
        ABE=ABS(EGE/EGC)
        IF (ABE.LT.O.1 .OR. ABE.GT.10.)DDO=0.5*DOM
        OM=OMC+DDO
        ITERAT=ITERAT+1
        GOTO 105
350     IF(ABS(EG).LT.1.E-6.OR.ABS(DDO)
       1          .LT.1.E-5) GOTO 400
        IF(ITERAT.GT.30) GOTO 1000
        IF(EGC*EG.GT.O)GOTO 360
        EGE =EG
        OME=OM
        GOTO 330
360     EGC=EG
        OMC=OM
        GOTO 330
C
C        WURZELORTSKOORDINATEN IN FELDER SCHREIBEN
C
400     CONTINUE
        IWUO=IWUO+1
        WOM(IWUO)=OM
        WOB(IWUO)=GB(IS)
```

```
C
C        RUECKKEHR IN NORMALE BERECHNUNGSSCHLEIFE
         EGA=-SIGN(EG,EGA)
         OMA=OM
         OM=OMAA*OF
         LREIT=.FALSE.
         ITERAT=0
         GOTO 105
 1000    I=ITERAT
         NW=IWUO
C
         RETURN
         END
```

A3 FORTRAN-Programm zur Synthese ein- und mehrschleifiger Beobachterregler bei einer Steuerfunktion

Die allgemeine Synthesegleichung (6.64) für Beobachterregler bei μ Rückkopplungsgrößen (hier wurde $p = \mu$ gesetzt) kann, mit k_i in die Zählerpolynome Z_i hineinmultipliziert, folgendermaßen geschrieben werden: $Z_{si} = \sum_{\ell=1}^{n} C_{i\ell}k_{s\ell}Z_{x\ell}$

$$N_s \cdot Z_u + \sum_{i=1}^{\mu} Z_{si}N_u/N_{Ri} \cdot Z_{Ri} - N_K N_u v = -N_s N_u. \tag{A3.1}$$

Die Koeffizienten der Zähler- und Nennerpolynome werden mit steigendem Index in Felder abgespeichert:

ENS(1:(n + 1)) enthält die Koeffizienten a_0 bis a_n von $N_s(s) = \sum_{i=0}^{n} a_i s^i$, dem Nennerpolynom der Strecke,

ENK(1:(N + 1)). enthält die Koeffizienten p_0 bis p_n von $N_K(s) = \sum_{i=0}^{n} p_i s^i$, dem Nennerpolynom des geschlossenen Kreises.

Der Grad der μ Zählerpolynome wird in einem Speicherfeld MI(1:μ) = $[m_1, m_2 \ldots . m_\mu]$ angegeben. Das zweidimensionale Feld ZSI(1:(m_{max} + 1), 1:μ) enthält die Koeffizienten b_{ji} der μ Zählerpolynome in steigender Ordnung: $Z_{si}(s) = \sum_{j=0}^{m_i} b_{ji}s^j$.

Mit dem μ-Vektor NUEI(1:μ) = $[\nu_1, \nu_2 \ldots . \nu_\mu]$ wird festgelegt, wie viele Größen von der i-ten Variablen aus beobachtet werden sollen. Wenn in der i-ten Übertragungsfunktion k_i Pol/Nullstellen-Kürzungen vorliegen (N und Z sind die ungekürzten Polynome), muß für ν_i gelten

$$\nu_i \leqslant n - k_i - 1. \tag{A3.2}$$

(Beinahe-Kürzungen sollten als Kürzungen gerechnet werden.)

Die Summe der beobachteten Größen muß $n - \mu$ sein

$$\sum_{i=1}^{\mu} \nu_i = n - \mu. \tag{A3.3}$$

Das Programm überprüft diese Bedingung und gibt ggf. eine Fehlermeldung aus.

Die Beobachterpole werden bei λ_{Beo} (ALBEO) gewählt. Da der Beobachtergrad in jedem Rückführzweig unterschiedlich sein kann, wird der Einfachheit halber die Festlegung

$$N_{Ri}(s) = (1 + s/\lambda_{Beo})^{\nu_i} \tag{A3.4}$$

getroffen. Der innere u-Kreis muß den Grad

$$\nu = \max(\nu_i) \tag{A3.5}$$

haben, um die Beobachterbedingung erfüllen zu können. Wählt man

$$N_u = (1 + s/\lambda_{Beo})^{\nu}, \tag{A3.6}$$

so kann die Beobachterrealisierung einfach erfolgen und in Gl. (A3.1) kürzen sich in dem Term N_u/N_{Ri} ν_i Faktoren weg, so daß man schreiben kann $N_u/N_{Ri} = (1 + s/\lambda_{Beo})^{(\nu-\nu_i)}$. Die einzelnen Potenzen für $\nu - \nu_i$ von 0 bis ν werden intern berechnet und in das Speicherfeld ENR$(1:(\nu+1), 1:(\nu+1))$ abgespeichert. Die μ Polynomprodukte $Z_{si}(1 + s/\lambda_{Beo})^{(\nu-\nu_i)}$ werden in der Subroutine PMPY berechnet, wobei jeweils die richtigen Spalten aus ZSI und ENR gewählt werden; das Ergebnis ist ein Polynom des Grades $\delta_i = m_i + \nu - \nu_i$ mit den Koeffizienten d_{ij}

$$Z_{si}N_u/N_R = \sum_{j=0}^{\delta_i} d_{ij}s^j. \tag{A3.7}$$

Die Polynomprodukte $N_K N_u$ und $N_s N_u$ werden ebenfalls mit PMPY berechnet; ihre Koeffizienten werden in den Feldern $C = [C_0, C_1 \ldots . C_{n+\nu}]$ und $E = [e_0, e_1 \ldots . e_{n+\nu}]$ in wachsender Ordnung abgelegt. Mit

$$Z_u = \sum_{j=0}^{\nu} \beta_j s^j \quad \text{und} \quad Z_{Ri} = \sum_{j=0}^{\nu_i} \rho_{ij}s^j \tag{A3.8}$$

kann man nun die Synthesegleichung (A3.1) als lineares Gleichungssystem in den Unbekannten β_j, ρ_{ij} und v schreiben; die Polynomprodukte mit den unbekannten Polynomen Z_u und Z_{Ri} ergeben dabei das typische um 1 schräg nach unten versetzte Muster:

$$\begin{array}{c}
s^0\\ s^1\\ s^2\\ \vdots\\ \\ \\ \\ s^n\\ \vdots\\ \vdots\\ s^{n+\nu}\\ \\ \\
\end{array}
\left[\begin{array}{ccc|cc|cc|c|cc|c}
\multicolumn{3}{c|}{\overbrace{\qquad}^{\nu+1}} & \multicolumn{2}{c|}{\overbrace{\qquad}^{\nu_1+1}} & \multicolumn{2}{c|}{\overbrace{\qquad}^{\nu_2+1}} & \ldots & \multicolumn{2}{c|}{\overbrace{\qquad}^{\nu_\mu+1}} & \overbrace{\quad}^{1}\\
a_0 & 0 & & d_{10} & 0 & d_{20} & 0 & & d_{\mu 0} & 0 & -C_0\\
a_1 & a_0 & & d_{11} & d_{20} & \vdots & \ddots & & d_{\mu 1} & d_{\mu 0} & -C_1\\
a_2 & a_1 & \ddots\ 0 & \vdots & d_{11} & & & & \vdots & \vdots & -C_2\\
\vdots & & a_0 & \vdots & \vdots & d_{2\delta_2} & & & & & \vdots\\
\vdots & & \vdots & d_{1\delta_1} & \vdots & 0 & \ddots & & & & \vdots\\
\vdots & & \vdots & 0 & d_{1\delta_1} & & 0 & & d_{\mu\delta_\mu} & \vdots & \vdots\\
a_n & & \vdots & & 0 & & & & 0 & d_{\mu\delta_\mu} & \vdots\\
0 & a_n & \vdots & & & & & & & 0 & \vdots\\
\vdots & & \ddots & & & & & & & & \vdots\\
0 & 0 & a_n & 0 & 0 & 0 & 0 & & 0 & 0 & -C_{n+\nu}\\
\hline
1 & 0\ldots 0 & & \ldots & \ldots & \ldots & \ldots & \ldots & \ldots & 0 & 0
\end{array}\right]
\cdot
\left[\begin{array}{c} \\ \beta_0\\ \beta_1\\ \vdots\\ \beta_\nu\\ \rho_{10}\\ \rho_{1\nu_1}\\ \rho_{20}\\ \vdots\\ \vdots\\ \rho_{\mu\nu_\mu}\\ \hline \mathrm{v}\end{array}\right]
= -
\left[\begin{array}{c} \\ e_0\\ e_1\\ e_2\\ \vdots\\ \vdots\\ \vdots\\ \vdots\\ \vdots\\ \vdots\\ e_{n+\nu}\\ \hline 0\end{array}\right]
\tag{A3.9}$$

$N_s \cdot Z_u$ | $(Z_{si}N_u/N_{Ri}) \cdot Z_{Ri}; \quad i = 1, \mu$ | $N_K N_u$ | $N_s N_u$

Die letzte Zeile stellt die Zusatzbedingung $\beta_0 = 0$ für die Washout-Realisierung dar, die die Verstärkung v festlegt. Gibt man die Verstärkung v vor, so wird der Vektor Cv auf die rechte Seite gebracht und die letzte Zeile entfällt. Dieses Gleichungssystem wird mit einer Standardroutine der Rechnerbibliothek (hier SIMQ) gelöst.

(Dieses Vorgehen kann auch auf digitale Beobachterregler angewandt werden, wenn die s-Übertragungsfunktion durch die z-Übertragungsfunktion ersetzt wird. Die Washout-Bedingung lautet dann $\sum_{i=0}^{\nu} \beta_i = 0$; sie wird erfüllt, indem die ersten $\nu + 1$ Werte in der letzten Zeile von Gl. (A3.8) 1 gesetzt werden. In diesem Fall ist es zweckmäßig, die Polynomkoeffizienten von N_s, N_R und $N_K(z)$ so zu normieren, daß ihre Summe 1 ergibt (äquivalent zur Bode-Normalform im s-Bereich.)

Über LSZ wird dem Programm mitgeteilt, ob es sich um s- oder z-Übertragungsfunktionen handelt: LSZ = 1 bedeutet s-Übertragungsfunktionen sonst z-Übertragungsfunktionen.

Beispiel Stab/Wagen-Beobachterregler gemäß Abschn. 6.1.2:

ENS(1 : 5) = 0, 1, 0.5, −0.06796, −0.3398 (4. Ordnung, ℓ = 1 m)

ENK(1 : 5) = 1, 0.8612, 0.3299, 0.06412, 0.005829 Gl. (6.22) in Bode-Form

Beobachterpole λ_{Beo} bei −12.73

ZSI(1 : 3, 1) = 0., 0., 0.01019 φ-Zählerpolynom

ZSI(1 : 3, 2) = 0.15, 0., −0.01019 x_W-Zählerpolynom

ZSI(1 : 4, 3) = 0., 0.15, 0., −0.01019 $\dot{x}_W$-Zählerpolynom

Der MI-Vektor muß mithin lauten: MI(1 : 3) = 2, 2, 3.

Man erhält die Ergebnisse zu Abschn. 6.1.2.1.1 für die Eingabewerte MY = 3 (Meßgrößen); NUEI(1 : 3) = 1, 0, 0: Die fehlende Meßgröße wird von φ aus beobachtet (siehe Gl. (6.45)).

Die Ergebnisse zu Abschn. 6.1.2.1.2 erhält man mit MY = 2 und NUEI(1 : 2) = 1,1: hierbei wird $\dot{\varphi}$ von φ und $\dot{x}_W$ von x_W aus beobachtet (siehe Gl. (6.54)).

Für den speziellen Fall reeller Doppelpole für den Beobachter kann auch der Fall Abschn. 6.1.2.1.3 gelöst werden (Eine Anpassung des Programms an allgemeinere Beobachterpollagen ist möglich). Mit MY = 2 und NUEI(1 : 2) = 2,0 erhält man für $\lambda_{Beo} = -9$ (gleicher Realteil der Beobachtereigenwerte wie im analytisch behandelten Fall mit $\zeta_{Beo} = 0{,}707$) und $\lambda_{Beo} = -12{,}73$ (gleicher Betrag)

$\lambda_{Beo1,2}$	v_0	$\bar{k}_u$	2. Z_u-Nullstelle	k_{R1}	$z_{\rho 1}$	$z_{\rho 2}$	V	
$(-12{,}73)^2$	1,161	−0,1995	−27	2,04	−0,8	−3,79	7,741	
$(-9)^2$	1,161	−0,289	−19,5	3,18	−1,1	−3,81	7,741	
9 ± 9j	1,161	−0,144	−19,5	0,898	−0,56	−3,77	7,741	Gl. (6.62)

Wegen der Pol/Nullstellen-Kürzung im Ursprung bei der φ-Übertragungsfunktion ($k_1 = 1$ in Gl. (A3.2)) kann ν_1 maximal 2 werden. In der x_W-Übertragungsfunktion ist $k_2 = 2$, so daß maximal $\nu_2 = 1$ weitere Größe von hier aus beobachtet werden kann.

Wählt man gemäß Abschn. 2.1.6.2 die Zustandsdarstellung II und als Positionsvariable gemäß Gln. (2.38a) und (2.41a) $x_0 = x_W + \ell_r\varphi$, so wird $m_1 = 0$ und $Z_{s1} = k_{s1} \neq f(s)$ [ZSI(1,1) = k_{s1}]. Bei Vermessung der Lage des Stoßzentrums des Stabes lassen sich also (wegen $k_i = 0$) alle übrigen Variablen durch einen Beobachter 3. Ordnung mit erfassen ($\mu = 1, \nu_1 = 3$); damit wird eine vollständige Zustandsregelung bei einer Meßgröße möglich (PO-Regler, Abschn. 4.2). Der zweite Grenzfall, den der vorgestellte Algorithmus umfaßt, ist die Auslegung von Zustandsreglern bei MY = N, ν_i alle 0 und $\beta_0 = 0$ (d. h. Aufruf mit v = 0 im folgenden Programm).

```
C  ..............................................
C
C
      SUBROUTINE MEBEOR(N,ENS,MY,ZSI,MI,NUEI,
     1 ALBEO,ENK,ZU,ENR,NUE,ZRI,V,LSZ)
C
C
C  PROGRAMM ZUR BERECHNUNG VON (EIN - UND) MEHR-
C  SCHLEIFIGEN EINGROESSEN - BEOBACHTERREGLERN
C  IM S- (LSZ=1) UND Z - BEREICH( LSZ UNGL. 1)
C
C  ..............................................
C
C
C  N                 = ORDNUNG DES UNGEKUERZTEN
C                      NENNERPOLYNOMS DER STRECKE
C  ENS(N+1)          = FELD MIT NENNERKOEFF. DER
C                      STRECKE (AO BIS AN)
C  MY                = ZAHL DER RUECKFUEHRGROESSEN
C  ZSI(MI+1,MY)      = FELD MIT ZAEHLERKOEFF. DER
C                      MY UEFKTN (BJO BIS BJMI)
C  MI(MY)            = FELD MIT ORDNG DER UNGEKUERZTEN
C                      ZAEHLERPOLYNOME DER STRECKE
C  NUEI(MY)          = FELD ZUR FESTLEGUNG DER BEO -
C                      BACHTERORDNG VON DIESER VARIA-
C                      BLEN AUS (ELEM. GE O)
C                LOESBARKEITSBEDINGG :
C            ]]]] SUMME NUEI = N - MY ]]]]
C  ALBEO             = WERT DER NUE-FACHEN BEO -
C                      BACHTERPOLE
C  ENK(N+1)          = FELD MIT KOEFF. DES GEFOR-
C                      DERTEN NENNERPOLYNOMS NK
C  NUE               = MAX(NUEI) LEGT DIE ORDNUNG VON
C                      GU FEST (AUSGABEGROESSE)
C  ENR(NUE+1,NUE+1)= POTENZEN DES BEOBACHTER-POLYNOMS
C                      (Z-ALBEO)**I, I=O...NUE+1
C  ZU(NUE+1)         = ZAEHLERKOEFF DER GU-UEFKT
C                      (AUSGABEGROESSE)
C  ZRI(NUEI+1,MY) = ZAEHLERKOEFF DER GRI-UEFKT
C                      (AUSGABEGROESSE)
C  V                 = REGLERVERSTAERKUNG, FUER DIE DER
C           BEOBACHTERREGLER ERMITTELT WERDEN SOLL;
C           FALLS V = O EINGEGEBEN WIRD, BERECHNET
```

```
C           DAS PROGRAMM DIE WASHOUT-REALISIERUNG
C           UND BESETZT V ENTSPRECHEND. BEI V = 0,
C           MY = N UND NUEI ALLE 0 WIRD DER ZUSTANDS-
C           REGLER BERECHNET.
C
       DIMENSION ENS(6),ZSI(10,5),NUEI(6),C(12),
     2 ENK(6),ZU(6),ZRI(10,5),MI(6),S(12,12),
     1 ENR(6,6),ENR1(5),E(12),A(144)
C
C ------- BESTIMME GU - ORDNUNG NUE
C
       NUE=NUEI(1)
       DO 10 I=2,MY
10     IF(NUEI(I) .GT. NUE)NUE=NUEI(I)
C
C -- BERECHNE BEOBACHTERPOLYNOME BIS(Z-ALBEO)**NUE
C       IN NORMALFORM
C
       C(1)=-ALBEO
       C(2)=1.
       IF (LSZ .NE. 1) THEN
          EDS=1./(1.-ALBEO)
       ELSE
          EDS=1./C(1)
       END IF
C
       ENR(1,1)=1.
       NUE1=NUE+1
C
       DO 20 I=1,2
          ENR1(I)=C(I)*EDS
          C(I)=ENR1(I)
          ENR(I,2)=ENR1(I)
20     CONTINUE
       IBEO=2
       IF(NUE .EQ. 1)GO TO 32
       DO 30 I=3,NUE1
          CALL PMPY(E,IP,ENR1,2,C,IBEO)
          DO 24 K=1,IP+1
             C(K)=E(K)
             ENR(K,I)=C(K)
24        CONTINUE
          IBEO=IP
30     CONTINUE
32     N1=N+1
       DO 35 I=1,12
       DO 35 J=1,12
          S(J,I)=0
35     CONTINUE
C
C --BESETZE BETA-PARTITION DES LINEAREN GL-SYSTEMS
C
       NG=N1+NUE1
C
       DO 40 I=1,NUE1
          NI=I-1
          DO 38 J=1,N1
             JI=NI+J
             S(JI,I)=ENS(J)
38        CONTINUE
```

```
          IF(I .EQ. 1) S(NG,I)=1.
          IF(LSZ .EQ. 1)GO TO 40
          S(NG,I)=1.
   40     CONTINUE
C
C  ------- BESETZE RHOI - PARTITION ----------
C
          NB=NUE1
          DO 70 J=1,MY
             NYJ=NUEI(J)
             NYJ1=NYJ+1
             NI=NUE1-NYJ
             MI1=MI(J)+1
C
             DO 50 I=1,MI1
                C(I)=ZSI(I,J)
   50        CONTINUE
             DO 55 I=1,NI
                E(I)=ENR(I,NI)
   55        CONTINUE
C
             CALL PMPY(A,NSB,C,MI1,E,NI)
C
             DO 60 I=1,NYJ1
                IM1=I-1
                NBI=NB+I
                DO 58 K=1,NSB
                   KI=K+IM1
                   S(KI,NBI)=A(K)
   58           CONTINUE
   60        CONTINUE
C
             NB=NB+NYJ1
   70     CONTINUE
C
C  ---- BESETZE V - SPALTE UND RECHTE SEITE --
C
          DO 80 I=1,NUE1
             E(I)=ENR(I,NUE1)
   80     CONTINUE
C
          CALL PMPY(C,NGES,ENK,N1,E,NUE1)
          CALL PMPY(A,NGES,ENS,N1,E,NUE1)
C
C  --------- WASHOUT - REALISIERUNG ----------
C
          IF(ABS(V) .GT. 1.E-6)GO TO 90
          NGES=NGES+1
          DO 83 I=1,NGES
             S(I,NGES)=-C(I)
             E(I)=-A(I)
   83     CONTINUE
C
          E(NGES)=0.
          GO TO 100
C
C  ----- BEOBACHTERREGLER MIT GEGEBENEM V -----
C
C
   90     DO 95 I=1,NGES
```

```
            E(I)=C(I)*V-A(I)
95       CONTINUE
100      DO 110 J=1,NGES
            J1=J-1
            NB=J1*NGES
            DO 105 I=1,NGES
               L=NB+I
               A(L)=S(I,J)
105            CONTINUE
110      CONTINUE
C
         CALL SIMQ(A,E,NGES,KS)
C
         IF(KS .EQ. 1)TYPE *,' MATRIX IST SINGULAER'
         DO 120 I=1,NUE1
            ZU(I)=E(I)
120      CONTINUE
         K=NUE1
         DO 130 J=1,MY
            NUI=NUEI(J)+1
            DO 123 I=1,NUI
               KI=K+I
               ZRI(I,J)=E(KI)
123         CONTINUE
            K=K+NUI
130      CONTINUE
         IF(ABS(V) .LT. 1.E-6)V=E(NGES)
C
         RETURN
         END
```

```
C        ...............................................
C
C           SUBROUTINE PMPY
C
C           PURPOSE
C              MULTIPLY TWO POLYNOMIALS
C
C           USAGE
C              CALL PMPY(Z,IDIMZ,X,IDIMX,Y,IDIMY)
C
C           DESCRIPTION OF PARAMETERS
C              Z     - VECTOR OF RESULTANT COEFFI-
C                      CIENTS, ORDERED FROM
C                      SMALLEST TO LARGEST POWER
C              IDIMZ - DIMENSION OF Z (CALCULATED)
C              X     - VECTOR OF COEFFICIENTS FOR
C                      FIRST POLYNOMIAL, ORDERED
C                      FROM SMALLEST TO LARGEST
C                      POWER
C              IDIMX - DIMENSION OF X (DEGREE
C                      IS IDIMX-1)
C              Y     - VECTOR OF COEFFICIENTS
C                      FOR SECOND POLYNOMIAL,
C                      ORDERED FROM SMALLEST
C                      TO LARGEST POWER
C              IDIMY - DIMENSION OF Y (DEGREE
C                      IS IDIMY-1)
C
```

```
C          REMARKS
C             Z CANNOT BE IN THE SAME LOCATION AS X
C             Z CANNOT BE IN THE SAME LOCATION AS Y
C
C          SUBROUTINES AND FUNCTION SUBPROGRAMS
C             REQUIRED NONE
C
C          METHOD
C             DIMENSION OF Z IS CALCULATED AS
C             IDIMX+IDIMY-1
C             THE COEFFICIENTS OF Z ARE CALCULATED
C             AS SUM OF PRODUCTS OF COEFFICIENTS
C             OF X AND Y , WHOSE EXPONENTS ADD UP
C             TO THE CORRESPONDING EXPONENT OF Z.
C
C       ..............................................
C
      SUBROUTINE PMPY(Z,IDIMZ,X,IDIMX,Y,IDIMY)
      DIMENSION Z(1),X(1),Y(1)
C
      IF(IDIMX*IDIMY)10,10,20
   10 IDIMZ=0
      GO TO 50
   20 IDIMZ=IDIMX+IDIMY-1
      DO 30 I=1,IDIMZ
   30 Z(I)=0.
      DO 40 I=1,IDIMX
      DO 40 J=1,IDIMY
      K=I+J-1
   40 Z(K)=X(I)*Y(J)+Z(K)
   50 RETURN
      END
```

Literatur

[1] A c k e r m a n n , J.: Einführung in die Theorie der Beobachter. Regelungstechnik **24** (1976) 217–226

[2] A c k e r m a n n , J.: Abtastregelung. 2. Aufl. Bd. 1 und 2. Berlin: Springer 1983

[3] A n d e r s o n , B. D. O.; M o o r e , J. B.: Linear Optimal Control. Englewood Cliffs, N.J.: Prentice-Hall 1971

[4] B e l l m a n , R.: Dynamic Programming. Princeton: Princeton University Press 1957

[5] B e l l m a n , R.: Adaptive Control Processes: a Guided Tour. Princeton: Princeton University Press 1961. Deutsche Ausgabe: Dynamische Programmierung und selbstanpassende Regelprozesse. München: Oldenbourg 1967

[6] B o d e , H. W.: Network Analysis and Feedback Amplifier Design. Princeton: Van Nostrand 1945

[7] B r a m m e r , K.; S i f f l i n g , G.: Kalman-Bucy-Filter: deterministische Beobachtung und stochastische Filterung. München: Oldenbourg 1975

[8] B r e i n l , W.; M ü l l e r , P. C.: Ein parameterunempfindlicher Zustandsbeobachter und seine Anwendung bei einem Tragregelsystem eines Magnetschwebefahrzeugs. Regelungstechnik **30** (1982) 12, 403–411

[9] B r o c k h a u s , R.: Flugregelung I, Das Flugzeug als Regelstrecke (1977): Flugregelung II, Entwurf von Regelsystemen (1979). München, Wien: Oldenbourg

[10] C a n n o n , R. H. jr.: Dynamics of Physical Systems. New York: MacGraw-Hill 1967

[11] C o o p e r , J. L. B.: Heaviside and the Operational Calculus. Math. Gaz. **36** (1952) 5–19

[12] D o e t s c h , G.: Theorie und Anwendung der Laplace-Transformation. Berlin: Springer 1937

[13] D o e t s c h , G.: Anleitung zum praktischen Gebrauch der Laplace-Transformation und der z-Transformation. 3. Aufl. München: Oldenbourg 1967

[14] D u s c h e k , A.: Vorlesungen über höhere Mathematik. Bd. I bis IV. Wien: Springer 1950 bis 1961

[15] E r w e , F.: Gewöhnliche Differentialgleichungen. Mannheim/Wien/Zürich: BI-Wissenschaftsverlag 1964. = BI-Hochschultaschenbücher, Bd. 19

[16] E v a n s , W. R.: Control System Synthesis by Root Locus Method. Trans. AIEE **69** (1950) 66–69

[17] F ö l l i n g e r , O.: Regelungstechnik. Berlin: Elitera 1978

[18] F r a n k , P. M.: Empfindlichkeitsanalyse dynamischer Systeme. München, Wien: Oldenbourg 1976

[19] G i l l e , J. D.; P e l e g r i n , M.; D e c a u l n e , P.: Lehrgang der Regelungstechnik. Band 1: Theorie der Regelung (1964). Band 2: Bauelemente des Regelkreises (1964). München, Wien: Oldenbourg

[20] G r a y b e a l , T. D.: Block-Diagram Network Transformation. El. Engr. **70** (1951) 985–990

[21] G r ü b e l , G.: Beiträge zur Synthese mehrschleifiger Regelsysteme – Ersatzkompensator und einschleifiger Ersatzregelkreis. Regelungstechnik (1976) H. 5, 161–166

[22] G r ü b e l , G.: Application of Root Locus Techniques to Multi-Output Feedback Systems via Complete Loop Transmission Zero Placement. Proc. JACC 1976, West Lafayette

[23] H a m m e r , J.: Feedback representation of precompensators. Int. J. of Control **37** (1983) No 1, 17–88

[24] H a m m e r , J.: Pole assignment and minimal feedback design. Int. J. of Control **37** (1983) No 1, 17–88

[25] H a r r i s , H.: The Analysis and Design of Servomechanisms. OSRD Report 454, Jan. 1942

[26] H a z e n , H. L.: Theory of Servomechanisms. J. Franklin Inst. **218** (1934) 279–330, 543–580

[27] H i p p e , P.: Zustandsregler in einläufigen Regelkreisen. Regelungstechnik (1974) H. 12, 388–394

[28] H i p p e , P.: Über die Empfindlichkeit von Zustandsreglern. Deutsche Luft- und Raumfahrt, Forschungsbericht 75–32 (1975) 118–130

[29] H i p p e , P.; W u r m t h a l e r , Ch.: Der Entwurf von Zustandsreglern im Frequenzbereich. Regelungstechnik **24** (1976) 47–52

[30] H i p p e , P.; W u r m t h a l e r , Ch.: Ein Verfahren zum Entwurf von Zustandsreglern minimaler Ordnung mit Stör- und Führungsmodell. Regelungstechnik **29** (1981) 155–164

[31] H i p p e , P.; W u r m t h a l e r , Ch.: Ein einfaches Verfahren zum Entwurf von Zustandsreglern mit Störkompensation. Regelungstechnik **29** (1981) 91–96, 131–136

[32] H u n g , Y. S.; M a c F a r l a n e , A. G. J.: Multivariable Feedback: A Quasi-Classical Approach. Berlin/Heidelberg/New York: Springer 1982

[33] H u r w i t z , A.: Über die Bedingungen, unter welchen eine Gleichung nur Wurzeln mit negativen reellen Teilen besitzt. Math. Ann. **46** (1895) 273–289

[34] I s e r m a n n , R.: Digitale Regelsysteme. Berlin: Springer 1977

[35] K a i l a t h , Th.: Linear Systems. Englewood Cliffs, N.J.: Prentice Hall 1980

[36] K a l m a n , R. E.: On the General Theory of Control Systems. Proceedings IFAC-Congress 1960, Moscow, Vol. 1, 481–492

[37] K a l m a n , R. E.: A new approach to linear filtering and prediction problems. J. Basic Eng. (1960) 35–45

[38] K a l m a n , R. E.; B u c y , R. S.: New Results in linear filtering and prediction theory. J. Basic Eng. **83D** (1961) 95–108

[39] K o r n , U.; W i l f e r t , H. H.: Mehrgrößenregelungen. Berlin: VEB Verlag Technik 1982 (distributed by Springer Wien, New York)

[40] Landgraf, C.; Schneider, G.: Elemente der Regelungstechnik. Berlin: Springer 1970

[41] Leonhard, W.: Einführung in die Regelungstechnik. Braunschweig: Vieweg 1981

[42] Luenberger, D. G.: Observing the state of a linear system. IEEE Trans. on Military Electronics 8 (1964) 290–293

[43] Luenberger, D. G.: An Introduction to Observers. IEEE Trans. Autom. Control AC-**16** (1971) No 6, 596–602

[44] Luenberger, D. G.: Introduction to Dynamic Systems. New York: Wiley 1979

[45] Lüders, J.: Über die Regulatoren. VDI-Z. (1865)

[46] MacColl, R. A.: Fundamental Theory of Servomechanisms. New York: Van Nostrand 1945

[47] Malkin, I. G.: Theorie der Stabilität einer Bewegung. München: Oldenbourg 1959.

[48] Maxwell, J. C.: On Governors. Proc. Roy. Soc. **16** (1868) 270–283

[49] Mayr, O.: Zur Frühgeschichte der technischen Regelungen. München, Wien: Oldenbourg 1969

[50] McRuer, D. T.: Unified Analysis of Linear Feedback Systems. ASD Techn. Report (1961) 61–118

[51] McRuer, D. T.; Ashkenas, J.; Graham, D.: Aircraft Dynamics and Automatic Control. Princeton: Princeton University Press 1973

[52] Meissner, H.-G.: Steuerung dynamischer Systeme aufgrund bildhafter Informationen. Diss. Hochsch. d. Bundeswehr München, Juli 1982

[53] Mesarovic, M. D.: The control of multivariable Systems. New York: Wiley 1960

[54] Murdoch, P.: Design of degenerate observers. IEEE Trans. on Autom. Control AC-**19** (1974) 441–442

[55] Oldenbourg, R. C.; Sartorius, H.: Dynamik selbsttätiger Regelungen. München: Oldenbourg 1944

[56] Oppelt, W.: Kleines Handbuch technischer Regelvorgänge. Weinheim: Verlag Chemie 1953 (5. Aufl. 1972)

[57] Pestel, E.; Kollmann, E.: Grundlagen der Regelungstechnik. 2. Aufl. Braunschweig: Vieweg 1968

[58] Philbrick, G. A.: Unified Symbolism for Regulatory Controls. Trans. ASME **69** (1947) 47ff.

[59] Pontrjagin, L. S.; Boltyansky, V. G.; Gamkrelidse, R. V.: Über die Theorie optimaler Prozesse. Bericht Akad. Wiss. UdSSR **110** (1956) Nr. 1, 7–10

[60] Pontrjagin, L. S.; Boltyansky, V. G.; Gamkrelidse, R. V.; Miscenko, E. F.: Mathematische Theorie optimaler Prozesse. Moskau 1961; amer. Ausgabe: New York: Wiley 1962; dt. Ausgabe: München: Oldenbourg 1964

[61] Profos, P.: Einführung in die Systemdynamik. Stuttgart: Teubner 1982

[62] Rörentrop, K.: Entwicklung der modernen Regelungstechnik. München, Wien: Oldenbourg 1971

[63] Roppenecker, G.; Preuss, H.-P.: Nullstellen und Pole linearer Mehrgrößensysteme. Regelungstechnik (1982) H. 7, 219–225; H. 8, 255–263

[64] Rosenbrock, H. H.: State Space and Multivariable Theory. New York: Wiley 1970

[65] Rosenbrock, H. H.: Computer-aided control system design. London, New York, San Francisco: Academic Press 1974

[66] Sauer, R.; Szabó, I.: Mathematische Hilfsmittel des Ingenieuers. Teil I. Berlin: Springer 1967

[67] Schmidt, H.: Regelungstechnik – Die technische Aufgabe und ihre wirtschaftliche, sozialpolitische und kulturpolitische Auswirkung. VDI-Z. **85** (1941) 81–93

[68] Schmidt, G.: Grundlagen der Regelungstechnik. Berlin: Springer 1982

[69] Schwarz, H.: Frequenzgang- und Wurzelortskurvenverfahren. Mannheim, Wien, Zürich: Wissenschaftsverlag BI 1968 (Taschenbuch 1976)

[70] Schwarz, H.: Mehrfachregelungen. Berlin, Heidelberg: Springer 1967

[71] Solodownikow, W.: Grundlagen automatischer Regelsysteme (4 Bände) Berlin: VEB Verlag Technik 1971

[72] Thoma, M.: Theorie linearer Regelsysteme. Braunschweig: Vieweg 1973

[73] Tolle, M.: Die Regelung von Kraftmaschinen. Berlin: Springer 1905, 1909 und 1922

[74] Tustin, A.: Direct current machines for control systems. New York: MacMillan 1952

[75] Unbehauen, H.: Regelungstechnik I. Braunschweig/Wiesbaden: Vieweg 1982

[76] Wiener, N.: Cybernetics. New York: J Wiley 1948

[77] Willems, J. L.: Stability theory of dynamical systems. Nelson, 1970

[78] Wischnegradsky, J. A.: Über direkt wirkende Regulatoren. Civilingenieur **23** (1877) 95–131

[79] Wolowich, W. A.: Linear Multivariable Systems. New York: Springer 1974

[80] Zadeh, L. A.; Desoer, C. A.: Linear System Theory – The State Space Approach. New York: MacGraw-Hill 1963

[81] Ziegler, J. G.; Nichols, N. B.: Optimum Settings for Automatic Controllers. Trans. ASME **64** (1942) 759

Sachverzeichnis